PEIDIAN XITONG JIDIAN BAOHU

配电系统继电保护

（第二版）

魏 燕 高 华 高有权 编著

内 容 提 要

本书主要介绍配电系统和工矿企业中使用的中性点不接地与非直接接地系统继电保护和自动装置。内容着重于微机型保护的构成基本原理和实际应用；分别对中性点不接地与非直接接地系统的线路，高压侧中性点不接地与非直接接地系统的电力变压器和电抗器、高压并联电力电容器、高压电动机保护以及母线保护进行了较深入的分析介绍；还专门介绍了与继电保护密切相关的数字型自动装置及其与继电保护的动作配合。

本书在保护的运行及整定计算方面实用性和可操作性强。可供从事供电企业、发电企业、工矿企业、大型楼宇等保护的设计、安装、运行维护人员阅读，也可供高等院校相关专业师生参考。

图书在版编目（CIP）数据

配电系统继电保护 / 魏燕，高华，高有权编著 . —2 版 . —北京：中国电力出版社，2020.9（2023.2 重印）

ISBN 978-7-5198-4225-3

Ⅰ . ①配… Ⅱ . ①魏…②高…③高… Ⅲ . ①配电系统－继电保护 Ⅳ . ① TM77

中国版本图书馆 CIP 数据核字（2020）第 022745 号

出版发行：中国电力出版社
地　　址：北京市东城区北京站西街 19 号（邮政编码 100005）
网　　址：http://www.cepp.sgcc.com.cn
责任编辑：刘　薇（010-63412357）
责任校对：黄　蓓　常燕昆
装帧设计：张俊霞
责任印制：石　雷

印　　刷：三河市百盛印装有限公司
版　　次：2005 年 8 月第一版　　2020 年 9 月第二版
印　　次：2023 年 2 月北京第四次印刷
开　　本：787 毫米 ×1092 毫米　16 开本
印　　张：15.5
字　　数：343 千字
印　　数：8001—8500 册
定　　价：62.00 元

前言

继电保护方面的书已经出了不少，但是针对需求量较大的配电系统及工矿企业的数字型继电保护方面的书较少，特别是能适应目前数字化技术应用的更为缺乏。本书主要是为满足这些基层的大量用户需要而编写的。

改革开放带来了科学技术的春天，继电保护技术也得到了突飞猛进的发展，特别是数字化技术在电力行业的应用，更迅速地推动了继电保护技术的发展，使得过去许多难以实现的继电保护新原理、新技术得到实现和应用，从而大大改善了继电保护的技术性能，提高了继电保护装置的技术指标。用于配电系统及工矿企业的继电保护同样也得到了相应的发展提高，特别是适用于配电系统的综合保护装置得到了广泛的应用。随着技术发展进步，第一版的《配电系统继电保护》一书中的一些保护装置已经不适应，目前大量使用的是数字型保护，故本次修订立足于实际需求，对第一版进行了大量补充修改，取消了机电型保护装置和交流操作保护的内容，补充了数字型保护基本原理和当前实际应用的内容，并增加了保护整定计算的算例。为了方便终端用户，书中还增加了厂用电抗器保护的内容。

本书内容理论联系实际，可以解决工程设计、整定计算及许多使用中的实际问题。本书在编写过程中参考了许多书籍、杂志、厂家样本、说明书和相关资料，并曾得到 NARI 宏源开发有限公司、国电南京自动化股份有限公司、南京电力自动化设备总厂等单位为本书编写提供的许多宝贵资料，最近又参考了南京南瑞继保电气有限公司的部分保护装置技术和使用说明书，使本书增色不少，在此一并表示感谢。

本书共分 11 章，其中魏燕编写了 1、5～8 章及附录，高华编写了 2～4 章，高有权编写了 9～11 章并提供了书中全部的保护整定计算示例题。

本书作者魏燕从西安交通大学电气工程专业硕士研究生毕业，任西北电力设计院有限公司正高级工程师、国际工程分公司设计总工程师；作者高有权为 GB/T 14285—2006《继电保护和安全自动装置技术规程》起草人之一，曾主编过《工业企业继电保护》一书；高华为 DL/T 5136—2012《火力发电厂、变电站二次接线设计规程》主要起草人之一及《电力工程设计手册　火力发电厂电气二次设计》主编人。本书三位作者都有在西北电力设计院有限公司和现场长期工作实践的丰富经验，并有在制造厂从事继电保护研发或现场服务的经历。三位作者还合编出版过《发电机变压器继电保护设计及整定计算》一书。

由于作者水平有限，遗漏和不足在所难免，望专家和读者不吝指正，以便再版时补充修正。

编者

2020 年 6 月

第一版前言

继电保护方面的书已经出了不少，但是针对配电系统及工矿企业的继电保护书却出版很少，特别是能适应目前技术进步的更为缺乏。本书就是为满足这些读者的需要而编写的。

改革开放带来了科学技术的春天，继电保护技术也得到了突飞猛进的发展，特别是微机技术在电力行业的应用，更迅速地推动了继电保护技术的发展，使得过去许多难以实现的继电保护新原理、新技术得到实现和应用，从而大大改善了继电保护的技术性能，提高了继电保护装置的技术指标。用于配电系统及工矿企业的继电保护同样也得到了相应的发展提高，特别是综合保护装置的产生及应用更有着深远的意义。但就实用而言，对于中、低压配电系统来说，由于其保护并不复杂，使用机电型保护又比较经济实惠，今后机电型保护与微机型保护还会并存。因此，从实用出发，本书着重介绍机电型保护及新型微机型保护。由于微机型保护原理在表达上不够直观，为使读者便于真正掌握微机型保护的实质，本书有关章节将首先介绍机电型保护，然后介绍微机型保护，以得到事半功倍的效果。

本书共分 11 章，其中高华编写 2～4 章，魏燕编写 5～8 章，高有权编写 1、9、10、11 章，高有权任全书主编。

本书在编写过程中参考了许多书籍、杂志、厂家样本及说明书和一些相关资料，并得到了国电南京自动化股份有限公司有关领导的支持和帮助，NARI 宏源开发有限公司、国电南京自动化股份有限公司、南京电力自动化设备总厂等一些厂家为本书编写提供了许多宝贵资料使本书增色不少，在此一并表示感谢。由于作者水平有限，遗漏和不足在所难免，望专家和读者不吝指正，以便再版时补充修正。

编者

2004 年 12 月

目录

第1章 概　　述

1.1 配电系统综合自动化简介

1.1.1 配电系统综合自动化概述

配电综合自动化系统是利用现代计算机技术、电子技术、通信技术及信息处理技术等，通过数据采集及信息共享，实现对配电系统的继电保护功能及变电站二次设备功能的新型设计组合，可实现对变电站的主要设备及保护和自动装置等运行状况进行监视、监测、监控、运行显示及故障录波、计量、制表打印，并能通过调度或集中控制中心进行遥信、遥测、远方数据采集、传送及实现重要项目远方操作的综合自动化技术。

综合自动化设备不仅代替了常规二次设备，而且大大简化了设备间的二次接线，并提高了配电系统、变电站及电力系统的安全稳定运行水平；不仅可降低运行维护成本，提高运营经济效益，而且便于保证向用户提供高质量的电能。

1.1.2 综合自动化的特点

（1）操作监视屏幕化；

（2）测量显示数字化；

（3）微机结构系统为分层分布式；

（4）功能综合化、运行管理智能化。

1.1.3 综合自动化的主要功能

综合自动化系统设计应满足相关规程要求，该系统采集的信息应能满足调度采集内容、精度、实时性，以及可靠性、传输方式、通信接口及规约的要求，应分别以主、备两个通道与调度通信。具体包括以下方面：

（1）人机界面功能：

1）所需硬件：显示器、鼠标、键盘等。

2）CRT或液晶显示画面内容常包括实时主接线图或其他画面、采集或计算的实时运行参数、越限报警显示、值班记录显示、历史趋势显示、保护/自动装置定值、故障记录/事件顺序记录显示、设备运行状况显示等。

3）输入有关数据显示：TA和TV变比、保护定值和越限报警定值、自动装置有关定值、根据工程情况需要的其他输入。

（2）同步对时功能。

（3）数据采集功能：模拟量、开关量、电能量、事件顺序记录（SOE）。

（4）监视和报警功能：越限报警、保护/自动装置的工作状态监视、传送接收与调度的信息/命令。

（5）操作/控制功能：断路器与隔离开关的闭锁、就地与远方操作闭锁、非同期合闸闭锁、人工操作对自动装置的闭锁、操作权限的闭锁、变电站的电压无功综合控制、低频减载（负荷）控制、备用电源自投控制、防误操作闭锁功能。

（6）远动功能。

（7）同期检定功能。

（8）运行管理功能：应能实现运行指导、事故记录检索、在线设备管理、操作票、运行人员培训、数据库维护等运行管理功能。

（9）统计计算功能。

（10）在线自诊断与冗余管理，包括自诊断与自恢复及无扰动切换报警等。

（11）现场视频监视功能：可配置视频监视系统对电气设备运行和操作进行监视，并与计算机监控系统接口，进行联锁实现实时画面跟踪、事故报警画面切换等。

（12）制表打印功能：

1）根据运行要求定时打印运行值报表和日报表及月报表；

2）召唤打印月内任一天值报表、日报表和年内任一月报表；

3）自动打印预报告警、测量值越限、开关量变位记录、事件顺序记录、事故指导提示和事故追忆记录打印；

4）可以组织运行日志和各类生产报表、事件报表及操作票报表的打印；

5）无人值班变电站可在控制中心打印。

此外，综合自动化系统还需要配备电能计量、故障录波、事件顺序记录功能等设备。

1.2　对继电保护的要求

1.2.1　装设继电保护的原因和目的

配电系统和工矿企业电气设备运行中，由于绝缘老化、机械损伤或其他原因可能发生各种故障和异常工作状态。最常见、最危险的故障是各种类型的短路，包括三相短路、两相短路、两相接地短路、单相接地短路、两点接地短路以及电机和变压器一相绕组上的匝间短路等。此外，配电线路还可能发生一相或两相断线以及上述几种故障所组合的更为复杂的故障。短路故障的发生，可能引起下列后果：

（1）故障点通过很大的短路电流和所燃起的电弧，将故障设备烧坏甚至烧毁；对通过短路电流的故障设备和非故障设备产生热和电动力的作用，也可能致使其绝缘损坏或使设备的使用寿命缩短（如变压器绕组的变形甚至断裂等）。

（2）用电设备端电压极大地降低，使正常生产遭到破坏，甚至使产品报废。

（3）若事故扩大将造成较大范围的停电，使相邻的工矿企业的生产瘫痪，造成更大的停电损失。

（4）较长时间的停电甚至造成重要用电设备的报废（如炼钢炉等）或人身伤亡。

工矿企业配电系统中正常工作状态被破坏，则称为不正常工作状态。不正常工作状态

会使电能质量变坏，个别情况下使电气设备遭到损坏。最常见的不正常工作状态是过负荷和配电系统的功率不足所导致的频率下降、电压降低等。

对配电系统和工矿企业电气设备的故障和不正常工作需要装设继电保护，装设继电保护装置的目的就是反应电气设备的故障或不正常工作状态，而作用于断路器跳闸或发出报警信号，从而达到实现消除故障和不正常工作状态。

1.2.2 对继电保护装置的基本要求

继电保护应尽可能满足灵敏性、选择性、速动性和可靠性的要求。对于反应不正常工作状态而作用于信号的继电保护，则不要求对这四项基本要求都同时满足。

1. 灵敏性

保护范围内发生故障和不正常工作状态时，继电保护的反应能力称为灵敏性。灵敏性是衡量继电保护装置在发生故障和不正常工作状态时，能否动作的一个重要指标。设计继电保护时，都必须进行灵敏性的校验。灵敏性通常用灵敏系数 K_{sen} 表征，它根据最不利的运行方式和故障类型进行计算，但不考虑可能性很小的情况，必要时，还应计及短路电流衰减的影响。灵敏系数表示方法可分为以下两类：

(1) 对于在故障情况下反应参数数值上升的保护，如过电流保护，其灵敏系数 K_{sen} 表示为

$$K_{sen}=\frac{\text{被保护区内末端发生金属性短路时的最小短路电流}}{\text{保护装置的一次侧动作电流}}=\frac{I_{k\cdot min}}{I_{op}}$$

式中，$I_{k\cdot min}$取值，对于多相短路保护，取两相短路电流最小值 $I_{k\cdot min}^{(2)}$；对 3～10kV 中性点不接地系统的单相短路保护取单相接地电容电流最小值 $I_{kc\cdot min}$；对 380/220V 中性点接地系统的单相短路保护取单相接地电流最小值 $I_{k\cdot min}^{(1)}$。

(2) 对于在故障情况下反应参数数值下降的保护，如低电压保护，其灵敏系数表示为

$$K_{sen}=\frac{\text{保护装置的动作电压}}{\text{被保护区内发生金属性短路时连接该保护装置的母线上的实际电压}}=\frac{U_{op}}{U_{k}}$$

灵敏系数标志着在故障发生之初，继电保护反应故障的能力。具有高灵敏系数的保护反应故障灵敏，从而减小了故障对系统的影响和波及范围，但有可能使工作的可靠性降低，使保护本身接线复杂而投资昂贵。在灵敏性与选择性矛盾的情况下，一般应先考虑灵敏性，因为没有灵敏性的保护将失去保护的意义。

2. 选择性

当配电系统发生故障时，距离故障点最近的继电保护装置应动作，切除故障设备或线路，保证无故障部分继续运行。保护的这种动作称为有选择性的动作。在单端电系统中，继电保护动作的选择性，可采取选择不同延时或不同动作电流的办法得到。故有定时限阶段特性和反时限特性的保护，前后两级之间灵敏性和动作时限均应相互配合。另外，根据配电系统运行的要求，需加速切除短路时，可使保护装置无选择地动作，但应采用自动重合闸或备用电源自动投入装置来补救。

图 1-1 是具有一路工作电源和一路备用电源的配电系统示意图。其中线路及变压器的断路器都装有继电保护。当 k1 点发生短路故障时，断路器 QF8、QF6、QF3 及 QF1 均有短路电流流过，在这种情况下，根据选择性的要求，应该只有断路器 QF8 的保护装置动作于跳闸，将故障线路从系统中切除，系统的其余部分仍应能正常运行。

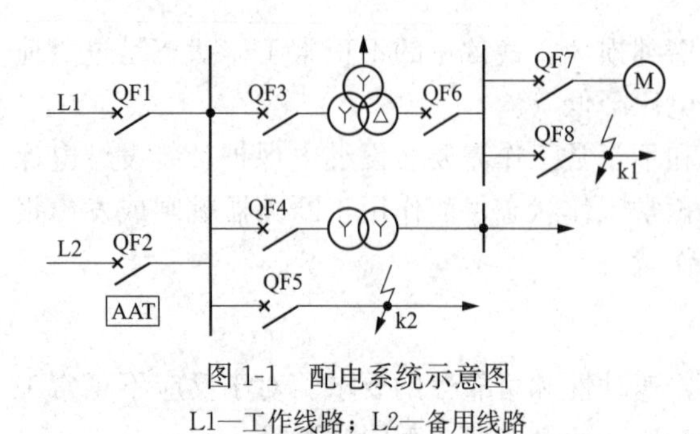

图 1-1　配电系统示意图
L1—工作线路；L2—备用线路

k1 点发生故障时，如果断路器 QF8 由于某些原因拒绝动作，则应由上一级保护装置动作使断路器 QF6 跳闸。这样在切除故障线路时虽然切除了一部分非故障线路，但却限制了故障的扩展，使停电范围尽可能缩小。动作于断路器 QF6 的保护装置起着对下一级线路的后备保护作用。在这种情况下，断路器 QF8 拒绝动作，由断路器 QF6 跳闸切除故障仍然认为是有选择性的。同理，如果断路器 QF6 拒动，则由更上一级保护装置动作使断路器 QF3 跳闸。

当 k2 点发生故障时，如果断路器 QF5 拒绝动作，则应由电源处的保护装置动作使断路器 QF1 跳闸。当工作电源已经断开，且备用电源有足够高的电压时才允许备用电源自动投入装置 AAT 动作接通备用电源。AAT 的动作时间应尽量缩短，以利电动机的自起动。根据要求，备用电源自动投入装置的接线应保证自动投入装置只动作一次，如自动投入装置投入到稳定性故障上，必要时，应使保护加速动作于断路器跳闸。

保护装置动作的选择性是为了提高供电的可靠性。无选择性地切除故障将扩大事故停电的范围，带来不应有的损失。

3. 速动性

快速切除短路故障可以减轻短路电流对电气设备的破坏程度，缩小故障影响的范围，加速恢复供配电系统正常运行的过程，最大限度地减小对系统和用户的影响。因此，在条件许可的情况下，继电保护装置应力求快速动作。

保护的速动性对提高配电系统的可靠性和稳定性关系很大。当网络发生短路故障并引起电源端母线电压降低时，非故障线路上电动机工作的恢复与否与故障切除的时间关系密切。如工矿企业内起动困难的大型空气压缩机，当电压全部消失后，只能支持 0.2s 工作；如故障切除，电压恢复的时间不超过 0.2s，则安装在用户处的这类设备不需从电网中切除，否则将影响其用电的可靠性。由于故障切除的时间是继电保护动作的时间和断路器跳闸时间之和，因此，为了保证速动切除故障，既要选用快速动作的继电保护，又需选用快速动作的断路器。

在某些情况下，快速性和选择性会有矛盾，这时应在保证选择性的前提下，力求保护装置动作的快速性。当速动性与可靠性产生矛盾时，应优先保证可靠性，不要为了片面追求速动，而引起误动。

4. 可靠性

继电保护装置经常处于准备动作状态，当属于该保护范围内的故障和不正常工作状态发生时，应能可靠动作，即不应拒绝动作。当不属于该保护范围内的故障和不正常工作状态发生时，应能可靠地不动作，即不应误动作。继电保护装置的可靠性可用拒动率和误动率表示。拒动率和误动率越小，可靠性就越高。

要求保护有高度的可靠性，这一点非常重要。因为保护装置拒绝动作或误动作，都将使事故扩大，给配电系统和工矿企业带来严重损失。为使继电保护装置可靠地工作，要注意以下几点：

(1) 采用高质量的继电器和元件;

(2) 保护装置接线应力求简单,用尽可能少的继电器及其触点数目;

(3) 精心设计计算,正确调试,保证安装质量,并要很好地维护和管理。

继电保护装置除满足上面的基本要求外,还要求投资省、便于调试和运行维护,并尽可能满足用电设备运行的条件。

在考虑继电保护装置的方案时,要正确处理四个基本要求之间相互联系又相互矛盾的关系,使继电保护方案技术上安全可靠,经济上合理。

1.2.3 配电系统及工矿企业数字型继电保护设计的几点注意事项

(1) 重要配电线路或设备的主保护与后备保护能相互独立运行。

(2) 根据 GB/T 14285—2006《继电保护和安全自动装置技术规程》关于数字型保护的规定,对仅配置一套主保护的设备,应采用主保护与后备保护相互独立的装置。其目的是,不至于导致主保护与后备保护同时不能工作,从而使回路或设备丧失保护。尤其对配电系统重要设备保护的设计,对此要求应当充分加以注意(对电力系统中保护双重化配置的则无此要求)。

(3) 根据不同层系统的通信,需要与不同供货商协调,事先解决好通信规约的统一问题。通信规约需要转换的,由谁来实现转换应尽早予以落实。

(4) 考虑在测控及保护装置集中较多的配电装置(配电间)或区域增设必要的通信管理机来接受/转换传递信息。

(5) 配电系统及工矿企业数字型继电保护宜与测控装置等统一组合在开关柜内的,应优先采用这种形式的保护装置,使装置的综合性价比达到最高。

(6) 根据配电系统的接线和运行要求,适当考虑系统扩建发展和升级的需要。为后续发展留有空间或余地。

第 2 章　常用数字化保护基本原理

2.1　数字化保护构成基本原理及对外接口

2.1.1　配电系统数字化保护概述及基本要求

配电系统微机型保护装置，由于信息可以共享，通常是采用由单片机实现的综合保护装置。在配电系统中常用的有各种纵差、过电压/低电压、低频、定时限过流/过负荷、反时限过流/过负荷、相间功率方向、定时限负序过流/过负荷、负序功率方向、低压闭锁过流、复合电压闭锁过流、阻抗、零序过流、零序过电压、零序功率方向以及各种非电量保护接口器件，还可配打印机及管理机，并提供对外通信接口。保护品种可满足各类主变压器、厂用变压器，以及用户常用主设备所需的保护。

保护装置一般设有运行方式选择开关或按钮，当运行方式选择到“调试”状态时，保护装置即退出运行，调试人员可以使用键盘、显示器以及打印机等对保护装置进行各种调试操作。整定值一般是存放在电可擦写的存储器中，仅需用键盘以十进制数键入新的定值，即可进行定值现场更新。装置应设有键盘按钮（有的在触摸屏操作），通过键盘命令可对保护进行全面检查。

当运行方式选择到“运行”状态时，保护装置投入运行，对被保护设备进行故障检测，保护装置还应有在线检测功能，能自动检查出保护装置的硬件故障，并闭锁所有有关出口信号。在正常运行时，要求装置可进行自检，并设有可区别正常或故障的明确显示；通常通过“随时打印”按钮可根据需要在任意时刻打印运行参数，供运行监视。当被保护设备发生故障时，保护装置应能紧急中断判定故障，并发出相应故障信号，同时启动打印机自动打印各种有关信息，如故障类别或性质、动作的保护、故障时刻、故障前后一段时间内的有关数据等，供故障分析或存档等。

2.1.2　保护的基本构成原理

2.1.2.1　硬件构成简介

微机保护装置硬件系统大致如总框图 2-1 所示。其输入量是根据所装设保护的项目与所采用的保护原理和算法决定的。不同的保护对输入量的要求有所不同，如电动机差动保护需引入机端及中性点侧电流互感器的二次电流。当所采用的保护原理要用到电压量和开关量时还需引入所需的电压量和开关量，另外还有标准直流电压信号 u_{sc} 等。通道输入均由中间隔离变流器或中间隔离变压器形成所需要的适当大小的电压量，通常要求正常额定

情况下为 3～5V，但要兼顾到故障情况下保护精度的要求和装置元器件的承载能力，即不会被损坏。模拟量通常需经过低通滤波器送到采样保持器进行保持。分时转换同时采样的采样保持信号均由采样发生电路发出的采样脉冲控制，以保证微机分时读到的数据是同一时刻的数值。其采样保持的信号是通过模拟多路转换开关逐步分别送到 A/D 模数转换器进行模数转换的，转换后的数据由缓冲锁存电路保存，以备微机读入。前述过程多路转换开关、A/D（Analog/Digital）模数转换均由计算机经地址总线和控制总线进行选址和控制，将读入 A/D 变换后的数据进行计算和判断，并将有关数据及故障处理信号和命令送给相应的外设驱动电路控制执行跳闸、重合或切换、减载等相关的命令或发出报警信号。微机保护配有小型的键盘、显示器及打印机用于实现人机对话，以便能对相关微机保护进行调试、整定和监视检查等。为便于在运行中了解被保护设备的运行情况时，能随时打印出被保护设备的有关运行参数，微机保护装置应设有随即打印命令输入按键。

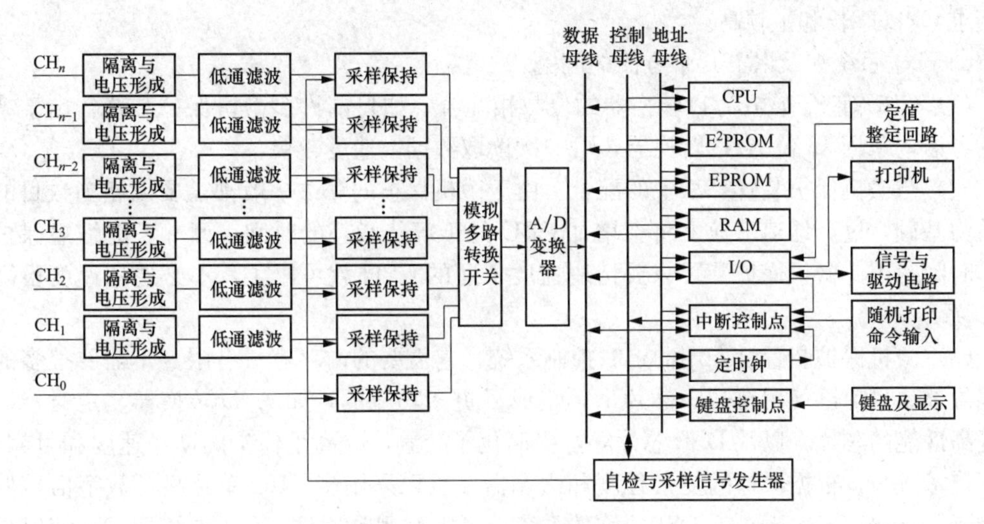

图 2-1　保护硬件系统构成

CH_0～CH_n—模拟量输入通道 0～n

1. 中央处理器（CPU）

微机中央处理器 CPU 常采用 8 位、16 位或 32 位以至 64 位的芯片。为降低造价，往往另外设有紫外线可擦除电可编程的只读存储器（Erasable Programmable Read Only Memory，EPROM）芯片存放程序及其他数据和参数。常用电可擦除电可编写存储器（Electrically Erasable Programmable Read Only Memory，E2PROM）存放保护定值，可根据需要通过键盘予以更改。随机存储器（Random Access Memory，RAM）用于存放采样数据中间计算结果或一段时间内的某些计算结果，且记数单元及标志也用 RAM 来存储。

CPU 系统往往还包括实时时钟、并行输入输出电路或串行通信接口等，具有键盘管理、中断管理、定值管理等功能。CPU 按步骤执行存放在 EPROM 中的程序，对数据进行处理，可完成不同保护要求的继电保护功能。

采样信号发生电路根据保护原理及算法需要常采用 1200Hz 的脉冲，或其他适当频率的采样脉冲。此脉冲信号除用以控制采样保持器外，还作为向 CPU 申请执行保护功能程序的中断请求脉冲信号。

可编程中断控制器（可为单独芯片），用于管理各中断源所产生的中断请求，其主要任务是确定哪一个中断请求的优先权最高然后向CPU发出中断申请。

可编程I/O（Input/Output）输入输出接口用来管理外围设备与CPU之间数据和信号的传输。

微机保护的自检电路用以检查微机的工作是否正常，不正常时即闭锁保护并发出报警信号。

微机保护装置中CPU主系统的选择原则：

（1）CPU能否在两个相邻采样间隔时间内完成必须完成的工作，即CPU的速度问题。衡量速度的一个重要指标就是字长。字长越长，一次所能处理的数据位数越多，处理速度越快；另外，CPU的速度还与其所采用的工作主频率有关，主频越高，CPU速度越快。

（2）CPU与微机保护装置内其他各子系统之间的协调配合也是十分重要的，不能片面追求CPU字长和主频高。

CPU主系统涉及以下几个方面的问题：

（1）CPU字长应与A/D转换器的位数相配合。如目前许多微机保护装置，出于精度上的考虑，采用16位A/D转换器，可一次读取数据，速度较快。

（2）与微机保护装置算法上的配合。由于微机保护的算法一般都需要以相当数目的采样值为基础，过高地追求速度将会增加CPU处于等待状态的时间，而并不能缩短保护的动作时间。因此微机保护装置只要选用速度合适的CPU就可以了，不必选用速度很高的CPU系统。

（3）微机保护装置是专用的定时控制系统，它需要的内存容量有限，不需要很多的地址线位数。目前已使用在同一芯片上，集成了更多功能的，如A/D转换器、定时器、接口等高性能的芯片，以及DSP芯片等，更简化了装置，提高了保护的动作速度和可靠性。随着技术进步，根据保护的复杂程度和组态需要可以采用多CPU单片机—数字信号处理（Digital Signal Processing，DSP）硬件系统，可编程逻辑器件（FPGA/CPLD）使保护更具备集成度高、高速度、高抗干扰能力、性能稳定、设计灵活、电路简化等特点。硬件平台要灵敏和可靠，尽可能减少误动和拒动，并具有很好的网络通信能力，能支持多种通信方式，如现场总线方式、以太网通信等，方便实现与厂站监控系统交换信息，以及更加友好的人机界面，如汉化、图形化显示，甚至采用彩屏液晶等。还需要能根据要求提供很好的辅助功能，如GPS（Global Positioning System）校时、故障录波、打印等。此外，硬件模块化设计，核心模块如采集计算模块与外设模块宜相对独立。

2. 模拟量输入变换系统（A/D）

模拟量输入系统也称数据采集系统（DAS），如图2-2所示。该系统主要包括以下几个部分：

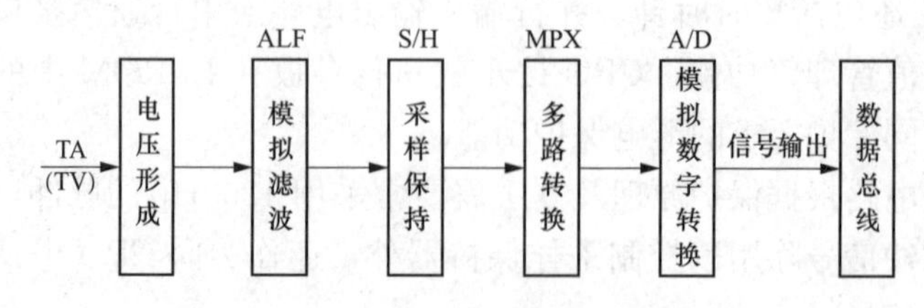

图2-2　模拟量输入系统示意图

（1）电压形成回路。通常是把电力设备电流互感器 TA 或电压互感器 TV 送来的电信号，经过保护装置内部的中间电压互感器、小型电流互感器或辅助电流互感器（电流信号通过其二次接适当电阻变换为电压信号）转变为符合微机保护要求的电压信号。必要时需采取限压保护措施。

（2）模拟滤波（ALF）。模拟滤波通常采用 RC 滤波回路，使用模拟滤波可防止频率混叠，采样频率太高，将对硬件速度提出更多的要求。而微机保护的原理常常是反应工频量或二次谐波分量、三次谐波分量等，因此通常采样频率并不需要很高（某些特殊原理的保护，如间断角原理差动保护要求采样频率较高）。在上述情况下可以在采样前用模拟低频滤波器（ALF）将高频分量滤除，以降低采样频率 f_s，从而降低对硬件的要求。只要求能滤除 $f_s/2$ 以上的分量即可，以消除频率混叠。低于 $f_s/2$ 的暂态频率分量，可通过数字滤波器消除。

（3）采样方式及采样/保持回路（S/H）。

1）采样方式。输入保护装置的是连续时间信号量，而微机保护装置所需的是有代表性的离散时间信号。理论和实际证明，采样频率必须大于被采样信号（带限信号）包含有用频率中最高频率 f_{max} 的 2 倍，才能保证不发生频率混叠现象，保证采样得到的信号真实可用，即 $f_s>2f_{max}$。

采样方式常用同时采样，有时用顺序采样。同时采样有一种是同时采样、同时 A/D 转换（每个通道都设 A/D 转换器）；另一种是最为常用的利用多路开关对各个通道采样值进行 A/D 转换，如图 2-3 所示。

顺序采样如图 2-4 所示，它只设一个公用的采样保持器，电路更为简化，较为经济，但是破坏了多路输入信号离散化的同时性，会给各通道采样值造成时间差，因此适用于采样速度高及 A/D 转换速度快且算法对同时性要求不高的保护，如某些低压配电系统的微机保护（如小电流接地选线保护装置等）。

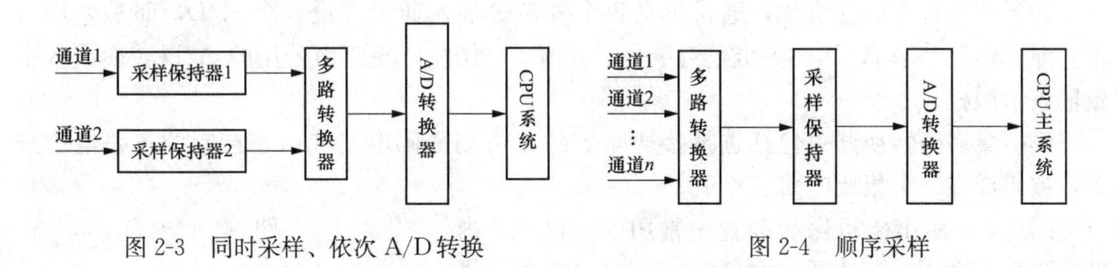

图 2-3　同时采样、依次 A/D 转换　　　图 2-4　顺序采样

采样按通道可分为单通道采样和多通道采样；按采样频率 f_s 和被采样频率 f_1 的关系可分为异步采样和同步采样，f_s/f_1 固定不变的为同步采样，微机保护通常为多通道同步采样。

2）采样保持电路。采样保持是把采样时刻得到的模拟量瞬时值完整地记录下来，并按需要准确地保持一段时间。通过采样保持可将连续时间信号变成离散时间信号序列。采样保持电路每隔一个采样周期 T_s 就测量一次模拟输入信号在该时刻的瞬时值，然后将该瞬时值存放在保持电路里面供 A/D 转换器使用。

采样保持电路的形式很多，其工作原理如图 2-5 所示。它由一个受逻辑输入控制的模拟电子开关 S、电容 Ch 以及两个阻抗变换器所组成。阻抗变换器Ⅰ为低输入阻抗，高输

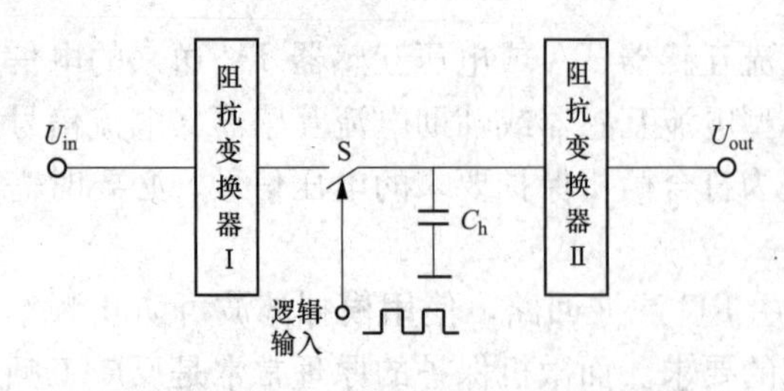

图 2-5 采样保持电路基本工作原理

出阻抗。低输入阻抗的作用是尽量缩短采样时间 τ；高输出阻抗的作用是防止漏电以达到保持时间。阻抗变换器Ⅱ为高输入阻抗，低输出阻抗。使用低输出阻抗可增强带负载的能力。当逻辑输入为高电平时，开关 S 闭合，电路处于采样状态，Ch 被迅速充电或放电到被采样信号在该时刻的电压值；当逻辑输入为低电平时，S 断开，电容 Ch 上保持住 S 断开瞬间的电压，电路处于保持状态。

在采样过程中希望开关 S 闭合时间越短越好，因为 S 闭合的时间越短，电容 Ch 上的电压值就越接近被采样时刻信号的瞬时值。但实际上电容 Ch 的充电是需要时间的，因此开关 S 必须有一个足够的闭合时间（称为采样脉冲宽度），这段时间也可称为采样时间 τ。在这种情况下，采样器的输出是一串周期为 T_s 而宽度为 τ 的脉冲，该脉冲的幅度重现了在时间 τ 内信号的幅值，如图 2-6 所示。

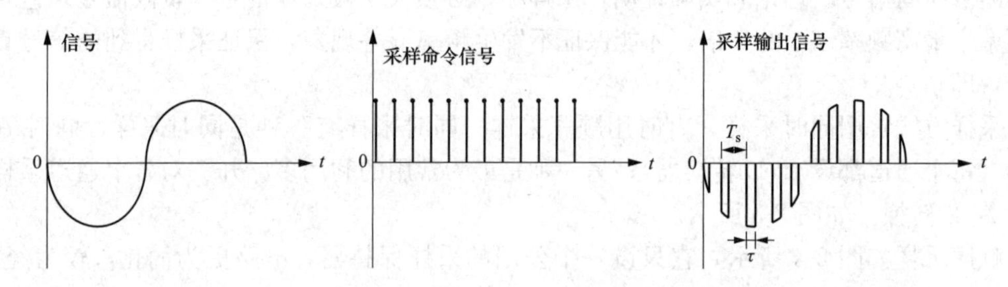

图 2-6 采样保持过程示意图

（4）模拟量多路转换开关（MPX）。

为了获得合理的性价比，通常不是每个模拟量输入通道都设一个 A/D，而是公用一个，即多通道共享 A/D，中间经多路开关（MPX）切换，轮流由公用的 A/D 转换成数字量输入给微机。

模拟量多路转换开关包括选择接通路数的二进制译码电路和由它控制的各路电子开关，被集成在一个集成电路芯片中。

图 2-7 中示出微机保护装置中常用的 AD7506 内部电路组成框图，芯片通过对 A0～A3 四回路由选择线赋以不同的二进制码，选通 S1～S16 模拟电子开关中的某一路，从而将该路接通，使之连至公共的输出端以供给 A/D 转换器。EN 端为片选，当超过 16 路以上时可以通过增加片数，来实现更多回路采样的目的。

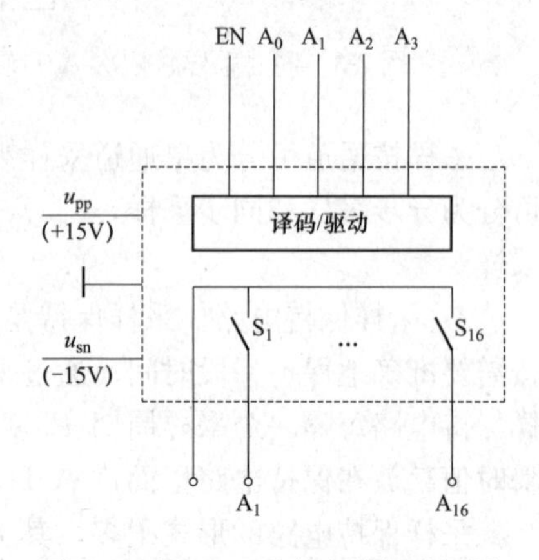

图 2-7 AD7506 内部电路组成框图

（5）模拟数字转换（A/D）。

1）模数转换器的主要性能指标：

a. 输入极性：即仅允许输入单极性信号，还是可以输入双极性信号。

b. 量程：即所能转换的电压范围，如5、10、±5、±10V。

c. 分辨率：衡量对输入量的微小变化反应灵敏程度的指标。通常用数字量的位数来表示，如8、10、12、16位等。分辨率为n位，表示它可以对满量程的$1/2n$的增量来做出反应。

d. 精度：有绝对精度与相对精度两种表示方法。绝对精度是指对应于某个数字量的理论模拟输入值与实际模拟输入值之差。将理论模拟输入值与实际模拟输入值之差用满量程的百分值表示，则称为相对精度，如±0.05%。

e. 转换时间和转换率：完成一次A/D转换所需的时间称为转换时间，而转换率是转换时间的倒数。如转换时间是50ns，则转换率为20MHz。

2）模数转换器（A/D转换器）的一般工作原理。由于微机只能对数字量进行运算，所以模拟电量，如电压、电流等，经采样电路变成离散的时间序列后，还需采用A/D转换器将其变为数字量。

A/D转换器可以认为是一种编码电路，它将输入的模拟量U_A相对于模拟参考量U_R经编码电路转换成数字量输出，即

$$D=(U_A/U_R) \tag{2-1}$$

假定式（2-1）中的数字量D是小于1的数，则可用二进制数表示为

$$D=B_1 2^{-1}+B_2 2^{-2}+\cdots+B_n 2^{-n} \tag{2-2}$$

于是

$$U_A \approx U_R(B_1 2^{-1}+B_2 2^{-2}+\cdots+B_n 2^{-n}) \tag{2-3}$$

$B_1 \sim B_n$均为二进制数，其值只能为“1”或“0”。式（2-3）即为A/D转换器中模拟信号量化的表示式。从此式可以看出编码电路是有限的，即n位。而实际的模拟量公式U_A/U_R却可能是任意值。因而对连续的模拟量用有限长位数的二进制数表示时，不可避免地要舍去比最低位（LSB）更小的数，从而引入一定的误差。显然这种量化误差的绝对值最大不会超过和LSB相当的值。因而A/D转换器编码的位数越多，即数值分的越细，所引入的量化误差越小，分辨率越高。

3）数模转换器（D/A转换器）。因为A/D转换器一般先要用到D/A转换器，所以这里先介绍一下D/A转换器。D/A转换器的作用是将数字量D经一解码电路（下面介绍为T形电阻解码网络）变成模拟电压输出。数字量是用代码按位的权组合起来表示的，每一位代码都有一定的数，即代表一具体数值。因此为了将数字量转换为模拟量，必须将每一位代码按其权的值转换成相应的模拟量，然后将代表各位的模拟量相加，即得到与被转换数字量相当的模拟量，即完成了数模转换。图2-8为按上述原理构成的一个4位D/A转换器的原理图及等效电路。图中电子开关$K_0 \sim K_3$分别受输入四位数字量$B_4 \sim B_1$控制，在某一位为“0”时，其对应开关倒向右侧，即接地；为“1”时，开关倒向左侧，即接至运算放大器A的反相输入端，流向运算放大器反相端的总电流I_Σ反映了四位输入数字量的大小，它经过带负反馈电阻RF的运算放大器，变成电压u_{sc}输出。运算放大器A的反相输入端的电位实际上也是地电位，即放大器Σ的虚地点，因此不论图中各开关倒向哪一边，对图中电阻网络的电流分配是没有影响的，这种电阻网络有一个特点，从图中$-U_R$、a、b、c四点分别向右看网络的等效电阻都是R。等效电路图2-8（b）中已做了分析，a点电位为$\frac{1}{2}U_R$，b点电位为$\frac{1}{4}U_R$，c点电位为$\frac{1}{8}U_R$。相应的图中各电流为：$I_1=U_R/2R$，

$I_2=\frac{1}{2}I_1$，$I_3=\frac{1}{4}I_1$，$I_4=\frac{1}{8}I_1$，各电流之间的相对关系正是二进制数各位的权的关系，因而图 2-8 中的总电流 I_Σ 必然正比于数字量 D。

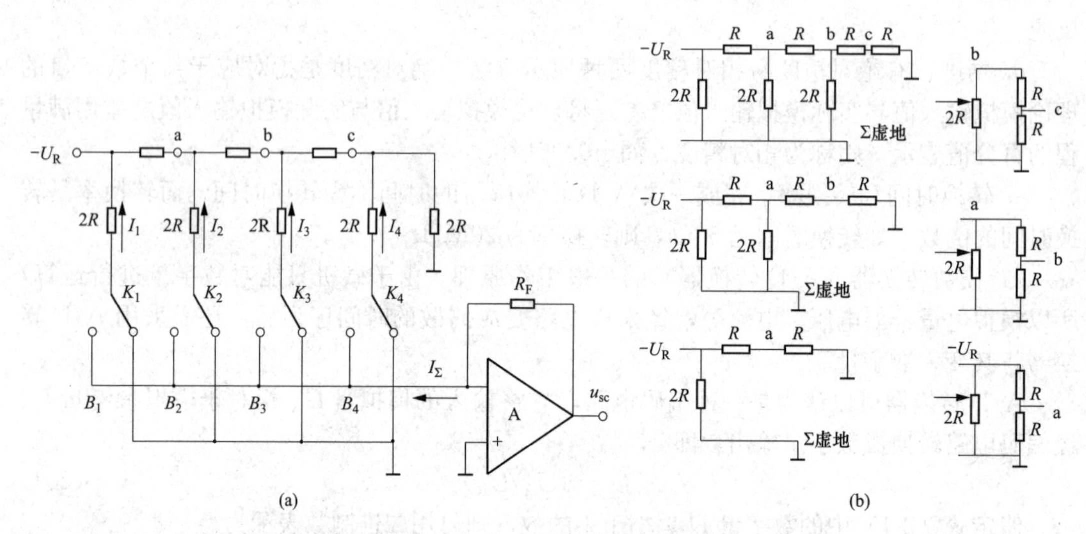

图 2-8　4 位 D/A 转换器原理图举例及等效电路

根据式（2-2），由图 2-8 得

$$I_\Sigma=B_1I_1+B_2I_2+B_3I_3+B_4I_4$$

$$=\frac{U_R}{R}\left(B_12^{-1}+B_22^{-2}+B_32^{-3}+B_42^{-4}\right)=\frac{U_R}{R}D$$

输出电压为

$$u_{sc}=I_\Sigma R_F=\frac{U_RR_F}{R}D \tag{2-4}$$

可见输出模拟电压与输入数字量 D 成正比，比例常数为$\frac{U_RR_F}{R}$。式中，R_F、R 集成电阻可以做得很精确，因而 D/A 转换器的精度主要取决于参考电压或称基准电压 U_R 的精度。在很多芯片的内部设有一个温度补偿的齐纳二极管稳压电路，将外加给芯片的电源电压经过进一步稳压后提供 U_R，因而精度很高。微机选线系统用 D/A 转换是为了实现 A/D 转换，而在实际应用中都选用包含有 D/A 转换部分的 A/D 转换芯片。

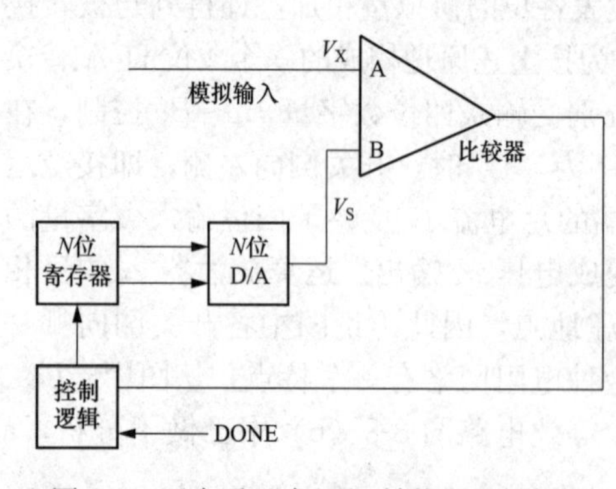

图 2-9　逐次逼近式 A/D 转换器逻辑框图

4）逐次逼近式 A/D 转换器。其逻辑图如图 2-9 所示，控制逻辑能实现类似于对分搜索的控制，它先使最高位（二进制）$D_{N-1}=1$，经 D/A 转换后得到一个整个量程一半的模拟电压 V_S，与输入电压相比较，若 $V_X>V_S$，则保留这一位；若 $V_X<V_S$，则使这一位清零。然后使下一位 $D_{N-2}=1$，加上上一次的结果一起经 D/A 转换后与 V_X 相比较……，重复这样的过程直至使最低位 $D_0=1$，加上前面各位数的结果，再与 V_X 相比较，由 $V_X>V_S$ 还是 $V_X<V_S$ 来决定是否

保留这一位（D_0）。这样经过 N 次比较后，N 位寄存电路的状态即为转换后的数据。这是一种高速的 A/D 转换电路，也是在与计算机接口时应用得最广、最普遍的一种电路。从逻辑框图分析中可以看出，逐次逼近法寄予每个二进制位加权以后进行试算，即从最高有效位（MSB）到最低有效位（LSB）。这种方法只要极少几步试算就能得到该未知数，将假定比较器对于指明“大于”或“小于”情况仍然是适用的。

用二进制加权的方法来完成各次测试，根据每次加权后的总值与未知量的比较情况决定是否把二进制权加到总数上。表 2-1 是由 8 位转换器把一个十进制数 115 转换成对应的二进制数，由于在逐次逼近法中应用了二进制位的权，因此表 2-1 提供的资料很容易把十进制数 115 转换成一个正确的二进制数，其方法是：把权加入总和的那一位的位置置“1”，而把权不加入总和的那一位的位置置“0”。

表 2-1　　十进制数 115 转换成对应的二进制值

试验值		响应情况	总和
2^7	128	太高，不加入总和，置“0”	0
2^6	64	太低，把 64 加入总和并继续进行，置“1”	64
2^5	32	64＋32＝96 仍太低，把 32 加入总和，置“1”	96
2^4	16	16＋32＋64＝112 仍太低，把 16 加入总和，置“1”	112
2^3	8	8＋16＋32＋64＝120 太高，不把 8 加入总和，置“0”	112
2^2	4	4＋16＋32＋64＝116 太高，不把 4 加入总和，置“0”	112
2^1	2	2＋16＋32＋64＝114 太低，把 2 加入总和，置“1”	114
2^0	1	1＋2＋16＋32＋64＝115 正好，把 1 加入总和，置“1”	115

十进制数 115 被转换成二进制数为 01110011。

逐次逼近法把 115 转换成相应的二进制数只需要做 8 次，因此对于一个 12 位的 A/D 转换器，使用逐次逼近法技术仅需要 12 次就能得到 0～4096 之间的任何一个整数值。

在逐次逼近法转换器中，利用一个 D/A 转换器，为在每次加权时提供一个试验电压，为提高速度，D/A 转换器一般是由硬件完成的。

这种转换器的工作原理原则上只适用于单极性输入电压，而交流电压、电流均是双极性的。为了实现对双极性模拟量的模数变换，需要设置一个直流偏移量，其值为最大允许输入量的一半，将此直流偏移量同交变的输入量相加变成单极性模拟量后再接到比较器。但这种接法允许的最大电压输入值将比单极性时缩小一半，而且这种接法中 A/D 转换器的输出必须减去所加的偏移分量才能还原成真实的结果。这可由软件实现，也可由 A/D 转换器的最高输出位接反相器来实现。

5）对 A/D 转换器的主要要求。目前大规模集成电路的 A/D 转换芯片种类繁多，选择哪种 A/D 芯片才能适应系统的需求，只要考虑两个指标：①转换时间；②数字输出的位数。对于转换时间，由于各通道公用一个 A/D，至少要求所有的通道轮流转换所需的时间总和小于采样时间间隔 T_s，若在此系统中一工频周波采样 16 个点，那么 T_s＝1.25ms，若以 20 个通道计算，则要求转换时间小于 75μs。而 AD574 转换时间为 25μs，符合系统要求。多 A/D 转换方式对转换时间要求不高。另外，对转换时间的要求和 A/D 芯片与 CPU 主系统的接口方式也有密切关系。

至于 A/D 的位数，它决定量化误差的大小，应满足输入大信号时，A/D 不饱和，其峰值不溢出；而输入小信号的峰值必须大于1LSB，否则输入小信号正弦量时，A/D转换输出始终为零，这就要求A/D有近200倍的精确工作范围。实际上，对于交变的模拟输入不论有效值多大，在过零附近的采样值总是很小，因而经A/D转换后的相对量化误差可能相当大，这样将产生波形失真。但是只要峰值附近的量化误差可以忽略，这种波形失真所带来的谐波分量可用数字滤波来抑制。经验表明，采用12位A/D配合数字滤波可以做到约200倍精确工作范围。

当某些微机保护装置的CPU主系统中自身就包含数路A/D转换器及相应的采样保持电路和多路转换器，如通道满足要求，就不需再另外设计这些电路了。

6）模拟量输入系统与CPU主系统的接口方式：

a. 程序查询方式。程序查询方式的基本过程是通过定时器控制采样间隔时间，当定时器发出采样脉冲后，向CPU请求中断。CPU响应中断后，启动A/D转换器，通过多路模拟开关逐次对各路通道信号进行A/D转换。CPU将A/D转换的结果存入RAM中相应地址。在A/D转换期间，CPU将一直监视A/D转换状态。当最后一路信号转换和储存完毕后，CPU将多路转换开关重新切至第一通道，以便下一轮的采样中断时使用。每个循环A/D转换储存过程完成以后，CPU执行中断服务程序的其他内容（或返回中断，执行微机保护功能所要求的其他程序），并等待下一次定时器发出的采样脉冲。

查询方式的主要缺点是，在多通道数据被转换的过程中，CPU一直处于等待状态，这部分时间实际上是被浪费了，这种方式一般适用于快速A/D转换器而通道路数不多的场合。

b. 中断方式。中断方式也是利用定时器控制采样间隔时间，其特点是在A/D转换期间，CPU不是反复查询，等待A/D转换完成，而是转向其他数据处理程序段。当A/D转换完成后，由A/D转换器发出中断请求，CPU响应中断，开始执行另一个优先级别更高的中断服务程序。在此之后数据处理程序将不断地被A/D转换完成请求中断所打断。每次执行定时器中断服务程序过程中，它被A/D转换完成请求中断所打断地次数等于通道数。

当最后一个通道转换完成后，在A/D转换完成中断服务程序中，将多路转换开关重新切至第一通道，以便下一次采样时使用。

中断方式中，在A/D转换期间，CPU不是处于消极等待状态，而是去处理其他一些事务，这样就充分利用了A/D转换这段时间。但是A/D转换器每完成一次转换就要请求一次中断，这使CPU要额外消耗一些时间用于保存现场、恢复现场、执行与中断复位有关的指令，中断方式仅在A/D速度慢而CPU速度快时才值得采用。

3. 数字滤波电路

微机保护装置是根据数据采集系统采样所得的数据对被保护系统的状态进行判断，从而决定保护装置动作与否。在电力系统中，由于受到暂态过程和各种谐波源的影响，输入到保护装置的被采样波形中不仅含有计算机保护动作特性所需的有用信息，还包含了一些与计算机保护特性无关的无用信息。为了使微机保护装置能正确判断被保护系统所处的状态，保证保护动作的可靠性，微机保护装置必须滤去其中无用成分保留其有用信息。除前面介绍过的模拟滤波器外，还有用软件实现的，基于数学运算的数字滤波器。相比较而言，数字滤波器实现起来比较灵活。数字滤波器是以软件形式实现的，一旦程序调试正

确，只要能保证程序和初始设计时一致，即可保证滤波器功能的实现。目前数字滤波器在微机保护装置中已得到广泛的应用，一种处理办法是通过数字滤波滤去不需要的频率成分，只保留有用频率供保护分析计算判断；另一种更为简单的办法是只计算有用频率信号（如工频或二次谐波等），这实际上也使其他信号被滤除。由于数字滤波器的理论比较复杂，篇幅关系不再一一细述。

4. 开关量、数字量输入/输出系统

（1）开关量输入回路。

1）来自断路器、隔离开关等开关设备以及有关继电器触点的开关信号。这类触点一般从外部经过端子排引入保护装置，它们一般需经光电隔离后再经并行接口进入 CPU 系统。这样就可以将带有电磁干扰的外部接线回路和微机的电路部分相互隔离。图 2-10 为开关量输入回路接线图，表示了外部触点与 CPU 的连接。

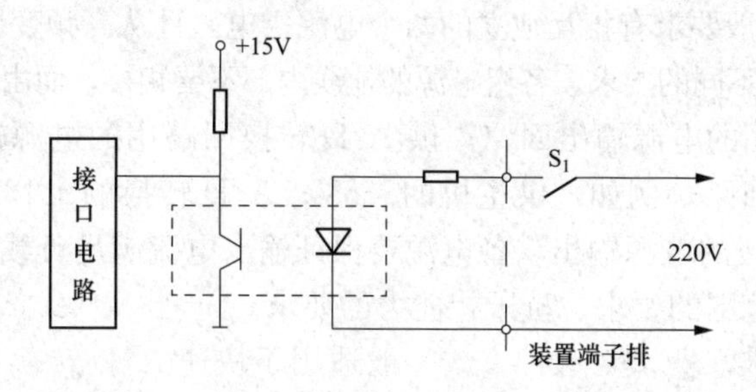

图 2-10 开关量输入回路接线图

2）开关量触点来自调试或运行过程中定期检查装置使用的键盘及切换装置的转换开关等触点，这些触点一般安装在装置面板上，对于这一类触点可直接通过通用并行接口进入 CPU 系统。

（2）开关量输出回路。

开关量输出回路主要包括保护的跳闸出口以及本地和中央信号等。一般都采用并行接口的输出口来控制有触点继电器的方法，但为了提高抗干扰能力，最好也经过一级光电隔离，如图 2-11 所示。图中，当通过软件使并行接口的 A 端子输出 0，B 端子输出 1，则与非门输出低电平，光敏三极管导通，继电器 K 闭合。

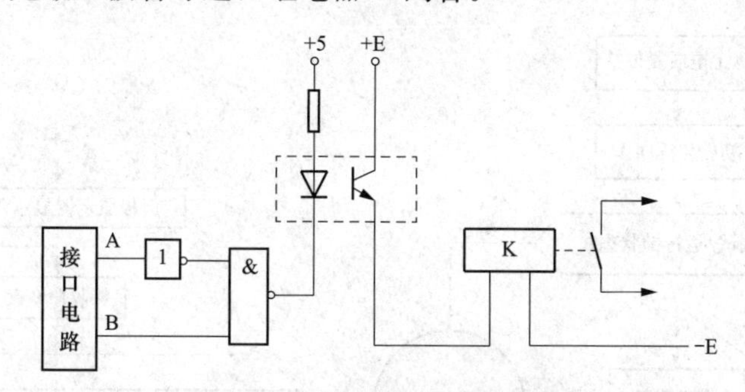

图 2-11 开关量输出回路接线图

A 经反相器，B 不经反相器，可防止拉合直流电源过程中的短时误动。由于微机保护装置往往有大量的电容器，所以拉合直流电源时，有可能使 K 触点短时闭合。由于两个相反条件制约，可以有效防止误动。采用与非门后也增强了抗干扰能力。

设置反相器和与非门的另一个原因是并行接口芯片一般驱动能力有限，不足以直接驱动发光二极管。

初始化或继电器 K 返回时，应通过软件使并行接口的 A 端子输出 1，B 端子输出 0。

5. 稳压电源电路

电源贯穿所有部件，一般采用高频开关电源，由蓄电池直流 110V 或 220V 逆变成高频（如 20kHz）电压后经高频变压器隔离的开关电源，如图 2-12 所示。这种电源的特点是体积小、效率高、稳压性和抗干扰能力都很强。

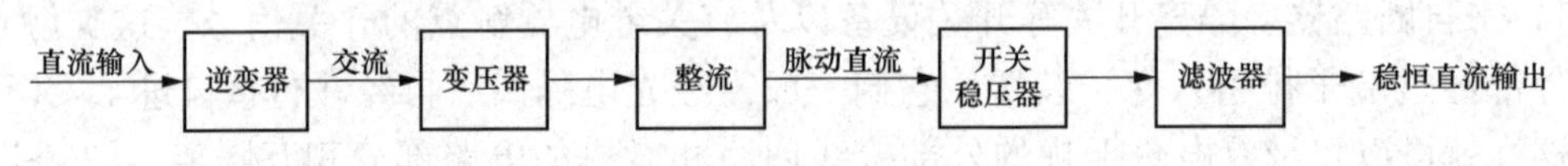

图 2-12　逆变高频开关电源结构示意图

数字式保护装置一般要求有相互独立的两个电源供电。且从高频变压器的二次绕组开始，应有多个独立绕组承担不同的要求。各组电源的地线内部不要相接，而由外电路要求决定。

通常应有供微机用的电源输出回路；供 A/D 转换回路用的电源输出回路；供继电器动作必需的电源输出回路。例如：供主机的＋5V；A/D 转换的±15V；及继电器动作回路的 24V 三个电压等级的电源输出。各电源要保证输出电流满足负载容量要求、纹波系数及输入电压允许波动范围的要求、抗干扰能力的要求。

2.1.2.2　软件结构简介

除人机界面程序外，保护软件一般主要由运行监控程序、调试监控程序、继电保护功能程序等模块组成，各模块之间的关系如图 2-13 软件系统总框图所示。当面板上“调试-运行”键在调试位置时，接通电源或按系统复位键，装置就进入调试监控程序。若面板上“调试-运行”键在运行位置，装置则进入运行监控程序，经静态自检后，即可执行保护功能程序和动态自检程序。

1. 调试监控程序

当进入调试监控程序后，显示器应有显示标志，标志着程序在监视键盘，等待输入命令。调试监控程序如图 2-14 所示，调试人员即可通过面板上的（或外接的）键盘、显示器、打印机进行装置的检查或定值修改。

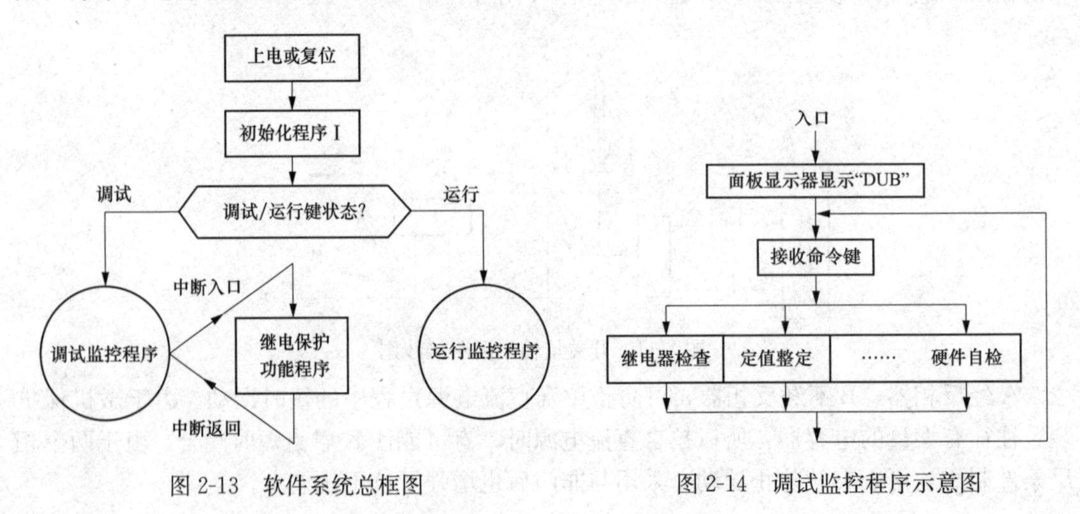

图 2-13　软件系统总框图　　图 2-14　调试监控程序示意图

面板上的键盘大多具有两种以上的功能，用来输入命令和数据。显示器由数码管或液晶显示器或触摸屏组成，可分为“地址段”和“数据段”。

调试监控程序设有多种命令。调试监控程序可由数据说明模块、公共子程序模块、命令子程序模块、调试监控程序模块四个模块组成。数据说明模块定义程序中采用常数及变量；公共子程序模块的级别最低，可由命令模块及主程序模块调用；命令子程序模块实现各键盘上命令的功能，可由主程序调用，平常 CPU 是在主程序中循环。

CPU 进入调试监控程序后首先关闭中断，使一切硬件中断，包括功能中断程序都不准进入，从而对调试监控程序用的栈区及运行的栈区进行初始化，然后在显示器上立即显示，并搜索键盘上是否有命令输入及判别命令是否有效，再按不同的命令键，调用不同的命令子程序模块。CPU 执行完一条命令后，又进入等待下一条命令的状态，如果命令键按错或在命令执行中出现其他操作错误，显示器应示出错误标志，可再重新输入正确的命令。

2. 运行监控程序

由图 2-13 软件系统总框图可知，当调试/运行键在运行监控状态时，系统复位或加电后，装置即进入运行监控程序。首先进行静态自检，继电保护程序初始化，然后打开中断，并且保护功能程序在每个采样周期都会以中断方式执行一次动态自检。

运行监控程序可设子程序模块、静态自检模块、动态自检模块、出错处理模块。子程序模块级别最低。运行监控程序示意如图 2-15 所示。

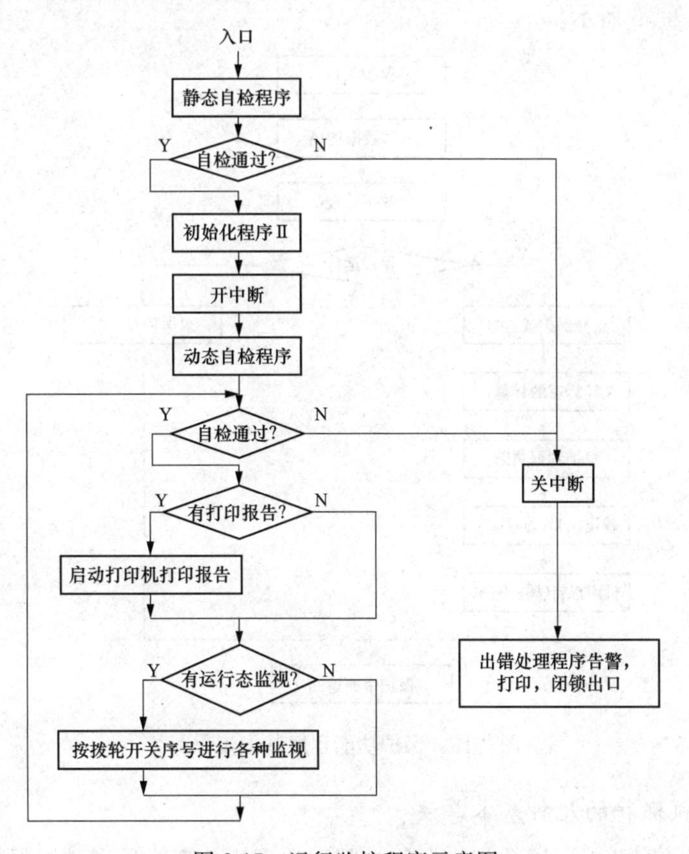

图 2-15　运行监控程序示意图

（1）静态自检程序在继电保护功能程序未执行的情况下完成对装置EPROM区自检、数据采集系统自检的功能，以及继电保护程序要求的初始化。

当保护装置进入监控程序后，首先将静态自检程序所用的各内部缓冲器、暂存计数单元，及外部接口（如8255、8279等）初始化，并关中断，然后进行静态自检。如果自检中某一项没有通过，则置静态自检出错标志，然后动态停机。如果静态自检全部通过，则进行整个装置的初始化，及有关接口的初始化并开中断，可打印系统运行标志。

在开中断后，CPU则可响应中断申请，包括中断功能程序及中断服务程序。在执行完全部中断程序后CPU返回到运行监控程序，进行动态自检。

（2）动态自检程序是在执行保护功能程序的同时对保护装置进行自检，包括保护功能程序自检，动态数据采集系统自检。

如果动态自检连续三次未通过，则关闭中断，置动态自检出错标志，并重投。如果重投三次后，动态自检仍然未通过则动态停机。停机打印出其原因，发“装置故障”信号，闭锁所有出口命令。转向调试监控程序，以备检修。

（3）出错处理程序可完成在自检未通过时所需进行的各种处理，包括软件重投、动态停机等。

3. 保护功能程序

虽然各种保护原理不同，算法也各异，但流程基本一致。一般包括：输入信号的A/D转换，必要的数字滤波处理，电气参数的计算分析，各个判据的实现，以及保护动作出口的输出等，如图2-16所示。

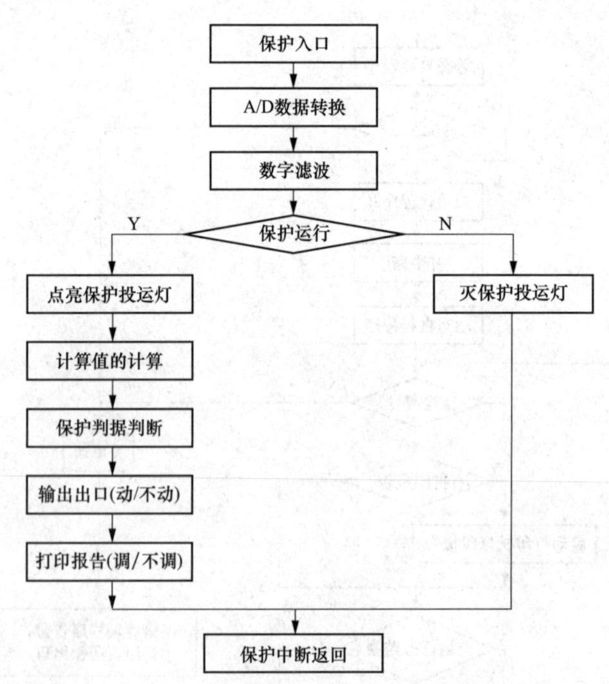

图2-16　保护功能程序基本流程图

2.1.3　微机保护的几种基本算法

下面介绍配电网及工厂用数字式保护中用到的算法。算法是指微机保护装置根据采用

所得到的数据进行计算、分析与判断，以实现各种保护功能的方法。算法是通过程序的形式来表现的。目前微机保护中常用的算法有两类：①根据输入电气量的若干点采样值，通过一定的方法计算出其反应的量值，然后与整定值进行比较；②根据输入电气量的采样值直接判断是否处于动作区内，而不是计算出其具体量值。由于计算机特有的数学处理和逻辑判断功能，使微机保护性能明显提高。

衡量一个算法是否优越的标准主要是精度和速度。算法的速度由两个因素决定：①算法所需的采样点数（称数据窗长度）；②算法本身的运算工作量。一般来说，为保证精确计算，往往要使数据窗长度加长，并加大运算工作量而影响运算速度，所以算法研究中一个重要问题是要在精度和速度之间作出权衡。

1．正弦函数模型的算法

正弦函数模型的算法是假设被采样的电压、电流信号只是频率已知的正弦波，不含其他分量，计算出正弦电压、电流幅值和相位的方法常用以下两种：

（1）两点算法。

一个正弦量可由频率、幅值和相位三个参数决定，其实只需其中两个采样值即可。为计算方便起见，一般取相距 $\pi/2$ 的两点。

假定一纯正弦的电流信号，对其采样后可表示为

$$i(nT_S) = \sqrt{2}I\sin(\omega nT_S + \alpha_0) \tag{2-5}$$

式中　ω——角频率；

I——电流有效值；

n——采样时刻；

T_S——采样间隔；

α_0——$n=0$ 时电流相位角。

设 i_1 和 i_2 为两个采样时刻 n_1 和 n_2 时的采样值，且

$$\omega(n_2T_S - n_1T_S) = \pi/2$$

即 n_1 和 n_2 两采样时刻相隔 $\pi/2$，于是

$$\begin{aligned} i_1 = i(n_1T_S) &= \sqrt{2}I\sin(\omega n_1T_S + \alpha_0) \\ &= \sqrt{2}I\sin\alpha_1 \end{aligned} \tag{2-6}$$

$$\begin{aligned} i_2 = i(n_2T_S) &= \sqrt{2}I\sin\left(\omega n_1T_S + \alpha_0 + \frac{\pi}{2}\right) \\ &= \sqrt{2}I\sin\left(\alpha_1 + \frac{\pi}{2}\right) = \sqrt{2}I\cos\alpha_1 \end{aligned} \tag{2-7}$$

式中　α_1——n_1 采样时刻电流的相位角。

将式（2-6）和式（2-7）平方后相加得

$$2I^2 = i_1^2 + i_2^2 \tag{2-8}$$

可求得有效值

$$I = \sqrt{\frac{i_1^2 + i_2^2}{2}} \tag{2-9}$$

将式（2-6）和式（2-7）相除得

$$\tan\alpha_1 = i_1/i_2 \tag{2-10}$$

可求出相位角。

以上两式表明，只要知道任意两相隔 $\pi/2$ 的正弦量之瞬时值，就可以计算出该正弦量的有效值和相位。

本算法利用了两个相距 $\pi/2$ 的采样值，所以其数据窗长度为1/4周期，采用1/4周期数据窗的两点算法应用较为简便。

这种算法假设输入量为纯正弦波，所以对于有暂态分量的电气量应先进行数字滤波。本算法主要用于动作时间长或故障量中含暂态分量小的场合，如用于配网系统的电压、电流保护。

(2) 导数算法。

导数算法可利用输入正弦波及其导数，计算正弦量的有效值和相位。以电压为例，设 u_1 为 t_1 时刻的电压瞬时值，即

$$u_1 = \sqrt{2}U\sin(\omega t_1 + \alpha_0) = \sqrt{2}U\sin\alpha_1 \tag{2-11}$$

则该时刻电压的导数为

$$u_1' = \omega\sqrt{2}U\cos(\omega t_1 + \alpha_0) = \omega\sqrt{2}U\cos\alpha_1 \tag{2-12}$$

由以上两式，可得出

$$2U^2 = u_1^2 + (u_1'/\omega)^2 \tag{2-13}$$

将式（2-11）和式（2-12）相除得

$$\tan\alpha_1 = \frac{u_1\omega}{u_1'} \tag{2-14}$$

只要已知 u 在 t_1 时刻的采样值及该时刻该值的导数，即可算出有效值和相位。在对电压进行采样后，导数值可用下式计算

$$u_k' = \frac{u_{k+1} - u_{k-1}}{2T_S} \tag{2-15}$$

式中 k——采样序号；

u_k'——相应于第 k 个采样点的电压导数值；

u_{k+1}——第 $k+1$ 个采样点的电压采样值；

u_{k-1}——第 $k-1$ 个采样点的电压采样值。

利用上述方法计算导数，算法的数据窗长度为2个采样间隔，即3个采样点。

导数算法是利用了正弦量的导数与其自身具有90°相位差的性质，所以它与两点算法本质上是一致的。但导数算法可使数据窗缩短，有利于保护动作的加快。其缺点是导数将放大高频分量，如不另外利用差分近似求导，则需较高的采样率以减小误差。一般对于50Hz的正弦波，采样率高于1000Hz才可满足要求，如1200Hz。

2. 周期函数模型的算法

电力系统在故障情况下的输入信号一般都不是纯正弦波形，所以要利用上述两种算法必须先经过数字滤波。本节介绍的算法是以周期函数模型为基础的，或是可以近似作为周期函数模型处理。在各种周期函数模型的算法中，最常用到的是傅立叶算法。

傅立叶算法是在傅立叶级数的基础上发展而来的。在傅立叶级数算法中，假定输入信号是一个周期性的时间函数，该周期函数由基波、各种整数次谐波及不衰减的直流分量组成。根据傅立叶级数的展开式，该信号中的基波分量 x_1（t）可以写成以下形式

$$x_1(t) = a_1\cos\omega t + b_1\sin\omega t \tag{2-16}$$

其中

$$a_1 = \frac{2}{T}\int_0^T x(t)\cos\omega t\,\mathrm{d}t$$

$$b_1 = \frac{2}{T}\int_0^T x(t)\sin\omega t\,\mathrm{d}t$$

由式（2-16）可推出基波分量 x_1（t）的有效值和初相角，即

$$X_1^2 = a_1^2 + b_1^2 \tag{2-17}$$

$$\tan\alpha_1 = \frac{b_1}{a_1} \tag{2-18}$$

而傅立叶级数算法用于微机保护时，CPU 是对离散的采样值进行计算的，此时，实用的基波 a_1、b_1 的算法为

$$a_1 = \frac{2}{N}\sum_{k=1}^{N} x_k\cos k\,\frac{2\pi}{N} \tag{2-19}$$

$$b_1 = \frac{2}{N}\sum_{k=1}^{N} x_k\sin k\,\frac{2\pi}{N} \tag{2-20}$$

式中 N——每周期采样次数（如 12 点）；

x_k——第 k 次采样值（实际应用中为 i_k、u_k 等）。

对 n 次谐波，$x_n(t)=a_n\cos n\omega t+b_n\sin n\omega t$，实用的 n 次谐波 a_n、b_n 算法如下

$$a_n = \frac{2}{N}\sum_{k=1}^{N} x_k\cos kn\,\frac{2\pi}{N} \tag{2-21}$$

$$b_n = \frac{2}{N}\sum_{k=1}^{N} x_k\sin kn\,\frac{2\pi}{N} \tag{2-22}$$

同理，n 次谐波的幅值和相位为

$$X_n^2 = a_n^2 + b_n^2 \tag{2-23}$$

$$\tan\alpha_n = \frac{b_n}{a_n} \tag{2-24}$$

如果输入信号确是由基波、各整数次谐波及不衰减的直流分量所组成，则用傅氏算法可以准确地求出基波分量或各整数次谐波分量的幅值大小和相位。但实际的输入波形往往是由基波、各整数次谐波及按指数规律衰减的直流分量所组成。当分布电容引起的分数次谐波的频率远远高于傅氏算法中所计算的基波或某次谐波的频率时，傅氏算法对这些分数次谐波有较强的抑制作用。对于目前的输电线路，分数次谐波的频率一般在 150Hz 以上。当使用傅氏算法计算基波时，可以认为傅氏算法有很好的滤波能力。但衰减的直流分量实质上是一个非周期分量，其频谱将是一个连续频谱，这个频谱中所包含的基频分量将会给基波分量的计算带来误差，应当予以注意，必要时应改进滤波措施。

傅氏算法每经过一次采样，就可用新一次的采样值与前 $N-1$ 次采样值一起计算出基波或某次谐波的幅值和相位，这是傅氏算法的突出优点。但是傅氏算法所需的数据窗较长，为 20ms，故此算法又称全波傅氏算法。也就是说，必须等到故障后第 N 个采样值被采入，计算才是准确的（在此之前，N 个采样值中一部分是故障前数据，另一部分是故障后数据，其计算结果无法反映真实的故障电量值）。

电力系统在运行中发生故障，系统基频将偏离工频，这会给傅氏算法带来较大的影响，可采用频率同步跟踪技术来保证傅氏算法的准确性。

2.1.4 保护出口及对外接口

1. 保护出口

（1）跳闸出口方式：

1）按保护配置的要求，不同的出口要分别设独立的出口继电器。

2）出口继电器的触点数量与开断容量应满足断路器跳闸回路可靠动作的要求。

3）如要求出口继电器具有自保持功能时，该继电器的自保持线圈的参数应按断路器跳闸线圈的动作电流选择，灵敏系数宜大于2。

微机保护出口元件常用干簧继电器和微型中间继电器。

由于配电系统的保护是由多种保护组成的综合保护方案，为简化接线，一般各保护不单独设出口回路，而按保护出口要求可设总出口回路，另外对多绕组变压器按保护要求可设分出口回路。常用的方法是按保护的选择性要求，利用各保护的出口元件触点启动各分出口回路或总出口回路。

微机型保护由于主CPU芯片接口输出功率的限制往往不能直接启动较大功率的继电器，而是通过可编程专用芯片启动保护中间或信号继电器，然后由保护继电器接点重动出口中间继电器动作于跳闸或作用于其他输出的需要（如作用于远动或其他闭锁等功能）。保护出口回路在数字式保护中可以采用软压板投退方式，以减少屏面布置的困难。但出口跳闸回路必须使用硬连接片进行投退，有明显的断开点。出口回路的划分则应以保护功能和动作指向以及被保护设备的安装单位等情况设计分出口，分出口的动作对象则应根据需要装设，其动作对象明确只动作于一定的范围，如三绕组变压器可设高、中、低各侧的分出口。分出口的作用可缩小故障时的切除范围，有利于较快恢复正常运行。另一种为总出口，如变压器纵差保护动作必须动作于全跳。是否需要装设分出口及总出口应视具体工程情况而定。

（2）信号出口方式。当保护装置放在就地或控制室时，均设就地信号和远方信号。远方信号包括动作于中央信号装置的音响信号及在控制屏（台）或显示器上的光字牌信号。当发电厂或变电站采用计算机监控时，即应向计算机接口输送触点或串行信号。信号回路应满足如下要求：

1）动作可靠、准确，不因外界干扰误动作。

2）信号触点数量和开断容量应满足回路要求，接线力求简单可靠。

3）信号回路动作后，应自保持，待运行人员手动复归。保护装置屏内动作信号常为发光二极管、数码管或液晶显示等型式，引出触点常为微型中间继电器触点。

4）微机型保护宜尽可能信息共享，充分利用串行口通信方式，以减少有限的继电器接点接线和端子排的数量。

2. 对外接口

保护对外接口主要包括交流回路接口，开关量输入、输出回路接口，直流跳闸出口回路接口以及通信回路接口，故障录波回路接口，电源回路接口等。

交流回路接口主要有电流互感器与电压互感器的二次输入回路的接口，设计应注意标明主设备的容量，TA、TV的变比，以便保护装置内部交流模块与之配合，特别是确保差

动保护各侧的电流量相互平衡。

开关量的输入与输出回路，主要是指保护装置所需要外部提供的断路器及隔离开关的辅助接点以及与外部相关的保护闭锁或联动接点等。

跳闸出口回路接口，其接点输出容量一般要求较大，往往采用干簧继电器或接点容量足够大的中间继电器，并且应根据需要满足自保持的要求。跳闸出口回路应设连接片，以便跳闸回路的投退。

通信接口，特别是数字型保护，包括并行接口和串行接口。并行接口一般每种保护不宜超过三对接点，以尽可能减少要求保护安装小型继电器的数量，并减少装置内外接线的困难。应尽可能充分利用串行口的信号，要及早拟定好通信规约，必要时设置规约转换。

电源回路接口，包括直流电源或不停电电源及保护屏内所需要的交流辅助电源。

2.1.5　微机型保护构成实例

MDM-B1（A）系列分布式成套微机型保护测控装置用于综合自动化模式的变电站，也可以用于常规监控的变电站中的馈电线路（架空线、电缆线）、配电变压器（接地变压器、站用变压器）、并联电容器、高压电动机等，作为保护监控装置。在此以该装置为例进行介绍。

1. 装置功能

MDM-B1（A）系列分布式成套微机型保护测控装置是集保护、测量、控制、通信功能于一体的分布式微机成套保护测控装置，非常适合于组成全分布、全分散、网络通信方式的变电站综合自动化系统。其功能如下：

（1）保护功能。按不同的保护对象分成馈电线、配电变压器、电容器、电机等几个保护品种，每个品种配有齐全的保护功能。

（2）测量功能。能测量电压、电流、有功、无功和累积电度量等电气参数，与脉冲电能表接口，能采集有功电量、无功电量，并能采集开关位置等遥信量。

（3）控制功能。可配有操作继电器模件，并可通过网络通信方式和触点连接方式控制断路器的跳、合闸操作。

（4）通信功能。带有隔离的 RS485 通信接口，全面支持 IEC 60870-5-103 通信规约，通过 RS485 网络接口，完成“四遥”功能，装置还带有调试通信口，通过专用的调试接口盒可连接调试用 PC 机。

（5）辅助功能。带有实时时钟、事件记录、保护功能的远方投退和定值修改、联机调试等功能。

各种具体功能将在以后有关章节详细叙述。

2. 硬件组成

MDM-B1（A）系列分布式成套微机型保护测控装置由五块模件组成，分别是交流变换模件、主模件、面板模件、操作模件、电源与继电器模件，其中交流变换模件和电源与继电器模件这两个模件与装置的后盖板固定在一起，采用后插式，其余三个模件从装置的前面插入，主模件与交流变换模件和电源与继电器模件之间采用带自锁功能的扁平电缆连接器，实现柔性连接，抗振动性能强。其硬件原理结构图如图 2-17 所示。

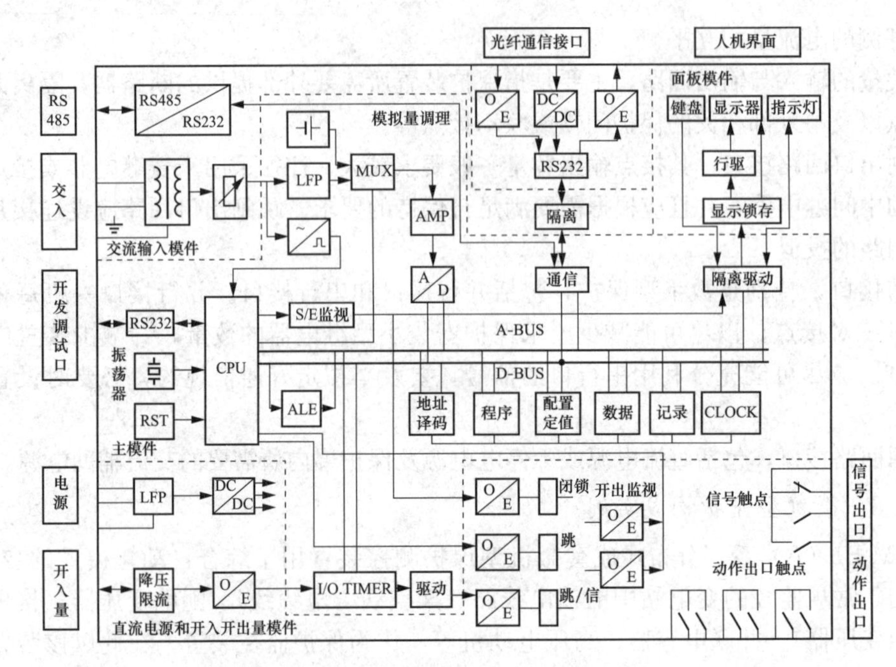

图 2-17　硬件原理结构图

CPU—中央处理单元；A-BUS—地址总线；D-BUS—数据总线；LFP—低通滤波回路；MUX—多路转换；AMP—放大器；A/D—模数转换；ALE—地址锁存允许输出；DC/DC—直流电源变换器；RS485/RS232—通信接口转换；O/E—充电隔离转换；CLOCK—时钟电路；I/O. TIMER—开入量及触发计时器

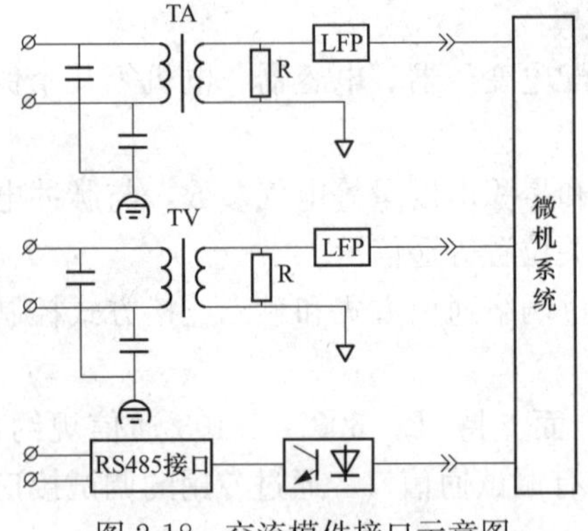

图 2-18　交流模件接口示意图

(1) 交流输入模件。最多安装 9 个电流互感器（TA）或电压互感器（TV），用以将外部输入的大电流、电压强电信号转换为微机芯片能接受的弱电信号。本模件上还带有光电隔离的 RS485 网络接口电路。交流模件接口示意图见图 2-18。

(2) 直流电源和开入开出量模件。本模件有三大功能：①DC/DC 电源模块，它将直流 220（110）V 电压变换为装置内部所需的 5、±15V 和 24V 电压；②用于开入量输入的光电隔离回路，共有 13 路输入，其中 2 路用于电度脉冲量输入，9 路用于开关位置等遥信量的输入，2 路用于信号复归和联锁信号等的输入；③光电隔离的开出量输出回路和出口继电器，共有 9 个继电器，3 个固定为信号触点输出，6 个为跳闸出口输出（其中 1 个可选择为信号触点输出）。

(3) 主模件。该部分采用表面安装技术，所有元件安装在一块六层板上，以 Intel 公司增强型 16 位单片机为核心，辅以大规模可编程逻辑器件，构成一个功能强大的微机系统，还包括用于存放程序的快闪存储器，用于存放定值的电可擦除存储器和用于存放数据的静态随机存储器，以及输入输出、通信控制器、模数转换器和一些中小规模逻辑器件，其中关键电路（如频率检测电路等）采用了全数字化设计，避免了模拟电路漂移大、温度特性差等一些固有缺陷。整个模件不设任何调节回路，所有调节均由软件自动完成，方便生产调试，大大地提高了可靠性。另外，采用多层板可以大大地降低整个模件的噪声水

平，从而提高测量精度和运行可靠性。

(4) 面板模件。该部分采用表面安装技术，所有元件安装在一块四层板上，以大规模可编程逻辑器件为核心，包括点阵式主动发光显示阵列（14×35）及其驱动回路、薄膜键盘和指示灯，可以显示汉字，具有较友善的人机接口界面。

(5) 操作模件。含有跳合闸控制回路、防跳跃回路和断路器位置监视回路，并可外接位置指示灯和连锁回路。

3. 软件及保护算法

(1) 软件介绍。MDM-B1（A）系列分布式成套微机型保护测控装置的软件由三大部分组成：①保护测控程序，即装置的基本软件，要求有一定的实时性和极高的可靠性；②通信程序，主要处理与监控系统或调度端的信息交换，要求一定的通信速度，以保证就地信息迅速传送到监控系统或调度端，同时要求在任何情况下都自适应物理信道的特性变化；③人机界面处理程序，主要管理与操作者之间的接口界面和数据及信息输出，要求人机界面友善便于操作者操作。

这三部分软件按实时性来分，保护测控程序和通信程序的一部分需要实时处理，而人机界面程序则不需要很强的实时性。因此软件设计按照实时性要求的不同将保护测控程序安排在中断程序执行而将人机界面程序安排在后台执行。软件由汇编语言和C语言混合编译而成，既具有汇编程序紧凑高效便于操作底层硬件的优点，又具备C语言模块性强便于维护的特点，使得软件具备了很好的封装性、可读性和可维护性，以便于软件升级和硬件平台升级。

(2) 保护算法。为了滤除高次谐波和直流分量，算法选择离散傅里叶变换，数据窗长度为12个点，电流量的算法为

$$R_{\mathrm{e}}(I)=[i_{k+1}+i_{k+5}-i_{k+7}-i_{k+11}+2(i_{k+3}-i_{k+9})+\sqrt{3}(i_{k+2}+i_{k+4}-i_{k+8}-i_{k+10})]/12 \tag{2-25}$$

$$I_{\mathrm{m}}(I)=[i_{k+2}+i_{k+10}-i_{k+4}-i_{k+8}+2(i_{k}-i_{k+6})+\sqrt{3}(i_{k+1}+i_{k+11}-i_{k+5}-i_{k+7})]/12 \tag{2-26}$$

$$I=[R_{\mathrm{e}}(I)^{2}+I_{\mathrm{m}}(I)^{2}]^{1/2} \tag{2-27}$$

式中　i_k，…，i_{k+11}——电流量第1到第12点的采样值；

I——电流量幅值。

电压量的算法与电流量相同。

4. 通信

本装置带有RS485网络接口，可用于分散式安装或集中安装所组成的综合自动化系统。

每个RS485网络接口最多可允许挂接253个MDM-B1（A）分布式微机型变电站成套微机保护装置，具体挂接的数量取决于后台监控系统RS485口的带载能力。通信介质为屏蔽双绞线，组网方式为总线方式，首、末台装置通信口必须加装124Ω/0.25W的网络匹配电阻，屏蔽层在通信管理单元上接地。通信组网示意图见图2-19。

5. 操作回路

本装置如果需要完成断路器的控制操作，可配用操作继电器模件。TP3系列操作继电器模件具有手动跳合闸功能、防跳跃功能和开关位置监视功能等标准的操作继电器功能。

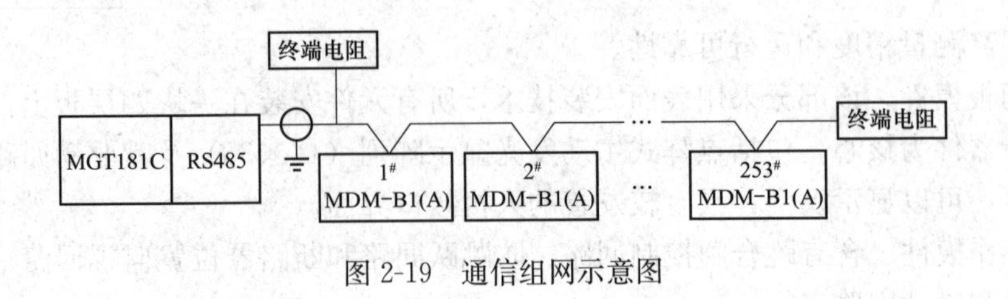

图 2-19　通信组网示意图

2.2　两种复杂常用保护原理简介

电流电压保护及阻抗保护的原理将结合具体章节需要来介绍。本章仅介绍两种通用性保护。

2.2.1　比率制动式差动保护

在介绍差动保护之前，首先应知道对差动保护 TA 接线极性的要求。为了使流入保护装置的电流方向与假定把一次电流直接通到保护装置的端子时方向相同，就必须使各 TA 都采用减极性的接线。

减极性接线电流互感器极性标示原则是，电流从电流互感器的一次侧的极性端流进，则二次侧将同时同相从二次极性端流出（简短的试验方法是，用干电池的正极向 TA 一次侧的一端突然加电，在 TA 的二次侧用万用表观看直流电流表指针的动向，其表针向正方向移动时，则接表的正所对应的一端即为一次侧接电池正极的一端的同极性端，简称极性端。反之亦然，另一对端子为极性端）。其电流互感器 TA 的极性标示及连接见图 2-20。$\dot{I}_T$，$\dot{I}_N$ 分别为电动机进线端与末端的一次侧电流。电流互感器的极性出厂时都有规定的标示符号，如星号或 L、N 等，图 2-20 是用星号标示同极性端。

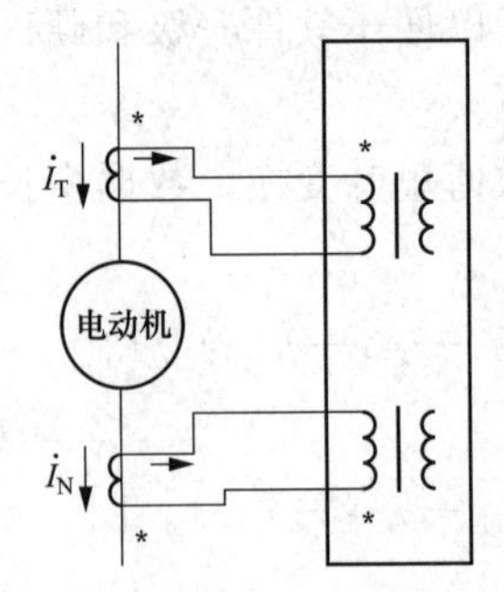

图 2-20　电流互感器极性接线示意图

1．保护基本动作原理

这种纵联差动保护的动作特性是其保护的动作电流是变化的，并非固定定值。所谓比率制动差动保护，就是继电器动作的门槛电流会随外部短路电流的增大而自动增大的差动保护。而比率制动特性就是为满足上述要求，使其差动的动作电流增大速率比不平衡电流的增大更快的特性。这样就可以避免外部故障时保护的误动作。根据不同一次接线的需要，应引入一侧或多侧短路电流作为制动电流。

实现这种动作特性的纵差继电器以差动电流作为动作电流，引入一侧或多侧短路电流作为制动电流。图 2-21 示出了比率制动式差动继电器的接线原理和制动特性。制动系数是保护制动特性曲线上动作电流与制动电流之比，而斜率则是指制动曲线上不同点的三角函数中的正切值（只有通过坐标原点的直线型制动特性曲线的制动系数与其斜率才可能一致）。二者概念不同不可混为一谈，变斜率的制动特性曲线二者更不可能一致。

图 2-21（b）中，I_{res} 是制动电流，即外部短路时流过制动线圈的电流，I_d 是差动电流，即差动继电器的动作电流。图中画出了不平衡电流 I_{unb} 随外部短路电流增长的情况。

设最大外部短路电流为 OD，相应的最大不平衡电流为 DB，为了保护继电器不误动，动作电流 I_d 至少应大于 DB，取 $I'_d=DC$，从图中可知，只有在最大外部短路电流（OD）时，继电器才有必要取如此大的整定值，在其它的外部短路时，不平衡电流没有那么大，因此动作电流就不必取 I'_d 那么大了。当制动电流发挥制动作用时，就能使继电器的动作电流随外部短路电流增减而自动增减。继电器的制动电流和差动电流都是通过微机计算实现的，设电流互感器变比等于 n_a 时，若制动系数取 0.5，则有

$$\dot{I}_{res}=\frac{1}{2}(\dot{I}_{12}+\dot{I}_{22})=\frac{1}{n_a}\times\frac{1}{2}(\dot{I}_{11}+\dot{I}_{21}) \tag{2-28}$$

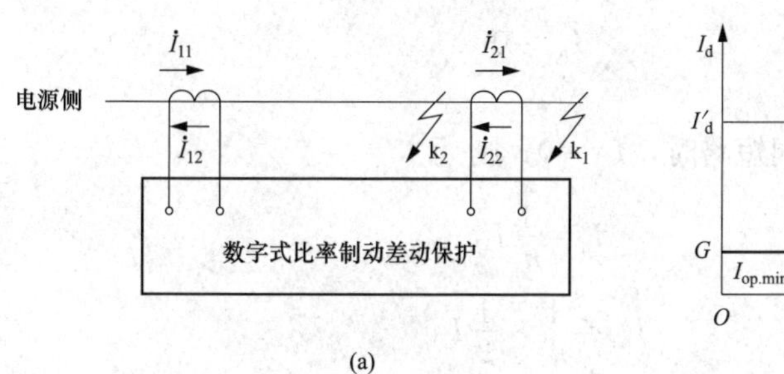

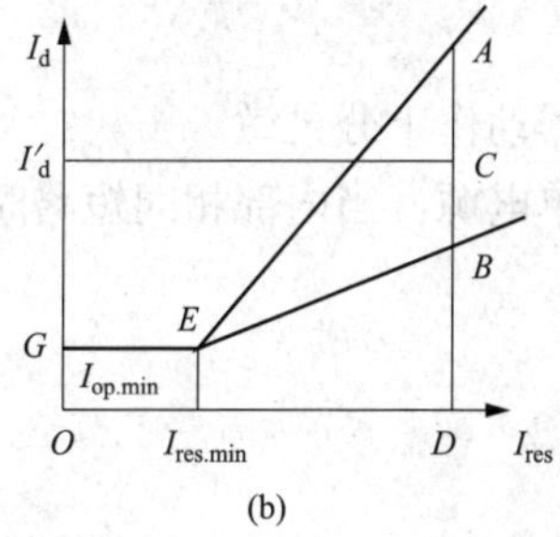

图 2-21 差动保护原理接线及制动特性曲线
（a）原理接线；（b）制动特性曲线

$$\dot{I}_d=\dot{I}_{12}-\dot{I}_{22}=\frac{1}{n_a}(\dot{I}_{11}-\dot{I}_{21}) \tag{2-29}$$

式中 $\dot{I}_{res}$——制动电流；

$\dot{I}_d$——差动电流；

$\dot{I}_{21}$、$\dot{I}_{22}$——流过 2 侧电流互感器的一次和二次电流；

$\dot{I}_{11}$、$\dot{I}_{12}$——流过 1 侧电流互感器的一次和二次电流；

n_a——电流互感器变比。

2. 故障状态电流分析

当外部（k1 点）短路时，由于 $\dot{I}_{12}=\dot{I}_{22}=I_k$，所以 $\dot{I}_{res}=\frac{1}{n_a}\dot{I}_k$，$\dot{I}_d=0$，实际上电流互感器有一定误差，$\dot{I}_d=I_{unb}\neq0$，随着 I_k 的增大，虽然 I_{unb}要增大，但制动电流也增大。

图 2-21 中，OG 表示最小动作电流 $I_{op.min}$，$GE=I_{res.min}$表示继电器开始具有制动作用的最小制动电流，通常取 $I_{res.min}$等于或小于负荷电流。因为在负荷电流下，电流互感器误差很小，不平衡电流也很小，$I_{d.min}>I_{unb}$。所以，此时没有制动作用的继电器也不会误动作。而当外部短路电流大于负荷电流 I_{unb}时，随着 I_k 增大时，若 $I_{unb}/I_k=I_d/I_{res}=K$，调整继电器的制动特性，使之具有 $K_{res}=I_d/I_{res}>K$，如图 2-21（b）中的直线 EA。则继电器就具有这样性能：不管外部短路电流多大，继电器总不会误动，K_{res}被称为制动系数。

当发生内部相间短路时，则 2 侧将向故障点送短路电流 I_{21}，1 侧向故障点送短路电流 I_{11}，此时

$$I_{\mathrm{d}}=\frac{1}{n_{\mathrm{a}}}(I_{11}+I_{21})=\frac{1}{n_{\mathrm{a}}}I_{\mathrm{k}\Sigma} \tag{2-30}$$

$$I_{\mathrm{res}}=\frac{1}{n_{\mathrm{a}}}\times\frac{1}{2}(I_{11}+I_{21}) \tag{2-31}$$

式中　n_{a}——电流互感器的变比；

$I_{\mathrm{k}\Sigma}$——总的短路电流。

当 $I_{11}=I_{21}$时

$$I_{\mathrm{d}}=\frac{2}{n_{\mathrm{a}}}I_{11}=\frac{1}{n_{\mathrm{a}}}I_{\mathrm{k}\Sigma}$$

$$I_{\mathrm{res}}=0$$

继电器动作十分灵敏。

若为单电源，当内部相间短路时，$I_{21}=0$，则

$$I_{\mathrm{d}}=\frac{1}{n_{\mathrm{a}}}I_{11} \tag{2-32}$$

$$I_{\mathrm{res}}=\frac{1}{n_{\mathrm{a}}}\times\frac{1}{2}I_{11} \tag{2-33}$$

为保证继电器动作，制动系数 K_{res}绝对不得大于1，也不应该过大，以保证保护动作的可靠性。因为 $K_{\mathrm{res}}=1$ 表示继电器在动作电流等于制动电流时刚刚动作。理论上应根据计算确定制动系数，通常是在 $K_{\mathrm{res}}=0.3\sim0.5$ 时，若制动曲线正好通过坐标原点，则制动系数就与斜率相同。

3. 典型的微机型比率制动式差动保护

（1）保护的动作判据，差动动作方程如下

$$I_{\mathrm{op}}\geqslant I_{\mathrm{op.min}}\quad(I_{\mathrm{res}}\leqslant I_{\mathrm{res.0}}\text{ 时}) \tag{2-34}$$

$$I_{\mathrm{op}}\geqslant I_{\mathrm{op.min}}+S(I_{\mathrm{res}}-I_{\mathrm{res.0}})\quad(I_{\mathrm{res}}>I_{\mathrm{res.0}}\text{ 时}) \tag{2-35}$$

满足上述两个方程差动元件动作。

式中　I_{op}——差动电流；

$I_{\mathrm{op.min}}$——差动最小动作电流整定值；

I_{res}——制动电流；

$I_{\mathrm{res.0}}$——最小制动电流整定值；

S——比率制动特性的斜率。

各侧电流的方向都以指向负荷侧（2 侧）为正方向，见图 2-21。图 2-21（a）为差动保护的原理接线图。其中，差动电流 $I_{\mathrm{op}}=|\dot{I}_{11}+\dot{I}_{21}|$；制动电流 $I_{\mathrm{res}}=\left|\frac{\dot{I}_{11}-\dot{I}_{21}}{2}\right|$。式中，极性的标示按减极性标示。

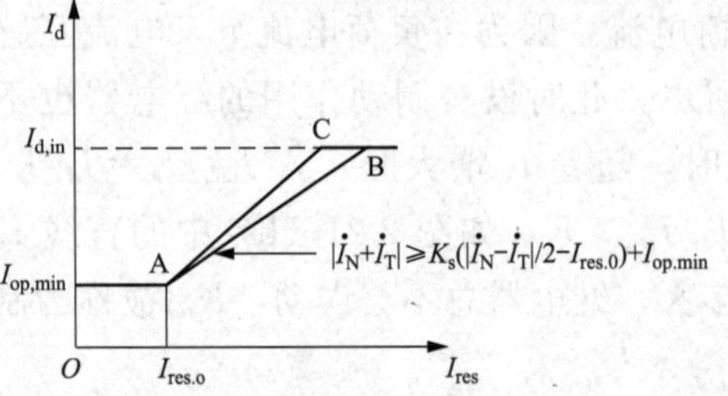

图 2-22　典型比率制动特性曲线

$I_{\mathrm{d.in}}$—防止 TA 饱和引起拒动而增设的差动电流速断保护

其制动特性曲线见图 2-22，纵坐标为动作电流，横坐标为制动电流，应以被保护设备或回路的额定电流为基准绘制。曲线中与横坐标平行的一段对应的是起始动作电流，

与制动电流无关。斜线 AB、AC 是不同斜率的制动曲线，直线越陡，即正切值越大，其制动越强。不平衡电流越大则应选用上部斜率大的曲线，实际微机保护应该是一个区域，可根据实际计算结果的要求来选择；有的会取经验值。

(2) 整定要点：

1) 比率制动系数 K_{res}（曲线斜率），K_{res} 应按躲过区外三相短路时产生的最大暂态不平衡差流来整定。

2) 启动电流（起始动作电流）$I_{op.min}$，按躲过正常工况下最大不平衡差流来整定。不平衡差流产生的原因主要有差动保护两侧 TA 的变比误差，保护装置中通道回路的调整误差等。一般 $I_{op.min}=(0.3\sim0.5)I_n$。

3) 拐点电流 $I_{res.0}$，$I_{res.0}$ 的大小决定保护开始产生制动作用的电流大小，建议按躲过外部故障切除后的暂态过程中产生的最大不平衡差流整定。一般 $I_{res.0}=(0.5\sim1)I_n$。

4) 差动速断倍数 $I_{d.in}$。差动速断，其作用相当于差动高定值，应按躲过区外三相短路时产生的最大不平衡差流来整定，对于变压器差动保护还要考虑躲过励磁涌流。

(3) 分相动作方式的差动保护逻辑框图见图 2-23。

单相差动方式其逻辑关系是或门，任一相差动动作即可出口跳闸（与传统差动保护同），另配有 TA 断线检测功能，TA 断线时可延时发 TA 断线信号。因 TA 断线可能产生危及人身和设备的过电压，不宜采用闭锁保护的方式，故 GB/T 14285—2006《继电保护和安全自动装置技术规程》并不推荐采用断线闭锁方式，因而 TA 断线保护若动作于跳闸，即属于正确动作（厂家往往为了满足不同用户的要求，而将断线闭锁做成可灵活投退的方式）。分相式差动保护的对外接口，如对电动机来说，交流信号要求取电机机端以及中性点侧 TA 的三相或两电流（包括中性点 N 线）。通常跳闸出口则是通过出口中间插件板上的跳闸接点引接到端子排实现。并行信号是由信号插件板上的接点提供，并被引接到对外端子排，串行信号则由总的微机串行口提供，也可接到对外端子排。

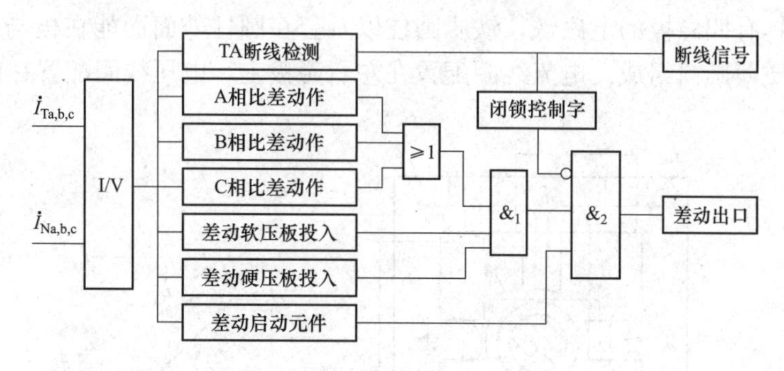

图 2-23 纵差保护逻辑框图

2.2.2 功率方向继电器

在此讨论 GG-11 功率方向继电器的目的不是研究感应型功率方向继电器，而在于通过对 GG-11 功率方向继电器原理的计算公式分析，得到微机型功率方向继电器的动作范围方程判别式，说明计算机保护可以方便地借用感应电机旋转原理制作虚拟的 GG-11 型功率方向继电器。微机型虚拟的 GG 型功率方向继电器的灵敏角与动作区及接线方式可以作的与 GG-11 相同，因此按 GG-11 功率方向继电器原理做成的微机型方向保护可以得到实际应用。而GG-11功率方向继电器的转矩计算公式，却正好与功率成正比，所以微机计算只需要计算其功率，取其合适的比例系数就可以了。即微机型方向元件的判别式可以从GG-11功率方向继电器原理的计算式中提取，稍加转化就可以作为功率方向判别的判据。又因做出的特性参数可基本相同，所以下面仍以GG-11功率方向继电器为例，对其原理和动作特性加以介绍。本节对GG-11功率方向继电器的分析，更有利于对微机型功率方向保护的理解和应用。特别应当说明，由于微机保护是信息共享，通常已没有专门的功率继电器，这个环节是集成在装置内的，也没有专用的功率方向保护型号，一般在厂家说明书中也没有专门的详细分析，因而为了便于理解微机电流方向保护的方向判别，在此通过对GG-11功率方向继电器的分析讨论与功率计算公式的对比将二者统一起来是有意义的。无论哪个厂家的产品，到使用时只要提供了方向元件或模块的内角或灵敏角调节范围，即可根据本工程线路实际的系统阻抗角，结合所取电流电压的接线方式对角度的偏转影响，确定方向保护的最大灵敏角，并对应确定方向保护的内角。其原则就是使保护指定向故障时测量到的功率尽可能接近最大（理论上应最大）。具体方法请参见以下对GG-11功率方向继电器或微机虚拟功率方向保护的讨论分析。

GG-11功率方向继电器是一种反应加到继电器上的功率大小和方向的继电器，应用在方向保护接线中，作为电流方向保护的主要元件，用以判断短路功率的方向。

功率方向继电器的内角及保护的灵敏角，对方向电流保护具有特别重要的意义，不论用什么方法构成的功率方向元件，都是要提供功率方向保护所需要的继电器内角，以基本保证保护所需要的灵敏角。对GG-11型功率方向继电器的动作特性分析，对用不同方法实现的功率方向保护的动作特性来说仍然具有代表性，所以下面以GG-11型功率方向继电器为例叙述分析，以便掌握功率方向元件的理论实质，进而能举一反三的理解运用其他方法构成的功率方向保护。

GG-11感应型功率方向继电器适合相间短路保护使用，原理结构如图2-24（a）所示。继电器由内侧具有四磁极的电磁铁，铁质圆柱以及套在圆柱外面而能在极与圆柱间的空气隙中转动的铝质薄圆筒组成。电流线圈配置在左右磁极上，电压线圈配置在前后磁轭上。

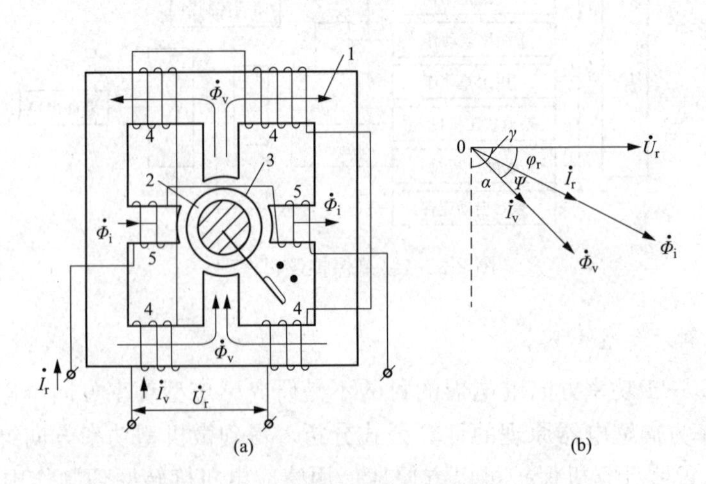

图2-24　GG-11型功率方向继电器原理结构图

（a）原理结构图；（b）相量图

1—电磁铁；2—铁质圆柱；3—铝质薄圆筒；4—电压线圈；5—电流线圈

当电流线圈中通过电流 $\dot{I}_r$ 时产生磁通 $\dot{\Phi}_i$，当电压线圈两端加上电压 $\dot{U}_r$ 后，在这个线圈中立即有电流 $\dot{I}_v$ 流通，因此也产生一个磁通 $\dot{\Phi}_v$，$\dot{\Phi}_i$ 和 $\dot{\Phi}_v$ 在空间位置上相差 90°。在假定铁损等于零的情况下，$\dot{\Phi}_i$ 与其相应的电流 $\dot{I}_r$ 同相，$\dot{\Phi}_v$ 与其相应的电流 $\dot{I}_v$ 同相，而电流 $\dot{I}_r$ 落后于电压 $\dot{U}_r$ 的角度 φ_r 取决于电网的情况，由于继电器的电压线圈具有电感，所以电流 $\dot{I}_r$ 落后于 $\dot{U}_r$ 一个角度 γ，这个角度 γ 即电压线圈的阻抗角。由此磁通 $\dot{\Phi}_i$ 与 $\dot{\Phi}_v$ 之间有相位差 $\psi=\gamma-\varphi_r$，如图 2-24（b）所示。从电工基础知识可知，$\dot{\Phi}_i$ 与 $\dot{\Phi}_v$ 在空间位置上相差 90°，在时间上也具有相角差 ψ 时，则两个磁通合成的磁场是一个旋转磁场。其旋转方向永远是由超前相转向落后相（指角度小于 180°的范围）。

根据感应电动机原理，位于旋转磁场中的铝质圆筒必沿着旋转磁场的旋转方向转动。由图 2-24（a）可见，当 $\dot{\Phi}_i$ 超前于 $\dot{\Phi}_v$ 时，继电器触点即被接通，此方向称为工作方向；相反，当 $\dot{\Phi}_v$ 超前于 $\dot{\Phi}_i$ 时，则触点被打开，此方向称为制动方向。由此可见，继电器的工作特性主要决定于两个磁通间的相位。在旋转磁场中所产生的电磁转矩为

$$M_e=\Phi_i\Phi_v\sin\psi \tag{2-36}$$

设 K_m 转矩计算比例系数，由于 $\dot{\Phi}_i$ 和 $\dot{I}_r$ 成正比且同相位，$\dot{\Phi}_v$ 和 $\dot{I}_v$ 成正比也同相位，因此得电磁转矩为

$$M_e=K_mI_rI_v\sin(\dot{I}_r\wedge\dot{I}_v)=K_mI_rI_v\sin\psi \tag{2-37}$$

由式（2-37）可知，当任一线圈的电流变为零或是两个电流同相位时，均不能建立旋转磁场，此时，M_e 等于零，继电器拒绝动作。

由于磁极与铁质圆柱间的空气隙的存在，使得磁阻很大，且是常数，如继电器运行在磁化曲线的线性部分时，根据 $U_r=4.44fw_v\Phi_v\times10^{-8}$ 得 $\Phi_v\propto U_r$，根据 $\Phi_i=\dfrac{I_rN_i}{R_C}$ 得 $\Phi_i\propto I_r$，而相角差 $\psi=\gamma-\varphi_r$，所以继电器的电磁转矩公式（2-36）可写成

$$M_e=K_mU_rI_r\sin(\gamma-\varphi_r) \tag{2-38}$$

若使继电器动作，则上述转矩 M_e 必须大于总的机械反抗力矩 M，因此，继电器启动必须满足

$$M_e=K_m(U_rI_r)_{st}\sin(\gamma-\varphi_r)\geqslant M_m \tag{2-39}$$

式中 $(U_rI_r)_{st}$称为继电器的启动功率 S_{st}，则式（2-39）可改写成

$$S_{st}=(U_rI_r)_{st}=\frac{M_m}{K_m\sin(\gamma-\varphi_r)} \tag{2-40}$$

启动功率表示当加入继电器的电压 U_r 和电流 I_r 能满足条件式（2-40）时，继电器刚好能启动。

由于机械反抗力矩 M_m 是一个常数，γ 是继电器电压线圈的阻抗角，在结构已定的情况下，γ 也为常数，所以式（2-40）可知继电器的启动功率的数值将随 φ_r 而改变，且当 $\varphi_r=\gamma-90°$时，启动功率 $S_{st}=\dfrac{M_m}{K}$为最小，也即继电器最灵敏。为简化起见，设 $90°-\gamma=\alpha$，对应于继电器启动功率最小时的角度 $\varphi_r=-(90°-\gamma)=-\alpha$，称为继电器的最大灵敏角。$\alpha$ 角为继电器电压线圈阻抗角 γ 的余角，也称继电器的内角。用 $\gamma=90°-\alpha$ 代入式（2-38）

即得

$$M_e = K_m U_r I_r \sin[(90^\circ - \alpha) - \varphi_r] = K_m U_r I_r \cos(\alpha + \varphi_r) \tag{2-41}$$

设 K_p 为功率计算比例系数，微机型保护即可用功率作为判据其表达式可为

$$P_e = K_p U_r I_r \sin[(90^\circ - \alpha) - \varphi_r] = K_p U_r I_r \cos(\alpha + \varphi_r) \tag{2-42}$$

从公式的形式看，式（2-41）与式（2-42）好像一样，其物理意义大不相同，前者是基于电磁感应产生转矩的方向，驱使方向继电器动作的，而后者则完全是以电功率的输送方向为依据，来判定保护是否应该动作（是真正的以数字计算结果的正、负来判定动作方向的数字式方向保护）。

由式（2-42）可知，当采用微机功率判据时：

（1）方向判别模块获得的功率正比于加在它端子上的计算功率；

（2）功率的正负符号决定于 φ_r 角（因为继电器的内角 α 是不变的）；

（3）方向模块在无电流或电压以及 cos（$\alpha+\varphi_r$）=0 的情况下均不可能不动作；

（4）在给定的电流和电压下，当 $\varphi_r=-\alpha$ 时，cos（$\alpha+\varphi_r$）=1，此时功率最大。

如上所述，当继电器最灵敏时，亦即 $\varphi_r=-\alpha$ 时，相位差 $\psi=\gamma-\varphi_r$。由图 2-24（b）所示可知，$\psi=(90^\circ-\alpha)-(-\alpha)=90^\circ$，也即此时 $\dot{I}_i$ 和 $\dot{I}_v$ 在相位上正好相差 90°，而且是 $\dot{I}_i$ 超前于 $\dot{I}_v$，如图 2-25 所示。继电器最大灵敏角可以用改变电压回路的参数 x_v 和 r_v 来得到。如图 2-26 继电器内部接线图所示，GG-11 型功率继电器的 α 值可以有两个数值。当电压接于端子①和⑧上，即将电阻器 R 串入时，$\alpha=45^\circ$；当电压接于端子⑦和⑧上，即电阻器 R 不接入电压回路时，$\alpha=25^\circ$。微机保护也可以考虑用软件植入的方法来确定灵敏角。

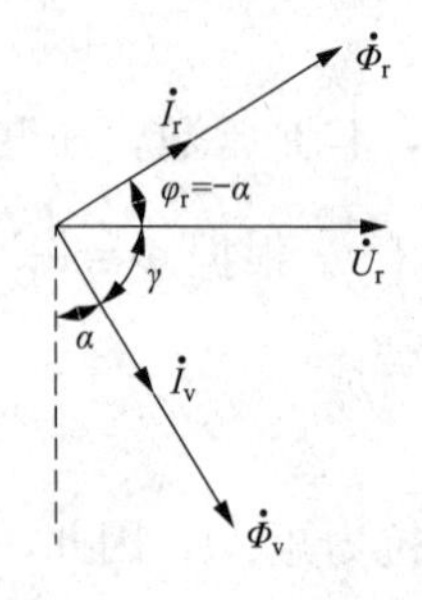

图 2-25　当 $\varphi_r=-\alpha$ 时的相量图

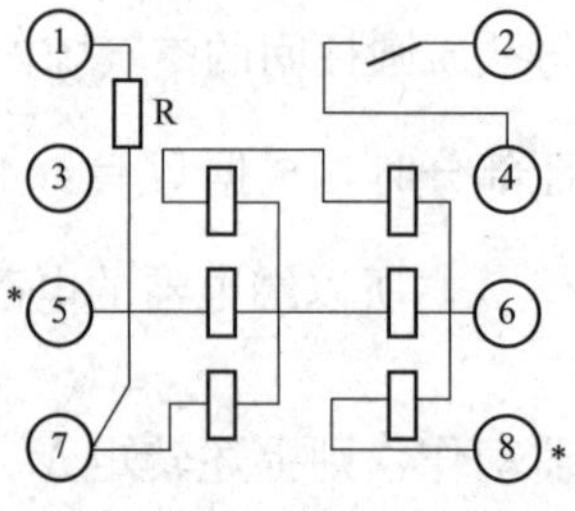

图 2-26　GG-11 型功率方向继电器内部接线图

当 $\alpha=25^\circ$ 或 $\alpha=45^\circ$ 时，继电器的动作范围见图 2-27。例如 $\alpha=25^\circ$ 的动作范围［图 2-27（a）］的绘制方法为：先假定电压 $\dot{U}_r$ 在水平轴位置，再根据式（2-41）、式（2-42）求出功率 P_e 或 M_e 等于零的二个极限角，即

$$P_e = K_p U_r I_r \cos(25^\circ + \varphi_r) = 0$$

$$M_e = K_m U_r I_r \cos(25^\circ + \varphi_r) = 0$$

则 cos（$25^\circ+\varphi_r$）=0，可得 $\varphi_r=65^\circ$ 和 $\varphi_r=245^\circ$。

根据这两个极限角作经过坐标 0 点的直线 MN，根据前面分析得其动作区应该是 $\dot{\Phi}_i$ 超前于 $\dot{\Phi}_v$ 的范围，即 MN 直线的斜线侧为动作区。如果电流 $\dot{I}_r$ 在这个范围内，则 $\dot{\Phi}_i$ 均超前于 $\dot{\Phi}_v$，继电器动作力矩为正，继电器动作，驱动跳闸出口，且在 $\dot{\Phi}_i$ 超前于 $\dot{\Phi}_v$90°时，力矩为最大。如果电流 $\dot{I}_r$ 在不动作区范围内，则继电器动作力矩为负，继电器制动，触点处于断开状态。

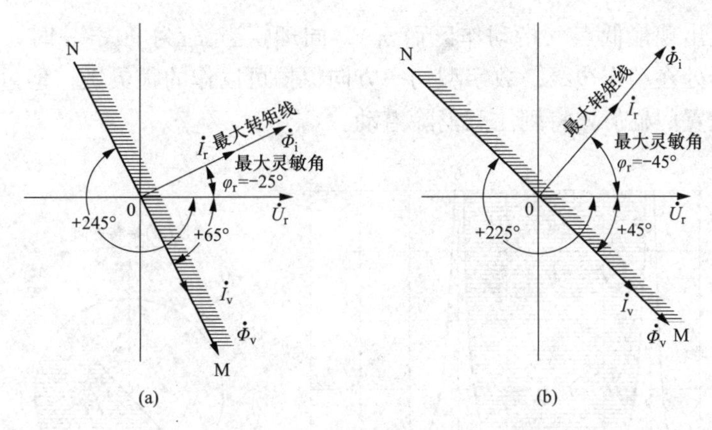

图 2-27　GG-11 型功率继电器的动作范围

(a) $\alpha=25°$；(b) $\alpha=45°$

由上可知，GG-11 型功率方向继电器的最大灵敏角分别为$-25°$和$-45°$，即当 $\dot{I}_r$ 超前于 $\dot{U}_r$ 为 25°或 45°时，继电器获得的电磁力矩最大，其动作范围为：$\varphi_r=-25°-90°=-115°$至 $\varphi_r=-25°+90°=65°$，或 $\varphi_r=-45°-90°=-135°$至 $\varphi_r=-45°+90°=45°$。

由于功率方向继电器只反应加到继电器端子上功率的方向，因此对继电器两个绕组（电流绕组和电压绕组）的极性必须予以明确规定，如果其中任一绕组接反，都会导致误动作。通常用“*”标志同极性端子。所谓同极性端子，即在两个绕组的同极性端子同时通入一定的电压和电流后能使继电器动作。在图 2-26 所示的 GG-11 型功率方向继电器内部接线图中，可见同极性端子为⑤与⑧。

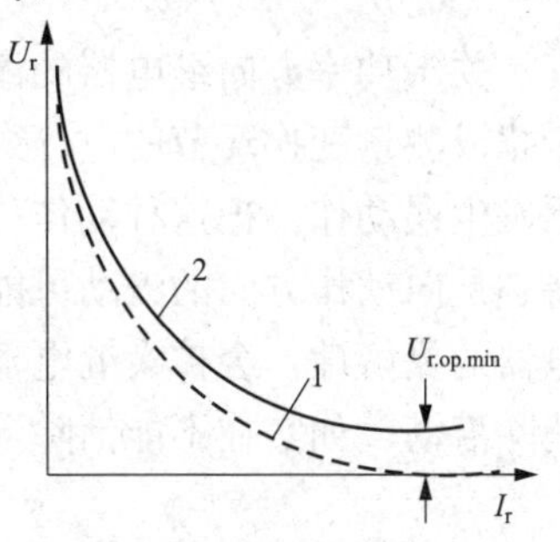

图 2-28　GG-11 型功率方向继电器的伏安特性曲线

1—理论上的曲线；2—实际的曲线

当 $\varphi_r=-\alpha$ 时，根据式（2-41）可得出使继电器刚好动作的最小电压 U_r 和 I_r 的变化关系，即为伏安特性。图 2-28 为功率方向继电器的伏安特性，虚线 1 为理论上的特性曲线。实际上电流 I_r 增加到一定数值后，电压 U_r 不允许再减小而必须维持某一数值，这表明继电器的动作必须具备一定的电压值，其极限值为最小动作电压 $U_{r.op.min}$。

由此可见，在实际应用中，如果接入继电器的电压 $U_r<U_{r.op.min}$时，不管 I_r 有多大，继电器都拒绝动作，此最小动作电压将决定继电器保护装置在动作区内动作失灵的范围，即死区的范围。

图 2-28 示出的两条特性曲线均可以表示继电器在不同的电流 I_r 值下灵敏性的变化。

当加在继电器上的电流 I_r 保持不变，继电器动作时，$U_r=\dfrac{M_e}{K_m I_r\cos(\alpha+\varphi_r)}$或 $U_r=\dfrac{P_e}{K_p I_r\cos(\alpha+\varphi_r)}$的关系，称为继电器的角度特性。这个关系是由式（2-41）、式（2-42）得到的。式中 M_e 或 P_e 与 I_r 及 α 如为常数，可求出 U_r 与 φ_r 的变量关系。

图 2-29 为此类型功率方向继电器的角度特性。在继电器的实际工作条件下，它的动作范围小于 180°。当 φ_r 为$-\alpha$（$\alpha=315°$）时，所需的外加动作电压为最小值 $U_{r.op.min}$。因

此，曲线在该处出现最低点（指动作区而言）。同理，当 φ_r 为 $90^\circ-\alpha$ 时，曲线趋向无限大，表示继电器处在动作边缘。数字型功率方向保护可以作的很灵敏，但过度灵敏也没有必要，应适当设置门槛值，特别注意消除潜动。

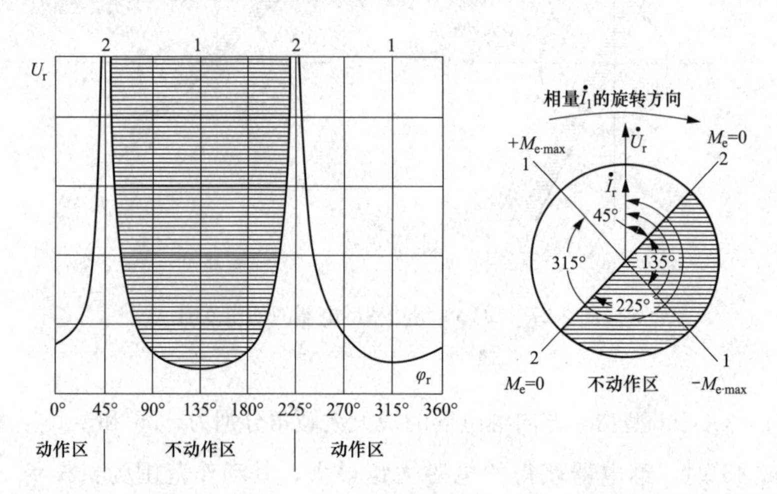

图 2-29　GG-11 型功率方向继电器当 $\alpha=45^\circ$时的角度特性

关于功率方向继电器的潜动，当继电器只单独存在电压或电流时，不应动作，但由于干扰或测量变换环节的电/磁误差，导致继电器有可能在只单独承受大电流或在较高电压下发生误动作，把这种动作称为潜动。功率方向继电器的潜动会严重损害继电器的特性，特别是向动作方向的潜动可能使继电器误动作，而向继电器制动方向的潜动，则降低了继电器的灵敏性，会扩大继电器的不保护范围（即扩大了死区）。一般经过继电器调整均能消除潜动，如实在不能消除潜动时，可允许有不大的反方向潜动。

第3章 线 路 保 护

3.1 中性点非有效接地配电系统线路的主要故障

中性点非直接接地及低阻接地系统中，由于变压器的中性点是不直接接地的，因而当网络中发生单相接地时，只在接地点流过不大的电流。在非有效接地系统中，接地电流大小与该网络架空线或电缆的长度、截面及运行电压、消弧线圈的补偿度或接地电阻的大小有关。在6～10kV配电系统中，电容电流大于30A；在35kV配电系统中，电容电流大于10A时，变压器的中性点应经消弧线圈接地，此时单相接地的残余电流大小与连接于变压器中性点的消弧线圈的补偿方式及补偿度有关，其值一般比负荷电流小得多。此外，由于单相接地故障并不破坏系统电压的对称性，所以对电网中电气设备的运行和对用户的连续供电没有多大影响。

运行经验表明：大多数单相接地故障是瞬时性的，即使是永久性的接地故障，因流过故障点的接地电流不太大，一般仍允许电气设备继续运行1～2h。在这段时间内，运行人员来得及找出故障线路，并采取相应措施。另外，当城市或工厂内部主要是由6～35kV电缆线构成的配电系统，单相接地电流较大时，根据供电可靠性要求，故障瞬时暂态电压、电流对电气设备和通信及继电保护的综合要求，需要快速跳闸的时候，有时采用低阻接地方式。

除了易发生单相接地、两点接地和多点接地故障外，还有两相短路和三相短路两种故障形式也易发生。产生这些故障的主要原因是电气绝缘被破坏，例如，由于内部过电压、直接雷击、绝缘材料老化、绝缘配合不当、机械损坏等原因造成的绝缘被破坏。在空气污秽地区如不加强绝缘，则更容易发生此类故障。某些故障，例如导线断裂和杆塔的倒塔事故、带负荷拉隔离开关、带接地线合断路器等，也可能直接导致短路，另外，飞禽跨接载流导线而造成短路也为数不少。据调查，重工业企业内部的架空配电线路事故和故障以天然事故及外力影响造成的事故为主，两者共占架空配电线路总事故的80.3%；电缆线路故障最主要的原因是外力损伤（如挖土、打桩、载重车辆压坏等），所造成的事故占电缆线路总事故的84%。

综上所述，从设置继电保护的角度出发，6～35kV配电系统中的主要故障形式为单相接地、两相短路和三相短路三种，此外，若为电缆线路时应注意可能产生的过负荷。

3.2 中性点非有效接地配电系统线路保护的装设原则

对中性点非有效接地电网的架空线路和电缆线路，应根据现行继电保护规程，对不同故障装设不同的保护。

3.2.1 3～10kV线路相间短路保护

3～10kV中性点非有效接地电网的线路，对相间短路和单相接地应按规定装设相应的保护。

1. 相间短路保护的配置原则

（1）保护装置如由电流继电器构成，应接于两相电流互感器上，并在同一网路的所有线路上，均接于相同两相的电流互感器上。

（2）保护应采用远后备方式。

（3）如线路短路使发电厂厂用母线或重要用户母线电压低于额定电压的60%，以及线路导线截面过小不允许带时限切除短路时，应快速切除故障。

（4）过电流保护的时限不大于0.5～0.7s，且没有短路使发电厂厂用母线或重要用户母线电压低于额定电压的60%以及线路导线截面过小，不允许带时限切除短路情况，或没有配合上要求时，可不装设瞬动的电流速断保护。

2. 相间短路装设保护的规定

（1）单侧电源线路：

1）可装设两段过电流保护，第一段为不带时限的电流速断保护；第二段为带时限的过电流保护，保护可采用定时限或反时限特性。

2）带电抗器的线路，如其断路器不能切断电抗器前的短路，则不应装设电流速断保护。此时，应由母线保护或其他保护切除电抗器前的故障。

3）自发电厂母线引出的不带电抗器的线路，应装设无时限电流速断保护，其保护范围应保证切除所有使该母线残余电压低于额定电压60%的短路。为满足这一要求，必要时，保护可无选择性动作，并以自动重合闸或备用电源自动投入来补救。

4）保护装置仅装在线路的电源侧。

5）线路不应多级串联，以一级为宜，不应超过二级。

6）必要时，可配置光纤电流差动保护作为主保护，带时限的过电流保护为后备保护。

（2）双侧电源线路：

1）可装设带方向或不带方向的电流速断保护和过电流保护。

2）短线路、电缆线路、并联连接的电缆线路宜采用光纤电流差动保护作为主保护。两侧TA距离很近且技术经济合理的，也可以采用电缆连接的差动保护，装设带方向或不带方向的电流保护作为后备保护。

（3）线路尽可能不并列运行，当必须并列运行时，应配光纤电流差动保护，装设带方向或不带方向的电流保护作后备保护。

（4）3～10kV线路不宜出现环形网络的运行方式，宜开环运行。当必须以环形方式运行时，为简化保护，可采用故障时将环网自动解列而后恢复的方法，对于不宜解列的线路，可参照（2）双侧电源线路的保护装设原则。

3. 过负荷保护

可能时常出现过负荷的电缆线路，或架空线与电缆混合的线路，应装设过负荷保护。保护宜带时限动作于信号，必要时可动作于跳闸。

4. 零序电流保护

3～10kV 经低电阻接地单侧电源单回线路，除配置相间故障保护外，还应配置零序电流保护。

(1) 零序电流构成方式。可用三相电流互感器组成零序电流过滤器，也可加装独立的零序电流互感器，视接地电阻阻值、接地电流和整定值大小而定。

(2) 应装设二段零序电流保护。第一段为零序电流速断保护，时限宜与相间速断保护相同，第二段为零序过电流保护，时限宜与相间过电流保护相同。若零序时限速断保护不能保证选择性需要时，也可以配置两套零序过电流保护。

3.2.2 35～66kV 线路相间短路保护

35～66kV 中性点非有效接地电网的线路，对相间短路和单相接地，应按规定装设相应的保护。

1. 相间短路保护配置原则

(1) 保护装置采用远后备方式。

(2) 下列情况应快速切除故障：

1) 如线路短路，使发电厂厂用母线电压低于额定电压的 60%时；

2) 如切除线路故障时间过长，可能导致线路失去热稳定时；

3) 城市配电网络的直馈线路，为保证供电质量需要时；

4) 与高压电网邻近的线路，如切除故障时间长，可能导致高压电网产生稳定问题时；

2. 相间短路保护配置原则

(1) 单侧电源线路：

可装设一段或两段式电流速断保护和过电流保护，必要时可增设复合电压闭锁元件(高于对 3～10kV 保护的标准)。

由几段线路串联的单侧电源线路及分支线路，如上述保护不能满足选择性、灵敏性和速动性的要求时，速断保护可无选择地动作，但应以自动重合闸来补救。此时，速断保护应躲开降压变压器低压母线的短路。

(2) 复杂网络的单回线路：

1) 可装设一段或两段式电流速断保护和过电流保护，必要时，保护可增设复合电压闭锁元件和方向元件。如不满足选择性、灵敏性和速动性的要求或保护构成过于复杂时，宜采用性能与构成优于电流电压保护的距离保护。

2) 电缆及架空短线路，如采用电流电压保护不能满足选择性、灵敏性和速动性要求时，宜采用光纤电流差动保护作为主保护，两侧 TA 距离很近，且技术经济合理的，也可以采用电缆连接的差动保护，以带方向或不带方向的电流电压保护作为后备保护。

3) 环形网络宜开环运行，并辅以重合闸和备用电源自动投入装置来增加供电可靠性。如必须环网运行，为了简化保护，可采用故障时先将网络自动解列而后恢复的方法。

(3) 平行线路：

平行线路宜分列运行（根据运行经验，不推荐使用电流平衡保护或横差保护），如必须并列运行时，可根据其电压等级、重要程度和具体情况按下列方式之一装设保护，整定有困难时，允许双回线延时保护之间的整定配合无选择性：

1）装设全线速动保护作为主保护，以阶段式距离保护作为后备保护；

2）装设有相继动作功能的阶段式距离保护作为主保护和后备保护。

3. 中性点经低电阻接地的单侧电源线路保护配置原则

中性点经低电阻接地的单侧电源线路装设一段或两段三相式电流保护，作为相间故障的主保护和后备保护；装设一段或两段零序电流保护，作为接地故障的主保护和后备保护。

串联供电的几段线路，在线路故障时，几段线路可以采用前加速的方式同时跳闸，并用顺序重合闸和备用电源自动投入装置来提高供电可靠性。

4. 过负荷保护

可能出现过负荷的电缆线路或电缆与架空线混合线路，应装设过负荷保护，保护宜带时限动作于信号，必要时可动作于跳闸。

3.2.3　3～35（66）kV 线路单相接地故障保护配置原则

（1）在变电站母线上，应装设单相接地监测装置。监测装置反应零序电压，动作于信号。

（2）有条件安装零序电流互感器的线路，如电缆线路或经电缆引出的架空线路，当单相接地电流能满足保护的选择性和灵敏性要求时，应装设动作于信号的单相接地保护。如不能安装零序电流互感器，而单相接地保护能够躲过电流回路中的不平衡电流的影响，例如单相接地电流较大或保护反应接地电流的暂态值等，也可将保护装置接于三相电流互感器构成的零序回路中（或由微机保护计算自产零序电流）。

（3）在出线回路数不多或难以装设选择性单相接地保护时，可用依次断开线路的方法，寻找故障线路。

（4）根据人身和设备安全的要求，必要时应装设动作于跳闸的单相接地保护。

（5）对线路单相接地，可利用下列电流值，构成有选择性的电流保护或功率方向保护：

1）电网的自然电容电流；

2）消弧线圈补偿后的残余电流，例如残余电流的有功分量或高次谐波分量；

3）人工接地电流，但此电流应尽可能地限制在 10～20A；

4）单相接地故障的暂态电流。

3.3　带时限过电流保护

3.3.1　过电流保护的基本动作原理

电力网发生短路时，最主要的特征之一就是在大多数情况下线路中的电流将大大增加。过电流保护装置就是根据这一特征构成的。当流经保护的电流超过整定值时，保护就动作，使线路断路器跳闸。反应短路电流常用过电流继电器或通过微机保护判断，过电流保护接在被保护线路的电流互感器二次电流回路中。图 3-1 为单侧电源放射式单回线路，每段线路（或电力设备）的断路器和过电流保护装在该段线路（或电力设备）靠近电源侧的一端，作为线路本身发生短路故障时的主保护，并作为下一级线路的后备保护。图 3-1

单侧电源放射式电力网中的过电流保护的选择性，是靠时限配合保证的，各保护装置的时限大小是从用户至电源逐级增长的，即 $t_1>t_2>t_3>t_4$，为了保证保护动作的选择性，每个时限之间应有一定的时间间隔，用时限阶段 Δt 表示，即

$$t_1 \geqslant t_2+\Delta t_{12}$$
$$t_2 \geqslant t_3+\Delta t_{23}$$
$$t_3 \geqslant t_4+\Delta t_{34}$$

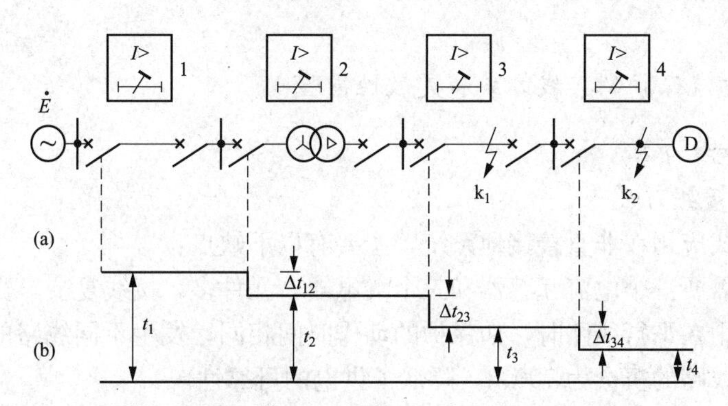

图 3-1 单侧电源放射式电力网中的过电流保护

(a) 保护装置配置图；(b) 按阶梯原则选择的时限图

1、2、3、4—定时限过流保护装置

这样构成的时限特性称为阶梯形的时限特性。这种时限选择原则叫阶梯原则。当 k_2 点短路时，保护装置 4 较其他保护装置先动作而切除故障线路；保护装置 1、2 和 3 在短路故障切除后立即返回。同理，当 k_1 点短路时，保护装置 3 动作于跳闸，而保护装置 1 和 2 均不跳闸，只有当它们的下一级保护装置或断路器拒动时才动作。

通常过电流保护的时限特性分以下两种：

(1) 定时限特性。当短路电流大于保护装置的启动电流时，保护装置就动作。保护装置的动作时限是固定的，与短路电流的大小无关。保护的这种特性称为定时限特性。

(2) 反时限特性。当短路电流较保护装置的动作电流大得不多时，保护装置的动作时限与短路电流的大小成反比。但是在短路电流很大的情况下，保护装置的动作时限受短路电流大小的影响很小，甚至完全不受短路电流大小的影响。

3.3.2 保护装置的动作电流

过电流保护装置的动作电流计算公式为

$$I_{op.1}=\frac{K_{rel}K_{st}I_{lo.max}}{K_r} \tag{3-1}$$

$$I_{op.r}=\frac{K_{con}I_{op.1}}{n_a} \tag{3-2}$$

式中 $I_{op.1}$——保护装置一次动作电流；

$I_{lo.max}$——流过被保护线路的最大负荷电流；

$I_{op.r}$——继电器的动作电流；

K_{rel}——可靠系数，一般为 1.2～1.3；

K_{st}——自启动时所引起的过负荷系数；根据计算、试验或实际运行数据确定。

K_{con}——接线系数，对两相一继电器的差接方式取$\sqrt{3}$，对两相两继电器不完全星形接线取 $K_{con}=1$；

K_r——继电器的返回系数，按厂家的资料；

n_a——电流互感器的变比。

在确定最大负荷电流时，必须选取实际可能出现的最严重运行方式作为计算根据。当无 K_{st} 数据时，根据启动电流大小的不同情况可采用综合系数 $K=2\sim4$ 来计算，此时不再考虑 K_{rel} 和 K_r。

3.3.3 过电流保护的接线方式和灵敏性校验

3.3.3.1 接线方式

1. 三相星形接线方式

这种接线方式应用在非直接接地系统，主要有以下缺点：

（1）该接线需要三个电流互感器和三个继电器，元件多，接线复杂，费用较贵。

（2）该接线用在平行线路时，如保护的动作时间相同，发生不同线路的两点接地故障时，动作切除两线路的机会为100%，降低了供电的可靠性。

由于以上原因，三相星形接线方式在非直接接地系统过电流保护中用得较少。

2. 两相不完全星形接线方式

图 3-2（a）仅示出定时限特性的两相式瞬时电流速断及过电流保护的原理接线图。图中速断与过流保护分别接在 A、C 两相电流互感器的二次回路中（由于电流速断保护的应用涉及问题较多，还将在 3.5 节深入讨论）。数字式保护的主要优点之一是信息可以共享，A/C 相的电流速断和过电流保护是同一信息来源，出口应为不同的或门电路。其主要特点在于：①二者动作定值不同，电流速断保护动作定值需要按短路电流考虑，而过电流保护动作定值则是按工作电流或启动电流考虑；②过流保护需有计时回路，需带时限动作。

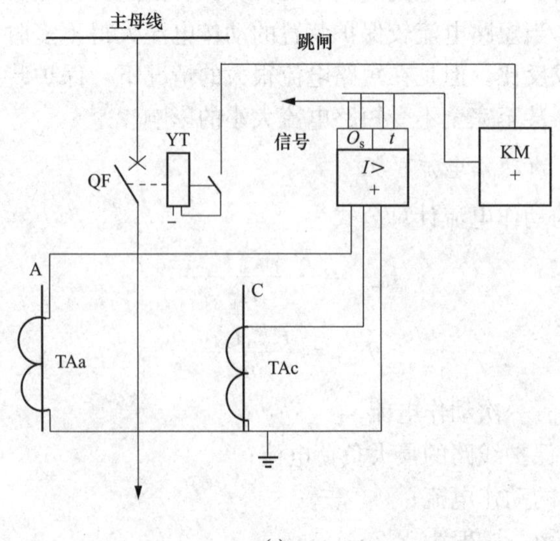

(a)

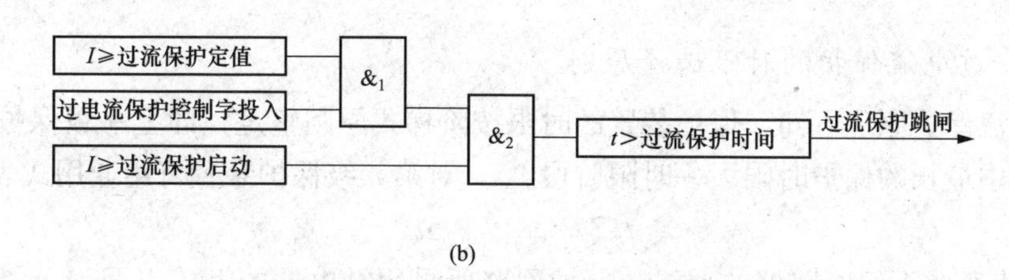

图 3-2 两相继电器式瞬时电流速断及过电流保护
(a) 原理接线图；(b) 逻辑框图

图 3-2 (b) 为过电流保护的基本逻辑图。动作条件是 A 相或 C 相电流值大于或等于电流保护整定值，电流门回路为或门电路，该逻辑图中有简化省略。过流保护控制字投入则相当于软连接片。另外，为防止保护误动，又增加了一个过流保护启动（闭锁）回路，通常取 0.95 倍的过电流动作值，只允许在过流保护启动值超过其启动值时动作于出口跳闸。图中 & 为与门文字符号，当该与门回路所有门条件都满足时，才允许出口跳闸。传统的机电型过流保护没有这么复杂，不设这两个附加的闭锁条件。

这种接线方式，一般接在 A、C 相上，构成不完全星形接线，可保护各种相间短路。当发生不同线路两点接地，同时断开两回线路的机会较少，因而两相不完全星形接线方式成为非直接接地系统最优越的接线方式，得到了广泛应用。

如果各线路采用的是电流互感器不装设在同名相上的不完全星形接线方式的保护装置，当发生不同相两点接地短路时，有 1/6 机会两套保护装置均不动作，因而造成越级跳闸，扩大停电范围，这是不允许的。在保护装置动作时间相同的平行线路上发生不同相两点接地时，工作情况最差，除 1/6 机会越级跳闸外，还有 1/2 机会要同时切除两回线路，仅有 1/3 机会有选择性的切除一回线路。

综上所述，在有电的直接联系的网络中，所有元件的保护装置为两相两继电器接线时，两个电流互感器均应装设在同名相上，一般装在 A、C 相。

3.3.3.2 灵敏性校验

因过电流保护作为相邻线路或设备的后备保护，故其灵敏性应按相邻线路或设备末端发生故障时进行校验。

用保护装置二次电流来计算保护的灵敏系数，计算式为

$$K_{\mathrm{sen}}^{(2)} = \frac{I_{\mathrm{k.r.min}}}{I_{\mathrm{op.r}}} \tag{3-3}$$

式中 $I_{\mathrm{k.r.min}}$——最小运行方式下相邻线路（或设备）末端两相短路时，流过继电器的最小电流；

$I_{\mathrm{op.r}}$——继电器的动作电流，由式（3-2）求出。

用保护装置一次电流来计算保护的灵敏系数

$$K_{\mathrm{sen}}^{(2)} = K_{\mathrm{sen.re}} \frac{I_{\pm\mathrm{min}}^{(3)}}{I_{\mathrm{op.1}}} \tag{3-4}$$

式中 $K_{\mathrm{sen.re}}$——两相短路相对灵敏系数，见附录表 A-2，取本接线方式下的最小值；

$I_{\pm\mathrm{min}}^{(3)}$——系统最小运行方式下相邻线路或设备末端三相短路电流值；

$I_{\mathrm{op.1}}$——保护装置的一次动作电流，由式（3-1）求出。

3.3.4 过电流保护的时限选择原则

从过电流保护原理可知，保护装置的时限按阶梯式原则整定，即上一级保护时限比下一级各回路中最长的保护时限大一时限阶段$\triangle t$，对第 n 级保护装置可用通用式表示为

$$t_n \geqslant t_{(n-1)} + \Delta t_n$$

Δt_n 与本级及下级断路器的型式、保护回路所采用继电器的型式以及误差等有关。一般当第 n 级用 DL 型继电器构成定时限保护时，Δt_n 取 0.5s；当用 GL 型继电器构成反时限保护时，由于继电器在下级短路切除后惯性误差大，怕引起本级误跳闸，故取 Δt_n 为 0.7s；当采用微机型保护时可取 0.2～0.3s。其中 n 表示电力网中任意一级的顺序号。

3.4 低电压或复合电压启动的过电流保护

网络的过负荷电流与短路电流有时差异不大，因而按躲过最大负荷电流整定的过电流保护，在有些情况下不能满足灵敏性的要求。但由于在过负荷和短路两种情况下，负载阻抗与短路阻抗的性质不同，因而在保护安装处的电压也不同。根据这一特点，可装设灵敏性较高的低电压启动的过电流保护，如图 3-3（a）所示。

图 3-3（b）为低电压启动（闭锁）的过电流保护的基本逻辑图，电压通常取 ab 相电压与 bc 相电压，为或门电路。与过电流保护的主要逻辑区别在于增加了低电压闭锁的与门回路。当过电流保护灵敏度不够，而采用低电压启动（闭锁）的过电流保护时，由于过电流定值可不按躲过启动电流考虑，所以可以大大提高其过电流保护灵敏度。

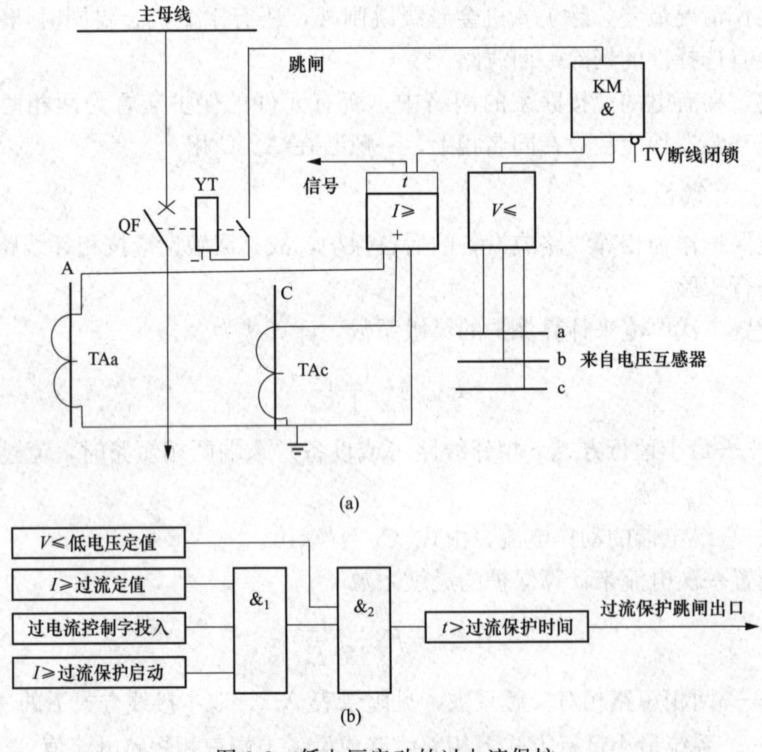

图 3-3 低电压启动的过电流保护

（a）原理接线图；（b）逻辑框图

从图 3-3（a）可以看出，只有低电压保护动作以后，过电流保护才可能动作有效。

值得注意的是，在最大运行方式下，有时电压继电器的灵敏性也可能不能满足要求。为提高电压启动元件的灵敏性，需要增加负序电压启动的回路。从而就有了如图 3-4（a）所示复合电压启动的过电流保护接线。当低电压或负序电压任一保护动作时，过流保护动作即可有效出口。低电压启动的过电流保护和复合电压启动的过电流保护都应设有 TV 断线闭锁门回路，否则在 TV 断线时，过电流保护可能在过负荷或启动电流过大时，因失去电压闭锁而误动作。图中的 TV 断线闭锁为非门，只有在 TV 没有发生断线时才允许低电压回路输出有效，即与门 1 可以在低电压满足定值时去驱动出口回路。当电流回路也满足条件时即可启动与门 2 跳闸回路。

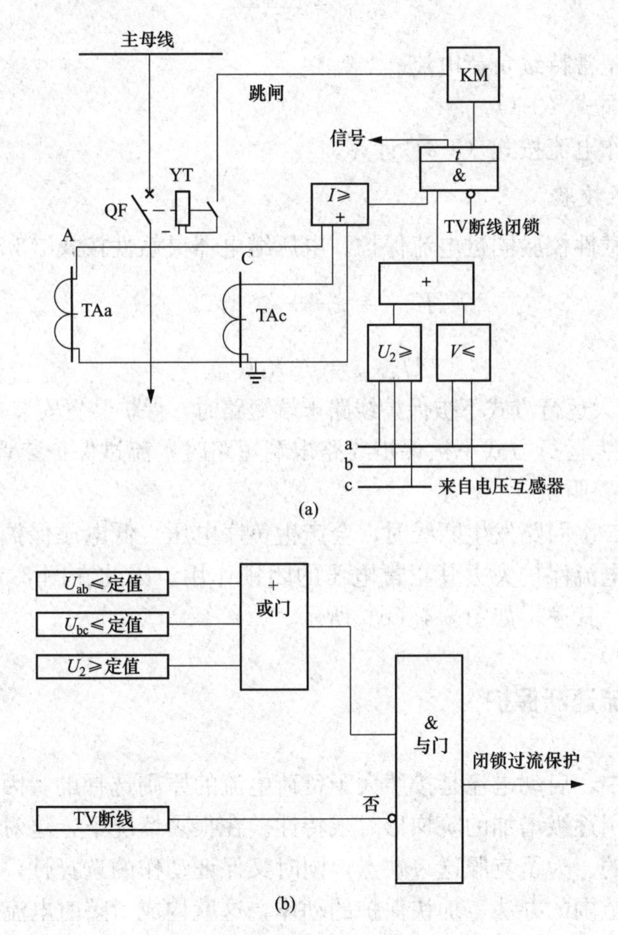

图 3-4　复合电压启动的过电流保护

（a）原理接线图；（b）逻辑框图

3.4.1　低电压的动作电压计算公式

$$U_{op.1}=\frac{U_{min}}{K_{rel}K_{r}} \tag{3-5}$$

$$U_{op.r}=\frac{U_{op.1}}{n_{v}} \tag{3-6}$$

式中　$U_{op.1}$——保护装置的一次动作电压；

U_{min}——电网最低工作线电压；

$U_{op.r}$——继电器的动作电压；

K_{rel}——可靠系数，取1.1～1.2；

K_r——继电器的返回系数；

n_v——电压互感器的变比。

实际应用中$U_{op.1}$常按0.7U_n（U_n为额定电压）整定。

3.4.2 电流继电器的动作电流

保护装置的一次动作电流按躲过正常持续负荷电流整定，即

$$I_{op.1}=\frac{K_{rel}I_{lo}}{K_r} \tag{3-7}$$

式中 I_{lo}——线路正常持续负荷电流。

其余符号含义同式（3-1）。

保护装置的动作电流按式（3-2）计算。

3.4.3 灵敏性校验

保护装置的灵敏性校验同过电流保护。电压继电器灵敏性按式（3-8）进行校验

$$K_{sen}=\frac{U_{op.1}}{U_{k,max}}\geqslant 1.25 \tag{3-8}$$

$$U_{k.max}=\sqrt{3}X_1I_{k.max}$$

式中 $U_{k.max}$——最大运行方式下被保护线路末端短路时，保护装置安装处的最大残余电压；

$I_{k.max}$——最大运行方式下被保护线路末端短路时，流过保护装置的最大短路电流；

X_1——线路阻抗。

当电压互感器二次回路发生断线时，会产生负序电压，低电压保护的电压采集电压会降低或消失，使过电流保护失去其正常电压的闭锁作用。因此在图3-3、图3-4中还需考虑TV断线的闭锁，其逻辑如图3-4（b）所示。

3.5 瞬时电流速断保护

在过电流保护中，启动电流是按照大于负荷电流的原则选择的，因此，为了保证动作的选择性就必须采用逐级增加的阶梯形时限特性。在很多情况下，这对切除靠近电源侧的严重故障是不允许的。为了克服这一缺点，同时又保证动作的选择性，可以采用提高电流整定值以限制动作范围的办法，加快保护的动作，这就构成了瞬时电流速断保护。

它与过电流保护的主要区别在于它的动作范围限制在线路的某一区段内。其启动电流按照一定地点的短路电流来选择，这就从电流整定值上保证了动作的选择性。在非直接接地电网中，保护相间短路的瞬时电流速断保护，通常采用不完全星形的两相两继电器接线方式，见图3-2。图中选用了带延时的中间继电器K2，其延时为0.06～0.08s，延时的目的是为了避免当管形避雷器放电时引起保护的误动作。因为避雷器放电时，相当于发生暂时短路接地故障，速断保护可能动作于跳闸，但当避雷器放完电后，线路即可恢复正常，这种情况下保护不应动作。为使保护不误动作，就必须使保护动作的时间躲过避雷器的放电时间。一般避雷器的放电时间可持续到0.04～0.06s，因此，选用动作时间为0.06～

0.08s 的中间继电器即可满足这一要求。

为了保证选择性，瞬时电流速断保护的动作范围不能超过被保护线路的末端。瞬时电流速断保护的整定不需要考虑返回系数。瞬时电流速断保护的一次动作电流，按躲过被保护线路末端短路时流过保护装置的最大短路电流整定，即

$$I_{op.1} = K_{rel} I_{k.max} \tag{3-9}$$

式中 K_{rel}——可靠系数；

$I_{k.max}$——被保护线路末端短路时，流过保护装置的最大短路电流。

考虑继电器整定值误差、短路电流计算误差，以及一次短路电流中非周期分量对保护的影响，对微机型定时限保护 K_{rel} 一般采用 1.2～1.3。对于反时限保护采用 1.5～1.6。

保护的二次动作电流按式（3-2）整定。

重要降压变电站或配电站母线引出的不带电抗器的线路，短路时，使母线上的残余电压降低到（50%～60%）额定电压及以下，瞬时电流速断保护应切除短路故障。

此时，可考虑装设无选择性瞬时电流速断保护装置，保护的无选择性动作由自动重合闸或备用电源自动投入装置来补救。若前一级的断路器能够由于无选择性动作而比故障级断路器先跳开，为了使重合闸装置或备用电源不至于投入在故障上，后一级（故障级）的保护应具有自保持，以保证自动重合闸装置或备用电源未投入前可靠切除故障，并减少对系统的冲击。另外，是否需要保护装置无选择动作，应视故障线路和同一母线上引出的线路或设备的重要性而定。若该线路或设备较为重要，则保护应有选择性动作。若为次要线路或设备，则保护可无选择性动作。

对于作为辅助保护用的电流速断保护装置的灵敏性，一般按在正常运行方式下发生两相短路的短路电流来确定。要求其保护范围不小于线路全长的 15%～20%。保护装置的一次动作电流可用下式校验

$$I_{op.1} \leqslant \frac{U_n}{2(X_S + 0.15X_l)} \tag{3-10}$$

式中 X_S——正常情况下系统综合电抗；

X_l——被保护线路的电抗；

U_n——电网额定线电压。

3.6 无选择性电流速断保护

除了上面讲到的为保证母线残余电压，而使用无选择性电流速断保护外，在某些特殊情况下，可将电流速断保护装置的保护范围延伸出被保护的线路以外，使全部线路得到无选择性电流速断的保护。

对线路—变压器组的接线方式，电流速断保护可以按照躲过变压器二次侧母线上的短路电流来整定。由于变压器的阻抗是较大的集中阻抗，因此电流速断保护往往可以保护线路的全长，因而可作为线路的主保护。如变压器高压侧装有断路器和保护，则无选择性电流速断保护的一次动作电流可按以下方法整定：

（1）当降压变压器装有差动保护时，无选择性电流速断保护的一次动作电流按躲过最大运行方式下变压器二次侧的短路电流整定，计算式同式（3-9）及式（3-2）。

（2）当降压变压器装有瞬时电流速断保护时，无选择性电流速断保护的一次动作电流应与降压变压器的瞬时电流速断保护相配合，即

$$I_{op.1} = K_{co} I_{op.T} \tag{3-11}$$

式中　K_{co}——配合系数，取 1.1；

$I_{op.T}$——降压变压器的瞬时电流速断保护的动作电流值，整定计算见第 4 章式（4-13）与式（4-14）。

无选择性电流速断保护的灵敏系数，用式（3-3）或式（3-4）按系统在最小运行方式下被保护线路末端两相短路来校验，灵敏系数应符合规程要求，可参见附录。常取 $K_{sen} \geqslant 1.25$。

这种电流速断保护的无选择性动作并不降低向变电站供电的可靠性。

如果为了保证系统运行的稳定性，要求快速切除被保护线路上任一点发生的短路时，可以采用无选择性电流速断保护。特别在工矿企业配网内装设的保护的动作时间，往往受到供电部门的限制，采用这种保护方式有一定的优越性。在这种情况下，被保护线路以外故障引起的无选择性动作，可以用自动重合闸来补救。图 3-5 所示为无选择性电流速断保护装置与自动重合闸配合的例子。

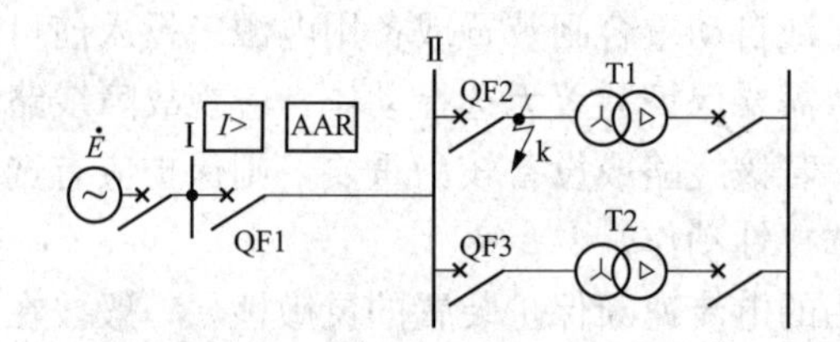

图 3-5　无选择性电流速断装置与自动重合闸装置 AAR 配合

图 3-5 中，当变电站Ⅱ中任意一降压变压器高压电源引线或内部发生短路时（例如 k 点），如果短路点在电流速断保护装置 1 动作范围以内，则电流速断保护装置 1 将和变压器的速动保护同时动作，线路也被无选择性地切除，但线路自动重合闸装置启动后将恢复向变电站Ⅱ的供电。

图 3-5 所示的无选择性电流速断保护也分两种情况整定：

（1）当降压变压器 T1 和 T2 装差动保护时，无选择性电流速断保护装置的一次动作电流整定式仍同式（3-9）。式（3-9）中的 K_{rel} 值可取 1.3～1.4，$I_{k.max}$ 为降压变压器二次侧最大三相短路电流。

（2）当降压变压器 T1 和 T2 装设电流速断保护时，无选择性电流速断保护装设在线路首端，装置的一次动作电流按式（3-12）整定

$$I_{op.1} = K_{co} I_{k.\Sigma} \tag{3-12}$$

式中　K_{co}——配合系数，采用 1.1；

$I_{k.\Sigma}$——当 T1（或 T2）内部短路，且流经 T1（或 T2）的短路电流等于其电流速断保护装置的动作电流 $I_{op.T}$ 时，流过线路的最大短路电流。

短路电流 $I_{k.\Sigma}$ 可用图 3-6 的等值电路图求出。图中假定 T1 和 T2 的电抗相等，即 $X_{T1} = X_{T2} = X_T$。如果变压器 T1 内部 d 点发生短路，设 d 点至高压母线的部分变压器阻抗为 αX_T，并且流过它的电流速断保护装置的短路电流 $I'_{k.T}$ 等于其动作电流 $I_{op.T}$ 时，从图 3-6

可以得出以下关系式

$$I_{\mathrm{op.T}}=\frac{\frac{\alpha(2-\alpha)}{2}X_{\mathrm{T}}}{\alpha X_{\mathrm{T}}}I_{\mathrm{k}.\Sigma}=\frac{2-\alpha}{2}I_{\mathrm{k}.\Sigma} \tag{3-13}$$

$$I_{\mathrm{k}.\Sigma}=\frac{U_{\mathrm{n}}}{\sqrt{3}\left[X_{\mathrm{s.min}}+X_{\mathrm{l}}+\frac{\alpha(2-\alpha)}{2}X_{\mathrm{T}}\right]} \tag{3-14}$$

式中 α——比例系数，短路点至高压母线的部分变压器阻抗与变压器阻抗之比。

将式（3-14）代入式（3-13）可得

$$I_{\mathrm{op.T}}X_{\mathrm{T}}\alpha^{2}-\left(\frac{U_{\mathrm{n}}}{\sqrt{3}}+2\times I_{\mathrm{op.T}}X_{\mathrm{T}}\right)\alpha+2\left[\frac{U_{\mathrm{n}}}{\sqrt{3}}-I_{\mathrm{op.T}}(X_{\mathrm{s.min}}+X_{\mathrm{l}})\right]=0 \tag{3-15}$$

解式（3-15），取 α 的正根代入式（3-14），即可求出 $I_{\mathrm{k}.\Sigma}$。

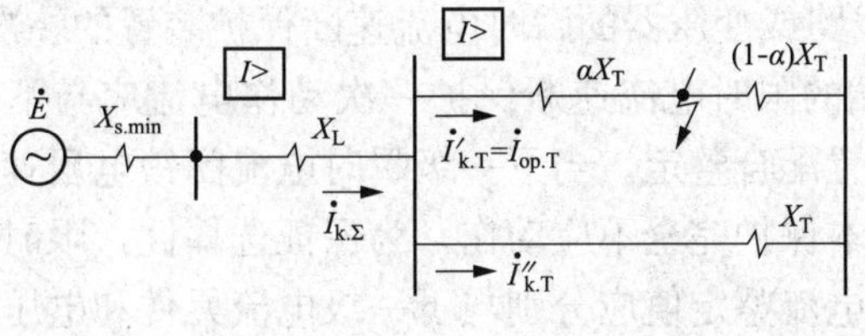

图 3-6 两台降压变压器并列运行时，求 $I_{\mathrm{k}.\Sigma}$ 的等值电路图

两台及以上变压器并列运行，若变压器电抗不等，均可用类似的方法求解保护装置一次动作电流整定值。如果几台变压器不并列，若为 T 形接法的，则无选择性电流速断保护一次动作电流整定同线路—变压器组的整定方法，但需与其中短分支、大容量变压器保护相配合整定。

如果电力用户很重要，不容许无选择性切除时，则必须装设选择性的延时电流速断保护装置。延时电流速断保护装置的一次动作电流也按式（3-9）、式（3-11）、式（3-12）整定。

继电器的动作电流按式（3-2）计算。

图 3-5 所示的无选择性电流速断保护的灵敏系数，按被保护线路末端短路用式（3-3）或式（3-4）来校验。如灵敏系数不够（$K_{\mathrm{sen}}<1.25$），可采用以下方法来提高灵敏性：

（1）将两台降压变压器 T1 和 T2 解列运行；

（2）若原来 T1 和 T2 上装设电流速断保护作为主保护时，可以考虑改装差动保护为主保护。

3.7 限时电流速断保护

由于瞬时电流速断保护的保护范围，与线路本身的长度以及系统运行方式的变化关系很大，因而有时满足不了灵敏性的要求，甚至保护范围为零，为此可以考虑装设带时限的电流速断保护。这种保护中所采用的元件与过电流保护相同，只是启动电流和动作时间的选择原则不同。

如果过电流保护按阶梯形时限选择原则，确定其动作时限为 0.5s 时，就不需要采用限时电流速断保护。因为在这种情况下，过电流保护的灵敏性更高。

限时电流速断保护原则上要求保护本线路的全长，因而必然延伸到下一段线路或设备中去，为了有选择性的动作，限时电流速断保护应按以下原则整定。

3.7.1 保护装置的一次动作电流

（1）当下一级为变压器且变压器具有差动保护时，限时电流速断保护按式（3-9）整定计算。式（3-9）中的 K_{rel} 值可取 1.3～1.4；$I_{k.max}$ 取降压变压器二次侧最大三相短路电流。

（2）当下一级线路或变压器装有瞬时电流速断保护装置时，限时电流速断保护的一次动作电流为

$$I_{op.1} = K_{co} I'_{op.1} \tag{3-16}$$

式中 K_{co}——配合系数，采用 1.1；

$I'_{op.1}$——下一级线路或变压器的瞬时电流速断保护装置的一次动作电流。

（3）装设于 X_{l1} 首端的限时电流速断保护一次动作电流应与下一级线路首端的瞬时电流闭锁电压速断保护装置配合整定。当下一级瞬时电流闭锁电压速断保护中，仅有电流元件或电压元件动作时，本保护完全不应动作，为保证选择性，限时电流速断保护仍不应动作，为此，其一次动作电流整定值应分别与下一级电流元件和电压元件相配合。

1）与下一级电流元件配合时，整定公式同式（3-16），此时 $I'_{op.1}$ 为下一级瞬时电流闭锁电压速断保护电流元件的动作电流。

2）与下一级电压元件配合时，应取系统最大运行方式。图 3-7 为在单侧电源放射式电网中，求电压元件最小动作范围的说明图。从图 3-7 可列出下式

$$U'_{op.1} = \frac{U_n X_{u.min}}{X_{s.min} + X_l + X_{u.min}}$$

$$X_{u.min} = \frac{(X_{s.min} + X_l) U'_{op.1}}{U_n - U'_{op.1}} \tag{3-17}$$

式中 $X_{s.min}$——系统最大运行方式下的最小综合电抗；

X_l——被保护线路的电抗；

$X_{u.min}$——对应于电压元件最小保护范围长度的线路电抗；

$U'_{op.1}$——被保护线路下一级瞬时电流闭锁电压速断保护装置电压元件的动作电压；

U_n——额定线电压。

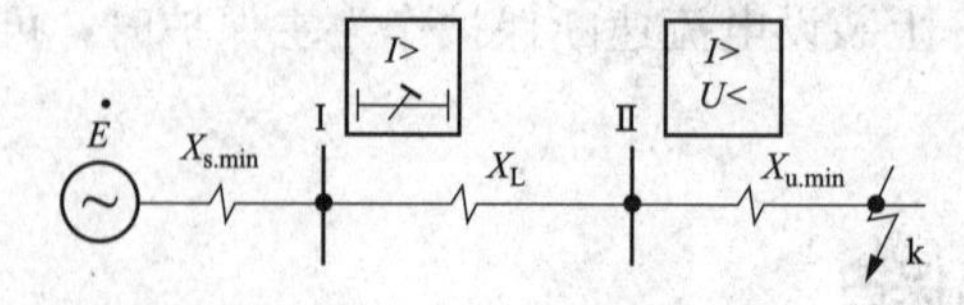

图 3-7 求电流闭锁电压速断保护装置电压元件的最小动作范围

求出 $X_{u.min}$ 以后，限时电流速断保护装置的一次动作电流可按下式整定

$$I_{op.1} = \frac{K_{co} U_n}{\sqrt{3}(X_{s.min} + X_l + X_{u.min})} \tag{3-18}$$

选择与下一级电流元件配合和与下一级电压元件配合的两个一次动作电流中较大者作为限时电流速断保护装置的动作电流。

在某些情况下，当限时电流速断保护装置的动作电流与下一级线路第一段瞬时电流速断保护装置配合时，可能不满足灵敏性的要求，这时也可以考虑与下一级线路第二段限时电流速断保护装置配合整定。

保护的二次动作电流按式（3-2）计算。

3.7.2　保护装置的时限配合

当一次动作电流与下一级第一段瞬时电流速断保护配合时，限时电流速断的动作时限为

$$t = t_1 + \Delta t$$

式中　t_1——被保护线路下一级第一段瞬时电流速断保护装置的固有动作时间，约0.06～0.1s，有时可忽略不计；

Δt——时间级差，DL型继电器取0.5s，数字型保护可取0.2～0.3s，反时限保护可取0.4～0.5s。

当动作电流与下一级第二段限时电流速断保护配合时，限时电流速断的动作时限为

$$t = t_2 + \Delta t$$

式中　t_2——被保护线路下一级第二段限时电流速断保护装置的动作时限；

Δt——时间级差，取值原则同上。

3.7.3　保护装置的灵敏系数校验

限时电流速断保护的灵敏系数仍按被保护线路末端发生两相短路用式（3-3）或式（3-4）校验。灵敏系数应符合规程要求，可参见附录，常取1.25。

3.8　电流闭锁电压保护

3.8.1　电流闭锁电压保护

如果电源容量小、线路短、运行方式变化大，或短线路带较大容量的变压器（即变压器电抗也小），经计算证明采用瞬时电流速断保护或无选择性电流速断保护不能保证足够的灵敏性时，可以采用电流闭锁电压速断保护。但需注意这种保护不可以复合电压闭锁来代替低电压闭锁速断保护（复合电压闭锁必须解除负序电压启动回路），否则下级范围的故障会引起越级跳闸。瞬时电流闭锁电压速断保护装置接线不需要专设时间回路，保护动作时间为其固有动作时间，不超过0.1s。这种保护除用作单回线具有时限阶段的保护装置的瞬动段和作为向降压变压器供电的单回线的主保护外，也可与自动重合闸装置配合，构成多段串联的放射式线路的主保护。

3.8.1.1　保护装置电流元件、电压元件动作值的整定计算

1. 按在某一主要运行方式下电流、电压元件具有相同的保护范围整定

瞬时电流闭锁电压速断保护作为线路保护第一段时，为了使该保护装置在某一主要运行方式下具有较大的保护范围，保护装置电流元件和电压元件的动作值可按在该运行方式下具有相同的保护范围的条件整定。

作为电流元件的电流继电器一次动作电流为

$$I_{op.1} = \frac{U_n}{\sqrt{3}(X_s + X_{op})} \tag{3-19}$$

$$X_{op}=\frac{X_l}{K_{rel}} \tag{3-20}$$

式中 U_n——额定线电压；

X_s——在主要运行方式下，保护安装处母线上的系统总电抗；

X_{op}——相应于电流元件及电压元件保护范围的线路电抗。

X_l——被保护线路的电抗；

K_{rel}——可靠系数，采用1.2～1.3。

根据式（3-19）计算出 $I_{op.1}$后，还应按躲过在电压回路发生断线时被保护线路的最大负荷电流 $I_{lo.max}$进行校验，因此一次动作电流 $I_{op.1}$应满足关系式

$$I_{op.1}\geqslant\frac{K_{rel}I_{lo.max}}{K_r} \tag{3-21}$$

式中 K_{rel}——可靠系数，取1.2～1.3；

K_r——返回系数，取0.85；

$I_{lo.max}$——线路的最大负荷电流。

构成电流元件的电流继电器动作电流按式（3-2）计算。

构成电压元件的电压继电器一次动作电压为

$$U_{op.1}=\frac{\sqrt{3}I_{op.1}X_l}{K_{rel}} \tag{3-22}$$

式中 K_{rel}——可靠系数，可采用1.2～1.3。

构成电压元件的电压继电器动作电压可按式（3-6）计算。

在最小运行电压下，当被保护线路以外发生短路时，如果电压继电器已动作并能在短路被切除后返回，从而在电动机自启动时保证本保护不误动，构成电压元件的电压继电器一次动作电压还应按式（3-5）校验。$U_{op.1}\leqslant0.7U_n$（U_n 为电网额定线电压）即可满足式（3-5）的要求。

2. 按保证电流元件具有足够灵敏性或按电流元件、电压元件具有相等灵敏系数整定

作为供给一台变压器或与自动重合闸配合供两台变压器的单侧电源终端单回线路主保护时，或与自动重合闸配合构成多段串联的放射式线路的主保护时，有以下两种整定方法。

（1）按保证电流元件具有足够灵敏性的条件整定。

1）电流元件与电压元件的一次电流、电压动作值为

$$I_{op.1}=\frac{I_{k.min}^{(2)}}{K_{sen}} \tag{3-23}$$

$$U_{op.1}=\frac{\sqrt{3}I_{op.1}(X_l+X_T)}{K_{rel}} \tag{3-24}$$

式中 $I_{k.min}^{(2)}$——被保护线路末端两相短路时，流经保护装置的最小短路电流；

K_{sen}——电流元件灵敏系数，取1.25～1.5；

X_l——线路电抗；

X_T——变压器短路电抗，若为两台变压器时，取其并联电抗值；

K_{rel}——可靠系数，取1.2～1.3。

按式（3-23）和式（3-24）整定保护装置的动作值，能够保证动作上的选择性。因为

当被保护范围以外短路，短路电流小于保护装置电流元件一次动作电流 $I_{op.1}$时，电流元件不动作。如果被保护范围以外短路，短路电流大于 $I_{op.1}$，电流元件会动作，但电压元件的残余电压 U_k 将大于 $U_{op.1}$，所以电压元件不可能动作，保护也不会无选择动作［$U_k=\sqrt{3}I_k(X_l+X_T)$］。

整套保护装置的保护范围，取决于电流元件和电压元件的保护范围中的较小者。

2）电压元件的灵敏系数按式（3-8）校验。

（2）按电流元件和电压元件灵敏系数相等的条件整定。

如果按式（3-23）和式（3-24）整定保护装置的动作值，电压元件的灵敏系数不满足要求时，可按电流元件和电压元件最小灵敏系数相等的条件，来选择保护装置的动作值。这样整定可以使经常运行的中间运行方式得到较大的保护范围，即

$$\frac{I_{k.min}^{(2)}}{I_{op.1}}=K_{sen}=\frac{U_{op.1}}{U_{k.max}}$$

$$I_{op.1}=\frac{U_{k.max}I_{k.min}^{(2)}}{U_{op.1}} \tag{3-25}$$

将式（3-24）代入式（3-25），则可得

$$I_{op.1}=\sqrt{\frac{K_{rel}U_{k.max}I_{k.min}^{(2)}}{\sqrt{3}(X_l+X_T)}} \tag{3-26}$$

求出 $I_{op.1}$以后，电压元件一次动作电压即可按式（3-24）或式（3-27）计算

$$U_{op.1}=\frac{U_{k.max}I_{k.min}^{(2)}}{I_{op.1}} \tag{3-27}$$

3.8.1.2　电流闭锁电压速断保护装置的保护范围与系统运行方式的关系分析

1. 电流元件最小保护范围

图 3-8 为求电流元件在两相短路时最小保护范围的电抗 $X_{li.min}$的说明图。在线路末端 k 点发生两相短路时，流过保护装置电流元件的短路电流 $I_{k.min}^{(2)}$正好等于动作电流 $I_{op.1}$，所以

$$I_{op.1}=I_{k.min}^{(2)}=\frac{\sqrt{3}}{2}\frac{U_n}{\sqrt{3}(X_{s.max}+X_{li.min})} \tag{3-28}$$

由式（3-28）得

$$X_{li.min}=\frac{U_n}{2I_{op.1}}-X_{s.max} \tag{3-29}$$

式中　U_n——额定线电压；

$X_{s.max}$——最小运行方式下，保护装置安装处母线上系统最大综合电抗。

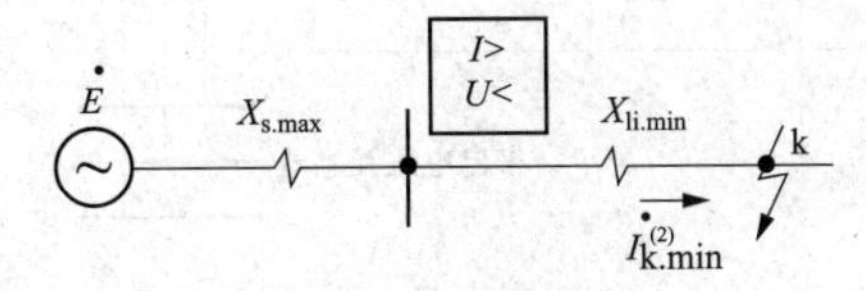

图 3-8　求电流元件最小保护范围的电抗 $X_{li.min}$

从式（3-29）可见，$X_{s.max}$越大，则电流元件的最小保护范围的电抗 $X_{li.min}$越小。

2. 电压元件最小保护范围

图 3-9 为求电压元件最小保护范围的电抗 $X_{lu.min}$的说明图。保护装置安装处母线上的

残余电压正好等于其电压元件的动作电压 $U_{op.1}$。串联回路中流过的电流，在任一电抗两端产生的电压降与其电抗大小成正比，所以从图 3-9 可以列出关系式

$$\frac{U_{op.1}}{X_{lu.min}}=\frac{U_n}{X_{s.min}+X_{lu.min}} \tag{3-30}$$

由式（3-30）可得

$$X_{lu.min}=\frac{U_{op.1}}{U_n-U_{op.1}}X_{s.min} \tag{3-31}$$

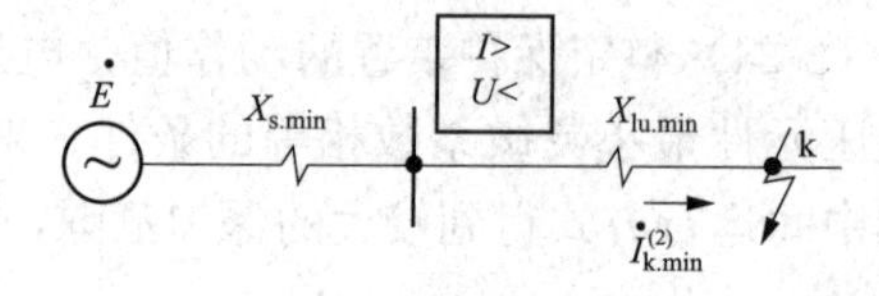

图 3-9　求电压元件最小保护范围的电抗 $X_{lu.min}$

由式（3-31）可以看出，$X_{s.min}$越小，电压元件的最小保护范围的电抗 $X_{lu.min}$也越小。

综上分析，可见电流闭锁电压速断保护并不能适应运行方式变化较大的需要，因而不少地区在系统发展后不得不改用阻抗保护。

3.8.2　限时电流电压闭锁速断保护

限时电流速断保护与其相邻线路或设备的速动保护配合，在被保护线路末端短路时，有时不能保证足够的灵敏性，如相邻线路或设备为较短的线路或容量很大的降压变压器（即变压器的短路阻抗 X_T 较小），在这种情况下，可考虑选用限时电流闭锁电压速断保护（如图 3-10 所示）。

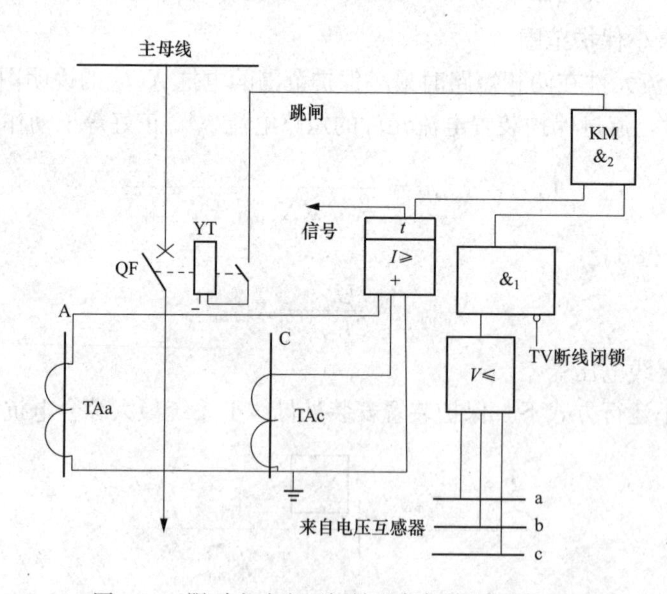

图 3-10　限时电流电压闭锁速断保护原理接线图

图中的 TV 断线闭锁为非门，只有在 TV 没有发生断线时才允许低电压回路输出有效，即与门 1 可以在低电压满足定值时驱动出口回路。当电流回路也满足条件时即可启动与门 2 跳闸回路。

3.8.2.1 电流、电压元件的一次动作值

为了保证动作上的选择性，保护的电流元件和电压元件的动作值都需要与下一段线路或变压器的速动保护相配合。

1. 当下一级为变压器的速动保护时，限时电流闭锁电压速断保护的电流、电压整定计算

当下一级为变压器的速动保护时，电流元件均按被保护线路末端短路时，具有足够灵敏性的条件整定。在此时电流元件应接在相电流上（即不采用两相电流差接线方式），以保证保护的可靠动作和灵敏性。电流元件的整定按式（3-23）进行，电压元件的整定计算按式（3-24）进行。当这样整定使电压元件的灵敏性不够时，则电流元件可按式（3-26）计算，电压元件可按式（3-24）或式（3-27）计算。前文所述线路的瞬时电流电压闭锁速断保护靠自动重合闸相配合以补救无选择性动作，能快速切除瞬时性故障，而限时电流电压闭锁速断保护则是靠延时配合来保证选择性，两者的主要区别在此，应酌情选用。

2. 当下一级线路上装有瞬时电流速断保护时，限时电流电压闭锁速断保护的电流、电压元件的整定计算

电流元件一次电流动作值按式（3-16）计算。电压元件一次电压动作值按式（3-24）计算，且将式（3-24）中的 X_T 改为下一级线路的电抗。

3. 当下一级线路上装有瞬时电流闭锁电压速断保护时，限时电流闭锁电压速断保护的电流、电压元件整定计算

电流元件一次电流动作值按式（3-16）计算。

电压元件一次电压动作值计算式为

$$U_{op.1}=\frac{\sqrt{3}I_{op.1}X_1+U'_{op.1}}{K_{co}} \tag{3-32}$$

式中 $U'_{op.1}$——被保护线路下一级保护电压元件的一次电压动作值；

K_{co}——配合系数，取1.1；

X_1——线路电抗。

3.8.2.2 继电器动作值及保护的灵敏性校验

1. 保护的二次的动作值计算

电流保护的二次动作电流按式（3-2）计算。保护的二次动作电压则按式（3-6）计算。

2. 保护的灵敏性校验

电压元件的灵敏性按式（3-8）验算。电流元件的灵敏性须按式（3-3）或式（3-4）验算。当灵敏性不满足要求时，可考虑与下一级线路第二段延时主保护配合或改用距离保护。

限时电流电压闭锁速断保护的时限整定原则与限时电流速断保护相同。

3.9 方向过电流保护

在具有两侧电源的线路上或单侧电源的环网线路上，线路两端均需要装设断路器和保

护，为了保证其选择性，可装设方向过电流保护。

先简述几个概念：由于继电器的电压感性阻抗较大，有较大的阻抗角 γ，会使保护对电压相位的精确测量有影响，常把这个阻抗角 γ 的余角就称为 α 角。若把加在继电器上的电压与电流之间的相角差定义为 φ_r，而正好当 $\varphi_r=-\alpha$ 时方向元件最为灵敏，所以就把 $-\alpha$ 叫灵敏角。继电器的内角或灵敏角，是方向保护厂家应当予以明确的重要参数。应当注意，为了消除方向元件的死区，实际上并非 A 相保护所接的电流与电压都取自相同相。

3.9.1　方向过电流保护的动作原理

图 3-11 为两侧电源的网络中不能应用无方向过电流保护的例子。具有两侧电源的线路上装设无方向的过电流保护时限特性（如图 3-11 所示）具有如下关系

$$t_A > t_4 > t_3 > t_2 > t_1$$

$$t_B > t_8 > t_7 > t_6 > t_5$$

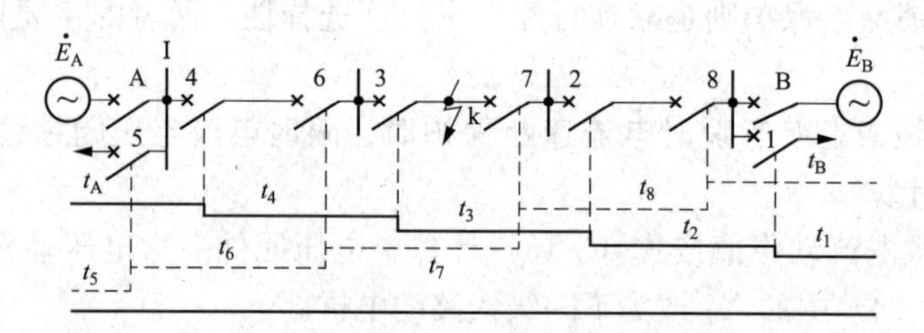

图 3-11　两侧电源的网络中不能应用无方向过电流保护的例子

当 k 点发生短路时，保护 7 和保护 3 应动作；但由于 $t_6 < t_3$ 和 $t_2 < t_7$，保护 6 和保护 2 将分别先于保护 3 和保护 7 动作，使相应的断路器跳闸，形成无选择性动作，保护 6 的无选择性动作是由 $\dot{I}_{kA}$ 引起的，而保护 2 的无选择性动作则是由 $\dot{I}_{kB}$ 引起的（$\dot{I}_{kA}$ 与 $\dot{I}_{kB}$ 分别为由电源 $\dot{E}_A$、$\dot{E}_B$ 送出的短路电流）。这两个电流的方向对保护 6 和保护 2 而言，都是由线路流向母线的。同理，分析其他点短路时各保护的动作情况，也会得到相应的结论。

为了消除上述无选择性动作，在两侧电源的网络上应增加方向闭锁元件（功率方向继电器）。该元件仅当短路功率方向由母线流向线路时动作。按照这个要求配置的方向元件示于图 3-12，动作方向由箭头标出。此图中各个同方向的保护时间，仍保持阶梯型的时限特性。这样当 k 点短路时，保护 6 和保护 2 因方向不符而不会启动，此时 $t_A > t_4 > t_3$ 和 $t_B > t_8 > t_7$，因此保护 3 和保护 7 最先动作，将故障有选择性地切除。

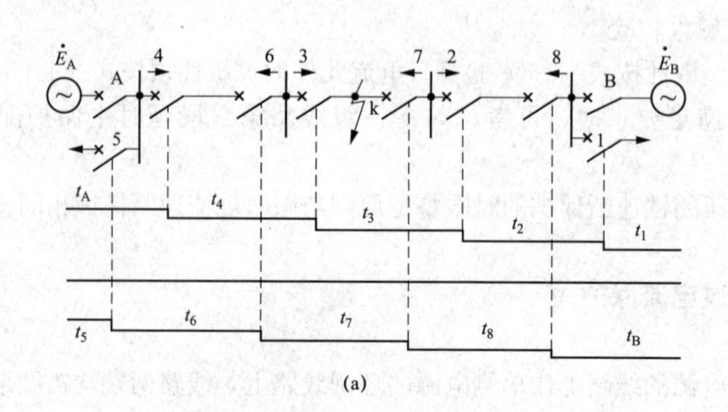

(a)

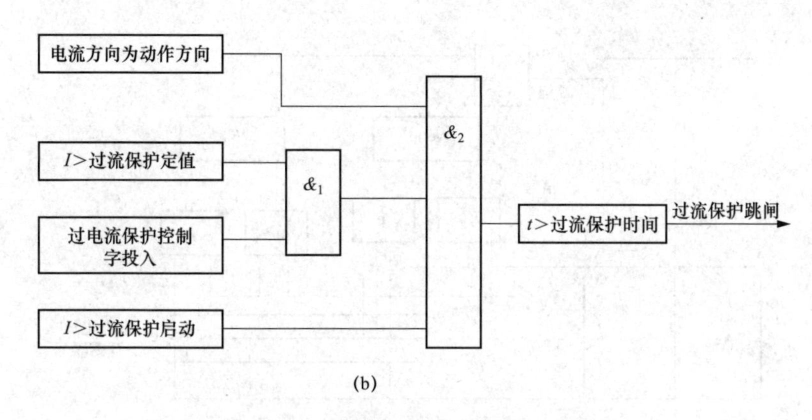

图 3-12　应用反向阶梯时限特性的过流方向保护

(a) 反向阶梯时限特性图；(b) 过流方向保护逻辑框图

过电流方向保护由三个元件组成：①启动元件——电流继电器；②方向元件——功率方向继电器；③时间元件——时间继电器。

启动元件和时间元件的作用同过电流保护中的启动元件和时间元件，方向元件用以判断线路功率方向。只有当三个元件都动作后，保护才能动作于跳闸。

实际在上述网络中，并不是所有保护都需要装设方向元件。由于方向元件的接入使接线复杂、投资增加；当发生三相短路使母线电压很低时方向继电器将拒动（称为保护的死区），因此应尽量避免采用方向元件。根据保护的工作原理，在下述情况下均可以不用方向元件：

（1）当反方向故障时，流过本保护的最大短路电流小于启动电流（并且有一定的可靠系数）时。

（2）当反方向故障，故障线路保护装置的动作时间小于本保护的时间时，因为本保护时限较长而保证了选择性，可以不用方向元件。

一般而言，位于任一变电站母线两侧的保护，其动作时限较短者应装设方向元件，而较长者不装设方向元件；如果两侧保护的时限相等则均需装设方向元件，在图 3-12 中只需在保护 2 和保护 6 装设方向元件。

3.9.2　功率方向继电器的接线方式

下面介绍的方向继电器的 90°接线方式，在适当选择继电器的内 α 角后，能适应于各种线路的各种故障，而不致误动或拒动。所谓 90°接线方式是指在三相对称负荷的情况下，如果功率因数为 1，则继电器流入的电流超前于电压 90°，如图 3-13 所示。按 90°接线方式的相间短路过电流方向保护的接线如图 3-14 所示，它被广泛应用于非直接接地系统中。

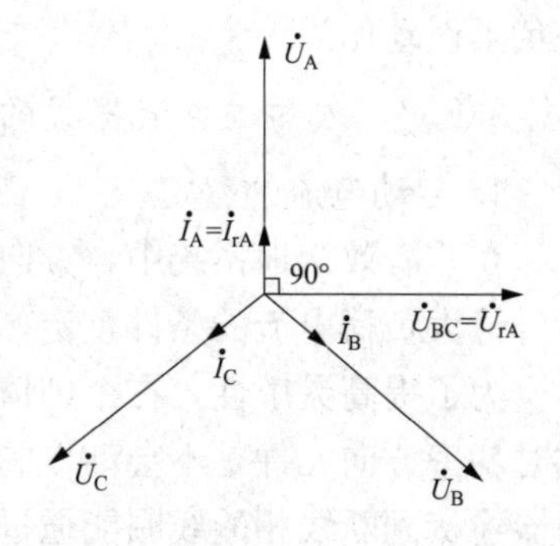

图 3-13　方向继电器采用 90°接线方式在 $\cos\varphi=1$ 时的相量图

根据已往对 GG-11 型/数字型仿 GG-11 型功率方向继电器大量的分析，90°接线方式对线路的各种故障，能使保护不致误动或拒动的继电器内角 α 选取范围如表 3-1 所示。

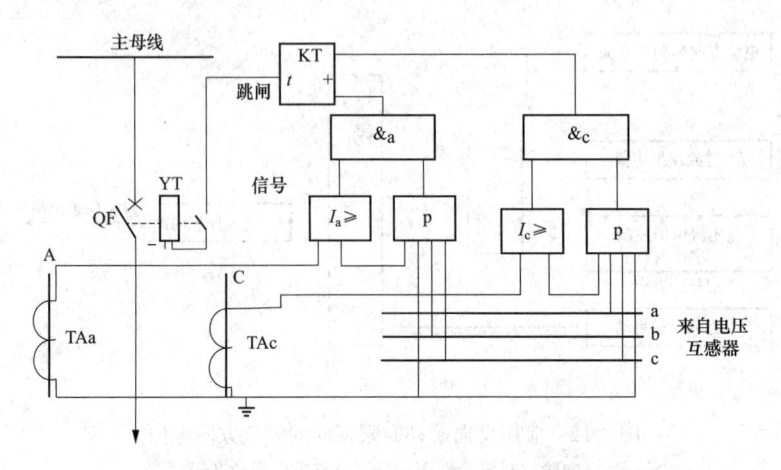

图 3-14　90°接线方式的相间短路过电流方向保护原理接线图

表 3-1　　继电器内角 α 的允许范围

继电器	三相短路	A B 两相短路	B C 两相短路	C A 两相短路
A 相 KW_a	$0° < \alpha < 90°$	$30° < \alpha < 90°$	—	$0° < \alpha < 60°$
C 相 KW_c	$0° < \alpha < 90°$	—	$0° < \alpha < 60°$	$30° < \alpha < 90°$

从表 3-1 可以看出，当线路阻抗角在 $0° < \varphi_k < 90°$ 范围内变化时，继电器在一切故障情况下的动作条件是 $30° < \alpha < 60°$。GG—11 型功率方向继电器提供了 $\alpha = 45°$ 和 $\alpha = 30°$ 两个角度，完全可以满足上述要求。以上分析只是继电器在各种情况下可能动作的条件，而不是动作最灵敏的条件，继电器动作最灵敏的条件仍要根据 $\cos(\varphi_r + \alpha) = 1$ 来决定。因此，对某一已经确定的输电线路（φ_k 已经固定），就应根据这一条件选择一个较合适的 α 角，以保证在各种故障时均较灵敏。

对接于非故障相的电流继电器，在某些情况下可能产生无选择性动作，为了防止误动作可以采用按相启动的办法来解决。按相启动的原理是：在保护装置的接线中，同名相的电流启动元件和方向元件分别组成独立的跳闸回路（见图 3-14），当接于非故障相的方向元件误动作时，由于它的启动元件整定值大于最大负荷电流故不会启动，因而保护装置就避免了误动作。

3.9.3　方向过电流保护的参数选择及校验

1. 启动电流的整定

在非有效接地系统中，方向过电流保护的启动电流应和过电流保护的启动电流一样按躲过最大负荷电流的条件整定，由式（3-1）和式（3-2）计算。

为了提高灵敏性，在个别情况下可以不考虑从线路向母线输送的最大负荷电流，因为这时功率方向元件是不会动作的。但在此情况下如果发生了电压回路断线，因功率方向继电器连接到断线相的线圈能通过其他负载而感受到电压，此时相位已发生变化，保护可能误动作，因此应装设电压回路断线闭锁装置。

通常为了防止无选择性动作，沿同一方向的保护的电流启动元件灵敏性应互相配合，其动作电流 $I_{op.1}$ 应为

$$I_{op.1} = K_{co} K_{br} I'_{op.1} \tag{3-33}$$

式中 K_{co}——配合系数，取1.1；

K_{br}——分支系数，等于故障时流经本保护装置的电流与被配合保护装置中流过电流之比；

$I'_{op.1}$——被配合保护装置的一次动作电流。

2. 动作时限的配合

动作时限的配合和过电流保护一样，对沿同一方向的保护装置应按阶梯型的原则来配合。

3. 灵敏性校验

对启动元件的灵敏系数按式（3-3）或者式（3-4）验算。

4. 关于死区问题

当三相短路发生在保护装置安装处的母线附近时，由于母线残余电压很低，方向继电器将不能动作，这就是保护的死区。一般连接在全电流和全电压上的功率方向继电器的动作功率不大，死区并不严重。有时为了消除死区可以采用记忆回路，而数字型保护的优点之一，就是可以方便地记忆故障前的电压。

5. 方向过电流保护的优缺点和应用

这种保护的优缺点基本上和过电流保护相同。由于增加了方向元件，方向过电流保护可以适应在两端电源网络情况下保护动作选择性的要求。其主要缺点是接线较复杂，传统的机电型保护有时在三相短路时有死区。

方向过电流保护广泛地应用在配电系统电源电压的网络中，作为主保护。

在两侧电源放射式网络或环状网络中，为了提高电流速断保护的灵敏性，降低保护装置的动作时限，同时避免反方向故障时的误动作，多数情况下考虑在某些段上附加电力方向元件构成方向电流速断保护。

电流速断保护附加电力方向元件的一般原则是：

（1）构成方向电流速断保护可显著提高其灵敏性时；

（2）根据系统要求，装设方向电流速断保护，其时限可以降到允许范围内时；

（3）该侧其他保护已确定装设电力方向元件时。

方向电流速断保护时限配合原则同带时限过电流保护一样，按逆向阶梯原则配合整定。

所有类型的速断保护装置均可构成带方向保护，其整定计算公式可全部套用本章列出的不带方向的同类保护的相应公式，对保护装置灵敏性的要求和计算方法均相同。

在非直接接地系统中方向电流速断和方向电流闭锁电压速断保护应采用两相式接线。

3.10 单相接地保护

非有效接地系统中装设单相接地保护的原则在3.1节已经讲过，下面具体研究与单相接地保护有关的几个主要问题。

3.10.1 非有效接地系统中的单相接地故障

未带负荷的简单网络单相接地故障的电流分布如图3-15（a）所示。当A相发生接地时，A相对地电压变为零，对地电容被短接，而B、C相对地电压升高，其值为$\sqrt{3}$倍相电压，对地电容电流相应增大，相量图如图 3-15（b）所示。

各相对地电压

$$\dot{U}_{\mathrm{A}}=0$$

$$\dot{U}_{\mathrm{B}}=\dot{E}_{\mathrm{B}}-\dot{E}_{\mathrm{A}}=\sqrt{3}\dot{U}_{\mathrm{pB}}\mathrm{e}^{-\mathrm{j}150^{\circ}}$$

$$\dot{U}_{\mathrm{C}}=\dot{E}_{\mathrm{C}}-\dot{E}_{\mathrm{A}}=\sqrt{3}\dot{U}_{\mathrm{pA}}\mathrm{e}^{\mathrm{j}150^{\circ}}$$

零序分量的电压

$$\dot{U}_{0}=\frac{1}{3}(\dot{U}_{\mathrm{A}}+\dot{U}_{\mathrm{B}}+\dot{U}_{\mathrm{C}})=-\dot{U}_{\mathrm{pA}}=-\dot{E}_{\mathrm{pA}}$$

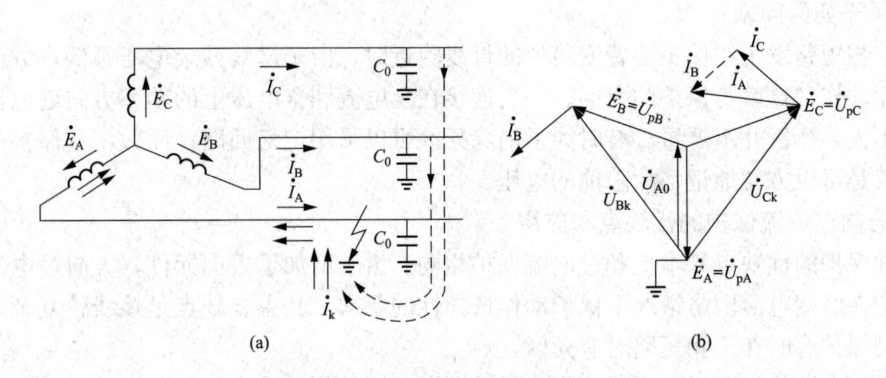

图 3-15　简单网络的单相接地故障

（a）电容电流分布；（b）相量图

本线路各相和本线路流过接地点的电流

$$\left.\begin{aligned}\dot{I}_{\mathrm{B}}&=\dot{U}_{\mathrm{Bk}}\mathrm{j}\omega c_{0}=\sqrt{3}\dot{U}_{\mathrm{pA}}\omega C_{0}\mathrm{e}^{-\mathrm{j}60^{\circ}}\\\dot{I}_{\mathrm{C}}&=\dot{U}_{\mathrm{Ck}}\mathrm{j}\omega c_{0}=\sqrt{3}\dot{U}_{\mathrm{pA}}\omega C_{0}\mathrm{e}^{-\mathrm{j}120^{\circ}}\\\dot{I}_{\mathrm{A}}&=I_{\mathrm{e.1}}=-(\dot{I}_{\mathrm{B}}+\dot{I}_{\mathrm{C}})=3\dot{U}_{\mathrm{pA}}\omega C_{0}\mathrm{e}^{\mathrm{j}90^{\circ}}\end{aligned}\right\}\tag{3-34}$$

式中　$I_{\mathrm{e.1}}$——本线路流过接地点的电流。

故障线路本身的零序电流为

$$\dot{I}_{0}=\frac{1}{3}(\dot{I}_{\mathrm{A}}+\dot{I}_{\mathrm{B}}+\dot{I}_{\mathrm{C}})=0$$

实际上配电系统中有很多条线路，仍假定均未带负荷。当线路 L-3 发生 A 相单相接地时，电容电流分布如图 3-16 所示。此时按式（3-34）有

$$3\dot{I}_{0\mathrm{I}}=\dot{I}_{\mathrm{BI}}+\dot{I}_{\mathrm{CI}}=3\dot{U}_{\mathrm{pA}}\omega C_{0\mathrm{I}}\mathrm{e}^{\mathrm{j}90^{\circ}}=\dot{I}_{\sum\mathrm{I}}$$

$$3\dot{I}_{0\mathrm{II}}=\dot{I}_{\mathrm{BII}}+\dot{I}_{\mathrm{CII}}=3\dot{U}_{\mathrm{pA}}\omega C_{0\mathrm{II}}\mathrm{e}^{\mathrm{j}90^{\circ}}=\dot{I}_{\sum\mathrm{II}}$$

式中，下注脚Ⅰ、Ⅱ表示线路 L-1 和 L-2；$\dot{I}_{\Sigma}$表示三相的电容电流之和。可见非故障线路零序电流等于本身电容电流，方向为由母线流向线路。

在故障线路上，其 B、C 相的电流同前，而在 A 相中则流有各线路对地电容电流的总和。因此有

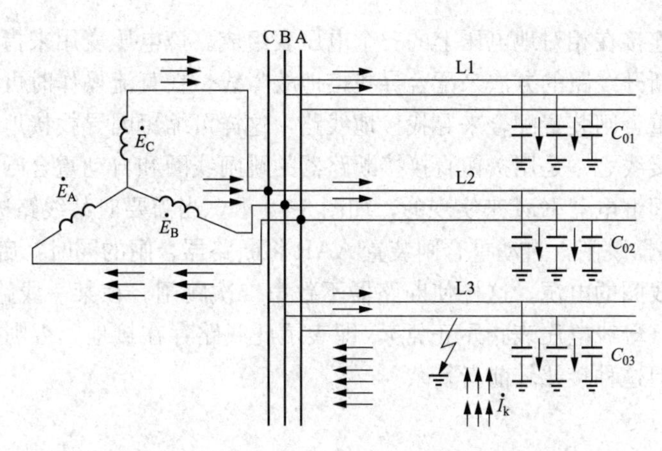

图 3-16　线路上单相接地时对地电容电流的分布图

$$\dot{I}_{A\text{Ⅲ}}=\dot{I}_k=-[(\dot{I}_{B\text{Ⅰ}}+\dot{I}_{C\text{Ⅰ}})+(\dot{I}_{B\text{Ⅱ}}+\dot{I}_{C\text{Ⅱ}})+(\dot{I}_{B\text{Ⅲ}}+\dot{I}_{C\text{Ⅲ}})]$$
$$=-(\dot{I}_{\sum\text{Ⅰ}}+\dot{I}_{\sum\text{Ⅱ}}+\dot{I}_{\sum\text{Ⅲ}}) \tag{3-35}$$

故障线路中的零序电流则为

$$3\dot{I}_{0\text{Ⅲ}}=\dot{I}_{A\text{Ⅲ}}+\dot{I}_{B\text{Ⅲ}}+\dot{I}_{C\text{Ⅲ}}=-3(\dot{I}_{0\text{Ⅰ}}+\dot{I}_{0\text{Ⅱ}})=-(\dot{I}_{\sum\text{Ⅰ}}+\dot{I}_{\sum\text{Ⅱ}})$$
$$=\dot{I}_{e.\sum l}-\dot{I}_{e.l} \tag{3-36}$$

由此可见，故障线路的零序电流的 3 倍等于全系统非故障线路的电容电流之和，或等于该网络发生接地故障时的电容电流减去故障线路本身的电容电流，其方向为由线路流向母线。

上面理论分析表明，在单电源放射式网络中，该网络发生接地故障时的电容电流越大，故障线路本身的电容电流越小，则零序电流保护越容易实现。而故障与非故障线路的零序功率方向的不同，为实现零序功率方向保护创造了条件。

3.10.2　单相接地保护

1. 无选择性信号——绝缘监视装置

为了实现绝缘监视，电压互感器的二次侧应能测得系统相对地的电压，并有附加绕组可连接成零序电压过滤器，电压互感器的一次绕组接成完全星形，中性点接地。通常采用三相五柱式电压互感器或三个单相三绕组电压互感器。

图 3-17 示出绝缘监视装置的接线图，包括测量表计和继电器两部分。

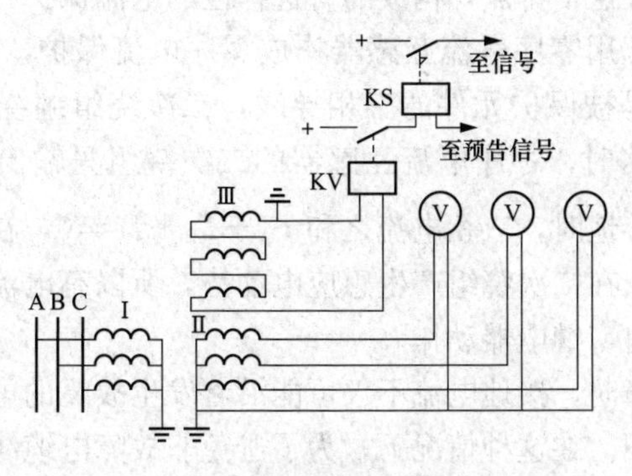

图 3-17　绝缘监视装置的接线图

测量表计由连接在相对地电压上的三个电压表组成。该电压表用来指示接地故障的相别，并且以顺序断开线路的方法来配合寻找接地故障线。在直流操作时可利用专设的接地试验按钮与自动重合闸装置配合来寻找接地线路，这样可缩短因寻找接地故障而引起的对用户停电时间。接线之一是用按钮直接接断路器的跳闸线圈和自动重合闸装置。另一接线是用按钮通过中间继电器 KM 来实现的，如图 3-18 示。当需要对某线路进行接地检查时，揿按钮 SB 将断路器跳闸，自动重合闸装置 AAR 将断路器合闸的同时，启动 KM，其接点断开断路器跳闸线圈的电源，这样使断路器不致第二次跳闸。在某一线路断路器跳闸后，如接地信号解除（母线电压表指示正常），即表示此线路存在接地，否则，需要对其他馈电线进行检查。但这种接线较前者复杂。

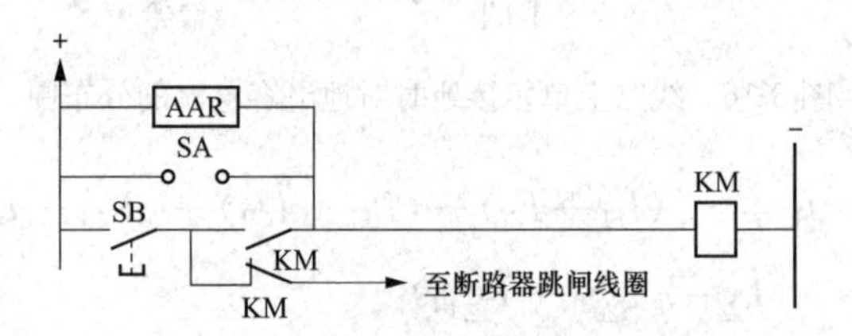

图 3-18　利用 AAR 检查接地的接线

图 3-17 中将电压继电器 KV 连接在零序电压滤过器上，用以反应零序电压，当电网发生单相接地时，该继电器动作并发出信号。当没有三相五柱式电压互感器或希望电压互感器有较大容量时，才可采用三个单相三绕组电压互感器。在 35kV 及以上电压的电网中，广泛采用三个单相电压互感器组成的接线方式。

继电器的动作值

$$U_{r.op} = K_{rel} U_{ub.max} \tag{3-37}$$

式中　K_{rel}——可靠系数，取 1.2～1.3；

$U_{ub.max}$——运行实测开口三角形侧最大不平衡电压。

通常选用带附加电阻的电压继电器或附加电容的电压继电器，以满足热稳定要求。在大多数情况下继电器动作电压 $U_{r.op}$ 可选取继电器最小整定值 15V，在运行时，通常能满足要求。静态继电器及微机保护整定值按照需要可以整定得较小。

2. 零序电流保护

零序电流保护是利用其他线路接地时和本线路接地时测得的零序电流不同，且本线路接地时测得的零序电流大这个特点，构成的有选择性的电流保护。当为电缆引出线或经电缆引出的架空线路时，常用零序电流互感器构成零序电流保护，如图 3-19 所示。零序电流互感器的一次绕组就是被保护元件的三相导线，二次绕组缠绕在贯穿着三个相的铁芯上。正常及发生相间短路时，零序电流互感器的二次绕组只输出不平衡电流，保护不动作。当电网中发生单相接地时，三相电流之和 $\dot{I}_A+\dot{I}_B+\dot{I}_C\neq0$，在零序电流互感器的铁芯中出现零序磁通，该磁通在二次绕组产生感应电动势，所以有电流流过继电器，流过继电器的电流大于动作电流时，继电器动作。

在发生单相接地故障时，接地电流不仅可能沿着发生故障的电缆外皮流回，也可能沿着非故障电缆的外皮流回。在这种情况下，为了避免非故障电缆线路上的零序电流保护装置发生误动作，可将电缆头接地（见图 3-19），并且接地线穿过零序电流互感器的铁芯。

采取这一措施接地后，由于流过非故障电缆外皮的电流与接地线内的电流数值相等，方向相反，所以不会在铁芯中产生零序磁通，也不会产生感应电流。如果电缆头接地线没有穿过零序电流互感器的铁芯，在故障电缆与非故障电缆外皮相连通的情况下，部分零序电流会经非故障电缆的接地线沿着非故障电缆的外皮经连通点至故障电缆的外皮流到故障接地点，可能引起非故障电缆零序电流保护动作。此外，采取这一措施接地也可防止当外来电流（感应电流，地中杂散电流等）借电缆外皮经电缆头接地点流通时，引起零序电流保护的误动作。

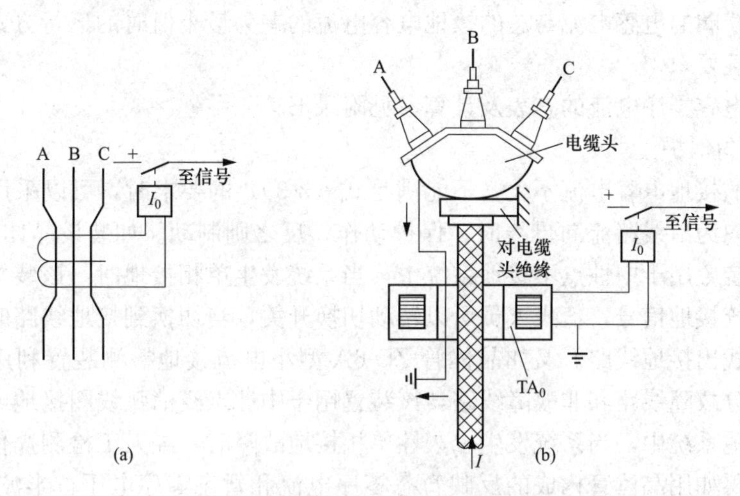

图 3-19 用零序电流互感器构成的零序电流保护

（a）接线示意图；（b）安装图

将电缆头用图 3-19（b）方式接地的另一优点是当电缆头发生单相接地故障时，零序电流保护装置也能动作。

具有零序电流互感器的零序电流保护的一次动作电流选择，与中性点的接地方式有关。在中性点绝缘系统以及中性点经消弧线圈接地系统中，当电网发生单相接地时，利用破坏补偿的办法，即将消弧线圈短时切除的办法，以实现系统的选择性，通常按选择性和灵敏性条件来确定零序电流保护的一次动作电流。

因一般工业企业内部很少装设消弧线圈，所以动作电流应躲过与被保护线路同一网络的其他线路发生单相接地故障时，由被保护线路流出的（被保护线路本线的）接地电容电流值 $I_{e.1}$，即

$$I_{op.1} \geqslant K_{rel} I_{e.1} \tag{3-38}$$

式中 K_{rel}——可靠系数，当保护作用于瞬时信号时，考虑过渡过程的影响，采用 4～5，当保护作用于延时信号时，采用 1.5～2；

$I_{e.1}$——被保护线路本线的接地电容电流。

按满足灵敏系数要求的一次动作电流为

$$I_{op.1} \leqslant \frac{I_{e.\Sigma 1} - I_{e.1}}{K_{sen}} \tag{3-39}$$

式中 $I_{e.\Sigma 1}$——电网的单相接地电流，无补偿装置时为自然电容电流，有补偿装置时为补偿后的残余电流；

K_{sen}——灵敏系数，考虑到接地程度的影响，取 2。

必须注意，只有当计算式（3-38）和式（3-39）均成立时，才可考虑装设零序电流保护。根据所用的零序电流互感器的连接方式和继电器型式的不同，所选用的动作电流相对应的保护一次动作电流应满足式（3-38）和式（3-39）的要求。

当网络电容电流大于各级电压下的规定值时，应装设消弧线圈补偿。一般非直接接地系统采用过补偿，以防止欠补偿或完全补偿时因系统运行方式改变引起的串联谐振过电压的危险。过补偿如不采用前述破坏补偿的方法保证选择性，则式（3-39）分子上的数值应取电网中消弧线圈的电感电流与总的接地电容电流的差为最小值时的运行方式的数值，以保证保护灵敏性要求。

关于接地电容零序电流的查表及计算参见附录 E。

3. 功率方向保护

当电网总的接地电容电流不大，不能满足式（3-39）的要求时，可以采用功率方向保护。当功率方向为沿线路流向母线时，保护动作，反之则制动。如装设晶体管 ZD-4 型小电流接地信号装置用于中性点不接地系统中，当系统发生单相接地时，该装置由零序电压启动，发出系统接地信号，值班人员可以转动切换开关，当切换到接地线路时，零序方向元件动作，即找出接地线路。又如晶体管 ZD-6A 型小电流接地检测装置利用 5 次谐波的方向特性来区分故障线路和非故障线路，该装置用于中性点经消弧线圈接地或中性点不接地的小电流接地系统中，当系统发生永久性单相接地故障时，经人工检测操作，能直接指示故障线路。再如用晶体管构成的反映暂态零序电流和暂态零序电压首半波方向的 ZD-3 型小电流接地装置，用于中性点绝缘、中性点经消弧线圈接地及经有效电阻接地的小接地电流系统中，当网络发生单相接地故障时，该装置能发出灯光信号，指出故障线路。它能反应永久性接地和瞬时接地故障。现在还有根据相同原理由 PMOS 集成电路构成的 ZD-3B 型小电流接地装置，可供选用。

4. 接地选线装置

由于微机保护技术的迅速发展，目前国内已生产多种不同型号的微机选线装置。其中有不少采用前面介绍的原理构成微机接地选线装置，也有的利用计算机的特长采用了新的原理，如功率积分原理等。关于微机保护构成原理第 2 章已有介绍，不再赘述。

目前常见的选线装置基波功率方向或 5 次谐波功率方向原理，仍属方向保护的范畴，简单的有用最大零序电流作为判据的，有的把基于不同原理的装置都制作在一个总的装置中由用户自选，还有的在装置中做出多种方案，可进行多种判断以达到判断准确。应当指出，上述装置由于电流互感器的误差大，以及经消弧线圈补偿 5 次谐波分量电流较小且不够稳定等原因，还有不正确动作，需从设备和原理上不断改进提高，如采用新型高精度的零序电流互感器等。微机型接地选线装置硬件构成框图如图 3-20 所示。

该装置可以用于不接地系统、经消弧线圈接地系统，也可用于经电阻接地系统。

微机型接地选线装置从结构和分布特点看，一种为集中式的，这种需要把所存的电流回路都引至装置，往往二次电缆很多，如常把装置放在电压互感器柜上，但当回路太多时产生安装困难；另一种是分散布置的，可不必把电流回路电缆集中引到一起。图 3-21 所示为分散布置的 DML 装置构成和连接示意图。

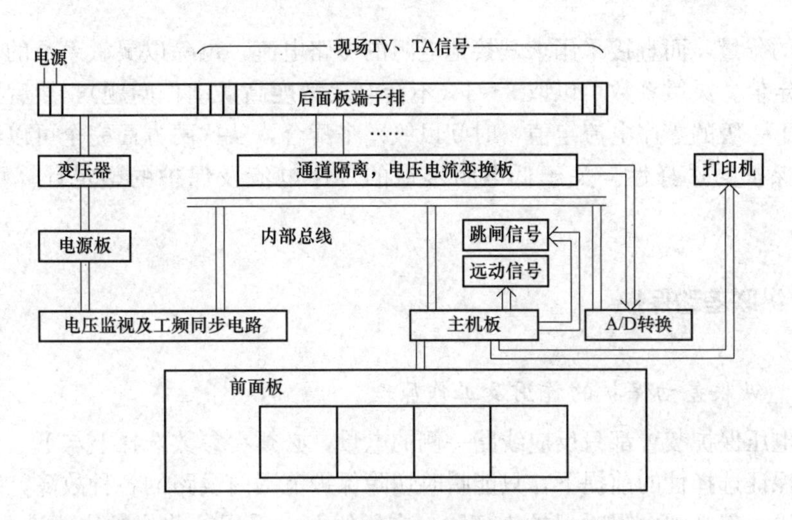

图 3-20 MLN98 型微机型接地选线装置硬件构成框图

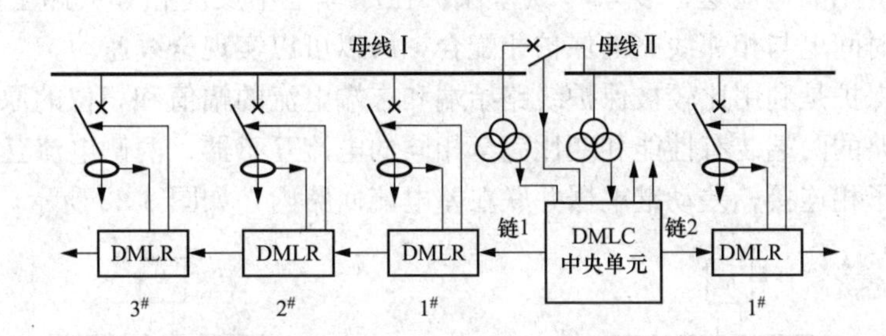

图 3-21 DML 型接地选线装置构成和连接示意图

由图 3-21 可见，DMLC 中央单元可以安装在电压互感器柜上，而 DMLR 执行单元可以分别就地采样电流信号，通过总线与中央单元相连，由中央单元进行分析判断，确定接地回路，再由故障线执行单元动作于信号或跳闸。它可以解决电缆集中布置困难的问题。

5. 经低电阻接地线路的保护

通常中压网络为提高供电的可靠性，一般不采用环网的运行方式，常采用备用电源自投补救的方式提高供电的可靠性。

（1）3～10kV 经低电阻接地单侧电源单回线路，除配置相间故障保护外，还应配置零序电流保护。

1）零序电流构成方式。可用三相电流互感器组成零序电流滤过器，也可加装独立的零序电流互感器，视接地电阻阻值、接地电流和整定值大小而定。

2）应装设二段零序电流保护，第一段为零序电流速断保护，时限宜与相间速断保护相同，第二段为零序过电流保护，时限宜与相间过电流保护相同。若零序时限速断保护不能保证选择性需要时，也可以配置两套零序过电流保护。

（2）35～66kV 中性点经低电阻接地的零序电流保护。

35～66kV 中性点经低电阻接地的单侧电源线路装设一段或两段零序电流保护，作为接地故障的主保护和后备保护。

实践中系统的准确电容量很难得到，且计算复杂繁琐，对低电阻接地的零序电流保护计算完全可以简化。理论分析和实践都可以证明：低电阻接地的零序保护整定计算可以不计电容电流的分量，而直接采用求其接地电阻的短路电流，再除以灵敏系数的方法确定最上级的电流定值。灵敏系数可以取3～4（不会有灵敏度高误动作问题），然后再以配合系数逐步求其下一级的零序电流定值，时间以级差来配合，从这两方面完全可以保证其上下级零序电流保护的选择性。关于低电阻接地的零序电流及保护的整定计算可参见附录部分。

3.11 纵联差动保护

3.11.1 纵联差动保护的作用及工作原理

电流、电压保护装置都只反应线路一侧的电量，必须在参数选择上与下一元件的保护相配合，在保证选择性的前提下，只能瞬时切除保护范围内线路的各种故障，线路的其余部分发生故障，都必须由限时保护来切除。在短线路上采用这些保护往往满足不了要求，而采用差动保护则能适应这一要求。纵差保护在原理上不反应相邻线路上发生的短路故障，不需要在时间上与相邻线路的保护相配合，所以可以实现全线速动。

纵联差动保护是利用比较被保护线路始端和末端电流的幅值和相位的原理构成的，为此在被保护线路的两端装有性能和变比完全相同的电流互感器，两侧电流互感器的二次绕组的同极性端子相连接，差动继电器并联在差电流回路内，如图3-22所示。

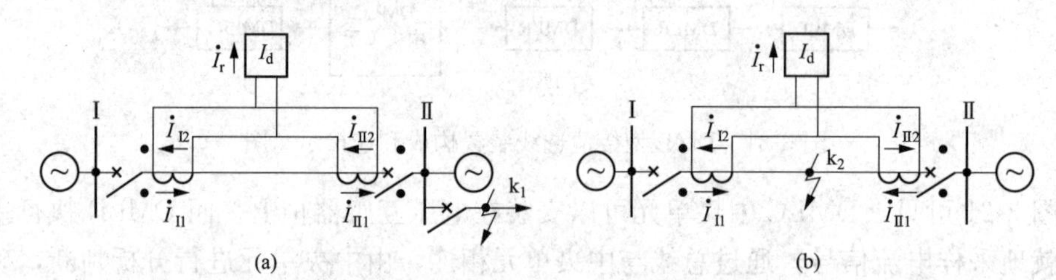

图3-22　环流法纵联差动保护原理图

（a）外部短路时的电流分布；（b）内部短路时的电流分布

假设通过电流互感器二次绕组的电流为$\dot{I}_{I2}$和$\dot{I}_{II2}$，并以$\dot{I}_{I2}$流入继电器的方向为正，则线路在正常运行和外部短路时，指两个电流互感器所包围的范围以外短路，如图3-22（a）所示，k1点短路时，流入继电器绕组的电流为

$$\dot{I}_r=\dot{I}_{I2}-\dot{I}_{II2} \tag{3-40}$$

如果忽略被保护线路的电抗，则流经线路两侧的一次电流相等，即$\dot{I}_{I1}=\dot{I}_{II1}$，于是两侧电流互感器二次电流$\dot{I}_{I2}$及$\dot{I}_{II2}$大小相等、方向相反，流入继电器的差电流$\dot{I}_r=\dot{I}_{I2}-\dot{I}_{II2}=0$。在实际情况下，由于两侧电流互感器的特性不尽相同，因而有不平衡电流流入继电器，在整定差动保护的启动电流时必须躲开这一电流。

在保护范围内部短路时（如k2点短路），电流分布如图3-22（b）所示，两侧电源分别向短路点供给短路电流$\dot{I}_{I1}$及$\dot{I}_{II1}$，它们之间的相量关系取决于两侧电源电动势之间的相角及电源至故障点的等值阻抗角。在一般情况下，$\dot{I}_{I1}$与$\dot{I}_{II1}$的相角相差不大，这时，由于$\dot{I}_{II1}$的方向已与正常运行时的方向相反，所以流入继电器的电流为

$$\dot{I}_{\mathrm{r}}=\frac{1}{n_{\mathrm{a}}}(\dot{I}_{\mathrm{I1}}+\dot{I}_{\mathrm{II1}})=\frac{1}{n_{\mathrm{a}}}\dot{I}_{\mathrm{k}} \tag{3-41}$$

式中 $\dot{I}_{\mathrm{k}}$——故障点的短路电流；

n_{a}——电流互感器的变比。

流入继电器的电流正比于短路点的总电流。当 $\dot{I}_{\mathrm{r}}$ 大于继电器的动作电流 $\dot{I}_{\mathrm{op.r}}$时，继电器立即动作，并将故障线路从两侧同时切除。

由此可见，差动保护是建立在基尔霍夫第一定律基础之上，在正常运行及外部故障时，符合$\sum\dot{I}=0$ 的原则，在内部故障时能反应故障点的全电流，即等于各电源供给短路点电流的相量和。

上述差动保护的接线称为环流法差动保护，因为在正常情况下，电流互感器二次侧的电流在回路中形成环流，这种接线在实际的差动保护中得到了广泛的应用。

3.11.2 光纤纵联电流差动保护

1. 保护动作原理

随着计算机技术、光纤通信技术的发展，纵联电流差动保护在通道传输中传送的是经数字处理后的数字量，由于光纤通道不受线路故障型式的影响，尤其是光纤通道抗电磁干扰的能力强，短线路保护中越来越多地采用光纤纵联电流差动保护。

纵联电流差动保护按通信调制方式可分为频率调制（FM）、脉宽调制（PWM）、脉码调制（PCM）数字纵联电流差动保护。随着计算机技术和数字通信技术的发展，脉码调制（PCM）数字电流差动保护的优越性越来越得到实践的验证，随着短线路的增多和光纤通信技术的成熟，脉码调制（PCM）数字电流差动保护正逐渐在配电系统推广应用。光纤通信将电信号变为光信号进行传输。这种保护抗干扰能力强，尤其适用于数字式保护，图3-23为该保护的原理框图。

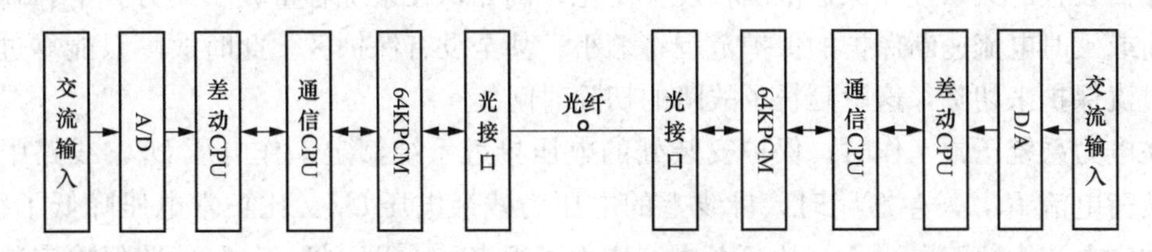

图3-23 光纤纵联差动保护原理框图

经交流采样、模数变换后，由保护CPU单元对信号进行滤波处理，并将滤波后的电流“数字量”传送给通信CPU单元，同时保护CPU单元也将接收通信CPU单元传送的经同步调整后的对侧电流数字量（由于线路有一定的长度，对侧信号传至本侧需要时间，两侧不同步则会产生计算误差，故装置根据线路长短进行数据同步调整），并与本侧电流数字量进行比较判断以决定是否发出口命令。通信CPU单元的作用是将本侧的数字量经并/串转换后传向对侧，并接收对侧的数字量经串/并转换，同时根据两侧的信息进行电流的同步调整。64K接口的作用即进行PCM的调制/解调，光接口（E/O）即实现光电转换。

2. 动作判据

动作判据如式（3-42）、式（3-43）所示，两式同时满足程序规定的次数即跳闸

$$|\dot{I}_M+\dot{I}_N|>I_{CD} \tag{3-42}$$

$$|\dot{I}_M+\dot{I}_N|>k|\dot{I}_M-\dot{I}_N| \tag{3-43}$$

式中 I_{CD}——线路电容电流；

$\dot{I}_M$、$\dot{I}_N$——线路两端的电流；

k——制动斜率，取 0.6 或 1，不需整定。

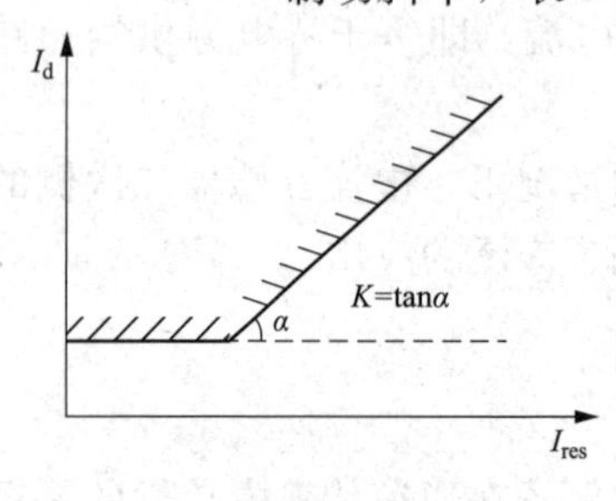

图 3-24 跳闸判据动作特性

式（3-42）为基本判据，式（3-43）为主判据。式（3-42）、式（3-43）的动作特性如图 3-24 所示，图中，动作量 $I_d=|\dot{I}_M+\dot{I}_N|$；制动量 $I_{res}=|\dot{I}_M-\dot{I}_N|$。制动量随两侧电流大小、相位而改变，内部短路时动作量大于制动量，保护动作灵敏，而区外故障时 $\dot{I}_M=-\dot{I}_N$，制动量远大于动作量，保护能可靠制动。

此外，还有高频相差保护及直接比相的相位比较式线路保护等，35kV 以下线路用得不多，不一一讨论。

3.12 线路的阻抗保护

3.12.1 阻抗保护的作用及基本原理

上文所述的电流电压保护，是根据电力系统发生短路时，保护安装处电流电压降低和电流增大的特点构成的。电流电压保护存在的一个共同的问题是当电力系统运行方式变化时，保护装置的灵敏性和保护范围将发生变化。例如，在系统容量较小的方式下，瞬时电流速断或延时电流速断保护的保护范围将缩小，甚至没有保护区。此时故障只能靠过流或方向过流保护来切除，这就延长了故障的切除时间。

在电力系统正常工作时，保护安装处的电压接近系统额定工作电压 U_n，线路中的电流为负荷电流 I_{lo}，发生短路时，母线上的电压为残余电压 U_{re}，比正常电压降低了很多；线路中的电流为短路电流 I_k，比负荷电流增大了很多。由此可见，故障线路保护安装处的电压和电流的比值 U_R/I_R，在正常状态和故障状态下将有很大的跃变，比单纯的电压值或电流值能更清楚地区别正常状态和故障状态。

在正常状态下，U_R/I_{lo}基本上反应了负荷阻抗。在短路故障状态下，U_R/I_k 反应了保护安装处到短路点的阻抗，这个阻抗的大小代表了这一段线路的长度，也就是说，在短路时 U_R/I_k 这一数值间接地反应了短路点到保护安装处的距离，阻抗保护因此也称为距离保护，这一距离的长短不随系统运行方式而变化。因此，利用电压与电流的比值构成的保护装置，比电流电压保护更灵敏，而且不受（或很少受）系统运行方式的影响。

所谓阻抗保护，就是反应保护安装处至故障点之间的电气阻抗的保护，它是根据电气距离确定保护动作行为的一种保护装置。电气距离较近者，保护动作时间整定相对较短，这样就可以保证有选择地切除故障。

阻抗保护测量故障点至保护安装处的电气距离，是指测量故障点与保护安装处之间的电气阻抗，即测量保护安装处电压与电流的比值（$Z_R=U_R/I_R$）。将此测量阻抗，与保护安装处至保护区末端之间的整定阻抗进行比较，当测量阻抗大于整定阻抗时保护不动作，小于此整定阻抗时，保护装置动作。

反应线路阻抗的距离保护，其动作时间取决于故障点到保护安装处的距离 L。在图 3-25 中，当 k1 点发生短路时，从保护 1 到 k1 点的距离为 L_1，从保护 2 到 k1 点的距离为 L_2，由于 $L_1>L_2$，所以要求 $t_1>t_2$，即保护装置 1 的动作时间大于保护装置 2 的动作时间，这样，就可以实现保护动作的选择性。

阻抗保护的动作时间 t 与其安装处至故障点的距离 L（或阻抗 Z）的关系 $t=f(L)$ 或 $t=f(Z)$ 叫做距离保护的时间特性，目前广泛采用阶梯形延时特性。阻抗保护一般作成三段式，即有三个动作范围，与其相应的有三段延时 t_{I}、t_{II}、t_{III}，如图 3-26 所示。

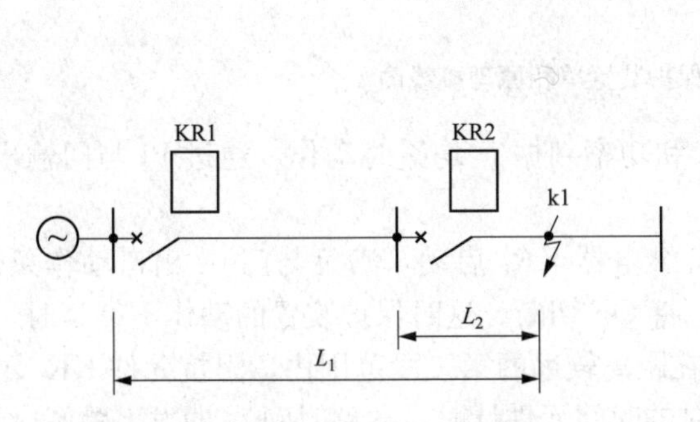

图 3-25 阻抗保护的动作原理说明图

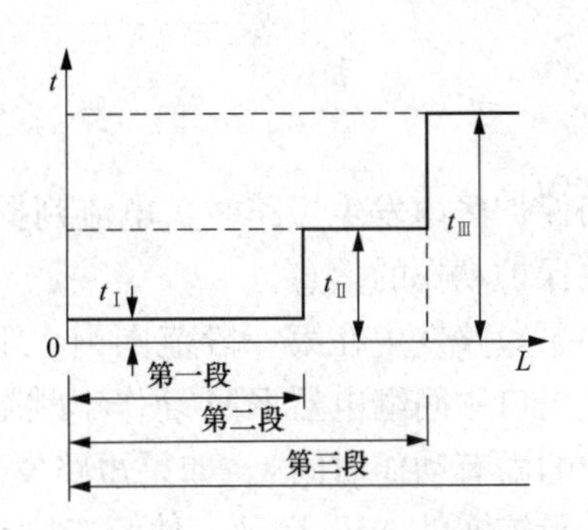

图 3-26 阻抗保护的阶梯形延时特性

为了缩短故障切除时间，第一段不带延时（只有固有动作时间）。考虑到距离元件的误差，以及其他因素的影响，第一段保护范围规定为保护线路全长的 80%～85%。保护装置的第二段仍以保护本线路为主，其整定一般与相邻线路（元件）的第一段或第二段相配合。保护装置的第三段，作为本线路和相邻线路（元件）的后备保护，它的延时按逆向阶段原则来选择，按逆向阶段原则来选择延时，只能保证在单电源环网及多电源辐射形电网中有选择地切除故障。因此，在复杂电网中，需要考虑保护装置第三段无选择动作的可能性。在一般配电系统多为简单网络。

距离保护一般由以下四个主要元件组成：

（1）启动元件，用于在发生短路的瞬间起动保护装置。通常用过电流元件或阻抗元件作为启动元件。

（2）距离元件，用于测量从短路点到保护安装处的距离（即测量阻抗）。

（3）时间元件，用于建立相应于各保护段的动作时间。

（4）功率方向元件，用于判别短路故障的方向，保证有选择地切除故障。作为距离保护的方向元件，可以采用普通的功率方元件或方向阻抗元件，或微机保护采用相应的类似判据实现方向判定。

具有三段阶梯形延时特性的阻抗保护的单相原理接线如图 3-27 所示。为了清楚地说明保护原理，图中采用了电流启动元件和单独的功率方向元件。

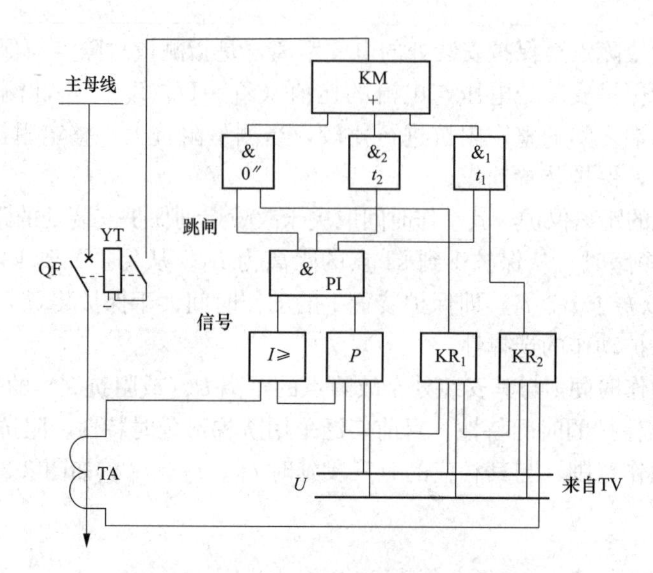

图 3-27　阻抗保护装置单相原理接线图

当保护区内发生短路时，电流判据 I 和功率判据 P 均瞬时动作，通过 PI 与门输出允许相关保护动作的信息。

如果短路发生在第一段范围内，阻抗继电器 KR_1 启动，满足与门 0s 出口动作条件，即驱使出口中间继电器 KM 动作于跳闸，将 QF 切断。这时保护装置的动作不带延时，只有保护的固有动作时间 t。如果短路发生在距离较远的第二段范围内，阻抗元件 KR_1 不会启动，阻抗元件 KR_2 启动，使第二段延时的时间元件计时，达到时间 t_1 即发出跳闸脉冲，驱使出口中间继电器 KM 动作于跳闸（KM 为或门）。当短路发生在距离更远的第三段时，阻抗元件 KR_1、KR_2 都不启动。当计时达到了第三段保护延时 t_2 时，即会发出跳闸脉冲驱使出口中间继电器 KM 动作于跳闸。应当注意，在该接线图中，t_2 时间并未受距离元件控制，所以当短路发生在保护的第三段范围时，它的工作情况和方向过流保护是一样的，简化了阻抗保护。

3.12.2　阻抗继电器动作的一般特性

阻抗元件是距离保护的主要组成部分，通常是由一个电压和一个电流构成的单相阻抗继电器，下面就讨论这类阻抗继电器。

1. 利用复数平面研究阻抗继电器的特性

阻抗继电器主要用来测量故障点至保护安装处之间的阻抗，即测量保护安装处电压与电流的比值 $\dot{Z}_R=\dfrac{\dot{U}_R}{\dot{I}_R}$。$\dot{Z}_R$ 是一个相量，可以用复数 $\dot{Z}_R=R_R+jX_R$ 表示，因此可画在复数平面上，如图 3-28（a）所示。这个相量的模为 $Z_R=\sqrt{R_R^2+X_R^2}$，其相角为 $\varphi_R=\arctan\dfrac{X_R}{R_R}$。由图 3-28（b）可看出，角度 φ_R 等于电压 $\dot{U}_R$ 超前电流 $\dot{I}_R$ 的相角，因此可以认为，在复数平面上向量 $\dot{I}_R$ 同正方向的实数轴 R 重合，而电压 $\dot{U}_R$ 同相量 $\dot{Z}_R$ 重合。

对于任意一段线路，例如图 3-28（c）所示的 L1，可以同样在复数平面上用相量 $\dot{Z}_{AB}$ 表示其阻抗。如果电网各段线路（AB、BC、DA）的阻抗角 φ_R 相同，则线路在复数平面上的几何形状是一条直线，并超前 R 轴 φ_R 角，见图 3-28（d）。被保护线路的始端 A，即保护 1 的安装处，在复数平面上与坐标原点相重合。在保护范围内的各段线路的坐标，认为是正的，放在复数平面的第一象限内。线路 L1、L2、L3 的阻抗在复数平面上分别用相量 $\dot{Z}_{AB}$、$\dot{Z}_{BC}$、$\dot{Z}_{AD}$表示。

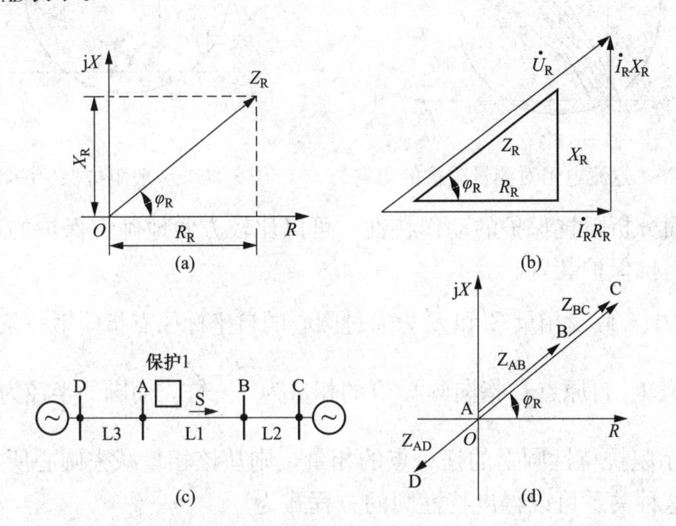

图 3-28　阻抗相量在复数平面上的表示法

（a）复数 Z_R 的表示法；（b）阻抗及电压三角形；（c）任意网络图；（d）任意网络用阻抗在复数平面上的表示法

2. 阻抗继电器动作的一般特性

阻抗继电器的动作范围，原则上可在复数平面上用一个小长方框表示，如图 3-29 所示。但实际上在保证整定阻抗 Z_{set}不变的前提下，常将它的动作范围扩大为圆（也有的不设定为圆，特别是微机保护可以更方便地用不同的算法设计为别的几何形状），其目的是为了将故障点的阻抗包括在动作范围以内。其原因如下：

（1）电力系统中发生的短路一般都不是金属性的，在短路点存在过渡电阻 R_{arc}，其中主要是电弧电阻。如果区内故障，保护安装处至短路点的线路阻抗为 Z_k，则由于短路点存在过渡电阻 R_{arc}，保护测量阻抗为

$$Z_R = Z_k + R_{arc}$$

由图 3-29 可以看出，由于短路点存在过渡电阻 R_{arc}，将使保护测量阻抗 Z_R 的大小和相位都与 Z_k 不同。如果阻抗保护的动作范围只限于图 3-29 所示长方框之内，则在这种情况下，保护将拒动，这是不允许的。而扩大为圆（或其他适合的形状）以后，只要测量阻抗仍位于圆（或整定的其他图形）内，保护装置就仍然能动作。

（2）由于电流、电压互感器有误差，为了保证阻抗保护能正确动作，扩大动作范围是必要的。

（3）从制造角度看，圆特性的保护比较简单，容易实现。所以，一般形式的阻抗保护其动作特性作成在复数平面上包括圆点在内的圆，圆的位置可以由调整保护的参数来移动，如图 3-30 所示。保护的动作范围位于圆周之内。如果阻抗保护的测量阻抗 Z_R 的矢端落在圆周以内，阻抗保护动作，落在圆外则不动作。

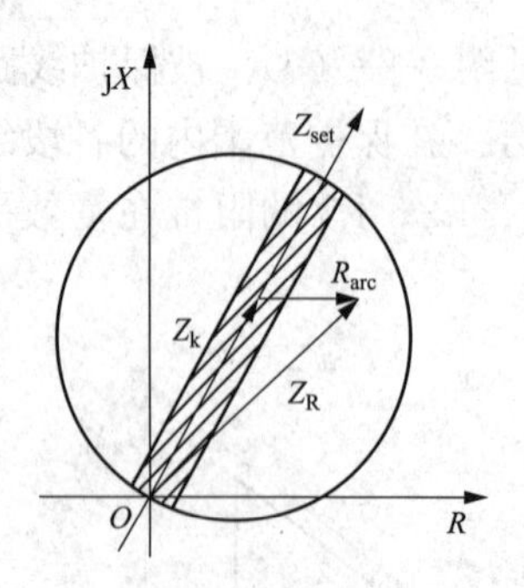

图 3-29　过渡电阻对测量阻抗的影响

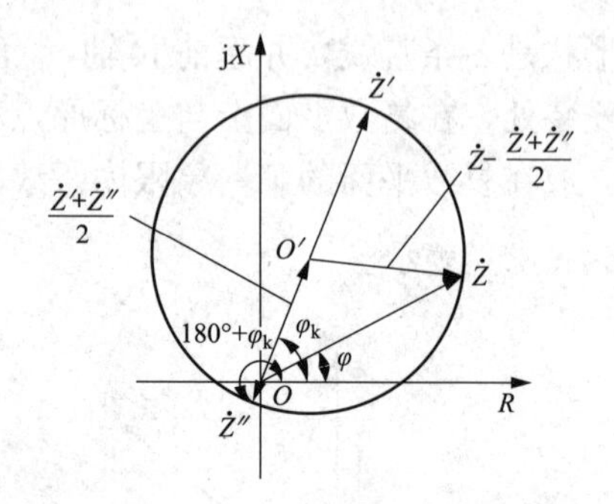

图 3-30　一般阻抗保护的特性

利用复数平面分析阻抗保护的动作特性，可以比较方便地确定保护的动作方程，从而可以构成需要的阻抗保护装置。

1）在图 3-30 中，假设相量 $\dot{Z}'$ 和 $\dot{Z}''$ 为通过圆心的自坐标原点指向第一象限和第三象限的两个相量。由图可知，自原点 O 指向圆心 O' 的相量为 $\frac{\dot{Z}'+\dot{Z}''}{2}$，而圆的半径为 $\left|\frac{\dot{Z}'-\dot{Z}''}{2}\right|$。

如果令 $\dot{Z}$ 表示阻抗特性圆上的任一点的相量，则从该相量减去圆心所在点的相量，就是圆的半径。从这种关系可以得出特性圆的方程式为

$$\left|\frac{\dot{Z}'-\dot{Z}''}{2}\right|=\left|\dot{Z}-\frac{\dot{Z}'+\dot{Z}''}{2}\right| \tag{3-44}$$

因 $|\dot{Z}'-\dot{Z}''|=Z'+Z''$ 及 $|\dot{Z}'+\dot{Z}''|=Z'-Z''$

式（3-44）的绝对值形式可以转化为用极坐标的圆方程式表示。从而式（3-44）可以写成

$$\left|\frac{(Z'+Z'')e^{j\varphi_k}}{2}\right|=\left|Ze^{j\varphi_k}-\frac{(Z'-Z'')e^{j\varphi_k}}{2}\right|$$

式（3-44）右边所表示的圆半径可按图 3-30 根据三角形的余弦定理求出。

式（3-44）左边也表示圆的半径，很明显为 $\frac{Z'+Z''}{2}$，从而可以得出下式

$$\left(\frac{Z'+Z''}{2}\right)^2=Z^2+\left(\frac{Z'-Z''}{2}\right)^2-2Z\left(\frac{Z'-Z''}{2}\right)\cos(\varphi-\varphi_k)$$

化简后可得

$$Z^2-Z(Z'-Z'')\cos(\varphi-\varphi_k)-Z'Z''=0 \tag{3-45}$$

式中　Z——动作阻抗值；

φ——Z 的阻抗角；

φ_k——特性圆通过圆点的直径与 R 轴的夹角。

当 $\varphi=\varphi_k$ 时，式（3-45）中的一个根为 $Z=Z'$，即阻抗保护的动作阻抗最大，保护的动作最灵敏，这从图 3-31 上可以明显看出。因此 φ_k 称为保护的最大灵敏角，常用 $\varphi_{sen.max}$ 表示。

根据式（3-44），可以构成图 3-30 所示特性的阻抗保护，这种特性的阻抗保护称为偏移特性阻抗保护。

2）在式（3-44）中，如令 $Z''=-Z'$，则阻抗保护的特性圆为

$$|Z'|=|Z| \text{ 或 } Z'=Z \tag{3-46}$$

这是一个圆心在圆点的圆，如图 3-31 所示。这种特性的阻抗保护称为全阻抗保护。它的动作阻抗为一恒定值，因此它的动作没有方向性。

3）在式（3-44）中，如令 $Z''=0$，则阻抗保护的动作特性圆为

$$\left|\frac{\dot{Z}'}{2}\right|=\left|\dot{Z}-\frac{\dot{Z}'}{2}\right| \text{ 或 } Z=Z'\cos(\varphi-\varphi_k) \tag{3-47}$$

在复数平面上，它是一个圆周通过原点的圆，如图 3-32 所示。与图 3-30 类似，当 $\varphi=\varphi_k$ 时，保护的动作阻抗最大，等于圆的直径 Z'，因此 φ_k 称为保护的最大灵敏角，即 $\varphi_k=\varphi_{sen.max}$。为了使阻抗保护在被保护线路故障时最灵敏，应使最大灵敏角与被保护线路阻抗角相等。

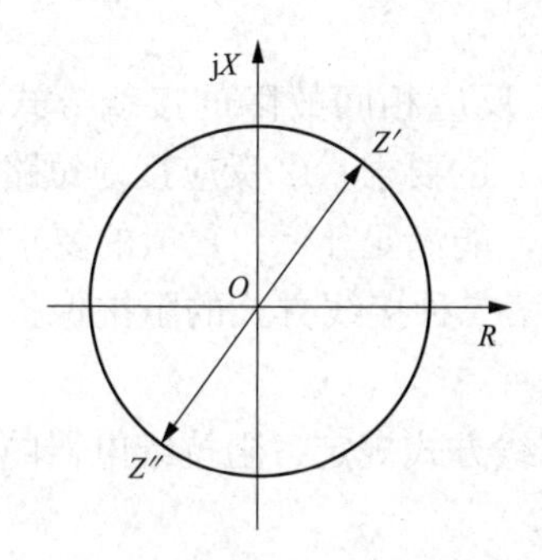

图 3-31　全阻抗保护的动作特性

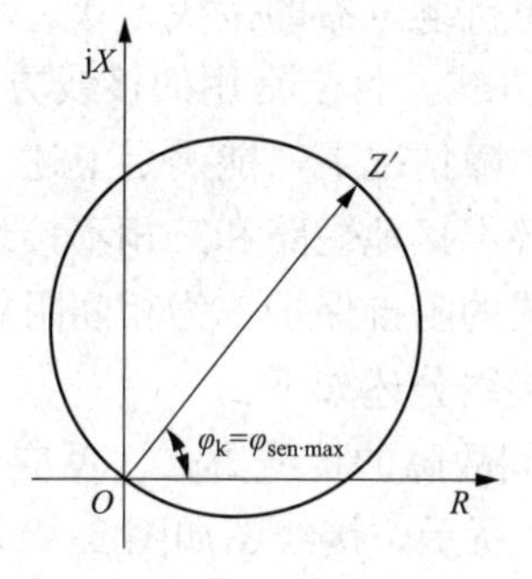

图 3-32　方向阻抗继电器的动作特性

由于特性圆通过原点，当反方向故障时，保护所测量的阻抗位于第三象限，保护不动作。也就是说，保护的动作带有方向性，其动作范围为

$$(\varphi_k-90°)<\varphi<(\varphi_k+90°)$$

这种保护称为方向阻抗保护。

任何阻抗保护的动作条件，都可以看作是两个阻抗的比较，即如方程式（3-44）中可以看作 $\left|\dot{Z}-\frac{\dot{Z}'+\dot{Z}''}{2}\right|$ 与 $\left|\frac{\dot{Z}'-\dot{Z}''}{2}\right|$ 的比较，式中，$\dot{Z}$ 为保护的测量阻抗，$\dot{Z}'$ 与 $\dot{Z}''$ 为一已知的阻抗。在正常情况及保护范围外部故障时，保护的测量阻抗 $\dot{Z}$ 较大，式右边的阻抗大于式左边的阻抗，因此保护不动作。内部故障则相反，故保护动作。

如果在保护动作方程（3-44）两边均乘以电流 $\dot{I}_R$，则 $\dot{U}_R=\dot{I}_R\dot{Z}_R$ 就反应了故障点到保护安装处之间的电压降，也就是保护安装处的残余电压。$\dot{I}_R\dot{Z}'$ 和 $\dot{I}_R\dot{Z}''$ 分别为电流 $\dot{I}_R$ 在某一固定阻抗上的压降。这一电压分量，一般可通过电压变换（或软件计算）来获得，即从一次通入电流，二次即可得到与电流成正比的电压。这样就可以将两个阻抗比较转换成两个电压比较，并利用比较两个电压的绝对值或比较两个电压相位的原理来实现上述各种特性的阻抗保护。

要保证阻抗继电器的误差，有一个对最小精确工作电流的要求。所谓最小精确工作电流，就是当 $\varphi_R=\varphi_{sen.max}$，也即继电器的测量阻抗角等于最大灵敏角时，使继电器的动作阻抗 $Z'_{op}=0.9Z_{op}$ 所要求的最小测量电流，可用 $I_{RO.min}$ 表示。当小于此电流时，即不能保证该继电器在允许误差范围内精确工作。

3. 阻抗继电器的接线方式

（1）对阻抗继电器接线方式的要求。阻抗继电器的接线方式是指阻抗继电器的感受电压和电流应取什么相别的电压和什么相别的电流的问题。对阻抗继电器接线方式的理想要求应该是：

1）使阻抗元件测量阻抗 Z_R 与保护安装地点至故障点之间的距离成正比，并且与系统运行方式无关；

2）测量阻抗 Z_R 与故障类型无关，即同一点发生不同类型的故障，应有相同的测量阻抗。

满足了以上两项要求，就可以用一套阻抗保护装置保护各种类型的故障。但至今还没有一种接线方式能完全满足 2）的要求，而只能有条件地满足。

（2）常用阻抗继电器的接线方式。

1）0°接线方式。目前常用的接线方式有两种：①反应相间故障的接线方式，它在各种类型的相间故障情况下，能满足上述（1）项 1）、2）的要求；②反应接地短路故障的接线方式，它在各类接地短路和三相不接地短路情况下，能满足 1）、2）项的要求。把采用第一种接线方式的阻抗保护称为相间阻抗保护；采用第二种接线方式的阻抗保护称为接地阻抗保护。其接线分述如下：

a. 反应相间故障的接线方式。反应相间故障的接线方式规定各阻抗继电器的接入电压和电流如表 3-2 所示，接线图如图 3-33 所示。

表 3-2　　相间阻抗保护 0°接线各相阻抗继电器接入的电压和电流

阻抗继电器相别	接入电压	接入电流
AB	$\dot{U}_{AB}$	$\dot{I}_A-\dot{I}_B$
BC	$\dot{U}_{BC}$	$\dot{I}_B-\dot{I}_C$
CA	$\dot{U}_{CA}$	$\dot{I}_C-\dot{I}_A$

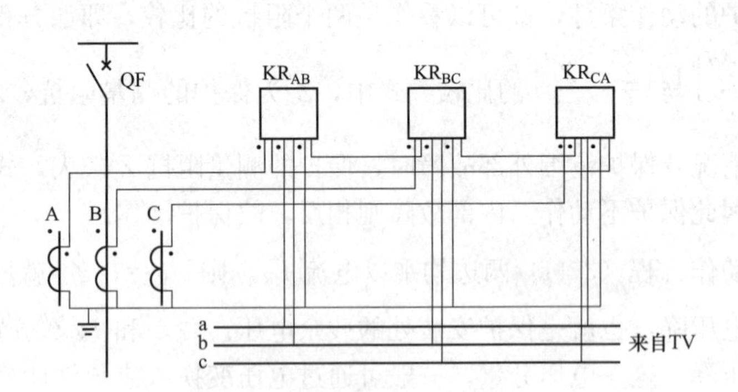

图 3-33　相间阻抗保护阻抗继电器的接线方式

分析表明，按上述相间阻抗接线的相间阻抗继电器，在各类相间故障时，测量阻抗与保护安装地点至故障点之间的距离成正比，且与系统的运行方式无关。

b. 反应接地故障的接线方式。反应接地故障的接线方式是用零序补偿的方法来满足对阻抗保护接线方式的第一项要求。反应接地短路的阻抗保护的接入电压、电流应如表 3-3 所示，接线图如图 3-34 所示。

表 3-3　　接地阻抗保护的电压和电流

阻抗保护	接入电压	接入电流
A	$\dot{U}_{A0}$	$\dot{I}_A+K_0 3\dot{I}_0$
B	$\dot{U}_{B0}$	$\dot{I}_B+K_0 3\dot{I}_0$
C	$\dot{U}_{C0}$	$\dot{I}_C+K_0 3\dot{I}_0$

$$K_0 = z_M/z_1 \tag{3-48}$$

式中　K_0——零序补偿系数；

z_M——单位长度线路的互感抗；

z_1——单位长度线路的正序阻抗。

分析可以证明，按表 3-3 的接线方式，在各类接地短路和对称短路时，故障相阻抗元件的测量阻抗与故障点至保护安装地点之间的电气距离成正比，且与系统运行方式和故障类型无关。按照方向继电器同样的命名方法，前述阻抗继电器接线属于 0°接线。因为在功率因数等于零时，接入电压和接入电流的相位差为 0°。

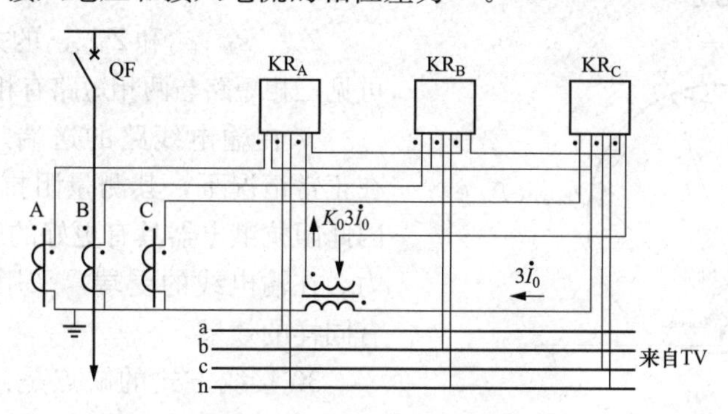

图 3-34　接地阻抗保护接线方式

2）±30°接线方式。+30°接线方式和−30°接线方式的阻抗保护接入电压和电流如表 3-4 所示。

表 3-4　　±30°接线方式下阻抗继电器接入的电压和电流

接线方式种类	继电器	接入电压	接入电流
+30°	KR_{AB}	$\dot{U}_{AB}$	$\dot{I}_A$
	KR_{BC}	$\dot{U}_{BC}$	$\dot{I}_B$
	KR_{CA}	$\dot{U}_{CA}$	$\dot{I}_C$
−30°	KR_{AB}	$\dot{U}_{AB}$	$-\dot{I}_A$
	KR_{BC}	$\dot{U}_{BC}$	$-\dot{I}_B$
	KR_{CA}	$\dot{U}_{CA}$	$-\dot{I}_C$

分析可以得出：

a）正常运行时，±30°接线阻抗继电器的测量阻抗是每相负荷的$\sqrt{3}$倍，阻抗角则较负荷阻抗角偏移 30°，+30°接线增大 30°；−30°接线减小 30°。

b）三相短路时，测量阻抗的数值是故障点至保护安装处每相线路正序阻抗的$\sqrt{3}$倍，测量阻抗角则较线路正序阻抗角偏移 30°。

c）两相短路时，测量阻抗为故障点至保护安装处之间每相正序阻抗的 2 倍。测量阻抗角等于线路正序阻抗角。

d）两相对地短路时，±30°接线方式阻抗继电器的测量阻抗与两故障相电流的比值有关。在小电流接地系统中在正、负序阻抗成比例的情况下，测量阻抗为线路每相正序阻抗的 2 倍，即 $2z_1$。在大电流接地系统中，将受系统运行方式的影响。

概括起来，±30°接线方式有以下优点：

a. 接线比较简单；

b. 对于圆特性的方向继电器而言，假定整定值按两相短路来选择，即整定值为

$$Z_{set} = 2z_1 l$$

在保护区末端发生三相短路时，+30°接线的测量阻抗为

$$Z_{R(+30°)} = \sqrt{3}z_1 l e^{j30°}$$

−30°接线的测量阻抗为

$$Z_{R(-30°)} = \sqrt{3}z_1 l e^{-j30°}$$

式中　l——线路长度。

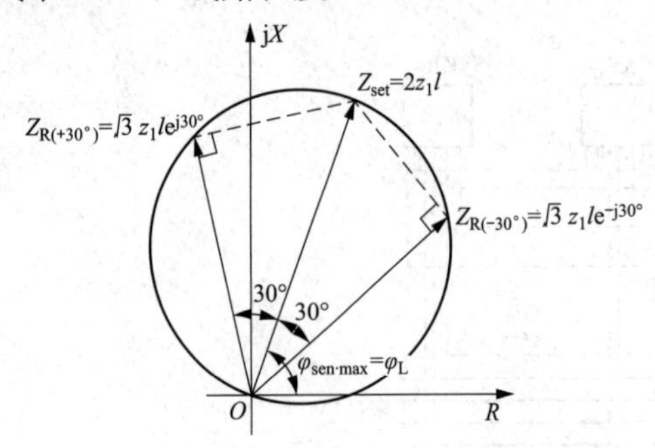

图 3-35　方向阻抗保护采用 30°接线时三相短路的保护范围分析

Z_{set}、$Z_{R(+30°)}$和 $Z_{R(-30°)}$的关系如图 3-35 所示，可见三相短路与两相短路有相同的保护范围。

c. 在输电线路的送端，采用−30°接线，在正常情况下，其测量阻抗一般在第四象限，因此阻抗继电器具有更好的躲开负荷阻抗的能力。在输电线的受端，采用+30°接线，也具有同样的效果。

30°接线方式的缺点是：①对全阻抗继电器而言，由于继电器的动作阻抗与角度无关，而测量阻抗在两相短路时为 $2z_1 l$，三相短路时为$\sqrt{3}z_1 l$，所以在两相短路和三相短路时，保护范围不一致，三相短路较为灵敏。②在大接地电流系统中，两相接地短路时，保护范围受系统运行方式的影响。

4. 阻抗保护的整定计算

目前电力系统常采用三段式阻抗保护。它的各段的保护范围和动作时间的整定原则与三段式电流保护类似。下面以图 3-36 所示的多电源网络的保护为例，说明三段式阻抗保护的整定。

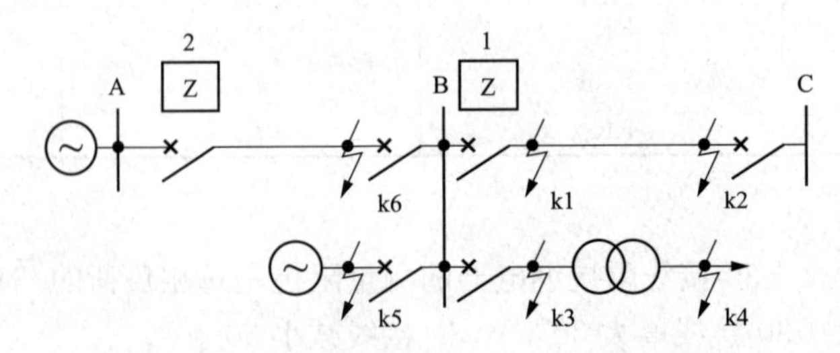

图 3-36　三段式阻抗保护整定计算说明图

（1）阻抗Ⅰ段的整定计算。Ⅰ段的阻抗整定值应按躲过下一元件始端（图 3-36 中 k1、k3、k5 点）短路的原则来选择。也可以说按躲过本线路末端（k6）短路来选择。根据这

一原则，图 3-36 保护 2 的阻抗Ⅰ段动作值算式为

$$Z_{op.\,Ⅰ} = K_{rel} Z_{AB} \frac{n_v}{n_a} \tag{3-49}$$

式中　K_{rel}——可靠系数，取 0.8～0.85；

n_v——电压互感器的变比；

n_a——电流互感器的变比。

同理，则 BC 段保护 1 的阻抗Ⅰ段动作值为

$$Z_{op.\,Ⅰ} = K_{rel} Z_{BC} \frac{n_v}{n_a} \tag{3-50}$$

（2）阻抗Ⅱ段的整定计算。阻抗Ⅱ段的整定值应根据下列原则来选择：

1）与下一级线路最短的相间阻抗Ⅰ段相配合，根据这一原则并考虑到分支系数，保护 2 相间阻抗Ⅱ段的整定应按式（3-51）进行计算

$$Z_{op.\,Ⅱ} = K_{rel}(Z_{AB} + K_{br} Z_{op.\,Ⅰ}) \frac{n_v}{n_a} \tag{3-51}$$

式中　K_{rel}——可靠系数，一般取 0.8；

K_{br}——分支系数，它等于在保护 1Ⅰ段保护区末端（图 3-36 中 k2 点）短路时流过线路 BC 中的电流与流过线路 AB 中的电流之比，取可能出现的最小值；

n_v——电压互感器的变比；

n_a——电流互感器的变比。

2）躲开线路末端变电站变压器低压母线上的短路。设变压器阻抗为 Z_T，保护 2 相间阻抗Ⅱ段的定值还应按（3-52）进行整定计算

$$Z_{op.\,Ⅱ} = K_{rel}(Z_{AB} + K_{br} Z_T) \frac{n_v}{n_a} \tag{3-52}$$

式中　K_{rel}——与变压器保护配合的可靠系数，一般取 0.7；

K_{br}——分支系数，它等于在图 3-36 变压器低压侧（k4 点）短路时，流经变压器一次侧的短路电流与流经线路 AB 的短路电流之比；

n_v——电压互感器的变比；

n_a——电流互感器的变比。

计算后取式（3-51）、式（3-52）两式计算中较小值作为阻抗Ⅱ段的定值。其时限与下一级线路的阻抗保护Ⅰ段或变压器的差动保护相配合，微机保护可取 0.3s。

3）灵敏系数校验。其灵敏系数可按式（3-53）校验

$$K_{sen} = \frac{Z_{op}}{Z_{AB}} \tag{3-53}$$

要求灵敏系数大于 1.3～1.5。

如果灵敏性不能满足要求，可按与下一级线路阻抗保护Ⅱ段相配合的原则来整定，即按式（3-54）计算

$$Z_{op.\,Ⅱ} = K_{rel}(Z_{AB} + K_{br} Z_{op.\,Ⅱ}) \frac{n_v}{n_a} \tag{3-54}$$

式中　K_{rel}——保护配合的可靠系数，可取0.7；

K_{br}——分支系数，它等于在保护1Ⅱ段保护区末端短路时流过线路BC中的电流与流过线路AB中的电流之比，取可能出现的最小值。

n_v——电压互感器的变比；

n_a——电流互感器的变比。

这时，阻抗保护Ⅱ段的时限应比下一级线路阻抗保护Ⅱ段的时限大一个时限阶段Δt。

（3）阻抗Ⅲ段的整定计算。

1）方向阻抗Ⅲ段的整定值，按躲过最小负荷阻抗$Z_{lo.min}$来选择。$Z_{lo.min}$的计算式为

$$Z_{lo.min}=\frac{U_{lo.min}}{I_{lo.max}} \tag{3-55}$$

式中　$U_{o.min}$——母线最低工作电压；

$I_{lo.max}$——被保护线路上流过的最大负荷电流。

2）若采用全阻抗保护，其整定阻抗为

$$Z_{op}=\frac{K_{rel}Z_{lo.min}}{K_r K_{st}} \tag{3-56}$$

式中　K_{rel}——阻抗保护Ⅲ段的可靠系数，一般取0.7～0.8；

K_r——阻抗继电器的返回系数，一般取1.1～1.15；

K_{st}——自启动系数，由负荷性质定，一般为1.5～3。

灵敏系数校验如下：

a. 当作为近后备时，按被保护线路末端短路校验，其灵敏系数校验式为

$$K_{sen}=\frac{|Z_{op}|}{|Z_{AB}|} \tag{3-57}$$

要求灵敏系数大于1.3～1.5。

b. 当作为远后备时，按下一级线路末端短路校验，例如在图3-36中，阻抗保护2第Ⅲ段的灵敏系数校验式为

$$K_{sen}=\frac{|Z_{op}|}{|Z_{AB}+K_{br}Z_{BC}|} \tag{3-58}$$

式中　K_{br}——BC线路末端短路时的分支系数，应取实际可能的最大值。

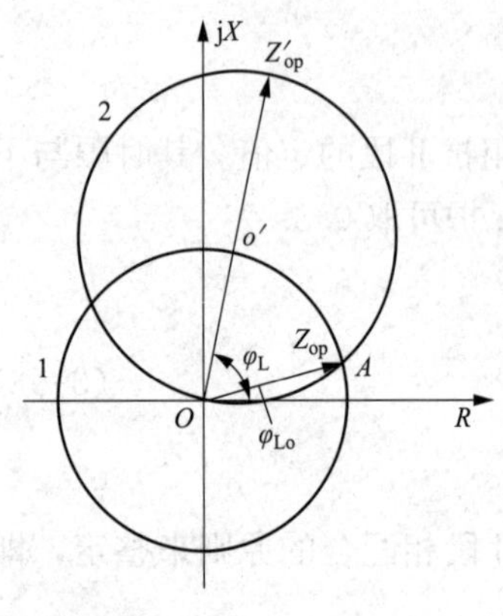

图3-37　全阻抗保护和方向阻抗保护灵敏性比较

要求灵敏系数K_{sen}大于1.2。

当灵敏系数不能满足要求时，采用方向阻抗保护可提高灵敏性，这是因为正常运行时，保护测量阻抗角为负荷阻抗角，一般较小为0°～30°；短路时，保护的测量阻抗角为线路的阻抗角，一般较大，为65°～85°。当阻抗保护Ⅲ段采用全阻抗保护时，其动作特性曲线以式（3-56）为半径，以坐标原点为圆心所作的圆，如图3-37中圆1所示，而方向阻抗继电器的动作特性圆如图3-37中圆2所示。由图3-37可见，方向阻抗继电器的整定阻抗的幅值为

$$|Z'_{op}|=\frac{|Z_{op}|}{\cos(\varphi_L-\varphi_{Lo})}$$

显然，方向阻抗保护的灵敏系数为全阻抗保护的

$\frac{1}{\cos(\varphi_L-\varphi_{Lo})}$倍，$\varphi_L$、$\varphi_{Lo}$相差越大，方向阻抗保护提高灵敏系数的效果就越显著。

3.13　微机型综合线路保护

在第 2 章已经介绍了此类微机保护的基本构成原理，下面将对其馈电线路保护测控装置予以介绍。

3.13.1　馈电线保护

当前在配电系统广泛应用的微机保护都是与微机测控装置组合在一起的，二者关系密切，需要加以了解。下面将通过较为完善的配置加以概括说明，工程设计中可根据工程具体情况选型。

1. 功能配置

MDM-B1L(A) 型馈线保护测控装置适用于 6～35kV 的架空馈线和电缆馈线。MDM-B1L(A) 馈线装置配置有以下几种继电保护和安全自动功能。

(1) 电流速断保护。由三元件式电流元件和低电压元件（可程序选择）组成，可根据实际工程需要配置成两元件或三元件电流速断或电流启动电压速断保护功能。其逻辑框图如图 3-38 所示。

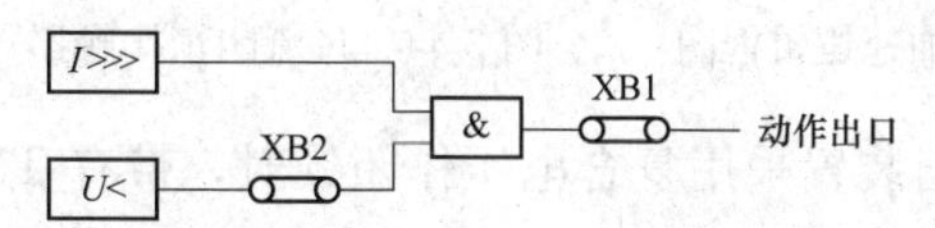

图 3-38　电流速断或电流启动电压速断保护逻辑框图

(2) 限时电流速断保护。由三元件式电流元件、复合电压元件（可程序选择）和延时元件组成，可根据实际工程需要配置成两元件或三元件的限时电流速断或复合电压闭锁限时电流速断。其逻辑框图如图 3-39 所示。

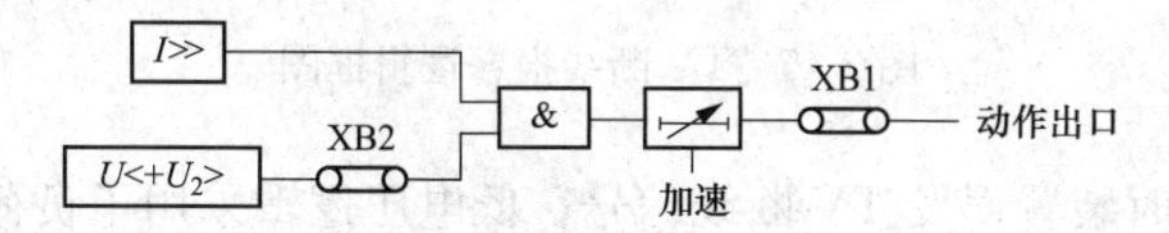

图 3-39　限时电流速断或复合电压闭锁延时电流速断保护逻辑框图

(3) 过电流保护。由三元件式电流元件、复合电压元件（可程序选择）和延时元件组成，可根据实际工程需要配置成两元件或三元件的定时限过电流保护或复合电压闭锁过电流保护。其逻辑框图如图 3-40 所示。

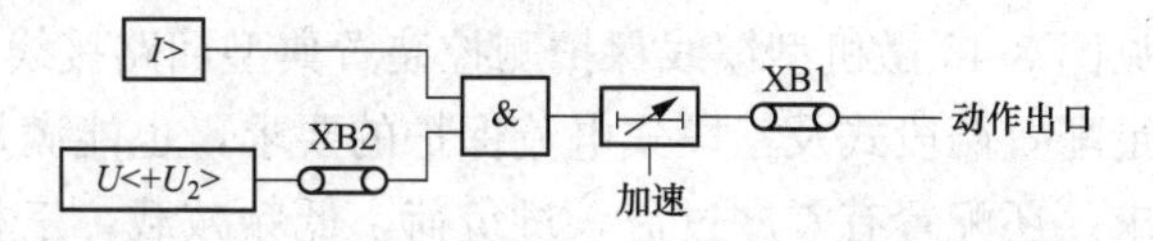

图 3-40　过电流或复合电压闭锁过电流保护逻辑框图

(4) 过负荷保护。由单元件式电流元件和延时元件组成，可选择跳闸（如用于电缆馈线时）或信号。其逻辑框图如图 3-41 所示。

（5）零序过电流保护。MDM-B1L（A）配置有两段零序电流，当零序电流大于整定值，并经延时后保护动作，可选择作用于跳闸（如用于曲折变中性点电阻的限制接地电流系统）或信号。其逻辑框图如图 3-42 所示。

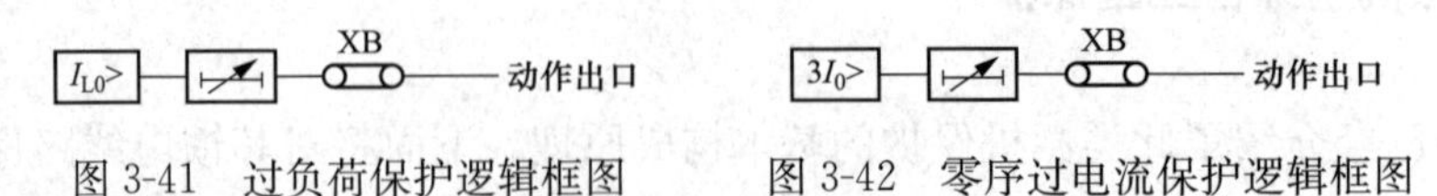

图 3-41　过负荷保护逻辑框图　　图 3-42　零序过电流保护逻辑框图

保护用的零序电流 $3I_0$ 一般应由零序电流互感器引入。

（6）电流保护后加速。当合于故障或重合于永久性故障时，装置可使限时电流速断和过电流保护后加速动作，后加速的开放时间为 3s，后加速的动作时间（特性）是可以整定的。其逻辑框图如图 3-43 所示。

（7）F-C 闭锁。当用于熔断器—高压接触器（F-C 方式）构成的开关柜时，如果任何一相的短路电流超过了接触器可以断开的最大电流时，保护出口被闭锁，接触器不能跳开，由熔断器熔断切除故障。其逻辑框图如图 3-44 所示。

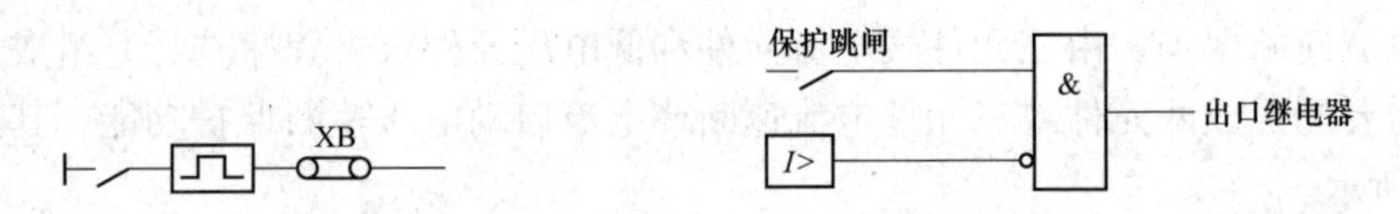

图 3-43　电流保护后加速逻辑框图　　图 3-44　过流闭锁接触器（F-C）回路逻辑框图

（8）TV 断线报警。当装置采用复合电压作闭锁时，带有 TV 断线监视和报警功能。其逻辑框图如图 3-45 所示。

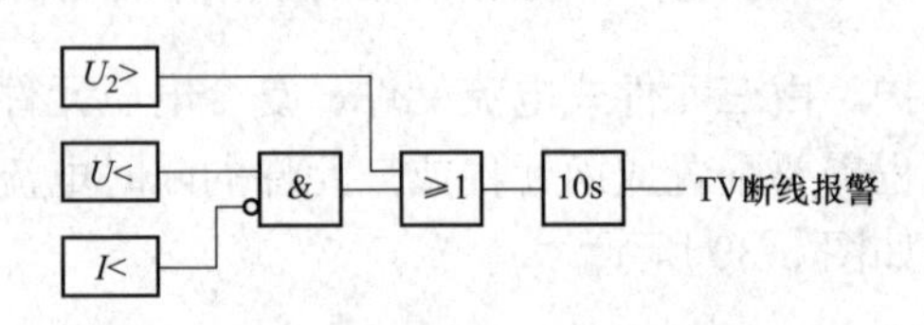

图 3-45　TV 断线报警逻辑框图

为防止馈线停运时装置误发 TV 断线信号，低电压逻辑采用了负荷电流闭锁功能，电流元件的灵敏度约为额定电流的 5%～10%。

保护功能配置代号：MDM-B1L（A）馈线单元的保护功能一般都是按最大化配置的，其中复合电压和零序电流保护功能与硬件参数有关，应根据实际工程需要，确定保护功能配置。

2. 典型应用回路

典型应用接线参见图 3-46 微机型馈线保护测控装置典型回路接线图。

该保护不仅能满足配置两段式及三段式电流保护的要求，也能满足复合电压闭锁两段式或三段式保护的要求。还配置有零序过流，过负荷，低频减载，三相一、二次重合闸并带后加速功能。用在 F-C 回路时，并可设定闭锁接触器。使用灵活方便，不像机电型或静态保护，一经设计好，不太容易适应系统及现场运行要求的变化，仅软件设置改变即可满足其要求。

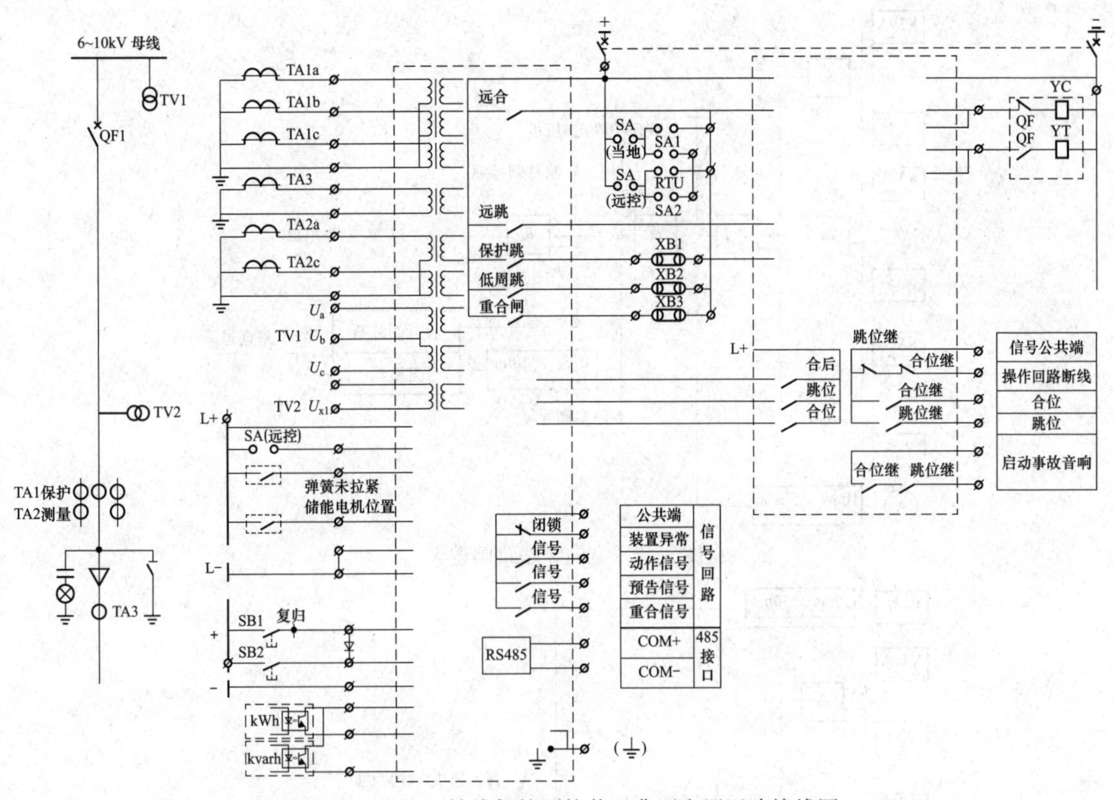

图 3-46　微机型馈线保护测控装置典型应用回路接线图

3.13.2　MDM-B1P(A) 光纤纵联方向电流保护

MDM-B1P(A) 光纤方向纵联保护适用于 6～35kV 不接地或经消弧线圈接地系统的架空线和电缆线。

1. 功能配置

MDM-B1P(A) 光纤方向纵联保护配置有以下几种继电保护和安全自动功能。

(1) 光纤方向纵联保护，由三部分组成，即方向纵联跳闸、弱馈转发及跳闸和断路器跳位转发。

1) 方向纵联跳闸。方向纵联保护的基本原理见图 3-47，它是利用两个单向的光纤通道，传输线路两侧保护装置在故障正方向时发出的跳频信号，再结合本侧故障的功率方向，判别出故障在区内还是区外。正常运行时，光纤中传送导频信号，用以监视通道的完整性。发生故障时，功率方向为正向一侧，停发导频，并立即向对侧发送跳频信号。因此，在区内故障情况下，两侧同时停发导频而改发跳频。线路两侧的正向电流方向元件动作，且收到对侧发来的跳频信号后，便立即动作于断路器跳闸，实现全线速动保护功能。

2) 弱馈转发及跳闸。弱馈转发及跳闸逻辑仅用于弱电源或无电源侧，见图 3-48。所谓弱电源侧，是指线路末端两相短路时，躲最大负荷电流整定的正向电流元件灵敏度不够(或者是无电源的受电侧)，由于不会发送提供对侧跳闸所必需的跳频信号，因而不能满足方向纵联保护的跳闸要求。弱馈转发电路是在收到对侧跳频信号后，延时转发对侧送给本侧的跳频信号，使对侧能够在收到跳频后动作于跳闸。而本侧断路器的跳闸，是靠弱馈跳闸逻辑中的低电压元件实现的。

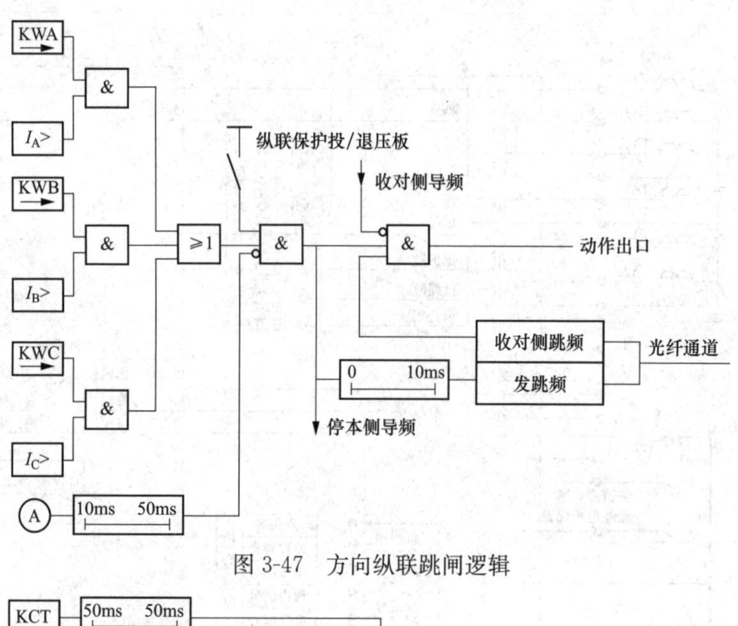

图 3-47　方向纵联跳闸逻辑

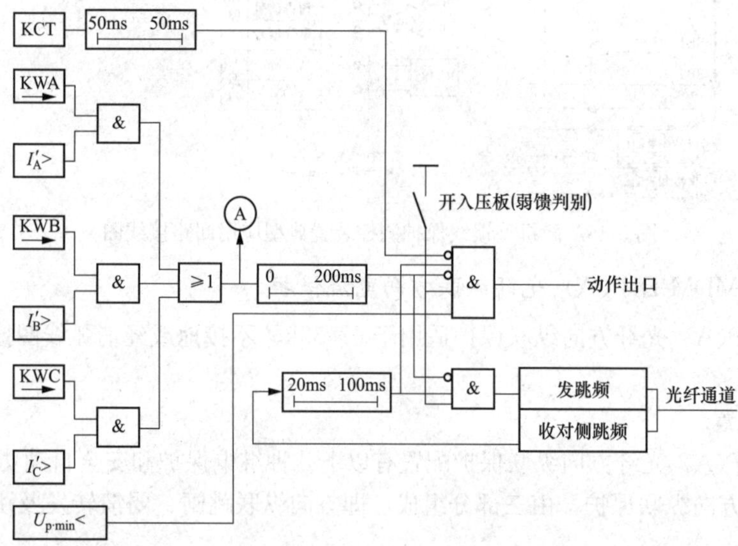

图 3-48　弱馈转发和跳闸逻辑

为防止区外故障时，邻近故障点侧的弱馈转发电路误发本侧跳频信号，从而导致对侧误跳，弱馈转发电路必须受反方向动作的电流方向元件闭锁，保证在上述情况下不会出现转发现象。

弱馈转发电路中的反向闭锁电流元件与对侧正方向动作电流元件之间，必须保证严格的配合关系，即在弱电源侧背后发生短路时，弱电源侧电流闭锁元件的灵敏度应大于对侧正向动作电流元件的灵敏度，确保在此情况下，反向元件可靠闭锁转发。反向闭锁电流元件的动作电流可按避越线路最大负荷电流整定。

此外，弱馈转发和跳闸逻辑只允许在线路的弱电源一侧投运，否则区内故障切除后，由于两侧都会转发，必将导致收发循环而无法解环，这是不允许的。

3）断路器跳位转发。它用于本侧断路器断开时，瞬时转发跳频至对侧，见图 3-49。这是考虑在线路一侧需带电投入的充电运行情况下，如给母线充电，万一线路故障时，允许断路器断开侧以无时延转发跳频信号，从而达到快速切除故障目的。跳位转发起动发跳频后经短延时后自动解除发跳频。

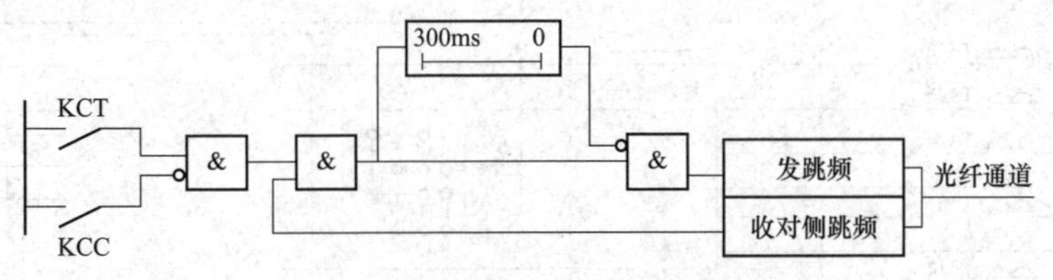

图 3-49 断路器跳位转发逻辑

（2）方向过电流保护。对双电源线方向过电流保护可作为光纤方向纵联保护的后备，若按延时速断动作，其电流元件的动作值应与正方向相邻连接元件的速动保护区相配合整定，因此动作值必然大于被保护线路的最大负荷电流，所以方向元件不经断线闭锁控制。当 TV 断线时，只给出信号，不闭锁保护。其逻辑框图如图 3-50 所示。

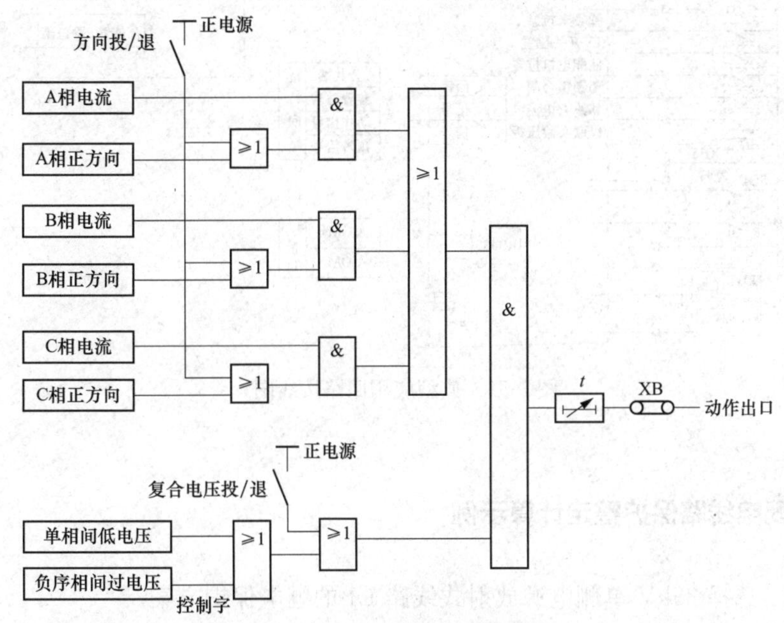

图 3-50 方向过电流保护逻辑

为了扩大方向过电流保护的使用范围，也可实现复合电压启动的过电流保护方式。此时，电流元件的动作值按避越被保护线路的最大负荷电流整定，这样的动作值已大于不对称故障时的非故障相电流，从而能保证电流方向元件的正确工作。

（3）其他保护功能。除光纤方向纵差、方向过流保护外，装置包括有过电流保护（可以带低电压或负序电压启动元件），可以重合闸后加速，也可以手合后加速；过负荷；两段零序电流保护。

（4）TV 断线报警。当满足以下任一条件时发 TV 断线告警信号：

1）三相断线的判据为：三个相间电压均小于 30V，且任一相电流大于 0.25A（对 $I_n=5A$ 时）。

2）不对称断线的判据为：负序相电压大于 6V，延时 10s 后发告警信号；电压恢复正常 10s 后，告警信号返回。

2. 典型应用回路接线

典型应用回路接线如图 3-51 所示。

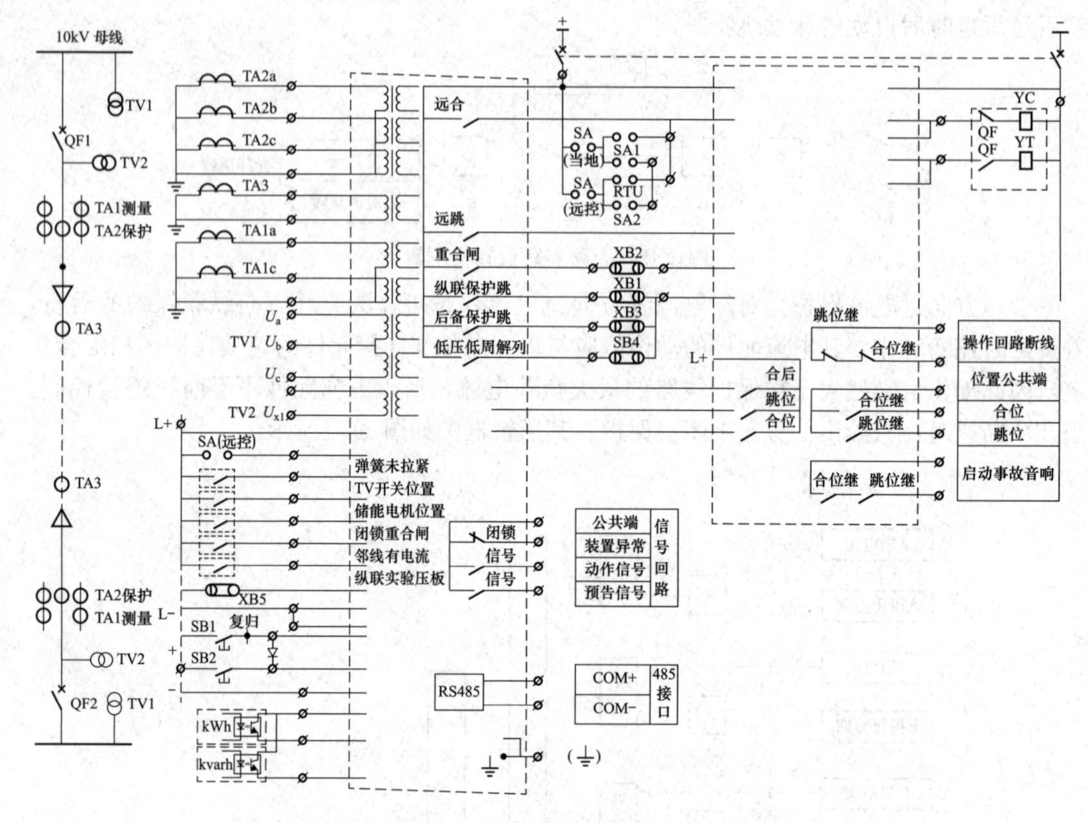

图 3-51　典型应用回路接线图

3.14　配电线路保护整定计算示例

【例 3-1】 选择 35kV 单侧电源放射式线路 L1 的继电保护方案。

系统图和等值电路图见图 3-52。变电站 B 和 C 中绕组接成 Yd 降压变压器上装设有差动保护。线路 L1 的最大负荷为 $P_{lo.max}=9\text{MW}$，功率因数 $\cos\varphi=0.9$，电流互感器变比 $n_a=300$，电压互感器的变比 $n_v=35000/\sqrt{3}/100/\sqrt{3}=350$，系统中的发电机皆装有自动电压调整器。

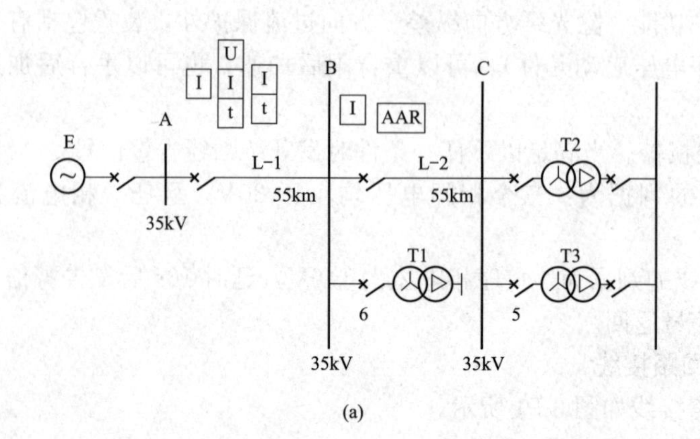

(a)

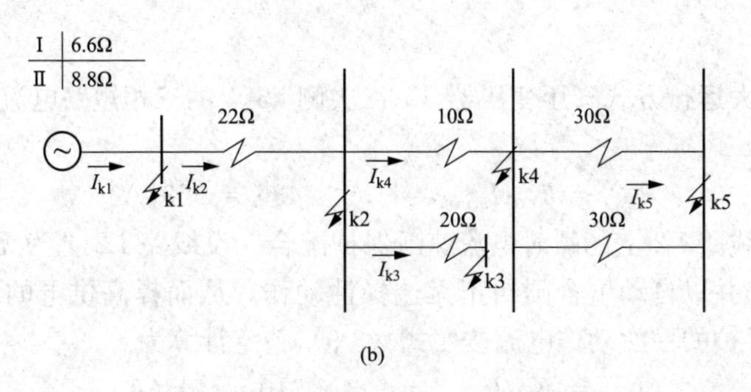

图 3-52　例 3-1 用系统图和等值电路图

（a）系统图；（b）等值电路图

解：计算电压采用 37kV，三相短路电流的计算结果如表 3-5 所示。校验保护灵敏系数所需要点的两相短路电流。不难借最小运行方式下该点的三相短路电流乘以 0.866 求得。

表 3-5　　三相短路电流计算结果表

短路点编号	短路点综合电抗（Ω）和总电流（A）		
	运行方式	最大方式	最小方式
k1	$X_{xt.\Sigma}$	6.6	8.8
	I_{k1}	3250	2420
k2	$X_{xt.\Sigma}$	28.6	30.8
	I_{k2}	740	690
k3	$X_{xt.\Sigma}$	48.6	50.8
	I_{k3}	436	420
k4	$X_{xt.\Sigma}$	38.6	40.8
	I_{k4}	550	520
k5	$X_{xt.\Sigma}$	68.6	70.8
	I_{k4}	310	300

（1）第一段保护首先考虑用瞬时电流速断保护，其动作电流应躲过被保护线路 L1 末端 k2 最大运行方式的三相短路电流。按照式（3-9）整定为

$$I_{op.1}=K_{rel}I_{k.max}=1.3\times740=958(A)$$

灵敏系数按式（3-4）取 k1 点最小运行方式两相短路电流校验

$$K_{sen}=K_{rel}\frac{I_{k.min}^{(3)}}{I_{op.1}}=\frac{0.866\times2420}{958}=2.2>1.5$$

可见，它满足规程对保护灵敏系数的要求。

继电器的动作电流按式（3-2）计算

$$I_{op.r}=\frac{K_{con}I_{op.1}}{n_a}=\frac{1\times958}{60}=15.9(A)$$

根据定值可选择包括定值在内有适当上、下调节范围的继电器。

（2）第二段保护首先考虑装设限时电流速断保护。其动作电流按与相邻回路的速动保

护相配合整定。

1）应躲过最大运行方式降压变压器 T1 二次侧 k3 点的三相短路电流，按式（3-9）整定计算为

$$I_{op.1}=K_{rel}I_{k.max}=1.3\times436=563(A)$$

2）应与相邻线路 L2 上的瞬时电流速断保护配合。设线路 L2 上为无选择性动作的瞬时电流速断保护，并以自动重合闸纠正无选择性动作，从而提高供电的可靠性。线路 L2 上瞬时电流速断保护的一次动作电流按照式（3-9）整定计算为

$$I'_{op.1}=K_{rel}I_{k.max}=1.3\times310=403(A)$$

线路 L1 上的限时电流速断保护的一次动作电流按照式（3-16）整定计算为

$$I_{op.1}=K_{co}I'_{op.1}=1.1\times403=443(A)$$

根据上面 1)、2）两项计算结果取 $I_{op.1}=563A$。

灵敏系数按照式（3-4）取 k2 点最小运行方式两相短路电流校验

$$K_{sen}=K_{sen.re}\frac{I_{k.min}^{(3)}}{I_{op.1}}=\frac{0.866\times690}{563}=1.06<1.25$$

由此可见，第二段装设限时电流速断保护的灵敏性不够，故改装时电流闭锁电压速断保护。其电流元件按保证灵敏系数条件用式（3-23）计算一次动作电流为

$$I_{op.1}=\frac{I_{k.min}^{(2)}}{K_{sen}}=\frac{0.866\times690}{1.25}=478>443A$$

显然取此值能保证与线路 L2 上装设的瞬时电流速断保护配合，不会造成越级跳闸。

一次动作电压应与 T1 的瞬时电流闭锁电压速断保护的电压元件配合，按照式（3-24）计算

$$U_{op.1}=\frac{\sqrt{3}I_{op.1}(X_L+X_T)}{K_{rel}}=\frac{\sqrt{3}\times478\times(14+20)}{1.2}=23457$$

被保护线路 L1 末端 k2 点短路时，保护安装处感受的最大残余电压为

$$U_{k.max}=\sqrt{3}\times740\times14=18000$$

电压元件灵敏系数按照式（3-8）校验

$$K_{sen}=\frac{U_{op.1}}{U_{k.max}}=\frac{23400}{18000}=1.3>1.25$$

电流继电器的动作电流按照式（3-2）计算为

$$I_{op.r}=\frac{K_{con}I_{op.1}}{n_a}=\frac{1\times478}{60}=7.9(A)$$

根据电流定值可选择包括定值电流在内，有适当调节范围的继电器。

电压继电器的动作电压按照式（3-6）计算

$$U_{op.r}=\frac{U_{op.1}}{n_v}=\frac{478}{350}=67(V)$$

根据电压定值选择电压继电器，电压定值的变化范围相对于电流定值变化范围较小，很容易选择。

3）第三段保护首先装设过电流保护。被保护线路 L1 中的最大负荷电流为

$$I_{lo.max}=\frac{P_{lo.max}}{\sqrt{3}U_{min}\cos\varphi}=\frac{9\times10^6}{\sqrt{3}\times0.95\times35\times10^3\times0.9}=172(A)$$

按式（3-1）计算保护一次动作电流为

$$I_{op.1}=\frac{K_{rel}K_{st}}{K_r}I_{lo.max}=\frac{1.2\times1.3}{0.9}\times172=297.5(A)$$

过电流保护的灵敏系数校验：

1）相邻线路 L-2 末端 k4 点短路时，灵敏系数按式（3-4）计算为

$$K_{sen}=K_{sen.re}\frac{I_{k.min}^{(3)}}{I_{op.1}}=\frac{0.866\times520}{297.5}=1.41>1.2$$

2）假设过电流保护，采用两相三继电器式接线方式，在降压变压器 T1 二次侧 k3 点短路时，灵敏系数按式（3-4）计算为

$$K_{sen}=K_{sen.re}\frac{I_{k.min}^{(3)}}{I_{op.1}}=\frac{1\times420}{297.5}=1.5>1.2$$

由灵敏性校验结果得知可以用过电流保护，其电流继电器动作电流按式（3-2）计算

$$I_{op.r}=\frac{K_{con}I_{op.1}}{n_a}=\frac{1\times297.5}{60}=4.96(A)$$

【例 3-2】 方向过流保护、过流保护装置及保护的时限配合。

图 3-53 所示为非直接接地的两侧电源放射式网络接线图。各变电站引出的单电源放射式线路的保护动作时间如图中所示。在保证选择性的原则下试求：①在何处装设方向过流保护？何处装设过流保护？②试确定所有保护动作时限（时限阶段取 0.3s）。

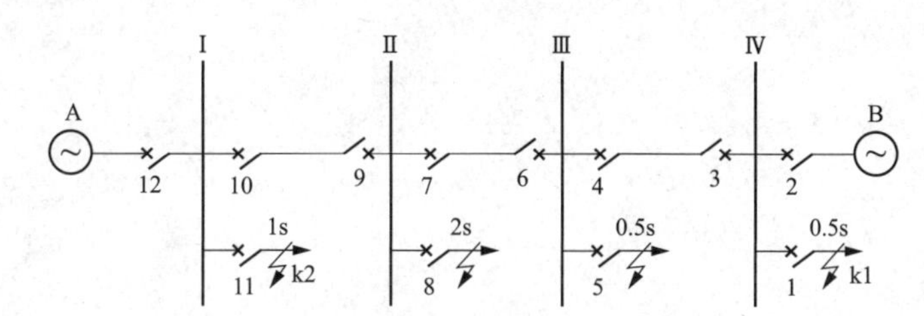

图 3-53 例 3-2 用双侧电源放射式网络接线图

解： 两侧电源线路上装设动作方向自母线指向线路的方向过电流保护装置就可以保证选择性，即保护装置 3、4、5、6、7、9、10 有可能需装设方向元件。其他 2、12 可为过电流保护装置。

方向过电流保护的动作时限，按逆向阶梯原则选定。当 k1 点短路时，方向性保护装置 4、7、10 和非方向性保护 1、2、12 可能动作。为了保证选择性，动作时限为

$$t_4=t_1+\Delta t=0.5+0.3=0.8\ (s)$$

$$t_7=t_4+\Delta t=0.8+0.3=1.1\ (s)$$

保护 10 的动作时限应与保护装置 7 和 8 的动作时限相配合，即

$$t_{10}=t_8+\Delta t=2+0.3=2.3\ (s)$$

$$t_{12}=t_{10}+\Delta t=2.3+0.3=2.6\ (s)$$

当 k2 点短路时，方向性保护 9、6、3 和非方向性保护 11、12、2 可能动作。动作时限也可求得

$$t_9=t_{11}+\Delta t=1+0.3=1.3\ (s)$$

保护装置 6 应与保护装置 8 和 9 相配合，即

$t_6=t_8+\Delta t=2+0.3=2.3$ (s)

$t_3=t_6+\Delta t=2.3+0.3=2.6$ (s)

$t_2=t_3+\Delta t=2.6+0.3=2.9$ (s)

由于母线Ⅲ两侧 4 和 6 的保护时限 $t_4<t_6$，故在保护 6 装设过电流保护即可满足选择性要求。同理由于母线Ⅱ两侧的保护时限 $t_7<t_9$，故在保护 9 装设过流保护即可满足选择性要求。最后确定 3、4、7、10 应装设方向过电流保护。

第4章 降压变压器保护

4.1 降压变压器的故障和不正常运行方式

4.1.1 降压变压器故障

目前使用的降压变压器多为油浸式变压器和干式绝缘变压器两种，降压变压器的故障通常分为外部故障和内部故障两类。

变压器的外部故障最常见的是高低压套管及引线端故障。这类故障可能引起变压器出线端的相间短路或变压器引出线碰接外壳，导致变压器外壳损坏，变压器漏油，也可能引起变压器发生内部故障。

变压器的内部故障有相间短路、绕组的匝间短路和绝缘损坏。由于不断改善变压器的结构和绝缘的加强，在三相变压器中发生内部相间短路的可能性很小。但是由于制造和日常操作维护方面的某些原因，在实际运行中仍会发生故障和出现不正常的运行方式。对变压器来说，内部故障是很危险的，因为内部故障大都产生电弧，将引起绝缘物的激烈气化，导致变压器的加速烧毁。有时由于变压器铁芯间的绝缘损坏，使故障点磁滞损耗和涡流损耗增加，从而导致铁芯局部发热，使绝缘进一步损坏，甚至烧毁铁芯。这种故障比较少见，但其故障后果严重，甚至使变压器在现场难以修复。

下面将对变压器的引线端故障及内部故障分别进行简要分析。

为了便于分析，先作如下假定：

(1) 略去励磁电流，短路电流的分布情况可以根据同一铁芯上绕组磁势相互平衡的原理求得。

(2) 无负荷电流。

(3) 额定变压比为1，即 $n_T=1$。变压器绕组按Yy接线方式时，即变压器一、二次绕组的匝数相等；变压器绕组按Yd接线时，则二次侧的绕组匝数应为一次侧绕组匝数的$\sqrt{3}$倍。

1. 引线端故障

当变压器引线端发生各种类型短路故障时，一、二次绕组中的电流分布如图4-1所示。图中标示的各电流方向作为电流正方向，为了便于分析，仅对典型的故障型式加以分析。

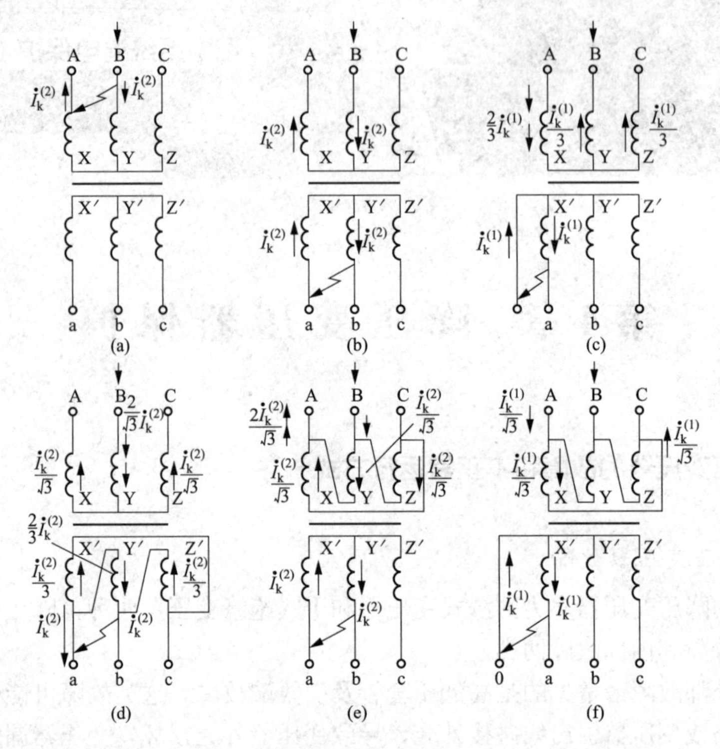

图 4-1　变压器引线端上发生短路时，一、二次绕组中的电流分布图

（a）Yy 接线变压器一次绕组引线端发生相间短路；（b）Yy 接线变压器二次绕组引线端发生相间短路；
（c）Yyn 接线变压器二次绕组引线端发生单相短路；（d）Yd 接线变压器二次绕组引线端发生相间短路；
（e）Dy 接线变压器二次绕组引线端发生相间短路；（f）Dyn 接线变压器二次绕组引线端发生单相短路

在图 4-1（c）中当 a 相发生单相接地短路时，令 $\dot{I}_{a}=\dot{I}_{k}^{(1)}$，并假定 A、B、C 三相中的电流 $\dot{I}_{A}$、$\dot{I}_{B}$、$\dot{I}_{C}$ 都是流向变压器 Y 侧的中性点，根据基尔霍夫第一定律可以列出方程式

$$\dot{I}_{A}^{(1)}+\dot{I}_{B}^{(1)}+\dot{I}_{C}^{(1)}=0 \tag{4-1}$$

根据同一铁芯上磁回路绕组磁势相互平衡的原理，结合绕组的绕向和电流的方向按图 4-2 可以列出方程式

$$\begin{cases}\dot{I}_{B}^{(1)}W_{1}-\dfrac{1}{2}\dot{I}_{A}^{(1)}W_{1}-\dfrac{1}{2}\dot{I}_{C}^{(1)}W_{1}+\dfrac{1}{2}\dot{I}_{k}^{(1)}W_{1}=0\\ \dot{I}_{C}^{(1)}W_{1}-\dfrac{1}{2}\dot{I}_{A}^{(1)}W_{1}-\dfrac{1}{2}\dot{I}_{B}^{(1)}W_{1}+\dfrac{1}{2}\dot{I}_{k}^{(1)}W_{1}=0\end{cases} \tag{4-2}$$

式中　W_{1}——变压器一、二次每相绕组的匝数（假定变压器的变压比为 1）。

由式（4-2）可得

$$\dot{I}_{B}^{(1)}=\dot{I}_{C}^{(1)}$$

将此关系代入式（4-1）可得

$$\dot{I}_{B}^{(1)}=\dot{I}_{C}^{(1)}=-\frac{1}{2}\dot{I}_{A}^{(1)} \tag{4-3}$$

再将式（4-3）代入式（4-2）中即可求得

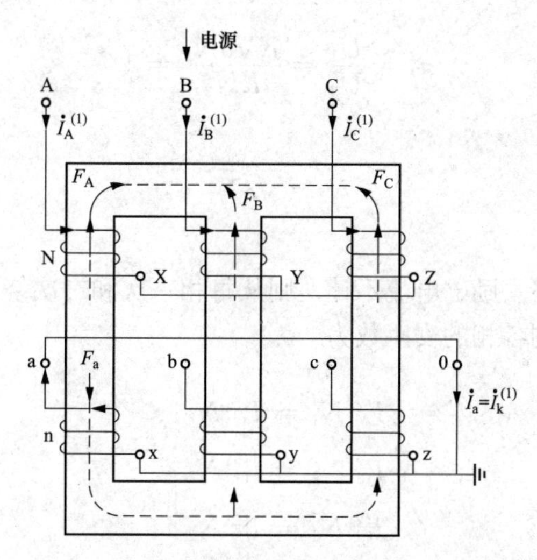

图 4-2　Yyn12 接线的三相变压器发生、相对中性点短路时各绕组中的电流 $\dot{I}$ 及磁势 F 的方向

$$\left.\begin{aligned}\dot{I}_A^{(1)} &= \frac{2}{3}\dot{I}_k^{(1)}\\ \dot{I}_B^{(1)} &= \dot{I}_C^{(1)} = -\frac{1}{3}\dot{I}_k^{(1)}\end{aligned}\right\}\tag{4-4}$$

由式（4-4）可见，$\dot{I}_B$ 和 $\dot{I}_C$ 的实际方向和大小相同，其值为 $\dot{I}_A$ 的一半并与 $\dot{I}_A$ 方向相反。

根据对称分量法及图 4-1（c）变压器接线可知，变压器二次侧短路电流 $\dot{I}_k^{(1)}$ 中的零序电流不能传变到变压器一次侧，因此在变压器一次侧实际上仅流过短路电流的正序和负序分量，按此分析也可以求出 $\dot{I}_A$、$\dot{I}_B$、$\dot{I}_C$ 的数值。

在图 4-1（f）中，变压器一次侧短路电流的零序分量能够传变到一次侧，但一次侧的零序分量电流仅在该三相绕组中环流，所以一次侧的各相线电流实际上只包括短路电流的正序和负序分量，按此原则分析即可较方便地求得图 4-1（f）的电流分布，在此不再详述。

图 4-1（d）是 Yd11 接线的变压器，假设短路发生在 a、b 相间，并取流向短路点的电流方向为正。由 $\dot{I}_{ka}^{(2)}+\dot{I}_{kb}^{(2)}=0$（$\dot{I}_{kc}^{(2)}=0$），故 $\dot{I}_{ka}^{(2)}=-\dot{I}_{kb}^{(2)}$，负号表示在 a、b 两相导线中电流方向相反。变压器二次侧各绕组中的电流应与其所流过的分支阻抗成反比，则变压器二次侧电流分别为

$$\left.\begin{aligned}\dot{I}_a^{(2)} &= \frac{1}{3}\dot{I}_k^{(2)}\\ \dot{I}_b^{(2)} &= \frac{2}{3}\dot{I}_k^{(2)}\\ \dot{I}_c^{(2)} &= \frac{1}{3}\dot{I}_k^{(2)}\end{aligned}\right\}\tag{4-5}$$

用 N_2 和 N_1 表示变压器三角形侧和星形侧每相的绕组匝数，当额定变压比 $n_T=1$ 时，有如下关系

$$n_{\mathrm{T}}=\frac{U_1}{U_2}=\frac{K\sqrt{3}N_1}{KN_2}=1$$

于是得

$$N_2=\sqrt{3}N_1 \tag{4-6}$$

式中　K——比例常数。

根据上述假定，若略去励磁电流不计，则从每相一次和二次绕组磁势（安匝数）相等的条件下，变压器一次侧各相的安匝数为

$$\left.\begin{aligned}\dot{I}_{\mathrm{A1}}^{(2)}N_1&=\dot{I}_{\mathrm{a}}^{(2)}N_2\\ \dot{I}_{\mathrm{B1}}^{(2)}N_1&=\dot{I}_{\mathrm{b}}^{(2)}N_2\\ \dot{I}_{\mathrm{C1}}^{(2)}N_1&=\dot{I}_{\mathrm{c}}^{(2)}N_2\end{aligned}\right\} \tag{4-7}$$

将式（4-5）、式（4-6）代入式（4-7）中得到

$$\left.\begin{aligned}\dot{I}_{\mathrm{A1}}^{(2)}N_1&=\frac{1}{\sqrt{3}}\dot{I}_{\mathrm{k}}^{(2)}\\ \dot{I}_{\mathrm{B1}}^{(2)}N_1&=\frac{2}{\sqrt{3}}\dot{I}_{\mathrm{k}}^{(2)}\\ \dot{I}_{\mathrm{C1}}^{(2)}N_1&=\frac{1}{\sqrt{3}}\dot{I}_{\mathrm{k}}^{(2)}\end{aligned}\right\} \tag{4-8}$$

所得的电流数值及其实际方向见图 4-1（d）。同理，根据安匝平衡原理可得图 4-1（e）的电流分布。

在用户中，经常遇到 Yd11 接线和 Yyn12 接线的降压变压器，为了便于考虑保护接线方式，根据上面分析图 4-1（c）和图 4-1（d）所得的结果，并结合保护的不同接线方式，即可方便地得到变压器一、二次电流分布和电流互感器二次侧以及继电器中的电流分布，如图 4-3 和图 4-4 所示。图 4-3 对应 Yd11 接线变压器常见的几种保护接线，图 4-4 对应 Yyn12 接线变压器常见的几种保护接线，图中所示的电流方向均为正方向，以便根据不同的具体情况考虑保护的接线方式。

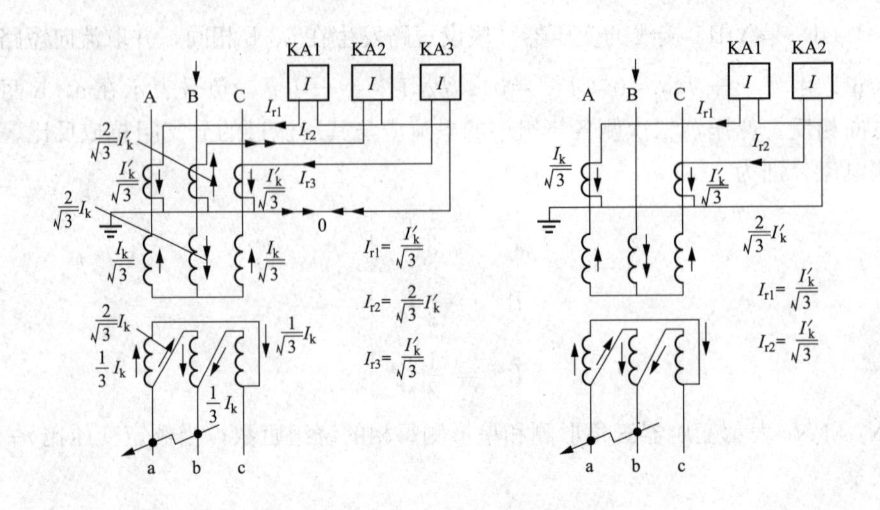

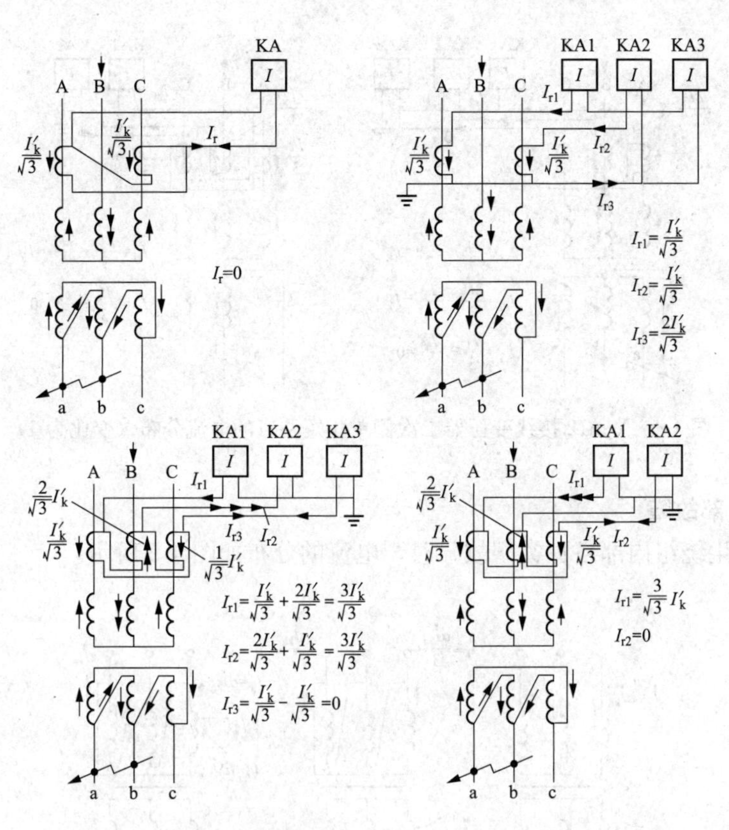

图 4-3　Yd11 接线变压器二次侧 a，b 相短路时的电流分布（变比为 1）

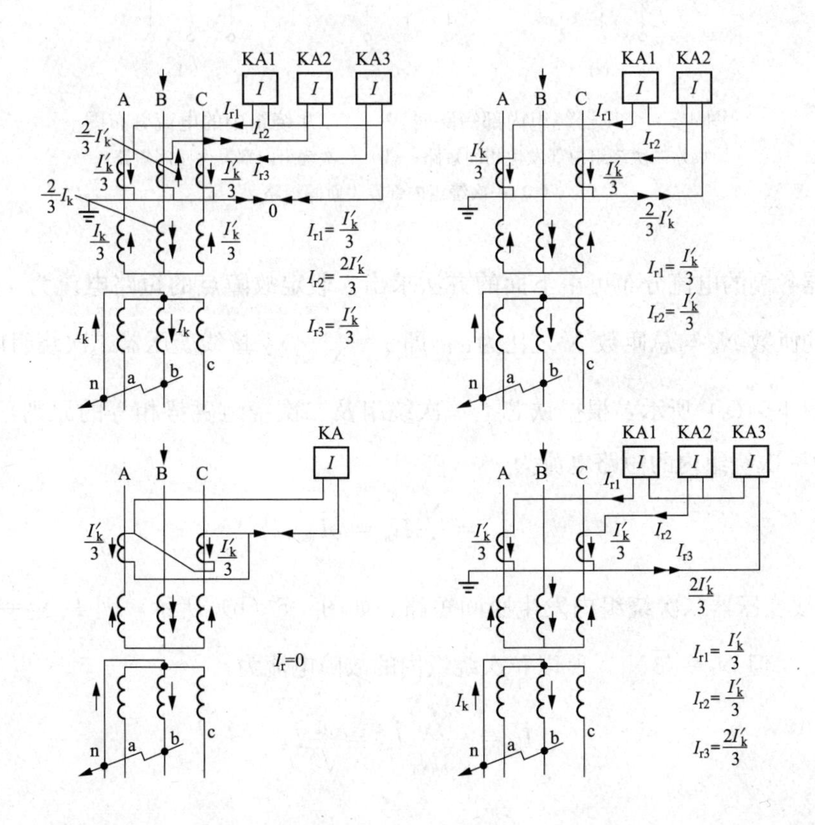

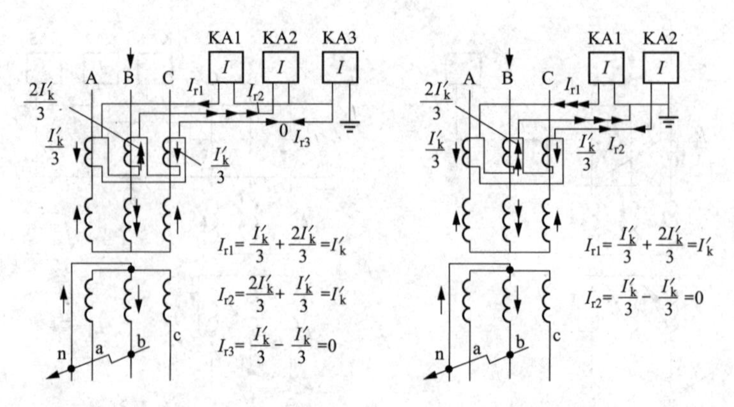

图 4-4 Yyn12 接线变压器二次侧单相短路时的电流分布（变比为 1）

2. 绕组内部故障

变压器发生绕组内部各种类型故障时，电流的分布如图 4-5 所示。

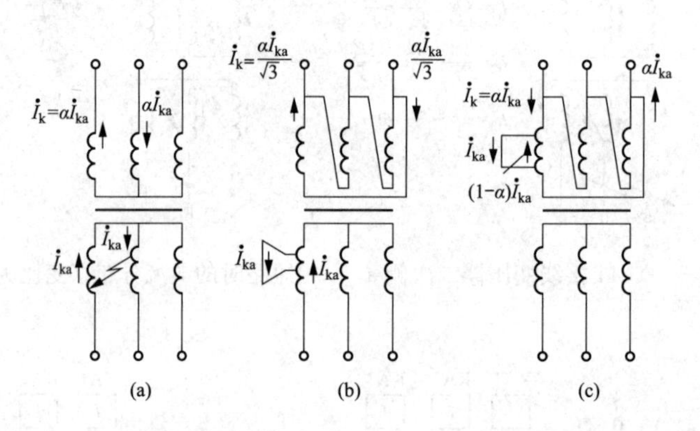

图 4-5 变压器绕组内部短路时，一、二次绕组中的电流分布图

（a）二次绕组内部发生相间短路；（b）二次绕组内部发生匝间短路；

（c）一次绕组内部发生匝间短路

变压器各侧的电流分布可由下面的方法求出：假定故障点的短路电流为 $\dot I_{ka}$，故障绕组被短路的匝数 N_a 与总匝数 N 之比为 α，即 $\alpha=\frac{N_a}{N}$。Yy 接线变压器二次绕组内发生相间短路，如图 4-5（a）所示，根据铁芯上一次绕组及二次绕组磁势相等的原则，因 $\dot I_k N=\dot I_{ka}N_a$，故一次绕组内的短路电流为

$$\dot I_k=\frac{N_a}{N}\dot I_{ka}=\alpha\dot I_{ka} \tag{4-9}$$

Dy 接线变压器二次绕组内发生匝间短路，如图 4-5（b）所示，因 $\dot I_k N_2=\dot I_{ka}N_a$，故 $\dot I_k=\frac{N_a}{N_2}\dot I_{ka}$，但 $N_2=\sqrt3 N_1$，所以一次绕组内的故障电流为

$$\dot I_k=\frac{N_a}{\sqrt3 N_1}\dot I_{ka}=\frac{\alpha}{\sqrt3}\dot I_{ka} \tag{4-10}$$

Dy 接线的变压器一次绕组内部发生匝间短路，如图 4-5（c）所示。因 $\dot{I}_{k}(W_{2}-W_{a})=(\dot{I}_{ka}-\dot{I}_{k})W_{a}$，所以一次绕组故障电流为

$$\dot{I}_{k}=\frac{N_{a}}{N_{2}}\dot{I}_{ka}=\alpha\dot{I}_{ka} \tag{4-11}$$

因此，在发生上述各种绕组内部故障时，由电源流入故障变压器的短路电流可写成

$$\dot{I}_{k}=K\alpha\dot{I}_{ka} \tag{4-12}$$

式中　K——故障类型所决定的系数。

当 $\alpha=1$ 时，即相当于在变压器绕组的引出线上发生短路，如图 4-1 所示。

由此得出结论，当变压器绕组内部发生故障时，如果 α 的数值很小，即使短路点的短路电流 $\dot{I}_{ka}$ 很大，由电源侧流入的短路电流 $\dot{I}_{k}$ 可能仍然很小，使反应短路电流值的保护装置的灵敏性达不到要求。由于上述情况，在实际运行中广泛采用了由非电气原理构成的瓦斯保护，来反应变压器内部的各种故障。

4.1.2　降压变压器的不正常运行方式

变压器的不正常运行方式有过负荷、外部短路引起的过电流、油温上升及不允许的油面下降。

1. 过负荷

过负荷是变压器超过额定容量运行（或短时尖峰负荷）所引起的。例如，在事故情况下，突然断开一台并列运行的变压器时会产生过负荷。

变压器事故过负荷的允许值应遵守制造厂的规定。无制造厂规定时，对于自然冷却和风冷的油浸式电力变压器，允许过负荷倍率和持续时间参见表 4-1。

表 4-1　　变压器允许过负荷倍率和持续时向

事故过负荷对额定负荷之比（%）	1.30	1.45	1.60	1.75	2.00
过负荷允许的持续时间（min）	120	80	45	20	10

2. 由外部短路引起的过电流

在发生外部短路时，流过变压器的短路电流将超过其额定电流。变压器可能产生的最大外部短路电流，相当于电源侧为无限大电源（即系统综合阻抗为零），短路电流仅受变压器短路电抗所限制。

电力系统后备保护装置的动作时限通常不超过几秒钟。在这段时间内，外部短路电流尚不致严重地损坏变压器的绕组绝缘。

从整个电力系统的继电保护装置选择动作的观点出发，短路故障应首先由距离故障点最近的元件来切除。在变压器上需装设防止外部短路的保护装置，这种保护装置不仅作为相邻元件的后备保护，同时也是变压器本身的后备保护。

3. 油面过低

当温度大幅下降、油量不足和外壳漏油时，都可能出现变压器油面过低的现象。在此情况下，给变压器装设一定的保护装置是合适的。根据变压器油面降低的程度，决定该保护装置动作于信号或跳闸。当有运行值班人员时，保护装置仅作用于信号。

4.2 降压变压器保护的装设原则

结合变配电和工矿企业特点，降压变压器一般应考虑装设下列保护：

1. 防御变压器油箱内部故障和油面降低的瓦斯保护

瓦斯保护主要用于800kVA及以上的油浸式变压器和400kVA及以上的车间内油浸式变压器。该保护的轻瓦斯动作于信号，重瓦斯动作于跳闸，即断开变压器各电源侧的断路器。

2. 纵联差动保护或电流速断保护

为防御变压器绕组、引出线和套管的多相短路，用于中性点直接接地系统的变压器电网侧绕组和引出线的接地短路，以及绕组匝间短路，应装设纵联差动保护或电流速断保护。

对于10000kVA及以上的变压器及6～10kV重要的变压器，当电流速断保护灵敏度不符合要求时也可以采用纵差保护。通常厂用电2000kVA及以上装设纵联差动保护。

这些保护装置动作后，应断开变压器各电源侧的断路器。

3. 过电流保护、复合电压启动的过电流保护或负序电流保护

过电流保护装置的整定值应考虑事故时可能出现的过负荷。当过电流保护灵敏性不能满足要求时，采用复合电压启动的过电流保护。用户变压器如未特别规定，要求采用负序电流保护。

过电流保护在双绕组变压器上装设于主电源侧，一般用户的降压变压器装于高压侧。对给分列运行的母线段供电的降压变压器，除在电源侧装设保护装置外，还应在每个供电支路装设保护装置。各保护装置的接线宜考虑能保护电流互感器与断路器之间的故障。

4. 防御中性点直接接地系统中外部短路的零序过电流保护

一次电压为10kV及以下，绕组为星形—星形连接，低压侧中性点接地的变压器，对低压侧单相接地短路应装设下列保护之一：

（1）接在低压侧中性线上的零序过电流保护。

（2）利用高压侧的过电流保护。此时保护装置宜采用三相式以提高灵敏性。由于这种保护往往满足不了灵敏性要求，故多用零序过电流保护。

当变压器低压侧有分支线时，宜有选择地切除各分支线的故障。

5. 防御对称过负荷的过负荷保护

400kVA及以上变压器，当数台并列运行或单独运行并作为其他负荷的备用电源时，应根据可能过负荷的情况装设过负荷保护。

过负荷保护一般接于一相电流上，带延时动作于信号。

在无值班人员的变电站，必要时，过负荷保护可动作于跳闸或断开部分负荷。

4.3 变压器的瓦斯保护及温度信号

4.3.1 瓦斯保护

1. 瓦斯保护的作用

变压器运行时油箱内任何一种故障（包括轻微的匝间短路），产生的短路电流和短路点电弧的作用，将使变压器油及其他绝缘材料因受热分解产生气体，因气体比较轻，会从

油箱流向油枕的上部，当故障严重时，会迅速膨胀并有大量气体产生，此时会有剧烈的油流和气流冲向油枕的上部。利用油箱内部故障时的这一特点，可以构成反应气体变化的保护，称之为瓦斯保护。

瓦斯保护主要的执行元件为气体继电器。气体继电器是一种非电气量的继电器，是根据变压器壳内气体和油流的冲击或油面的降低而动作的。瓦斯保护是变压器的主要保护，它既反应变压器各种内部故障，又可以反应变压器的不正常运行。气体继电器适用于直流或交流操作。

2. 气体继电器的构造动作原理

气体继电器安装于变压器油箱与储油柜之间的连接油管上，如图 4-6 所示。为了保证瓦斯保护的灵敏性与可靠性，必须使变压器油箱内部产生的气体能顺利地进入继电器，当气体充满气体继电器后，又可畅通地进入储油柜中。因此正确安装气体继电器是一项较重要的工作，运行经验证明，由于气体继电器安装不正确，产生误动或拒动的情况并不少见。

气体继电器有多种结构，动作原理基本相似，其外壳镶有带刻度的玻璃，用以指示其中充入气体的数量。继电器上部有放气阀，底部有放油阀，内部装有上下两个元件，每个元件均附有触点。上元件反应轻微故障或不正常运行情况，发出信号，下元件反应严重故障，动作于跳闸。目前采用的气体继电器有三种型式：①浮筒式（GR-3 型及 FJ-22 型）；②挡板式（一般是由使用单位在 FJ-22 型基础上自行改制）；③跳闸元件由开口杯与挡板构成的复合式（FJ3-80 型及 QJ1-80 型）。

运行经验证明，浮筒式气体继电器，虽然在出厂前对浮筒经过加压加温和密封性能的试验，但仍不能完全防止长期运行中由于浮筒渗油而产生的误动作。同时，这类气体继电器采用的水银触点防振性能较差，易于因受振动而误动作。挡板式气体继电器，用挡板代替了浮筒，克服了浮筒渗油的缺点，但是采用挡板式气体继电器也存在着当变压器油面严重下降需要跳闸时动作不快的缺点。所以现在越来越多地以开口杯代替密封浮筒，以干簧触点代替水银触点的复合式气体继电器。FJ3-80 型复合式气体继电器的构造见图 4-7。

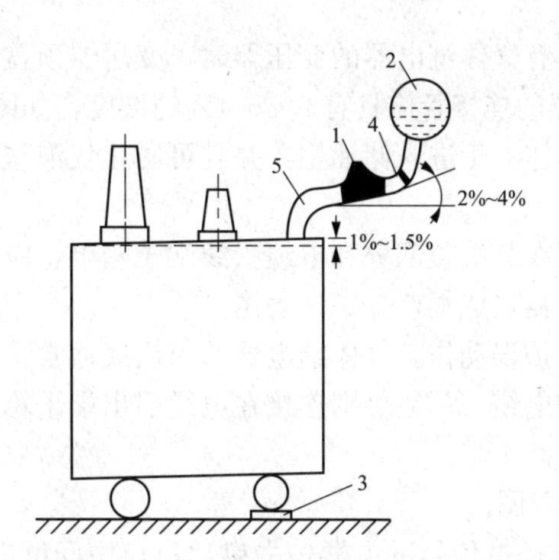

图 4-6　气体继电器在变压器上的安装位置

1—气体继电器；2—储油柜；3—钢垫块；4—阀门；5—导油管

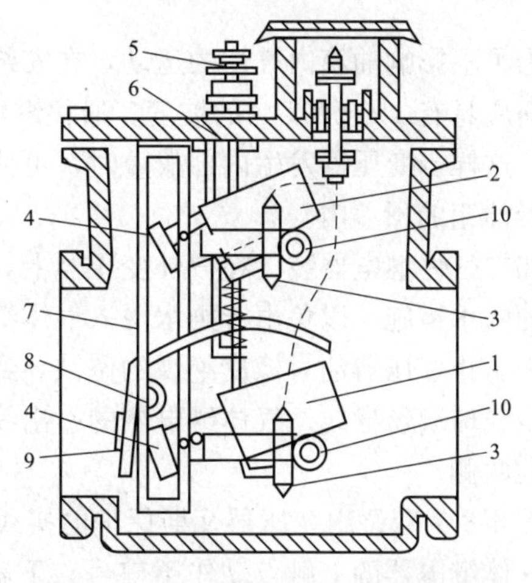

图 4-7　FJ3-80 型气体继电器构造示意图

1—下开口杯；2—上开口杯；3—磁力触点；4—平衡锤；5—放气阀；6—探针；7—支架；8—挡板；9—油速调整挡板；10—永久磁铁

该继电器的上下元件均采用开口杯，并用磁力触点代替了水银触点，具有较好的防振性能。变压器正常运行时，继电器上下开口杯都浸在油中，由于开口杯（不包括杯内的油重）和附件在油内的重量产生的力矩，比平衡锤产生的力矩小，因而开口杯均位于上升位置，磁力触点断开。当变压器油面下降或变压器内部发生轻微故障时，气体继电器上元件充入气体，上元件开口杯因杯内油重所产生的力矩而下沉，带动永久磁铁转动，使磁力触点闭合而发出信号。当变压器内部发生严重故障时，强烈油流冲击挡板，下元件开口杯转动，磁力触点闭合将故障变压器跳闸。当变压器严重缺油时，下元件开口杯与上元件开口杯相似的原理，能使缺油的变压器跳闸。当不需要下元件开口杯反应缺油情况时，可拧出下元件开口杯的专用螺丝。

为了满足大型变压器和强迫油循环变压器保护的需要，在 FJ3-80 型气体继电器的基础上，又设计出 QJ1-80 型气体继电器，其工作原理与上述 FJ3-80 型气体继电器基本相似。该型继电器具有较大的流速整定范围（有流速刻度，调整方便），轻瓦斯部分采用一个干簧触点，重瓦斯部分采用了双干簧触点（两个干簧触点串联而成）和弹簧挡板的结构，故具有更好的防振性能。

3. 瓦斯保护的运行和接线

由于瓦斯保护反应变压器壳内气体和油的流速，因此在某些情况下，例如变压器接入负荷时，油中的空气经加热后而升入储油柜；在强迫油循环冷却系统中油泵的启动和停止以及换油等过程，有可能导致保护的误动作，因而有的单位将重瓦斯切换到作用于信号。

新变压器投入运行时和变压器灌油后，应将重瓦斯切换到作用于信号位置，历时 2～3 天，直至停止散发气体为止。

气体继电器上部有供收集气体的放气阀，在气体继电器动作后应立即收集气体，检查气体的化学成分和可燃性，并据此判断变压器运行状态。

为了保证气体继电器的正确动作和有足够的灵敏性，一般变压器的气体继电器油速整定为 0.6～1m/s，对于强迫油循环的变压器为 1.1～1.4m/s。油速可用油速试验装置直接整定。

为了不影响油箱内气体的运动，在安装具有气体继电器的变压器时，变压器顶盖与水平面间应具有 1%～3.5%的坡度，通往继电器的连接管应具有 2%～4%的坡度，如图 4-6 所示。这样当变压器发生内部故障时，可使气体易于进入储油柜，并且可防止气泡积聚在变压器油箱的顶盖内。

如果气体继电器装设在户外变压器上，则在其端盖部分和电缆引线端子箱上，应采取适当的防水措施，以免由于雨水浸入气体继电器造成瓦斯保护误动作。

为防止变压器油对橡皮绝缘的侵蚀导致保护误动作，气体继电器的引出线通常采用防油导线或玻璃丝导线。气体继电器的引出线和电缆，一般分别连接在电缆引出端子箱内端子排的两侧。

图 4-8 为双绕组变压器瓦斯保护的接线示意图。

气体继电器的上触点动作于信号，下触点经过信号继电器，去启动出口中间继电器。出口中间继电器具有两个电流自保持线圈，以防止气体继电器下触点在油流冲击下，可能发生的振动或经短时间接通保护可靠地动作于跳闸。在保护动作于断路器跳闸以后，出口回路的自保持动作可借断路器的辅助触点来解除。

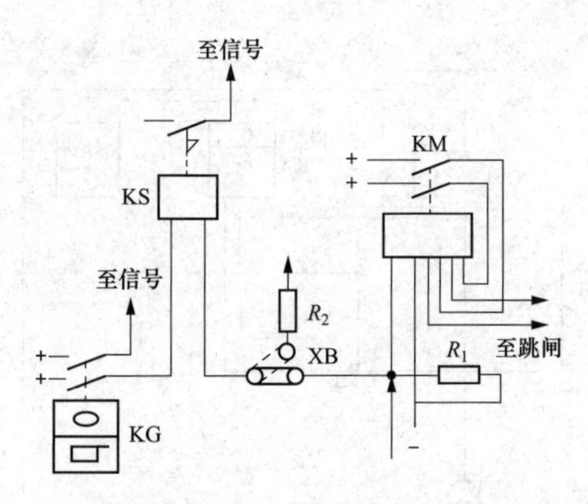

图 4-8 气体保护的接线示意图

KG—气体继电器；KM—出口中间继电器；KS—信号继电器；XB—切换片；R_1、R_2—附加电阻

4. 瓦斯保护的优缺点

瓦斯保护的主要优点是能反应变压器油箱内的各种故障，灵敏性高，结构简单，动作迅速。瓦斯保护的主要缺点是不能反应变压器油箱外的故障，例如变压器引出端上的故障或变压器与断路器之间连接导线上的故障，故瓦斯保护不能作为变压器各种故障的唯一保护；其次是有时发生误动作。

4.3.2 油温信号装置

变压器运行规程规定，油浸式电力变压器，在正常运行情况下允许温度应按上层油温来检查，上层油温的允许值应遵守制造厂的规定，但最高不得超过 95℃，为了防止变压器油劣化过速，上层油温不宜经常超过 85℃。根据变压器运行的经验，通常变压器上层油温在 60～85℃范围内运行，夏季油温多在上限值。通常容量在 1000kVA 及以上的油浸式变压器均有信号温度计。温度计的信号触点容量应不低于 220V、0.3A。因此在变电站内，凡变压器容量超过此界限的，均应有温度升高的信号装置。由具有电触点的温度计的接线端，经控制电缆分别按至变压器保护的信号回路，电触点温度计一般由变压器制造厂随同变压器成套供应。

对于车间内变电站，即变压器室大门开向户内的变电站，凡容量在 320kVA 及以上的变压器，通常都装设温度信号装置。

少数工业企业变电站，凡容量在 750kVA 左右的变压器，不分变压器安装在什么场所，也装设有温度信号装置。

4.4 变压器的瞬时电流速断保护

4.4.1 电流速断保护的原理与接线

采用瞬时电流速断保护作为防止变压器一次绕组及其引线的短路故障的速动保护，在中小容量电力变压器的保护中得到了广泛的应用。用电流速断保护与瓦斯保护配合，可切除变压器高压侧及其内部的各种故障。电流速断的动作电流，通常大于变压器二次侧短路的最大电流值。图 4-9 示出电源侧为中性点非直接接地系统的双绕组降压变压器两相式电流速断保护接线示意图，保护装设在一次侧。

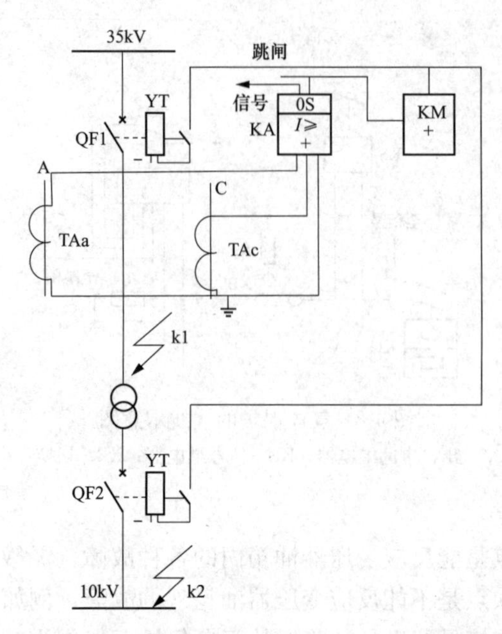

图 4-9　35/6～10kV 降压变压器两相式电流速断保护接线示意图

KA—电流继电器模块；KM—中间继电器；YT—跳闸线圈

由于变压器相当于一个集中阻抗，在变压器容量不大的情况下，在一次侧引线端和二次侧引线端上发生故障，流过故障点的短路电流在数值上相差很大，如图 4-10 所示。此时对 k1 点的故障，保护装置可保证有足够的灵敏度。

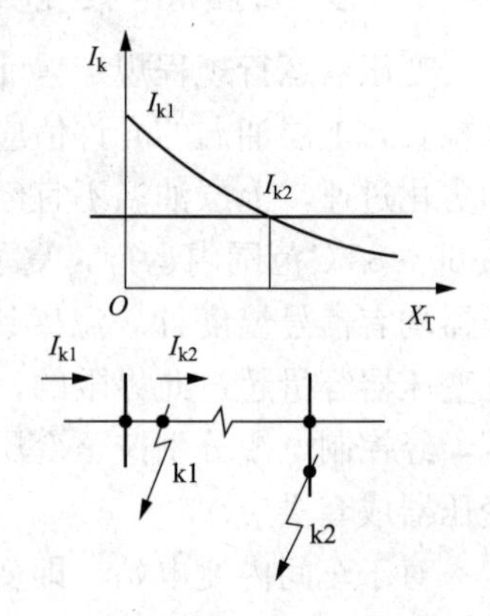

图 4-10　变压器电流速断保护动作原理说明图

4.4.2　电流速断保护的整定计算

该保护的动作电流按躲开系统最大运行方式时变压器二次侧母线的最大穿越短路电流来整定，其计算公式为

$$I_{op.1} = K_{rel} I''^{(3)}_{k2.max} \tag{4-13}$$

$$I_{op.r} = K_{con} \frac{I_{op.1}}{n_a} \tag{4-14}$$

式中　K_{rel}——可靠系数，当保护装置由 DL-10 系列电流继电器构成时，取 $K_{rel}=1.3\sim1.4$，当保护装置由 GL—10 系列电流继电器构成时，取 $K_{rel}=1.5\sim1.6$；

K_{con}——接线系数，当继电器接在相电流时，$K_{con}=1$，当继电器接在两相电流差或三角形接线时，$K_{con}=\sqrt{3}$；

n_a——电流互感器的变比；

$I''^{(3)}_{k2.max}$——系统最大运行方式时，变压器二次侧母线三相短路，折算到一次侧的次暂态电流；

$I_{op.1}$——保护的一次动作电流；

$I_{op.r}$——继电器的动作电流。

保护动作电流还应躲开变压器空载合闸时的励磁涌流。

电流速断保护的灵敏性通常按其保护安装处发生金属性两相短路时流过保护装置的最小短路电流来校验。根据继电保护规程的规定，灵敏系数 K_{sen} 应为 2。保护的灵敏系数为

$$K_{sen}^{(2)} = K_{sen.re} I''^{(3)}_{kl.min} / I_{op.1} \quad (4\text{-}15)$$

式中 $K_{sen}^{(2)}$——系统最小运行方式下，保护安装处发生两相短路时保护的灵敏系数；

$K_{sen.re}$——两相短路相对灵敏系数；

$I''^{(3)}_{kl.min}$——系统最小运行方式下，保护安装处的三相次暂态短路电流。

$I_{op.1}$——保护装置一次动作电流。

4.4.3　电流速断保护的优缺点

电流速断保护的优点是接线简单、动作迅速，它能瞬时切除变压器一次侧引出端及其部分绕组的故障。缺点是保护范围受到限制，不能保护变压器全部二次绕组及变压器二次侧的连接线上的短路故障。在上述故障的情况下，短路故障需由过电流保护经一定时限来切除；如果变电站内有几台变压器并联运行，过电流保护可能失去动作上的选择性，将全部变压器无选择性地切断。

根据运行经验，在变压器二次侧引出端与断路器之间的连接线上发生短路故障的机会不多，考虑到在容量不大的变电站内，最重要的是当发生使系统电压大幅度降低的短路时，将故障变压器尽快地从系统中切除，这可借电流速断保护来实现。因此，在目前的电力系统中，电流速断保护被广泛地用作变压器的速动保护之一。对于中小容量的变压器，电流速断保护与瓦斯保护、过电流保护相配合，可以获得良好的保护效果。

4.5　变压器的纵联差动保护

4.5.1　变压器纵联差动保护的基本工作原理

为了保护变压器的内部、套管及引出线上的各种短路故障，在变压器上广泛地采用纵联差动（纵差）保护。在变压器的两侧都装设电流互感器，其二次绕组按环流原则串联，差动继电器并接在差回路臂中，在正常运行和外部故障时，二次电流在臂中环流，继电器中流过二次电流 $\dot{I}_r = \dot{I}_{I.2} - \dot{I}_{II.2}$，如图 4-11 所示。

为了使差动保护在正常运行情况下及外部短路时不动作，必须均衡继电器两侧二次电流，使得流过继电器的电流为零，因此要求由电流互感器流入继电器的电流大小相等、相位相反，使其差值为零。

在变压器内部发生相间短路时，从电流互感器流入继电器的电流大小不等、相位相同，两电流相加使继电器内有电流流过。当单侧电源供电时，流入差动继电器的电流为 $\dot{I}_r = \dot{I}_{I.2}$，继电器中有很大的电流流过，继电器动作，断开变压器两侧的断路器。如图 4-12 所示。

电流差动保护从原理上讲，灵敏性高，选择性好。但由于变压器各侧的额定电压和额定电流不相等，各侧电流的相位也不相同，且高低压侧是通过电磁联系的，在电源侧有励磁电流存在。更严重的是在空载合闸或外部短路故障切除有电压恢复时，有很大的励磁涌

流出现，这些都将导致差动回路中的暂态不平衡电流和稳态不平衡电流大大增加，成为实现变压器纵差保护的特殊问题。

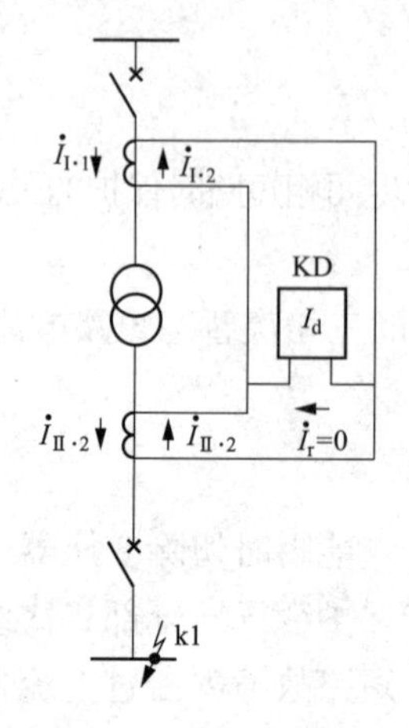

图 4-11　变压器差动保护动作原理（区外故障）

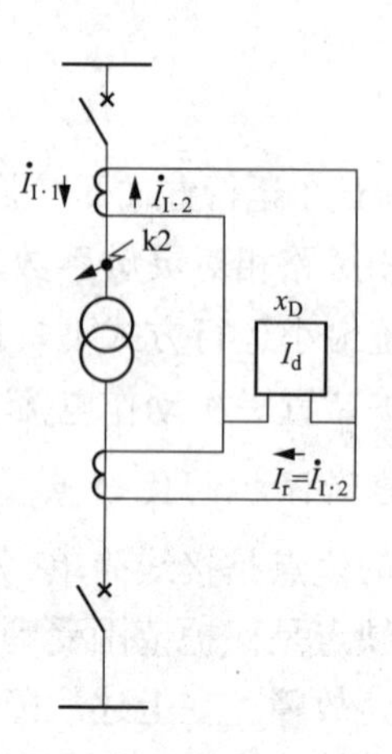

图 4-12　变压器差动保护动作原理（区内故障）

1. 变压器励磁涌流 $I_{ex.fl}$ 产生的不平衡电流对差动保护的影响

变压器的励磁电流只流过变压器的电源侧，它超过电流互感器构成差动回路不平衡电流的部分。在正常情况下，其值很小，一般不超过变压器额定电流的 3%～5%。在外部故障时，由于电压降低，励磁电流减小，它的影响就更小。

但是当变压器空载投入和外部故障切除后电压恢复时，则可能出现数值很大的励磁电流，又称为励磁涌流。因为变压器在稳态工作情况下，铁芯中的磁通落后于外加电压 90°，如图 4-13（a）所示。如果空载合闸时，正好在电压瞬时值 $u=0$ 时接通电路，则铁芯中有磁通 $-\Phi_m$。但由于铁芯中的磁通不能突变，因此必将出现一个非周期分量的磁通，其幅值为 $+\Phi_m$。这样经过半个周期以后，铁芯中的磁通就达到 $2\Phi_m$ 值。如果铁芯中还有剩余磁通 Φ_{re}，其方向与 Φ_m 一致，则总磁通将为 $2\Phi_m+\Phi_{re}$，如图 4-13（b）所示。此时变压器的铁芯严重饱和，励磁电流 I_{ex} 将剧烈增大，如图 4-13（c）所示。此电流就称为变压器的励磁涌流 $I_{ex.fl}$，其值可达额定电流的 5～10 倍。大型变压器励磁涌流的倍数较中小型变压器的励磁涌流倍数小。由于涌流中含有大量的非周期分量和高次谐波分量，因此涌流的变化曲线为尖顶波，并多在最初瞬间可能完全偏于时间轴的一侧，如图 4-13（d）所示。励磁涌流在开始瞬间衰减很快，衰减的时间常数与铁芯的饱和程度有关，饱和越深，电流越小，衰减就越快。对中小变压器，经 0.5～1s 后，其值一般不超过 0.25～0.5 倍额定电流，大型变压器要经 2～3s。变压器容量越大，衰减越慢，完全衰减则要经过几十秒的时间。由上分析可知，涌流的大小与合闸瞬间外加电压的相位、铁芯中剩磁的大小和方向以及铁芯的性质有关。若正好在电压瞬时值为最大值时合闸，则不会出现励磁涌流，而只有正常的励磁电流。但对三相变压器来说，无论在任何瞬间合闸，至少有两相要出现不同程度的励磁涌流。

根据试验和理论分析得知，励磁涌流可分解成各种谐波，其中以二次谐波为主，同时在励磁涌流波形之间，往往会出现“间断角”α，如图 4-14 所示。

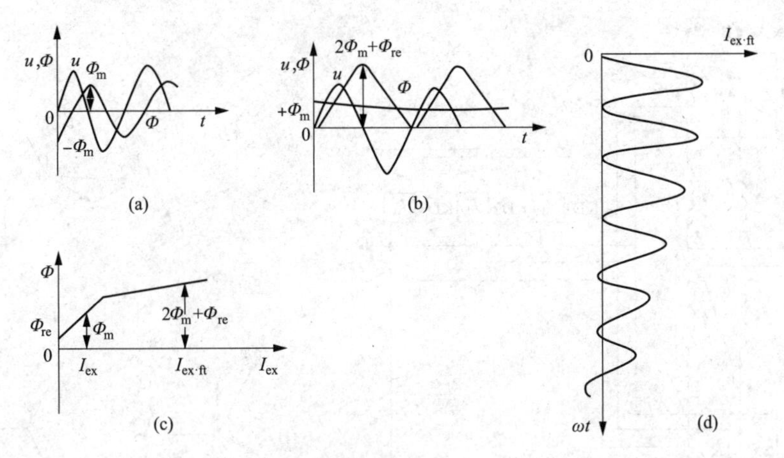

图 4-13　变压器励磁涌流的产生及变化曲线

（a）稳态情况下磁通与电压的关系；（b）在 $u=0$ 瞬间空载合闸时磁通与电压的关系；（c）变压器铁芯的磁化曲线；（d）励磁涌流的波形

2. 变压器两侧的电流相位不同产生的不平衡电流

变压器通常采用 Yd11 接线，对于这种变压器，其两侧电流之间有 30°的相位差，即使变压器两侧电流互感器二次电流的数值相等，但由于两侧电流存在着相位差，也将在保护装置的差动回路中出现不平衡电流 $\dot{I}_{\text{unb}}$，如图 4-15 所示。

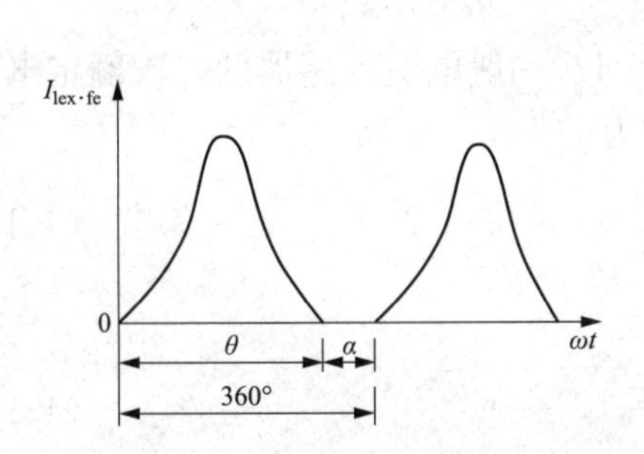

图 4-14　励磁涌流波形图

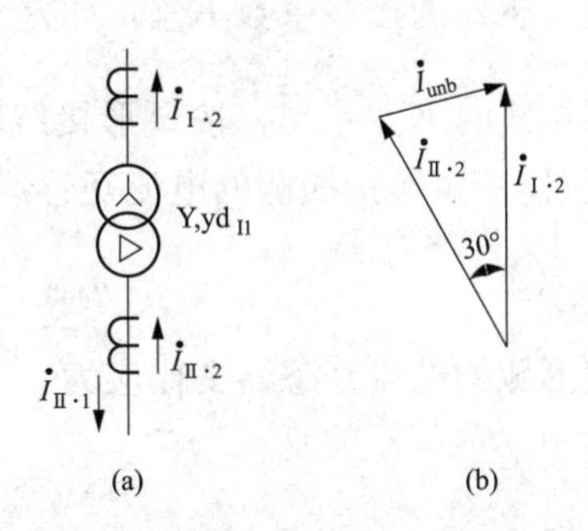

图 4-15　Yd11 接线变压器所产生的不平衡电流

（a）变压器接线示意图；（b）电流相量图

为了消除这种不平衡电流的影响，就必须消除差动保护中两臂电流的相位差。这通常采用相位差补偿的方法，即将变压器星形接线侧的电流互感器二次侧接成三角形，变压器三角形接线侧的电流互感器二次侧接成星形，从而把电流互感器二次电流的相位校正过来。

图 4-16（a）为 Yd11 接线的三相变压器及差动保护用两侧电流互感器的接线；图 4-16（b）为电流的相量图。图中 $\dot{I}_{\text{A.Y}}$、$\dot{I}_{\text{B.Y}}$、$\dot{I}_{\text{C.Y}}$ 分别表示变压器星形侧的线电流，该侧电流互感器二次电流为 $\dot{I}'_{\text{a.Y}}$、$\dot{I}'_{\text{b.Y}}$、$\dot{I}'_{\text{c.Y}}$，因电流互感器为三角形接线，故流入差动臂的三个电流为 $\dot{I}_{\text{a.Y}}=(\dot{I}'_{\text{b.Y}}-\dot{I}'_{\text{a.Y}})$、$\dot{I}_{\text{b.Y}}=(\dot{I}'_{\text{c.Y}}-\dot{I}'_{\text{b.Y}})$、$\dot{I}_{\text{c.Y}}=(\dot{I}'_{\text{a.Y}}-\dot{I}'_{\text{c.Y}})$，它们正好分别与变压器三角形接线侧电流互感器二次侧的电流方向反 180°，故流入继电器的总电流从理论上讲可以校正平衡。由于这种方法简单而有效地消除了变压器两侧电流因相位不同产生的不平衡电流，故在变压器差动保护中得到广泛的应用。

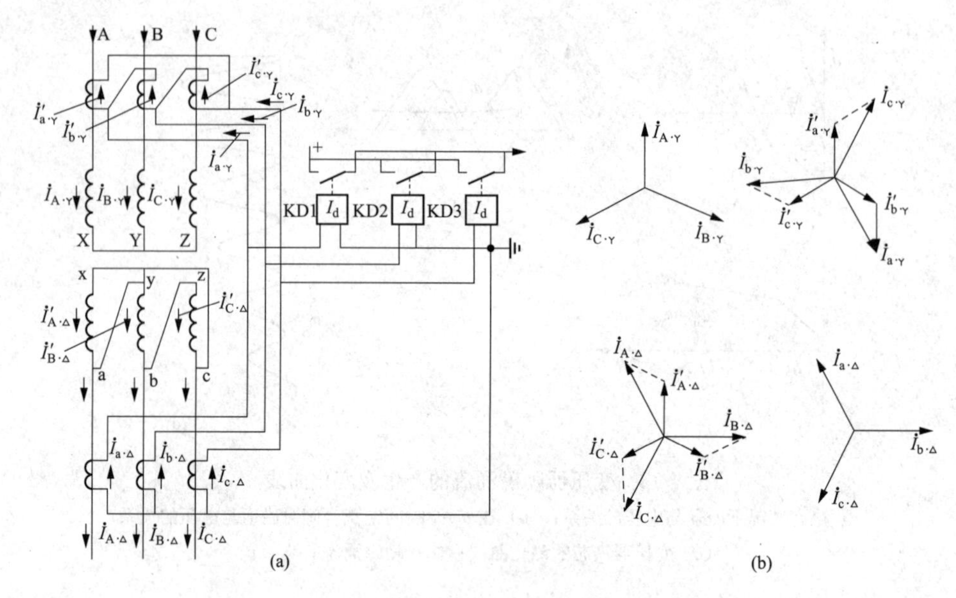

图 4-16　Yd11 变压器的差动保护接线图和相量图

（a）接线图；（b）电流相量图

相位差补偿后，为了使每相两差动臂的电流数值相等，在选择电流互感器的变比 n_a 时应考虑电流互感器的接线系数 K_{con}，即差动臂的电流为$\frac{K_{con}I_1}{n_a}$，I_1 为一次电流。电流互感器按三角形接线时 $K_{con}=\sqrt{3}$，按星形接线时 $K_{con}=1$。一般电流互感器的二次额定电流为 5A，故变压器三角形接线侧的电流互感器变比应为

$$n_{a(d)}=\frac{I_{T.n(d)}}{5} \tag{4-16}$$

变压器星形侧的电流互感器变比应为

$$n_{a(Y)}=\frac{\sqrt{3}I_{T.n(Y)}}{5} \tag{4-17}$$

式中　$I_{T.n(d)}$——变压器绕组接成三角形侧的额定电流；

$I_{T.n(Y)}$——变压器绕组接成星形侧的额定电流。

实际上选择电流互感器变比是根据电流互感器定型产品变比中选择一个接近并稍大于计算值的标准变比。

微机型差动保护不必用 TA 接线来进行相位校正，设计两侧都采用星形接线，而由装置软件进行相角度校正来进行平衡，具体工程可通过与厂家的设计配合来完成。

3. 两侧电流互感器型号不同和计算变比与实际变比不同引起的不平衡电流对变压器差动的影响

由于电力变压器两侧的额定电压不同，装设在两侧的电流互感器的型号就不会相同。在变压器高压侧可能利用断路器中的套管型电流互感器，而低压侧则采用绕线式电流互感器，它们的饱和特性和励磁电流（归算到同一侧）都不相同。对于三绕组变压器来说，在外部短路时，流过各侧电流互感器的一次电流倍数也可能有极大的差别。这些因素都将引起较大的不平衡电流。为了考虑由此而引起的不平衡电流，必须适当地增大保护的动作电

流，所以在整定计算保护动作电流时，引入一个同型系数 K_{cc}。当两侧电流互感器的型号相同时，取 $K_{cc}=0.5$，当两侧电流互感器的型号不同时，取 $K_{cc}=1$。

在实际应用中，变压器两侧的电流互感器都采用定型产品，所以实际的计算变比与产品的标准变比往往是不一样的，而且对变压器两侧的电流互感器来说，这种不一样的程度又不同，这样就在差动回路中引起了不平衡电流，需要采取措施加以消除，微机保护可由通道系数进行平衡。

4. 变压器带负荷调整分接头产生的不平衡电流对变压器差动的影响

当变压器带负荷调节时，由于分接头的改变，变压器的变压比也随之改变，两侧电流互感器二次侧电流的平衡关系被破坏，产生了新的不平衡电流。为了消除这一影响，一般采用提高保护动作电流的整定值来解决。

概括地说，变压器纵差保护是变压器内部故障的主保护，主要反应变压器油箱内部、套管和引出线的相间和接地短路故障，以及绕组的匝间短路故障。

变压器纵联差动保护在正常运行和外部故障时，理想情况下，流入差动继电器的电流等于零。但实际上由于变压器有励磁电流，接线方式和电流互感器误差等因素的影响，保护中有差电流。由于这些特殊因素的影响，变压器差动保护的不平衡电流远比线路差动保护大。因此，变压器差动保护需采取多种措施避开不平衡电流的影响。在满足选择性的条件下，还要保证在内部故障时的速动性、灵敏性、选择性。当前主要是用比率制动的差动保护原理，按避开励磁涌流的方法不同，变压器差动保护可按不同的原理来划分，新型保护主要有以下几种类型差动保护：

（1）鉴别波形是否对称判别励磁涌流的差动保护；

（2）鉴别间断角或波宽的差动保护；

（3）二次谐波制动的差动保护；

（4）高次谐波制动的差动保护。

其中以采用二次谐波制动的应用最为广泛。为了可靠，有的保护采用几种原理的组合。为防止过励磁涌流时差动保护误动，有的采用了五次谐波制动。不论采用什么原理，对差动保护的基本要求是相同的。

此外，在纵差保护区内发生严重故障时，为防止因为电流互感器饱和而使差动保护延时动作，新型保护还设差电流速断辅助保护，以快速切除故障。

变压器纵差保护的框图如图 4-17 所示。图中差动保护动作主判剧为比率制动原理，为了防止变压器在空载合闸或另一侧突然甩负荷时产生的励磁涌流引起保护误动，增加了

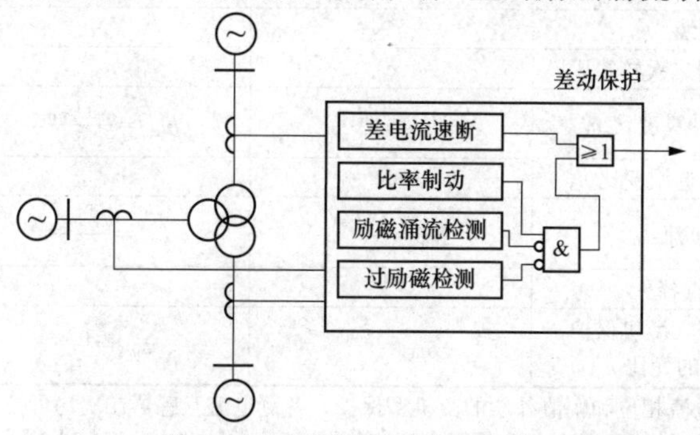

图 4-17 变压器纵差保护框图

励磁涌流闭锁模块；为了防止变压器过励磁时差流过大引起差动保护误动，增加了过励磁闭锁模块；为了防止内部故障电流互感器饱合导致差动模块拒绝动作或慢速动作，增加了差动电流速断动作模块。

数字型纵联差动保护各侧均可采用星形接线，在装置上由软件进行相位校正和平衡。不能用软件进行校正的保护，对变压器 Y0 侧 TA 应接为三角形接线，以达到校正相位并避免外部单相接地故障零序电流引起差动保护误动。

三绕组或自耦变压器按主接线的不同，往往需要多侧制动，应尽可能在每个分支都设制动，以提高躲过外部故障不平衡电流的能力。如果需要将两个支路 TA 并联接入当一侧使用，应经过严格的外部短路不平衡电流校验计算，合理确定各侧不同的制动系数，适当提高合并侧的制动系数。

根据保护规程规定，对变压器的内部、套管及引出现的短路故障，按容量及重要性不同，应装设下列（差动）保护作为主保护，并瞬时断开变压器的各侧断路器。

电压 10kV 及以上，容量 10MVA 及以上变压器，采用差动保护。对于电压 10kV 的重要变压器当电流速断保护灵敏性不符合要求时也可以采用纵差保护。纵联差动保护设置原则如下：

（1）躲过励磁涌流和外部短路产生的不平衡电流。

（2）变压器过励磁时不应误动作。

（3）电流回路断线时应发出断线信号，电流回路断线允许差动保护动作跳闸。

（4）正常情况下，纵联差动保护的保护范围应包括变压器套管和引出线，如不能包括引出线时，应采取快速切除故障的措施。在设备检修等特殊情况下，允许差动保护短时利用变压器套管电流互感器。此时套管和引线故障由后备保护切除；如电网安全稳定运行有要求时，应将纵差保护切至旁路断路器回路的电流互感器。

4.5.2 变压器差动保护整定计算

1. 变压器参数的计算

变压器差动保护 TA 变比等有关参数计的选择计算可参见表 4-2。高中压侧电流互感器二次额定电流为 1A，低压侧为 5A。

表 4-2　变压器差动保护参数计算参考表

序号	名称	各侧参数		
		高压侧（H）	中压侧（M）	低压侧（L）
1	额定一次电压 U_N	U_{Nh}	U_{Nm}	U_{Nl}
2	额定一次电流 I_N	$I_{Nh}=\dfrac{S_N}{\sqrt{3}U_{Nh}}$	$I_{Nm}=\dfrac{S_N}{\sqrt{3}U_{Nm}}$	$I_{Nl}=\dfrac{S_N}{\sqrt{3}U_{Nl}}$
3	各侧接线	YN	YN	d11
4	各侧电流互感器二次接线[1)]	d	d	Y
5	电流互感器的计算变比 n_c	$n_{ch}=\dfrac{\sqrt{3}I_{Nh}}{1}$	$n_{cm}=\dfrac{\sqrt{3}I_{Nm}}{1}$	$n_{cl}=\dfrac{I_{Nl}}{5}$
6	电流互感器实际选用变比 n_s	n_{sh}	n_{sm}	n_{sl}
7	各侧二次电流 I_n	$I_{nh}=\dfrac{\sqrt{3}I_{Nh}}{n_{sh}}$	$i_{nm}=\dfrac{\sqrt{3}I_{Nm}}{n_{sm}}$	$i_{nl}=\dfrac{I_{Nl}}{n_{sl}}$
8	基本侧的选择[2)]			√
9	中间电流互感器（微机保护一般不需要）的变比 n_m	$n_{mh}=\dfrac{i_{nh}}{i_l}$	$n_{mm}=\dfrac{i_{nm}}{i_l}$	

1）对于通过软件实现电流相位和幅值补偿的微机型保护，各侧电流互感器二次均可按 Y 接线。

2）一般可选各侧 TA 载流裕度（TA 一次额定电流/变压器该侧的额定电流）较小侧为基本侧。

对于微机型保护，当各侧二次电流相差不是很大时可以直接由通道平衡系数调整各侧TA变比不同造成的不平衡电流，不必加装中间辅助TA，例如以高压侧二次额定电流I_{nh}为基准，则中、低压侧的通道平衡系数（不同厂家对基准电流有的是设在分子，有的设在分母）可以为

$$K_{bm}=\frac{I_{nh}}{I_{nm}} \tag{4-18}$$

$$K_{bl}=\frac{I_{nh}}{I_{nl}}$$

式中 I_{nm}——变压器中压侧额定二次电流；

I_{nl}——变压器低压侧额定二次电流

目前关于差动保护TA变比平衡的问题，有的厂家已经不需要用户来进行平衡计算，只要求用户把变压器的参数，接线型式以及TA的变比和接线要求等填写正确，即可通过保护装置内部软件修正来达到平衡。这会给整定计算节省不少工作量，并有利于保护装置的安全可靠运行。

2. 纵差保护动作特性参数的计算

典型的带比率制动特性的纵差保护的动作特性，如图4-18所示。折线ACD的左上方为保护的动作区，折线右下方为保护的制动区。

这一动作特性曲线由纵坐标OA、拐点的横坐标OB、折线CD的斜率S三个参数所确定，OA表示无制动状态下的动作电流，即保护的最小动作电流$I_{op.min}$。OB表示起始制动电流$I_{res.0}$。

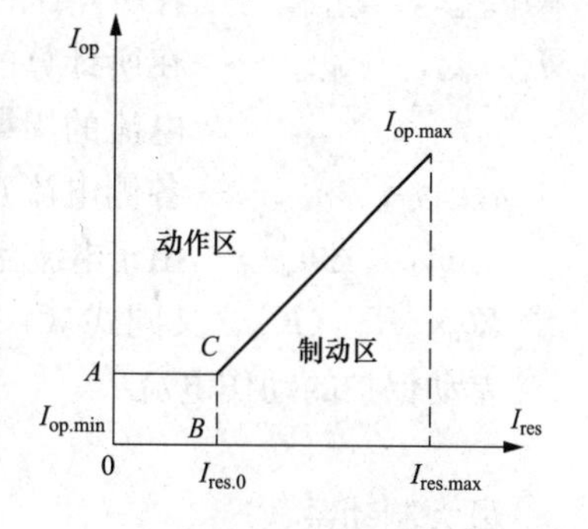

图4-18 典型纵差保护动作特性曲线图

比率制动差动常规整定计算项目如下：

（1）纵差保护最小动作电流的整定。最小动作电流应大于变压器额定负载时的不平衡电流，即

$$I_{op.min}=K_{rel}(K_{er}+\Delta U+\Delta m)I_N/n_a \tag{4-19}$$

式中 I_N——变压器额定电流；

n_a——电流互感器的变比；

K_{rel}——可靠系数，取1.3～1.5（通常制动特性曲线已可满足）；

K_{er}——电流互感器的比误差，10P型取0.03×2，5P型和TP型取0.01×2；

ΔU——变压器调压引起的误差，取调压范围中偏离额定值的最大值（百分值）；

Δm——由于电流互感器变比未完全匹配产生的误差，初设时取0.05。

在工程实用整定计算中可选取$I_{op.min}=(0.2\sim0.5)I_N/n_a$。由于变压器差动误差影响因素较多，故一般工程宜采用不小于$0.4I_N/n_a$的整定值。根据实际情况（现场实测不平衡电流）确有必要时也可大于$0.5I_N/n_a$

（2）起始制动电流$I_{res.0}$的整定。起始制动电流宜取

$$I_{res.0}=(0.5\sim1.0)I_N/n_a \tag{4-20}$$

（3）动作特性折线斜率S的整定。

1）双绕组变压器

$$I_{\mathrm{unb.max}}=(K_{\mathrm{ap}}K_{\mathrm{cc}}K_{\mathrm{er}}+\Delta U+\Delta m)I_{\mathrm{k.max}}/n_{\mathrm{a}} \tag{4-21}$$

式中　K_{cc}——电流互感器的同型系数，$K_{\mathrm{cc}}=1.0$；

$I_{\mathrm{k.max}}$——外部短路时，最大穿越短路电流周期分量；

K_{ap}——非周期分量系数，两侧同为TP级电流互感器取1.0，两侧同为P级电流互感器取1.5～2.0。

K_{er}，ΔU，Δm，n_{a} 的含义同式（4-19），但 $K_{\mathrm{er}}=0.1$。

2）三绕组变压器（以低压侧外部短路为例）

$$I_{\mathrm{unb.max}}=K_{\mathrm{ap}}K_{\mathrm{cc}}K_{\mathrm{er}}I_{\mathrm{k.max}}/n_{\mathrm{a}}+\Delta U_{\mathrm{h}}I_{\mathrm{k.h.max}}/n_{\mathrm{a.h}}+\Delta U_{\mathrm{m}}I_{\mathrm{k.m.max}}/n_{\mathrm{a.m}}+\Delta m_{\mathrm{I}}I_{\mathrm{k.I.max}}/n_{\mathrm{a.h}}+\Delta m_{\mathrm{II}}I_{\mathrm{k.II.max}}/n_{\mathrm{a.m}} \tag{4-22}$$

式中　ΔU_{h}，ΔU_{m}——变压器高、中压侧调压引起的相对误差（对 U_{N} 而言），取调压范围中偏离额定值的最大值；

$I_{\mathrm{k.max}}$——低压侧外部短路时，流过靠近故障侧电流互感器的最大短路电流周期分量；

$I_{\mathrm{k.h.max}}$，$I_{\mathrm{k.m.max}}$——在所计算的外部短路时，流过高、中压侧电流互感器电流的周期分量；

$I_{\mathrm{k.I.max}}$，$I_{\mathrm{k.II.max}}$——在所计算的外部短路时，相应地流过非靠近故障点两侧电流互感器电流的周期分量；

n_{a}、$n_{\mathrm{a.h}}$、$n_{\mathrm{a.m}}$——各侧电流互感器的变比；

Δm_{I}、Δm_{II}——由于电流互感器（包括中间互流器）的变比未完全匹配而产生的误差。

K_{ap}，K_{cc}，K_{er} 含义同式（4-21）。

差动保护的动作电流

$$I_{\mathrm{op.max}}=K_{\mathrm{rel}}I_{\mathrm{unb.max}} \tag{4-23}$$

最大制动系数

$$K_{\mathrm{res.max}}=\frac{I_{\mathrm{op.max}}}{I_{\mathrm{res.max}}} \tag{4-24}$$

式（4-24）中最大制动电流 $I_{\mathrm{res.max}}$ 的选取，因差动保护制动原理的不同以及制动接线方式不同会有很大差别，在实际工程计算时应根据差动保护的工作原理和制动回路的接线方式而定。制动侧的接线原则是使外部故障时使制动电流最大，而内部故障时制动电流最小，当保护装置制动绕组数比变压器支线组少，不可能将每侧电流分别接入制动线圈时，可以将几个无源侧电流合并后接入制动线圈；但不应将几个有源侧电流合并接入制动线圈。

根据制动特性曲线可计算出差动保护动作特性曲线中折线的斜率 S，当 $I_{\mathrm{res.max}}=I_{\mathrm{k.max}}$ 时有

$$S=\frac{I_{\mathrm{op.max}}-I_{\mathrm{op.min}}}{\dfrac{I_{\mathrm{k.max}}}{n_{\mathrm{a}}}-I_{\mathrm{res.0}}} \tag{4-25}$$

或

$$S=\frac{K_{\mathrm{res}}-I_{\mathrm{op.min}}/I_{\mathrm{res}}}{I-I_{\mathrm{res.0}}/I_{\mathrm{res}}} \tag{4-26}$$

纵差保护的灵敏系数应按最小运行方式下差动保护区内变压器引出线上两相金属性短路计算。根据计算最小短路电流 $I_{\mathrm{k.min}}$ 和相应的制动电流 I_{res}，在动作特性曲线上查得对应的动作电流 I_{op}，则灵敏系数为

$$K_{sen} = \frac{I_{k.min}}{I_{op}} \tag{4-27}$$

应当注意：若最小运行方式不是单侧电源，其分子上电流应取归算至基本侧的电流之和。其灵敏系数要求应按附录表 A-1 进行校验。对比率制动原理的差动保护，制动系数过高时，灵敏系数有时可能达不到 2。此时可适当降低，如 1.5，但应校验保证动作电流在保护动作区并留有足够裕度。

3. 变压器纵联差动保护的其他辅助整定计算及经验数据

（1）差电流速断的整定。差电流速断的整定值应按躲过变压器初始励磁涌流或外部短路最大不平衡电流整定，一般取

$$I_{op} = KI_N/n_a \quad 或 \quad I_{op} = K_{rel}I_{unb.max} \tag{4-28}$$

式中 I_{op}——差电流速断的动作电流；

I_N——变压器的额定电流；

K——倍数，视变压器容量和系统电抗大小。

K 推荐值如下：6300kVA 及以下取 7～12；6300～31500kVA 取 4.5～7.0；40000～120000kVA 取 3.0～6.0；120000kVA 及以下取 2.0～5.0；

变压器容量越大，系统电抗越大，K 取值越小。

按正常运行方式保护安装处二相短路计算灵敏系数，$K_{sen} \geqslant 1.2$。

$I_{unb.max}$见式（4-21）和式（4-22）。

（2）二次谐波制动比的整定。整定值可用差电流中的二次谐波分量与基波分量的比值表示，根据经验，二次谐波制动比可整定为10%～20%（百分比越小制动能力越强），通常取15%。

（3）涌流间断角的推荐值。按鉴别涌流间断角原理构成的变压器差动保护，根据运行经验，闭锁角可取为60°～70°。有时还采用涌流导数的最小间断角 θ_d 和最大波宽 θ_w，其闭锁条件为：$\theta_d \geqslant 65°$；$\theta_w \leqslant 140°$。

4. 差动电流速断保护

变压器的差动电流速断保护，实质上就是为了提高灵敏性而装设在差动回路内的普通电流速断保护，系瞬时动作于断路器跳闸，差动电流速断保护原理接线示意图见图 4-19。

为了使差动电流速断装置不发生误动作，它的动作电流应既能躲过变压器的励磁涌流，又能躲过当发生外部短路时流过保护差动回路的最大不平衡电流。考虑到励磁涌流衰减迅速，而保护的差动电流继电器和出口中间继电器本身具有一定的固有动作时间，因此差动电流速断保护的动作电流，可以不按励磁涌流的最大值来整定。一次动作电流 $I_{op.1}$的经验是

$$I_{op.1} = (3.5 \sim 4.5)I_n \tag{4-29}$$

式中 I_n——变压器额定电流。

差动回路继电器的动作电流计算式为

$$I_{op.r} = K_{con}\frac{I_{op.1}}{n_a} \tag{4-30}$$

根据规程的规定，差动电流速断保护的灵敏系数应不小于 1.5。这种保护，一般装设在要求自两侧迅速而有选择性地切除被保护范围内的相间短路故障的小容量变压器上，特别是当电网保护要求在小容量变压器上装设差动保护时采用。灵敏系数应在变压器单侧供电，并在二次侧发生两相短路，反馈电流等于零的情况下校验。灵敏系数计算式为

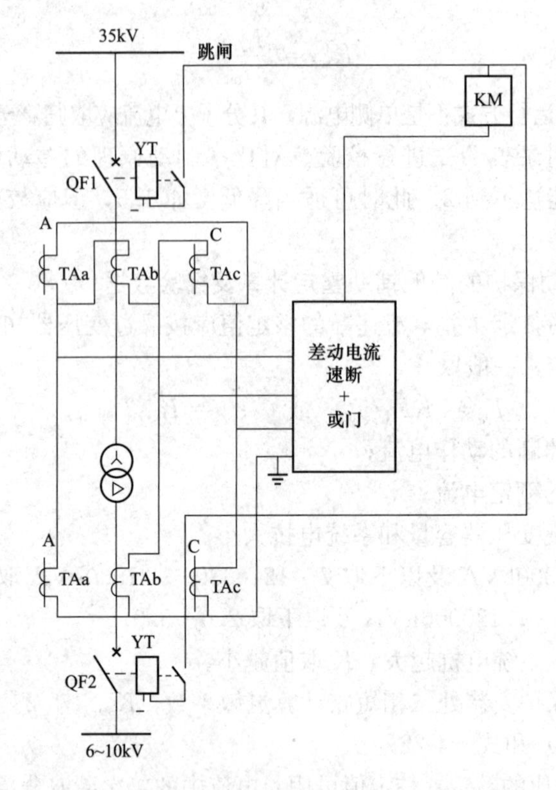

图 4-19　差动电流速断保护原理接线图示意图

$$K_{sen}=K_{sen.re}\frac{I_{k2.min}^{(3)}}{I_{op.1}}\geqslant 1.5 \tag{4-31}$$

式中　$K_{sen.re}$——相对灵敏系数，根据接线查附录表 A-2；

$I_{k2.min}^{(3)}$——最小运行方式下，变压器二次侧三相短路电流。

由式（4-29）及式（4-31）分别可得出保护一次动作电流和灵敏系数。最小运行方式下变压器二次侧三相短路电流大于变压器额定电流 8 倍以上时，才考虑采用差动电流速断保护，否则不能满足保护灵敏系数要求。

4.6　变压器的后备保护及过负荷保护

4.6.1　变压器带时限过电流保护

为了防止外部短路所引起的过电流和作为变压器的瓦斯、差动和瞬时电流速断保护等主保护的后备，在变压器上一般设有带时限过电流保护。图 4-20 为装设在双绕组降压变压器的带时限过电流保护接线示意图。

变压器的带时限过电流保护和输电线路过电流保护的基本原理和接线是一样的。由于过电流保护系装设在被保护变压器电源侧，所以可以作为变压器的后备保护。如果变压器的主保护为瓦斯保护和电流速断保护，则过电流保护兼作变压器低压侧引出线端附近短路的主保护。

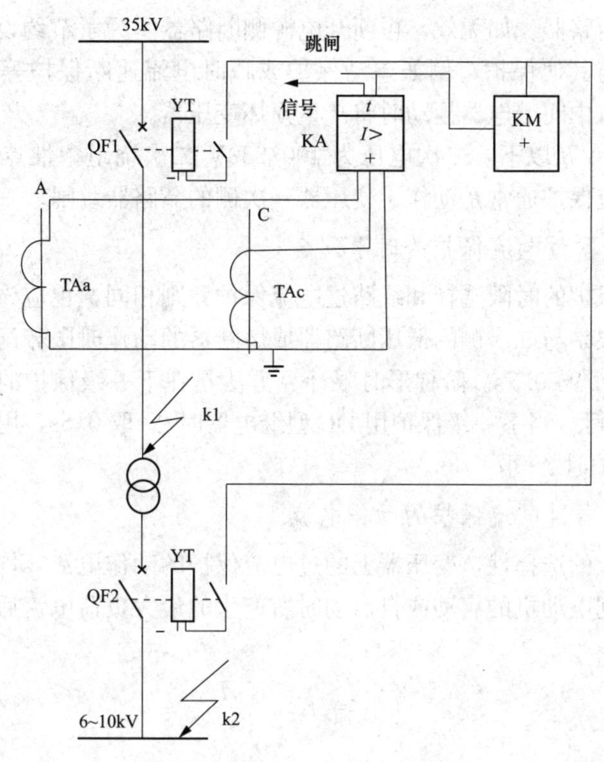

图 4-20　35/6～10kV 双绕组降压变压器两相式带时限过电流保护接线示意图

4.6.1.1　变压器过电流保护的接线特点

1. 交流电流回路

变压器的过电流保护可以采用两相式或三相式的接线方式。在中性点非直接接地系统中，过电流保护通常采用两相式接线方式，如图 4-20 所示。

当在 Yd 或 Dy 接线的变压器后面发生两相短路时，两相式接线的灵敏系数比三相式接线的要小，可用图 4-1（d）、（e）的两相短路电流分布来分析。现以 Yd11 接线变压器为例，并以图 4-3 所示的电流分布进行分析，当二次侧 a、b 两相短路时，两相式接线保护在装设电流互感器的 A、C 相继电器反应的电流为$\frac{1}{\sqrt{3}}I'_{\mathrm{k}}$，而三相式或两相三继电器式接线保护，因有一只继电器能感受$\frac{2}{\sqrt{3}}I'_{\mathrm{k}}$的电流，故灵敏系数较两相式接线高 1 倍。为了提高在 Yd 接线的变压器后面发生短路时过流保护的灵敏性，可以在两相式电流互感器的公共导线上装设第三只电流继电器（在图 4-20 未示出）。由于采用一个继电器接在相电流差上的接线，在这种情况下继电器所感受的电流为零，即继电器不能动作。所以两相差接一个继电器式的过电流保护不能作为 Yd 接线的变压器的后备保护。现行规程不再推荐在任何保护接线中采用两相差过电流接线方式。

2. 保护动作二次回路

通常带延时过电流保护均动作于被保护变压器两侧的断路器跳闸。为了判别是内部故障还是外部故障引起后备保护动作，带延时过电流保护可采用两个时限元件相继选择动作，先断开负荷侧断路器，如无效，再断开电源侧断路器。为了节约设备、简化接线，带时限过电流保护常与其他保护，例如差动保护或瞬时电流速断保护等共用出口中间继电器，其缺点是当出口中间继电器拒动时将严重损坏变压器。

容量为1000kVA及以下，二次电压为400/230V二次绕组中性点直接接地的电力变压器，带时限过电流保护通常是动作于变压器一次侧的断路器跳闸。

4.6.1.2　变压器过电流保护的时限配合

变压器过电流保护的时限选择和线路过电流保护原则相同，也应该按照阶梯形原则来整定。当保护的时限是与二次侧的低压断路器或熔断器的动作时限相配合时，该保护的动作时限一般整定为0.5～0.7s。阶梯形时限计算方法是在下一级保护的动作时限上，再增加一时限阶段Δt即可。当下一级保护用DL型继电器时Δt取0.5s，用GL型继电器时Δt取0.7s，用微机保护时Δt取0.3s。

4.6.1.3　变压器过电流保护的动作电流

为了保证动作上的选择性，变压器上的过电流保护的动作电流，均应躲过变压器的最大负荷电流。考虑到电动机的启动或自启动时所产生的最大负荷电流后，一次动作电流计算式为

$$I_{op.1}=K_{rel}\frac{K_{st}I_n}{K_{re}} \tag{4-32}$$

$$I_{op.r}=K_{con}\frac{I_{op.1}}{n_a} \tag{4-33}$$

式中　I_n——变压器一次额定电流（有时用最大负荷电流$I_{lo.max}$）；

K_{rel}——可靠系数，对GL型继电器取1.3，对DL型继电器取1.2，对直接动作脱扣线圈取2～2.5；

n_a——电流互感器的变比；

K_{re}——继电器的返回系数，一般取0.8～0.85；

K_{con}——电流互感器的接线系数；

K_{st}——自启动时所引起的过负荷倍数。

用计算方法确定K_{st}时，应考虑变压器在最严重情况下的过负荷，不同情况下的K_{st}值计算如下：

（1）单独运行的变压器，当电网无自动重合闸装置时，计算式为

$$K_{st}=\frac{I_{st.max}+\sum I_n}{I_n} \tag{4-34}$$

（2）单独运行的变压器，当电网有自动重合闸装置时，计算式为

$$K_{st}=\frac{1}{\frac{u_k\%}{100}+0.2\frac{S_n}{S_{n.m\Sigma}}\left(\frac{1}{1.05}\right)^2} \tag{4-35}$$

（3）单独运行的变压器，当二次侧母线分段（母联）断路器有备用电源自动投入装置时计算式为

$$K_{st}=\frac{I_{lo.max}}{I_n}+K'_{st} \tag{4-36}$$

以上三式中　$I_{st.max}$——单台电动机的最大启动电流；

$\sum I_n$——除 $I_{st.max}$ 外的其他负荷的额定电流的总和；

S_n——变压器额定容量；

$S_{n.m\Sigma}$——需自启动的全部电动机的总容量；

$u_k\%$——变压器短路电压百分数；

$I_{lo.max}$——本段母线的最大负荷电流；

K'_{st}——自动投入时，另一段母线的过负荷倍数，按式（4-35）计算。

根据运行经验，一次动作电流 $I_{op.1}$ 按式（4-32）计算时，可近似取综合系数 K 为 3～4，此时不再考虑 K_{rel}、K_{re} 和 K_{st}。一般情况下对综合性负载，K_{st} 取 1.5～2.5。

（4）并列运行的变压器，应考虑一台变压器检修或并列工作被破坏后的过负荷。

4.6.1.4　灵敏性校验

当系统在最小运行方式下，变压器二次侧母线两相短路时，保护装置的灵敏系数应大于 1.25～1.5，计算式为

$$K_{sen}^{(2)} = K_{sen.re}\frac{I_{k2.min}^{(3)}}{I_{op.1}} \tag{4-37}$$

式中　$K_{sen.re}$——两相短路相对灵敏系数（可查附录表 A-2）；

$I_{k2.min}^{(3)}$——系统在最小运行方式下，变压器二次侧母线的三相短路电流，一般取稳态值；

$I_{op.1}$——保护装置一次动作电流。

按照继电保护的要求，需在系统最小运行方式下对保护进行灵敏性校验。但由于被保护变压器的接线方式和采用的保护接线方式不同，保护的相对灵敏系数也有所不同。在进行灵敏性校验时，应该选择最不利的短路条件。为了校验灵敏性的方便，在附录表 A-2 中列出了最劣情况下过电流保护应采用的相对灵敏系数值，供校验灵敏性时参考。

4.6.2　复合电压起动的过电流保护

近年来滤过式过电流保护广泛地用作变压器的后备保护。常用的滤过式过电流保护，可以分成复合电压启动的过电流保护和负序电流保护两种。

图 4-21 为双绕组变压器的复合电压启动的过电流保护接线图，是按三相式保护绘制的。电压判别由负序电压和低电压模块组成，其逻辑图可参见图 3-4。负序电压用来反应不对称短路。与低压启动的过电流保护比较，这种保护具有以下的优点：

（1）对于后备保护区内的不对称短路，电压元件有更高的灵敏性。这是因为负序电压继电器的一次动作电压，只按躲开正常运行时可能出现的不平衡电压条件来整定，计算式为

$$U_{op.1} = (0.005 \sim 0.007)U_n \tag{4-38}$$

式中　U_n——额定线电压。

当发生不对称短路时，加到继电器上的负序电压很大，继电器能可靠动作。

（2）在变压器后发生不对称短路时，复合电压启动元件的灵敏性与变压器的接线方式无关。

（3）由于电压启动元件只接于变压器的一侧，故接线比较简单。

（4）在发生三相对称短路时，电压元件的灵敏性有所提高，因为在三相短路时，总是伴随出现短时间的负序电压，只要负序电压继电器动作，低电压继电器即完全失去电压，

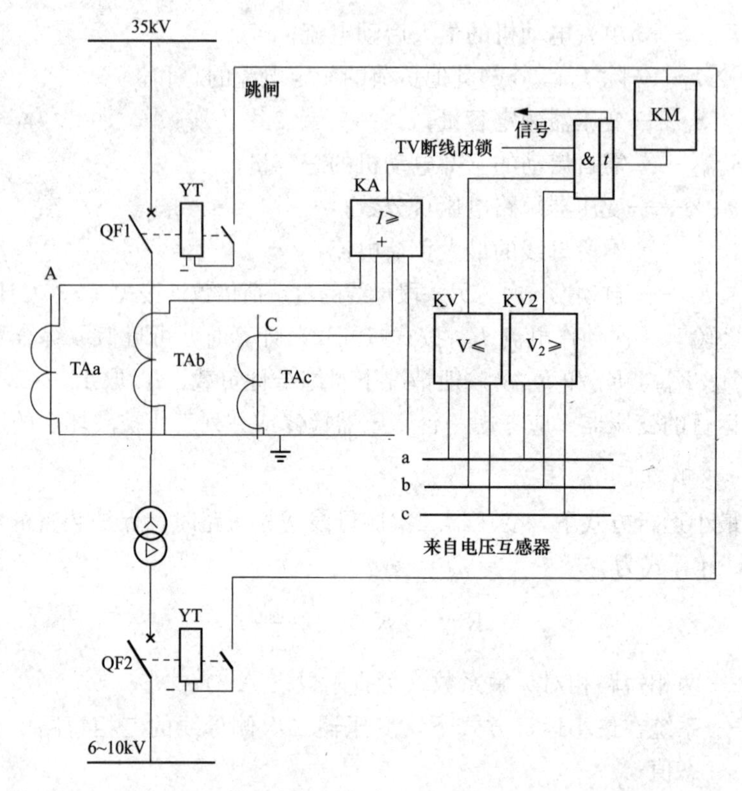

图 4-21 35/6～10kV 降压变压器复合电压起动的过电流保护接线示意图

KA—电流鉴定模块；KM—中间继电器；YT—跳闸线圈；KV/KV2—电压鉴定模块

触点闭合；当负序电压消失后，若使低电压继电器触点再度打开，残余电压必须高于继电器的返回电压，因而在这种情况下低电压继电器的返回系数对保护装置的工作不产生影响，实际提高灵敏性。

低电压继电器的动作电压按躲开最低工作电压来整定，一次动作电压计算式为

$$U_{op.1} = 0.7U_n \tag{4-39}$$

式中 U_n——额定线电压。

根据实际情况，还应考虑躲开电动机的自启动电压来整定，计算式为

$$U_{op.1} = (0.5 \sim 0.6)U_n \tag{4-40}$$

如求继电器的动作电压 $U_{op.r}$ 只须将式（4-39）或式（4-40）的计算结果除以电压互感器的变比即可。

复合电压启动的过电流保护的动作电流计算式为

$$I_{op.1} = \frac{K_{rel}}{K_r} I_n \tag{4-41}$$

式中 K_{rel}——可靠系数，取 1.15～1.25；

K_r——继电器的返回系数，取 0.85；

I_n——变压器的额定电流。

继电器的动作电流 $I_{op.r}$ 计算同式（4-33）。

保护装置的灵敏性，按后备保护范围末端短路进行校验，灵敏系数应不小于 1.2。

电流元件的灵敏性校验同式（4-37），电压元件的灵敏性校验同式（3-8），在此不再详述。

4.6.3　接地短路零序电流保护

除利用相间短路的过电流保护（或熔断器保护）兼作变压器低压侧单相接地短路保护外，常用的二次电压为400/230V双绕组降压变压器二次侧单相接地保护接线如图4-22所示。其中图4-22（a）为高压侧装断路器，保护动作于断路器跳闸，图4-22（b）为高压侧装负荷开关，保护动作于低压断路器的分励脱扣器跳闸。

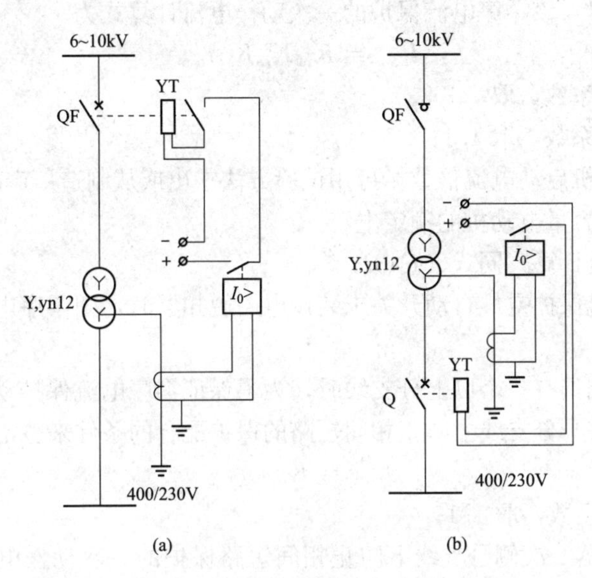

图4-22　降压变压器二次侧单相接地保护接线示意图

（a）动作于断路器跳闸；（b）动作于空气自动开关分励脱扣

1. 零序电流保护动作电流的整定计算

（1）动作电流应躲开正常运行时可能流过变压器中性线上的最大不平衡负荷电流。

根据DL/T 572—2010《电力变压器运行规程》4.1.5有关规定，接线为Yyn0的大、中型变压器允许的中性线电流，按制造厂及有关规定。

根据DL/T 1102—2009《配电变压器运行规程》4.1.5有关规定，接线为Yyn0（或YNyn0）和Yzn11（或YNzn11）的配电变压器中性线，电流的允许值分别为额定电流的25%和40%，或按制造厂的规定。

因此，根据DL/T 1102—2009《配电变压器运行规程》4.1.5条规定，对配电变压器分别可按单相负荷不超过变压器额定容量的25%或40%（具体工程应注意厂家特殊要求）计算，即电流保护的一次动作电流$I_{op.1}$计算式可为

$$I_{op.1}=K_{rel}\times 0.25(\text{或}\ 0.4)I_n \tag{4-42}$$

式中　K_{rel}——可靠系数，一般取1.2～1.3；

I_n——变压器二次侧的额定电流。

继电器的动作电流$I_{op.r}$计算式为

$$I_{op.r}=\frac{I_{op.1}}{n_a} \tag{4-43}$$

式中 n_a——变压器中性线上电流互感器的变比；

$I_{op.1}$——保护的一次动作电流。

(2) 动作电流应与相邻元件的保护零序电流的动作电流相配合，相邻元件的保护通常为低压电动机或低压分支线的保护。

低压电动机一般不装设专用的零序电流保护，在380V直接接地的电力网中，如相间短路保护为三相式，则可兼作单相接地保护。这时变压器的零序电流保护应与最大容量电动机的相间短路保护相配合，而电动机相间短路保护的电流整定值按躲开电动机的最大启动电流来考虑。此时，该零序电流保护的一次动作电流计算式为

$$I_{op.1}=K_{rel}K_{co}K_{st}I_{n.m} \tag{4-44}$$

式中 K_{rel}——可靠系数，取1.2；

K_{co}——配合系数，取1.1；

K_{st}——电动机启动电流倍数，可用试验方法求出或从制造厂产品样本上查得；

$I_{n.m}$——最大容量电动机的额定电流。

继电器动作电流计算式同式（4-43）。

如果低压电动机保护空气自动开关未装设电磁脱扣器时，则零序电流保护应与熔断器配合。

当变压器二次侧具有一个以上分支线时，为了保证零序电流保护动作上的选择性，保护的动作电流，应按与分支线上防止相间短路的保护配合的条件来整定，计算式为

$$I_{op.1}=K_{co}I_{op.1.br} \tag{4-45}$$

式中 K_{co}——配合系数，取1.1；

$I_{op.1.br}$——变压器二次侧分支线上防止相间短路保护的一次动作电流（电流较大的分支回路），整定计算见式（4-32）及式（4-33）。

2. 零序电流保护的时限配合

一般工厂企业中，零序电流保护为了与分支线或下级保护设备低压熔断器等的动作时限配合，保护装置要满足下述要求：

(1) 变压器二次侧为放射式配电网时，零序电流保护的动作时限应较分支线或本段母线上未装设单独零序电流保护的最大电动机的相间短路保护的动作时限大一时限阶段，即应与最长的时限配合。

(2) 变压器二次侧为干线式配电网时，零序电流保护的时限为了与下一级保护设备的动作时限相配合，通常整定为0.7s左右。

零序电流保护灵敏系数的校验按式计算式为

$$K_{sen}^{(1)}=\frac{I_{k2.min}^{(1)}}{I_{op.r}n_a}=\frac{I_{k2.min}^{(1)}}{I_{op.1}} \tag{4-46}$$

式中 $I_{k2.min}^{(1)}$——二次侧干线末端单相接地的最小短路电流。

4.6.4 接地变压器的电流保护

接地变压器一般采用Z型接地变压器，其主要特点是正、负序阻抗很大而零序阻抗趋于零。有的将这种变压器专门作为接地变压器，有的将小接地变压器（由低压侧供电）兼作站用变压器，但这种接线方式站用变压器低压侧故障可能引起零序保护动作扩大事故，应慎重选用。接地变压器与系统一般连接参见图4-23，有的接地变压器高压侧装断路器，

也有的不装断路器，直接与主变压器低压侧相连接。

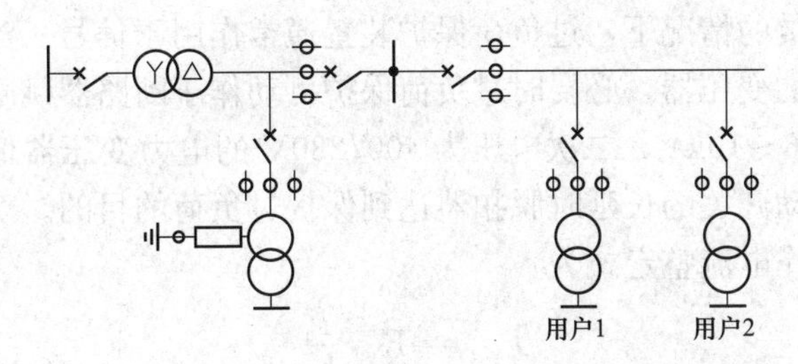

图 4-23 接地变压器与系统接线示意图

接地变压器一般装设电流速断保护及过电流保护，与普通变压器类似。接地变压器的零序过电流保护宜装设在变压器中性点接地电阻回路的零序电流互感器上。主变压器低压侧也可设受电总断路器回路的零序电流保护，用于保护母线接地故障，而线路及用户馈线回路可再分别设各自的零序过电流保护，有条件时尽可能装设专用零序电流互感器，不具备安装零序电流互感器条件时，可采用三相零序电流滤过方式滤出零序电流，微机保护比较容易实现，滤出零序电流。

对低电阻接地系统的零序保护整定配合，一种是上下各级均整定为同一电流定值，然后按与相间短路保护相同的时间级差由下往上整定。这样只要灵敏度够，一般不会越级跳闸。其整定电流值可为

$$I_{op.0}=\frac{(0.1\sim0.3)U}{\sqrt{3}R} \tag{4-47}$$

式中 $I_{op.0}$——零序保护动作电流；

R——接地电阻的阻值；

U——接地变压器的额定电压。

这样当母线接地时即有3倍以上的灵敏系数。但当远处线路发生经过高阻短路接地时有时发生保护的灵敏性不够的情况，造成接地变压器及接地电阻长时间过热。因此要求上下级定值采用不同值，以保证下级零序过电流保护的灵敏系数高于上级，即从保护定值上予以配合。其整定计算可以将按式（4-47）求得的值除以配合系数 K_{co}，即可得到下一级的整定值，更下一级定值可依次类推。用户可以根据具体情况确定配合系数取值。此外，关于时间配合，也发生过下级某线路先一点接地，此时上级零序电流保护已开始启动，又发生上下级不同线路第二点接地构成相间接地短路的情况，但由于上级零序电流保护已先启动，又因时间级差太小（由于两次时间叠加的结果）而导致上级动作跳闸，从而扩大了事故范围。因此在进行低阻接地的零序电流保护时间整定时，上下级可以用较大的时间级差。这样故障切除虽可能较慢，但由于接地故障零序电流不大，还是允许的。一般接地电阻耐受短路电流的允许时间要求不低于10s。此外，也有把接地电阻直接接在主变压器低压侧为星形接线的中性点上的，其零序电流保护的整定计算原则基本相同，不再赘述。

4.6.5 变压器过负荷保护

在可能发生过负荷的变压器上，需要装设过负荷保护。由于过负荷电流在大多数情况下是三相对称的，因此过负荷保护可以仅接在一相电流上。对双绕组变压器，防止由于过

负荷而引起异常高电流的过负荷保护通常装设在被保护变压器电源侧。

在有经常值班人员的情况下，过负荷保护装置通常作用于信号。当没有值班人员监视而又可能长期过负荷的变压器，必要时过负荷保护可动作于断路器跳闸。

对于一次电压为6～10kV，二次电压为400/230V的电力变压器低压侧装设低压断路器时，可利用空气自动开关的长延时脱扣器达到保护过负荷的目的。

过负荷保护的动作电流整定式为

$$I_{op.1} = K_{rel}\frac{I_n}{K_r} \tag{4-48}$$

式中 K_{rel}——可靠系数，取1.05～1.1；

K_r——继电器返回系数，取0.85～0.95（微机保护常取0.9）；

I_n——保护装设侧的变压器额定电流。

为了防止保护在发生外部短路时以及短时间过负荷时作用于信号，它的动作时限应避开短时允许的过负荷（如电动机启动或自启动）时间，一般定时限取9s。

4.7 微机型综合变压器保护

4.7.1 配电变压器保护测控装置

下面以MDM-B1T（A）型为例进行介绍。该配电变压器保护测控装置适用于配电变压器、厂区及车间变压器、接地变压器和小容量的联络变压器等，也可作为电抗器的保护。

4.7.1.1 功能配置

1. 保护功能

该配电变压器单元配置有以下几种继电保护和安全自动功能。

（1）延时电流速断保护，由三相式电流元件和延时元件组成，逻辑框图如图4-24所示。

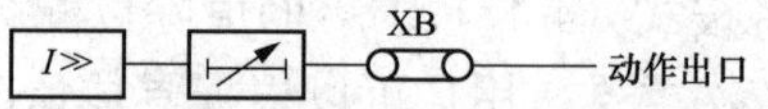

$I\gg$ — 延时 — XB — 动作出口

图4-24 延时电流速断保护逻辑框图

（2）过电流保护，由三相式电流元件、复合电压元件（可程序选择）和延时元件组成，可根据工程需要配置成两元件或三元件定时限过电流保护或复合电压闭锁的过电流保护。其逻辑框图如图3-40所示。

（3）过负荷保护，由单相式电流元件和延时元件组成，延时10s左右报警。

（4）零序过电流（一）保护。装置设有两段零序过电流保护，分别由单元件式电流元件和延时元件组成，可选择跳闸，主要用于曲折变中性点电阻的限制接地电流系统。也可以配置为变压器高压侧的零序电流保护，一般只需用一段。

（5）零序过电流（二）保护。装置设有三段式零序过电流保护，主要用于配电变压器的低压侧或接地变压器的接地线上，其中第二段过流保护可选择定时限或反时限特性，通常只需选用一段或两段。其逻辑框图如图4-25所示。

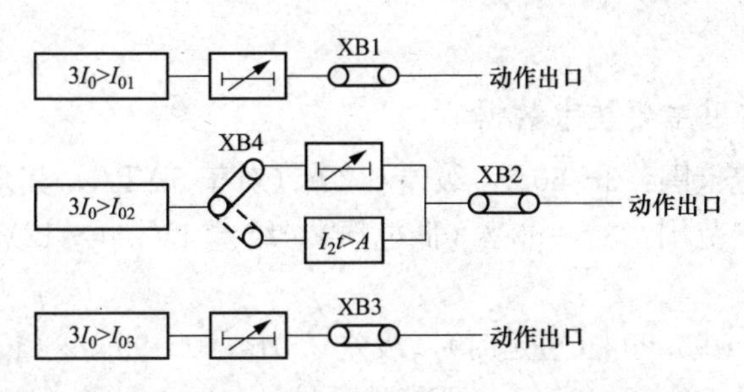

图 4-25 变压器低压侧零序过电流保护逻辑框图

(6) 三相一次自动重合闸。该配电变压器保护测控装置单元设有可程序选择的三相一次自动重合闸功能，重合闸采用保护启动，但差动保护和重瓦斯动作不启动重合闸，重合闸的预备（充电）时间为 25s，重合闸开放时间为 10s，一次合闸脉冲宽度约有 120ms，重合闸动作后加速过电流段，后加速的开放时间为 3s，过电流后加速动作时间可整定。该保护特别适用于线路变压器组接线，逻辑框图如图 4-26 所示。

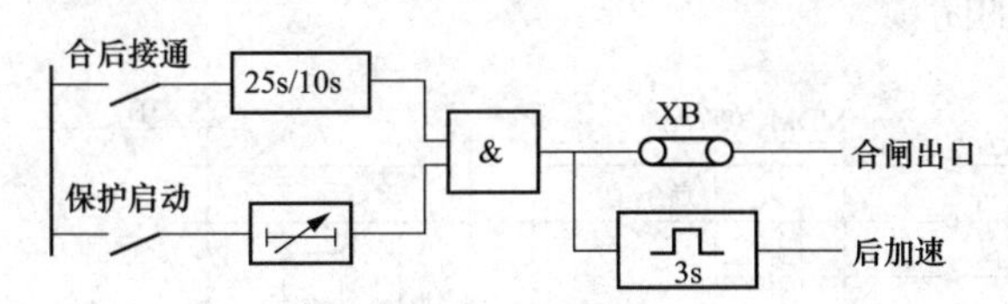

图 4-26 三相一次自动重合闸逻辑框图

(7) 非电量保护。该装置配置有重瓦斯、轻瓦斯和温升等非电量保护动作于信号，其中重瓦斯可选择跳闸。

(8) F-C 闭锁。当用于熔断器—高压接触器（F-C 方式）构成的开关柜时，如果任何一相的短路电流超过接触器可以断开的最大电流时，保护出口被闭锁，接触器不能跳开，由熔断器熔断切除故障。

(9) TV 断线报警。当装置采用复合电压作闭锁时，带有 TV 断线监视和报警功能。

为防止配电变压器停运时装置误发 TV 断线信号，低电压逻辑采用了负荷电流闭锁功能，电流元件的灵敏度约为额定电流的 5%～10%。

2. 测量功能

MDM-B1T（A）型配电变压器测控装置设有电流、电压、电度量、功率和功率因数等电气量的测量功能。

3. 控制功能

(1) 远方跳合闸控制。该装置带有高压侧断路器的远方跳合闸控制功能，控制方式同馈线测控装置。

(2) 控制继电器。装置可配套提供高压侧的操作继电器，但要提供操作电压和跳合闸电流参数。

4. 通信功能

装置本身带有 RS485 通信接口，并预留了光纤通信网络接口作为可选方式，当选用光纤网时，必须另配光纤接口盒。

5. 其他功能

配电变压器单元的实时时钟、事件记录、保护功能的远方投退和定值修改、联机调试等辅助功能。

4.7.1.2　保护常用主要技术数据

（1）电流元件整定范围：3～60A，级差 0.1A（对于 5ATA，其余类推）。

（2）电压元件整定范围：30～90V（低电压），级差 1V；4～12V（负序电压），级差 0.1V。

（3）时间元件：0～99.99s（短延时），级差 0.01s；0～9999s（长延时），级差 1s。

（4）零序电流元件：0.02～0.4A（不接地系统），级差 1mA；0.3～6A（电阻接地系统），级差 0.01A；1.5～30A（直接接地系统），级差 0.1A。

4.7.1.3　典型应用

典型应用接线参见图 4-27。该图适用于不需要装设纵联差动保护的小型变压器保护。它设有延时电流速断（或速断）保护、过电流保护、过负荷保护、高压侧零序过电流保护、低压侧零序过电流保护等，并设有非电量保护接口，还可以实现后加速功能，可以实现对 F-C 回路接触器的闭锁。

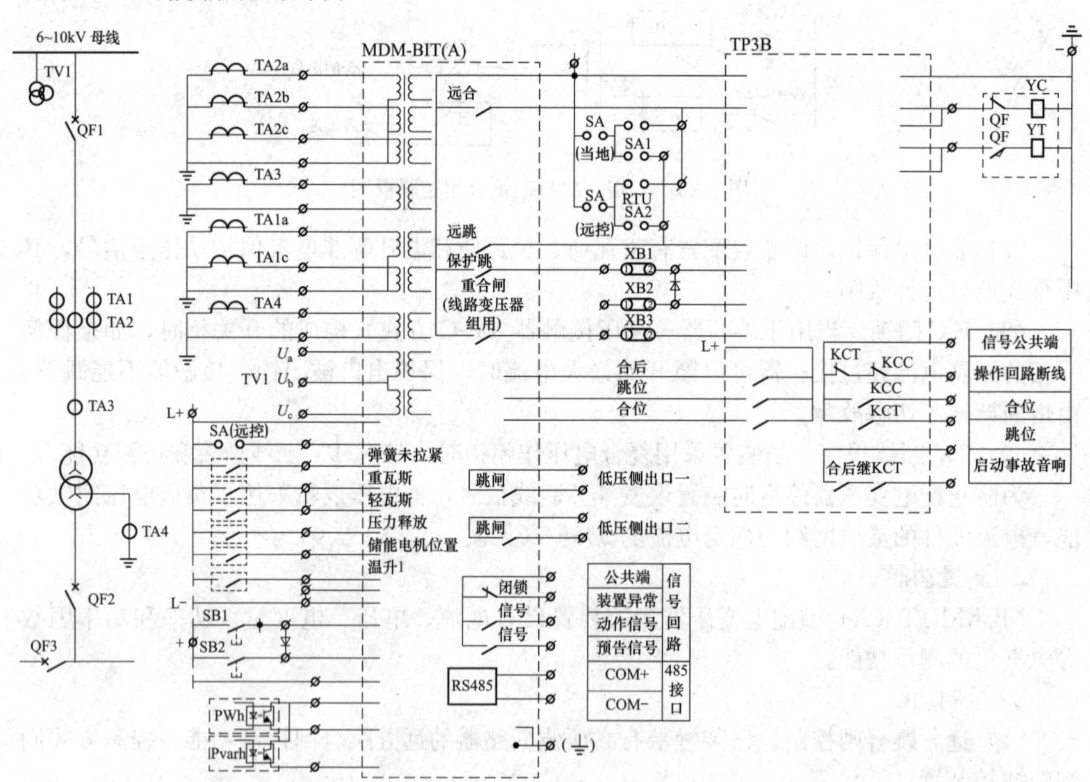

图 4-27　微机型配电变压器保护测控装置典型回路接线图

4.7.2　用于较大容量变压器的差动保护及测控装置

MDM-B1D（A）型差动保护测控装置适于作为需要装设纵联差动保护的双绕组电力变压器、并联电抗器、串联电抗器及大型电动机等的保护。

4.7.2.1　保护功能配置

（1）比率差动和差动速断保护。该装置配置有三相式比率差动继电器，应用于变压器

时，变压器可以是 Yyn、Yd11 或 Dd 接线方式（由内部程序对应），应用于并联电抗器、串联电抗器及大型电动机时，全部是 Yyn 接线方式（内部程序对应），但所有保护用电流互感器回路则全部采用星形接线。其保护制动特性曲线如图 4-28 所示。图中 I_n 为变压器（被保护设备）额定电流，纵横坐标都以被保护设备额定电流倍数表示。纵坐标是差动电流，I_d 为额定电流 I_n 的倍数，横坐标是制动电流 I_{res} 为额定电流 I_n 的倍数。

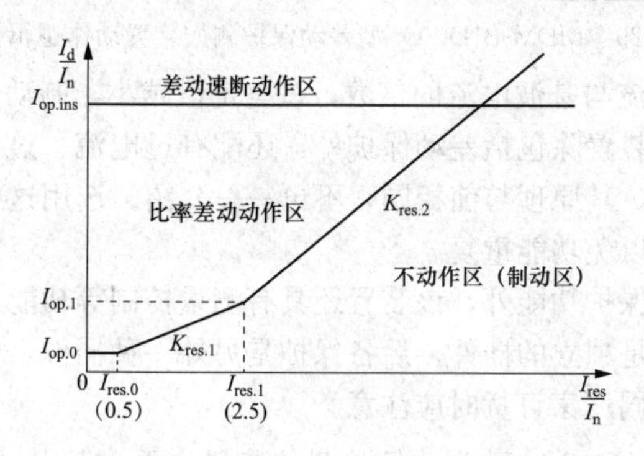

图 4-28 MDM-B1D(A) 型差动保护测控装置制动特性曲线

保护的动作判据为

$$\left.\begin{aligned}&I_d > I_{op.0}\\&I_d - K_{res.1}(I_{res} - I_{res.0}) > I_{op.0}\\&I_d - K_{res.2}(I_{res} - I_{res.1}) - 2K_{res.1} > I_{op.0}\\&I_d > I_{op.ins}\end{aligned}\right\} \quad (4\text{-}49)$$

式中 I_d——差动电流；

$I_{op.0}$——差动保护起始动作电流；

$I_{res.0}$——制动起始拐点电流；

$I_{res.1}$——差动保护第二制动曲线最低制动电流；

$K_{res.1}$——第一制动曲线的制动斜率（近似于制动系数）；

$K_{res.2}$——第二制动曲线的制动斜率（近似于制动系数）；

$I_{op.ins}$——差动保护速断动作值。

比率差动为双斜率制动方式，将保护动作段分为四段：①第一段为无制动段，条件是 $I_{res}<0.5I_n$，作用是空载时能在轻微的内部故障下动作；②第二段为小制动段，条件是 $0.5I_n \leqslant I_{res}<2.5I_n$，作用是内部故障时比较灵敏；③第三段为大制动段，条件是 $I_{res}>2.5I_n$，作用是外部故障时可靠制动不平衡电流可能引起的误动；④第四段为速断段，条件是 $I_d>I_{res}$，作用是在内部严重短路时加快动作速度。

式（4-49）是按第一个制动拐点在 $0.5I_n$ 处、第 2 个制动拐点在 $2.5I_n$ 处列的动作方程。若制动拐点改变，则动作方程应相应改变。微机型差动保护装置的动作时间一般都不超过 30ms。

当用作变压器差动保护时，为防止空投涌流引起差动保护误动作，装置还设有二次谐波闭锁功能。为防止 TA 断线引起比率差动误动作，装置还设有可选择的判断零序电流原理的断线闭锁。TA 断线是否闭锁可由用户按需确定。MDM-B1D（A）型差动保护测控装置的逻辑框图如图 4-29 所示。

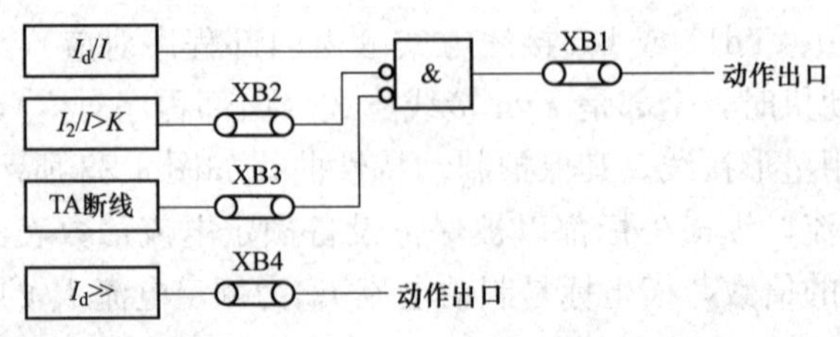

图 4-29　MDM-B1D(A) 型差动保护测控装置动作逻辑框图

I_2/I 为二次谐波电流与基波电流的倍数，该整定值越小，制动性能越强。

(2) 其他保护。该装置除包括差动保护外，还配有过电流、过负荷、零序电流、零序过电压及非电量等保护，其原理与前相同，不再一一介绍。选用这些保护后不必再选配电变压器保护测控装置，以免功能重复。

(3) 其他功能。除保护功能外，该装置还具有测量控制等功能。

许多厂家差动保护是独立的插件，后备保护是另外一种插件，未把差动保护与后备保护组合在一起，在向不同厂家订货时应注意。

4.7.2.2　MDM-B1D(A) 型差动保护测控装置主要常用技术参数

(1) 平衡电流 (2.0～4.2)A，级差 0.01A（对于 5ATA，其余类推）；

(2) 比率差动动作电流 (0.2～0.7)I_n，级差 0.01I_n；

(3) 差动速断动作电流 (4～10)I_n，级差 0.1I_n；

(4) 第一制动系数 0.2～0.5，级差 0.01；

(5) 第二制动系数 0.5～0.9，级差 0.01；

(6) 二次谐波制动比 0.10～0.25，级差 0.01。

当实际电流互感器二次额定电流与厂家电流互感器二次的额定电流不一致时，应当将其进行等效换算后再进行整定，因为厂家往往都以 5A 或 1A 作为额定值，实际现场运行设备额定电流并非如此，不论对哪个厂家的保护进行整定都要注意这个问题。

4.8　变压器保护整定计算示例

【例 4-1】 降压变压器保护计算。

原始参数数据：带负荷调压分裂绕组降压变压器，额定容量 S_{NT} 为 31.5MVA；低压绕组额定容量 18MVA；高压额定电压 115kV；低压 A/B 分支的额定电压为 6.3kV；高压额定电流 158.1A；额定低压电流 2886.7A；向量组别 Ynd11-d11；以本变压器的额定容量 S_{NT} 为基准的半穿越电抗标幺值：$\Delta U\%=17.53\%$；系统最小运行方式阻抗 0.1625（基准容量 $S_B=100$MVA）；6kV 电压互感器变比 $\frac{6.3\text{kV}}{\sqrt{3}}\Big/\frac{0.1\text{kV}}{\sqrt{3}}\Big/\frac{0.1\text{kV}}{3}$。保护采用 RCS-985T 型。变压器高压侧 TA 变比为 600/5，采用星形接线；低压侧 A、B 绕组各分支 TA 变比均为 2000/5（采用星形接线）。

解：(1) 变压器差动保护计算。采用变斜率比率制动特性

1) 各侧额定电流计算

高压侧

$$I_{N.h}=\frac{31.5\text{MVA}}{\sqrt{3}\times 115}=158.1\ (\text{A})$$

高压侧二次 $I_{n.h}=\frac{158.1A}{n_a}=\frac{158.1}{600/5}=1.32\ (A)$

低压侧 $I_{N.l}=\frac{31.5MVA}{\sqrt{3}\times 6.3}=2886.7\ (A)$

低压侧二次 $I_{n.l}=\frac{2886.7A}{n_a}=\frac{2886.7}{2000/5}=7.21\ (A)$

低压分支 $I_{N.l.b}=\frac{18MVA}{\sqrt{3}\times 6.3}=1650\ (A)$

2）绕组 TA 裕度

$$I_{mg\ argin.h}=\frac{600}{158.1}=3.79$$

$$I_{mg\ argin.l}=\frac{2000}{1650}=1.21$$

低压分支裕度最小，作为基准侧。

3）最小动作电流

$$I_{op.min}=K_{rel}(K_{cc}K_{er}+\Delta u+\Delta m)\frac{I_N}{n_a}$$

$$=1.5(1\times 0.1+0.1+0.05)\frac{I_N}{n_a}=\frac{0.375I_N}{n_a}$$

式中 K_{rel}——可靠系数；

K_{cc}——电流互感器的同型系数，取 1；

K_{er}——电流互感器的比误差，取 0.1；

Δu——变压器调压引起的误差，取调压范围中偏离额定值（百分值）的最大值，8×1.25%=0.1；

Δm——TA 变比未完全匹配产生的误差，取 0.05。

根据运行经验，差动保护初始动作电流取得太小有误动情况，特别在外部故障切除暂态时引起的不平衡误动较多，故取 $0.5I_N$，以低压侧为基准，则低压侧 TA 二次差动保护的最小动作电流为

$$I_{op.l.min}=\frac{0.5I_n}{n_a}=\frac{0.5\times 2886.7}{2000/5}=3.6(A)$$

高压侧应设平衡系数（RCS-985T 厂家可根据变压器基本参数在软件中平衡），有的厂产品必须用户设定平衡系数

$$K_{h.bl}=\frac{n_{a.l}}{n_T n_{a.h}}=\frac{2000\times 6.3}{600\times 115}=0.183$$

则

$$I_{op.h.min}=K_{h.bl}I_{op.l.min}=0.183\times 3.6A=0.66(A)$$

式中 $n_{a.l}$——低压侧电流互感器的变比；

$n_{a.h}$——高压侧电流互感器的变比；

n_T——变压器的变比。

4）起始拐点制动电流

$$I_{res.0.b}=\frac{I_N}{n_a}=\frac{2886.7}{400}=7.2(A)$$

5）起始斜率，$K_{s.0}=0.1$（推荐值）。

6）制动拐点，厂家推荐 $6I_n$（一般可按区外最大短路电流取）。

7）最大制动斜率

$$K_{s.max}=K_{rel}(K_{ap}K_{cc}K_{er}+\Delta u+\Delta m)=1.4(2\times1\times0.1+0.1+0.05)=0.49$$

式中 K_{rel}——可靠系数；

K_{ap}——非周期分量系数，P 级电流互感器取 1.5～2，取 2；

K_{cc}——电流互感器的同型系数，取 1；

K_{er}——电流互感器的比误差，取 0.1；

Δu——变压器调压引起的误差，取调压范围中偏离额定值（百分值）的最大值，$8\times1.25\%=0.1$；

Δm——TA 变比未完全匹配产生的误差，取 0.05。

为可靠制动取 0.6（推荐 0.5～0.7）。

8）灵敏度。特性曲线已可保证灵敏度，一般不需校验。

9）二次谐波制动比。取 15%（经验值）。

10）差流报警

$$I_{op.d.al}=K_{rel}I_n=0.2\times1.32=0.264(\text{A})$$

11）差动速断。小变压器取较大值，注意躲过励磁涌流，现取 $7I_N$。

$$I_{op.i}=\frac{7I_N}{n_a}=\frac{7\times158.1}{600/5}=9.22(\text{A})$$

差动速断灵敏度校验（按高压两相最小短路电流）

$$K_{sen}=\frac{0.866\times\frac{502}{0.1625}/n_a}{I_{op.i}}=\frac{2675.3/120}{9.22}=2.42>2$$

速断可保证高压侧短路灵敏度。

12）TA 断线报警。一般可按 $0.1I_n$ 整定。

$$I_{op.al}=0.1I_n=0.1\times1.32=0.132(\text{A})$$

（2）变压器高压侧复合电压闭锁过电流保护，变压器低压侧 6kV A/B 分支所用 TV 变比为$\frac{6.3}{\sqrt{3}}\Big/\frac{0.1}{\sqrt{3}}\Big/\frac{0.1}{3}$，高压侧 TA 变比为 600/5。

1）高压侧过电流：

a）过电流保护动作电流

$$I_{op}=\frac{K_{rel}I_N}{K_r n_a}=\frac{1.4\times158.1}{0.9\times120}=2.05(\text{A})$$

为与系统最小方式归并计算最小短路电流，将变压器阻抗归算为以 100MVA 为基准的半穿越阻抗

$$X_a=\frac{\Delta U\%}{100}\times\frac{100}{S_{al}}=\frac{17.53}{100}\times\frac{100}{31.5}=0.5565$$

b）保护灵敏性校验。系统最小运行方式，变压器低压侧两相短路时

$$K_{sen}=\frac{I_{k.min}^{(2)}}{n_a I_{op}}=\frac{0.866\times\frac{502}{X_{s.max}+X_{ST}}}{2.05\times600/5}=\frac{0.866\times\frac{502}{0.1625+0.5565}}{2.05\times120}=2.46>1.5$$

c）保护动作时间，与分支过流保护配合（分支过流保护整定计算省略）

$$t_{\mathrm{op}} = t_{\mathrm{br}} + \Delta t = 1 + 0.3 = 1.3(\mathrm{s})$$

2）低电压启动动作值的整定：

a）动作电压

$$U_{\mathrm{op}} = \frac{U_{\mathrm{st.min}}}{K_{\mathrm{rel}} K_{\mathrm{r}}} = \frac{70}{1.2 \times 1.05} = 55.5(\mathrm{V})$$

式中　$U_{\mathrm{st.min}}$——电动机自启动最低母线电压。

b）灵敏性校验

$$K_{\mathrm{sen}} = \frac{U_{\mathrm{op}}}{U_{\mathrm{r.max}}} \geqslant 1.3$$

式中　$U_{\mathrm{r.max}}$——6kV母线短路最高残压（三相短路，接近于0）。

3）变压器负序电压元件：

a）负序动作电压（相间电压）

$$U_{2.\mathrm{op}.2} = \frac{0.07U_{\mathrm{N}}}{n_{\mathrm{v}}} = 0.07U_{\mathrm{n}} = 0.07 \times 100 = 7\ (\mathrm{V})$$

b）灵敏性校验，按6.3kV母线两相短路负序电压灵敏系数校验

故

$$K_{\mathrm{u.sen}}^{(2)} = \frac{U_{2.\mathrm{k.min}}^{*(2)}}{U_{2.\mathrm{op}.2}^{*}} \approx \frac{0.5}{0.07} \approx 7.14 > 1.3$$

满足要求。

式中　$U_{2.\mathrm{k}.2.\mathrm{min}}^{*(2)}$——6.3kV母线两相短路负序电压的标幺值；

$U_{2.\mathrm{op}.2}^{*}$——负序动作电压的标幺值。

以上均以厂用高压变压器6.3kV额定电压为基准。

（3）变压器零序方向过电流保护的整定计算。动作方向指向变压器，按躲过低压侧三相短路不平衡电流整定。

1）Ⅰ段零序方向过电流保护，这种配置，方向指向变压器，能保证快速切除变压器高压的接地短路故障。

a）动作电流，按躲过变压器低压侧短路最大不平衡整定

$$I_{0.\mathrm{op.I}.2} = \frac{K_{\mathrm{rel}} K_{\mathrm{er}} K_{\mathrm{cc}} K_{\mathrm{ap}} I_{\mathrm{k.max}}^{(3)}}{K_{\mathrm{r}} n_{\mathrm{a}}} = \frac{1.5 \times 0.1 \times 0.5 \times 2 \times \dfrac{158.1}{0.175}}{0.9 \times 120} = 1.25(\mathrm{A})$$

式中　K_{rel}——可靠系数；

K_{er}——三相短路时三相电流互感器的误差；

K_{cc}——电流互感器的同型系数；

K_{ap}——非周期分量系数。

b）时间整定，$t_{0.\mathrm{op.I}.1} = 0.2\mathrm{s}$（跳母联）

$t_{0.\mathrm{op.I}.2} = t_{0.\mathrm{op.I}.1} + \Delta t = 0.2\mathrm{s} + 0.3\mathrm{s} = 0.5\mathrm{s}$（跳启动/备用变压器各侧）

2）Ⅱ段零序方向过电流保护：

a）动作电流

$$I_{0.\mathrm{op.II}.2} = K_{\mathrm{co}} I_{0.\mathrm{op.I}.2} = 1.05 \times 1.25 = 1.3(\mathrm{A})$$

b）时间整定

$$t_{0.op.II}=t_{0.op.I.2}+\Delta t=0.5s+0.3s=0.8\text{（s）}$$（跳启动/备用变压器各侧）

（4）变压器通风启动，接变压器高压侧 TA，变比为 600/5。

1）通风启动电流整定，通常按额定负荷的$\frac{2}{3}$整定（变压器厂家有特殊要求的可按厂家要求）

$$I_{op}=\frac{0.66I_N}{n_a}=\frac{0.66\times 158.1}{120}=0.87(\text{A})$$

2）启动通风时间，$t_{op}=5s$。

【例 4-2】 10kV、2000kVA 变压器保护定值计算。

变压器容量 $S_T=2000kVA$，$\Delta U_K\%=6$，变比 $N_T=10/0.4=25$；高压侧 TA 变比 $n_{ah}=150/1$（差动保护、过流保护），低压侧 $n_{al}=4000/5$（差动保护）。两侧 TA 均为星形接线；低压侧中性点 TA 变比 $n_{ao}=2000/5$。

保护型号 PT-3W，保护配置有差动保护、复合电压闭锁过电流保护、变压器低压侧中性点零序过电流保护、过负荷保护、10kV 侧零序过电压保护等。低压侧断路器过流保护整定时间 0.4s。

解：保护整定计算如下：

（1）差动保护（瞬时动作于跳闸）。

高压侧额定电流计算：

高压侧一次 $$I_{N.h}=\frac{2MVA}{\sqrt{3}\times 10}=115.4(\text{A})$$

高压侧二次 $$I_{n.h}=\frac{115.4}{n_a}=\frac{115.4}{150/1}=0.77(\text{A})$$

1）差动速断

$$I_n=7\times 0.77=5.39(\text{A})\quad (I_n=0.77\text{A})$$

2）起始动作电流

$$I_{op.0}=0.6\times 0.77=0.462(\text{A})$$

3）制动拐点

$$I_{res.0}=0.8I_n=0.77\text{A}\times 0.8=0.616(\text{A})$$

4）制动曲线斜率

$$K_{s.max}=K_{rel}(K_{ap}K_{cc}K_{er}+\Delta u+\Delta m)=1.4(2\times 1\times 0.1+0.05+0.05)=0.42$$

式中 K_{rel}——可靠系数；

K_{ap}——非周期分量系数，P 级电流互感器取 1.5～2，取 2；

K_{cc}——电流互感器的同型系数，取 1；

K_{er}——电流互感器的比误差，取 0.1；

Δu——变压器调压引起的误差，取调压范围中偏离额定值（百分值）的最大值，$2\times 2.5\%=0.05$；

Δm——TA 变比未完全匹配产生的误差，取 0.05。

为可靠制动，取制动斜率为 0.5。

5）Dy11 变压器接线方式角度补偿，TA 两侧均采用星形接线，以低压侧为准，高压

侧电流调整 30°，软件可根据输入的变压器接线形式进行调整。

6）TA 变比补偿，高压侧为 150/1，低压侧理想变比为 $n_{ah}N_T=150/1\times10/0.4=3750/1$，实际选用 4000/5。

低压侧调平衡系数，也称补偿系数

$$a=(4000/5)/(3750/1)=0.213$$

保护装置可按补偿系数通过软件调平衡。

7）二次谐波制动系数 $K_{2W}=0.15$。

8）TA 断线取 $0.5I_{op.o}=0.231A$，$t=10s$，发告警信号（不闭锁差动保护）。

（2）复合电压闭锁过电流保护（跳闸）：

1）负序电压

$$U_{2.op}=0.07U_n=0.07\times100V=7(V)\text{（线间电压）}$$

2）高压侧低电压

$$U_{h.op.r}=0.55U_n=0.55\times100V=55(V)\text{（线间电压）}$$

3）低压侧低电压

$$U_{l.op.r}=0.5U_n=0.5\times100V=50(V)\text{（线间电压）}$$

实际上单电源，只取低压侧电压即可。

4）电压闭锁过电流定值

$$n_{ah}=150/1$$

$$I_{op.r1}=1.3I_n/0.9=1.44I_n=1.11(A)$$

动作时间

$$t_{op}=0.4+0.3=0.7(s)$$

（3）过负荷保护（发信号）

$$I_{op.r}=(1.05/0.9)I_n=1.16I_n=1.16\times0.77=0.9(A)$$

常取 $t=9s$，发告警信号。

（4）低压侧零序电流保护，TA 变比 $n_a=2000/5$

$$I_{0.op.r}=K_{rel}\times0.25I_n/n_a=1.2\times0.25\times2886.8/(2000/5)$$
$$=1.2\times0.25\times7.22=1.2\times1.8A=2.16(A)$$

$t=0.7s$ 跳闸（可根据现场上下级配合情况适当调整）。

（5）10kV 侧接地故障零序过电压保护（10kV 侧未装零序电流保护），$U_{0.op}=10V$（开口△电压），9s 发告警信号

通常装设小电流接地选线装置，按厂家技术说明书要求进行整定调试。

第5章 母 线 保 护

因断路器的套管闪络、隔离开关支持绝缘子或母线绝缘子的损坏，以及运行人员误操作等原因，往往造成母线故障，由于母线汇集供配电设备和线路较多，将使与故障母线相连接的有关回路停电，与电力系统联系紧密的母线故障也可能破坏系统稳定，扩大事故范围，危害性更大，故必须考虑对母线保护的问题。

工矿企业降压变电站或配电站连接的配电系统往往为中性点非直接接地系统（或低阻接地系统），当母线上发生多相短路时或低阻接地系统的接地故障时相应保护应动作于跳闸。在中性点不接地或经消弧线圈接地时，其单相接地故障则由绝缘监视装置发出信号。

5.1 母线保护的装设原则

5.1.1 母线保护分类

对配电系统中性点非直接接地的母线保护原则上可分为两大类：

（1）一般接线简单供电可靠性要求较低，由电源回路的保护作母线保护。实现的方法有利用电源回路的保护及在分段断路器上装设保护装置等方式。

（2）因为系统安全或负荷要求，需要快速切除母线上短路故障的单母线或双母线接线，应考虑装设专用的母线保护。

5.1.2 母线保护装设原则

根据不同电压等级及母线接线及所接负荷的具体情况，母线保护的装设原则如下：

（1）35～66kV 电压的母线保护：

1）由于变压器供电母线接线简单，没有快速切除故障要求的 35～66kV 母线，可以考虑由变压器的后备保护来实现对母线的保护。

2）中性点非直接接地变电站的 35～66kV 母线，在下列情况下应装设专用的母线保护：

a）110kV 以上重要变电站的 35～66kV 母线，需要快速切除母线上的故障时；

b）35～66kV 电力网中，主要变电站的 35～66kV 双母线或分段单母线需快速而有选择地切除一段或一组母线上的故障，以保证系统安全稳定运行和可靠供电。

（2）对主要变电站的 3kV～10kV 分段母线及并列运行的双母线，一般可由变压器的后备保护实现对母线的保护。

（3）对 3kV～10kV 分段母线宜采用不完全电流差动保护，保护装置仅接入有电源支路的电流。保护装置由两段组成，第一段采用无时限或带时限的电流速断保护，当灵敏系数不符合要求时，可采用电压闭锁电流速断保护（有了电压闭锁，即可不必按躲过启动电流计算，可以提高保护的灵敏系数）；第二段采用过电流保护，当灵敏系数不符合要求时，可将一部分负荷较大的配电线路接入差动回路（可减少负荷启动过程及外部短路时的不平衡电流），以降低保护的起动电流（整定值），提高保护的灵敏系数。

（4）对主要变电站的 3～10kV 分段母线及并列运行的双母线，在下列情况下，应装设专用母线保护：

1）须快速而有选择地切除一段或一组母线上的故障，以保证电力网安全运行和重要负荷的可靠供电时；

2）当线路断路器不允许切除线路电抗器前的短路时。

（5）在母联或分段断路器上，宜配置相电流或零序电流保护，保护应具备可瞬时和延时跳闸的回路，作为母线充电保护，并兼作新线路投运时（母联或分段断路器与线路断路器串接）的辅助保护。

5.2 利用母线电源回路的保护兼作母线保护

主接线为母线不分段或正常分段运行的变电站，可利用变压器回路的过电流保护来实现母线保护，如图 5-1 所示。如当Ⅰ段母线故障时，变压器 T1 的过电流（或速断、限时速断）保护动作，切除该变压器的 QF11 和 QF12 断路器，将故障母线切除。当使用速断或限时速断时，其保护动作可受 QF13、QF14、QF23、QF24 等回路有短路电流条件的闭锁。这用微机保护也比较容易实现。

两段母线经分段电抗器并列运行的保护原理接线示意图如图 5-2 所示。它是利用的低电压启动过流保护来实现母线保护。如当Ⅰ段母线故障时，变压器低压侧的过电流保护动作，以第一段时间先将母线分段断路器 QF 跳闸，将两段母线解列，再以第二段时间将变压器两侧断路器 QF11 和 QF12 断开，将故障母线切除。同图 5-1 所示的方案一样，附加下级回路及闭锁条件后同样可达到速动的目的，不再赘述。

图 5-1、5-2 两个方案均利用变压器的过电流或低电压起动过电流保护来保证有选择性地切除母线故障，简单经济，不需要另外增加设备，其缺点是切除母线故障时间较长。故这两种方案往往用于较低电压的不太重要的网络中，此时母线保护虽有时限，但对整个电力系统不会产生严重后果。当其不能满足系统要求或运行要求时，可以采用上面介绍的速动方案。

利用电源回路的电流速断保护作母线保护，当线路首端故障时，母线保护和线路速断保护均可能动作。需要区分母线故障还是线路故障，母线保护的速断带短时限（一般为 0.3～0.5s），也可以采用线路有短路电流来闭锁母线电流速断保护的接线，当任一条线路故障时，该线路的速断保护动作，其常开触点 KA1（或 KA2,…,KAn）闭合，可解除母线电流速断保护。图 5-3（a）为利用线路速断保护的常开触点起动中间继电器 KM1，KM1 的触点来闭锁母线电流速断保护。图中 KM2 应有一极短时限，以保证动作的选择性，同时要求选择有较好性能的中间继电器 KM1，以防止该继电器断线时失去闭锁作用。KA 为供电回路电流速断保护继电器，当为两回以上的电源回路时，可以考虑将各回路 TA 并联后起动 KA 的接线，但应注意其定值需躲过进线断路器外部短路时最大不平衡电流。

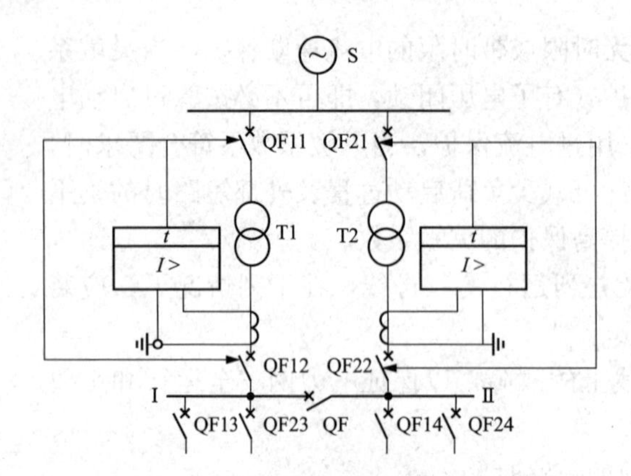

图 5-1　利用电源回路的过流保护作母线保护原理接线示意图

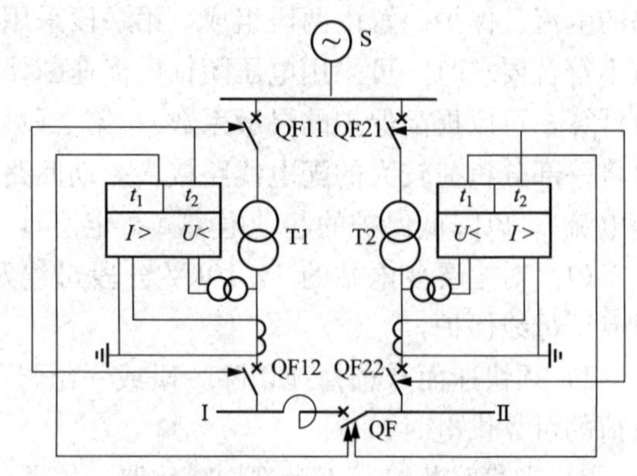

图 5-2　分段带电抗器的母线利用变压器的过电流保护作母线保护原理接线示意图

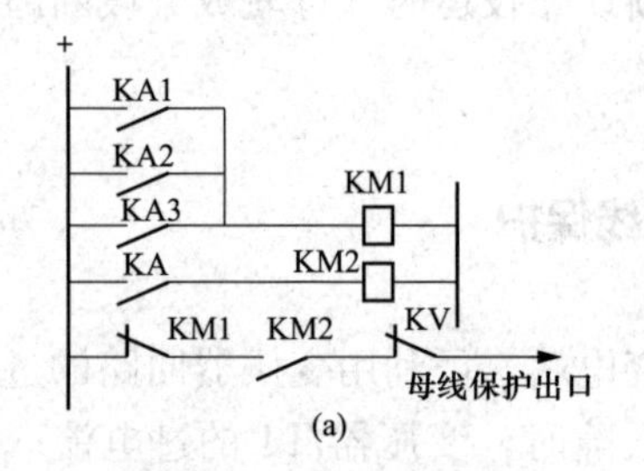

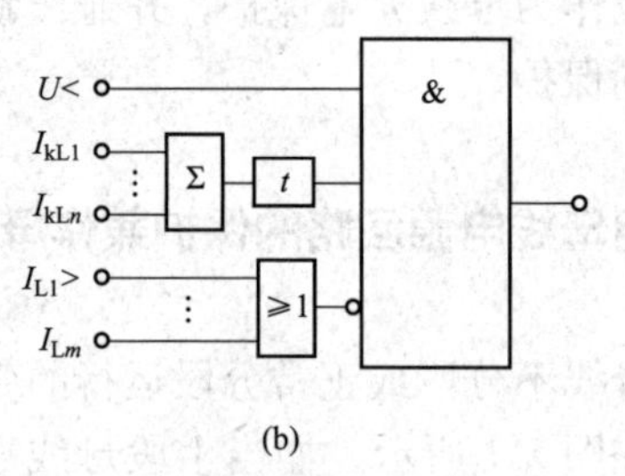

图 5-3　利用线路速断保护闭锁母线电流速断保护的方式

(a) 电磁型馈线电流闭锁式母线保护接线示意图；(b) 微机型馈线电流闭锁式母线保护逻辑图

KA1、KA2、KA3—各线路的速断保护电流继电器触点；KA—母线速断保护电流继电器触点

概括地说，保护动作的条件：

(1) 电源电流回路电流值大于下级速断动作电流值；

(2) 下级馈线回路不存在故障电流。

当有条件时也可以增加低电压闭锁条件以提高保护的可靠性。应当指出，当线路侧对端有电源时，需加方向元件闭锁才能保证选择性。

与图 5-3 (a) 相似，也可以用微机保护实现这种母线保护方式，可把它称为馈线电流闭锁式母线保护。其逻辑图如图 5-3 (b) 所示。其保护动作条件同上，即母线低电压；短路电流大于电源回路保护一次动作电流（短延时 t 应大于各馈线回路电流闭锁元件的动作时间，以保证选择性动作），当电源回路在两回以上时可考虑用加法器电路起动时间电路 t，即这种保护原理也可适用于多电源回路，但其定值应躲过进线侧外部短路时各进线 TA 可能产生的最大不平衡电流；馈线回路无电流或低电流。顺便指出电压闭锁不是必要条件，但设它可以提高保护动作的可靠性。由于母线故障其电压会很低，为简化保护则可不设负序电压起动。

5.3　单母线保护

5.3.1　单母线完全差动保护

按循环电流原理构成的完全母线差动保护原理接线示意如图 5-4 所示。它的电流回路接入所有连接元件的电流互感器，流过差动继电器的电流为各支路二次电流的相量和。当

考虑励磁电流的影响时，电流互感器一次电流与二次电流之间的关系可表示为

$$\dot{I}_2=\frac{\dot{I}_1-\dot{I}_e}{n_a} \tag{5-1}$$

式中　$\dot{I}_1$、$\dot{I}_2$——电流互感器的一次与二次电流；

$\dot{I}_e$——电流互感器的励磁电流；

n_a——电流互感器的变比。

现对各种运行方式的保护动作情况进行分析。

1. 正常运行

若电流互感器的变比相同且不考虑励磁电流的影响，流入继电器的电流 $\dot{I}_r$ 为

$$\begin{aligned}\dot{I}_r&=\dot{I}_{2,1}+\dot{I}_{2,2}+\cdots+\dot{I}_{2,n}\\&=\frac{\dot{I}_{1,1}+\dot{I}_{1,2}+\cdots+\dot{I}_{1,n}}{n_a}\end{aligned} \tag{5-2}$$

正常运行时，各支路的一次电流之和为零，即

$$\dot{I}_{1,1}+\dot{I}_{1,2}+\cdots+\dot{I}_{1,n}=0 \tag{5-3}$$

故 $\dot{I}_r\approx 0$，保护装置不会动作。

2. 外部故障

由图 5-5（a）可以看出，流入继电器的电流 $\dot{I}_r$ 为

$$\dot{I}_r=\frac{\dot{I}_{1,1}+\dot{I}_{1,2}+\cdots+\dot{I}_{1,n}}{n_a} \tag{5-4}$$

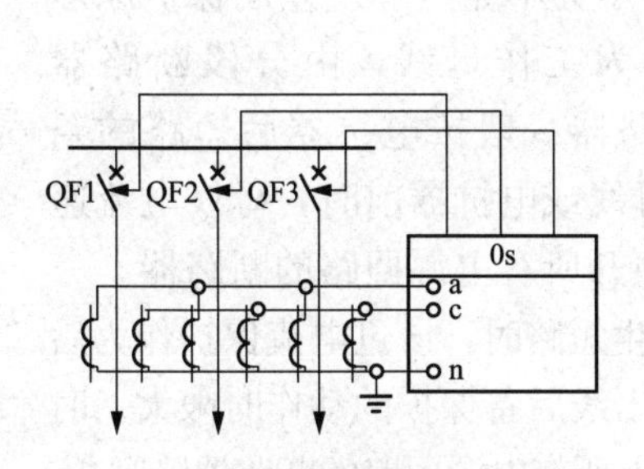

图 5-4　单母线的完全差动保护原理接线示意图

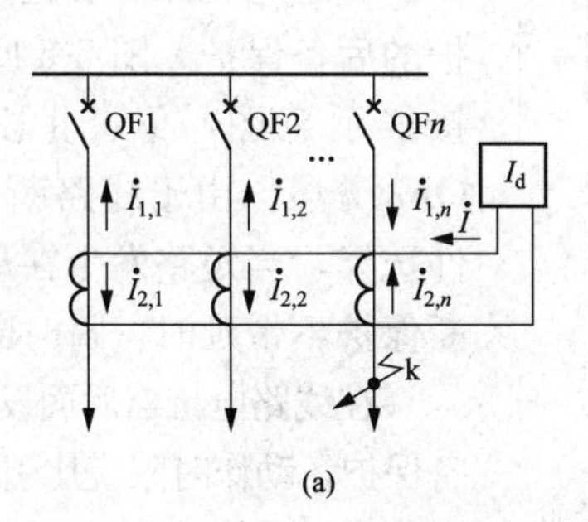

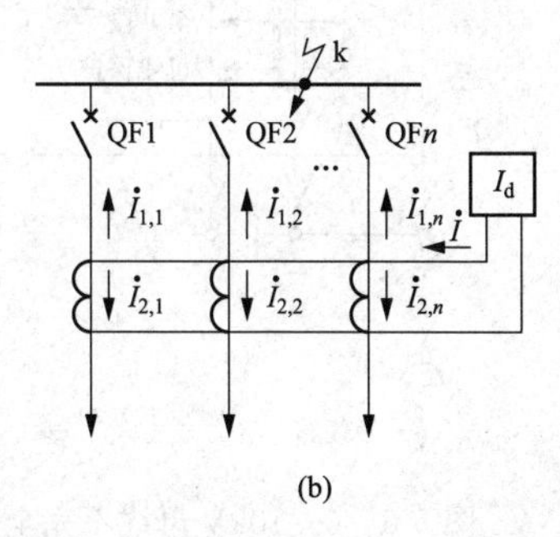

图 5-5　单母线完全差动继电器电流分析

（a）外部故障；（b）母线故障

由于各回路电流互感器铁芯特性的差异、变比的误差，以及通过的故障电流的大小及连线负载也有所不同，所以其二次电流必然存在较大误差。

为了保证母线差动保护的选择性，差动继电器的动作电流必须大于外部故障时流过继电器的最大不平衡电流，即

$$I_{op.r}\geqslant I_{ub.max} \tag{5-5}$$

3. 母线故障

由图 5-5（b）可以看出，当母线发生故障时，流入继电器的电流 $\dot{I}_r$ 为

$$\dot{I}_{r}=\frac{\dot{I}_{1,1}+\dot{I}_{1,2}+\cdots+\dot{I}_{1,n}}{n_{a}}$$

母线短路时的总短路电流 $\dot{I}_{k}$ 为

$$\dot{I}_{k}=\dot{I}_{1,1}+\dot{I}_{1,2}+\cdots+\dot{I}_{1,n} \tag{5-6}$$

则

$$\dot{I}_{r}=\frac{\dot{I}_{k}}{n_{a}} \tag{5-7}$$

为使保护装置动作，电流互感器的动作灵敏性校验电流计算式为

$$I_{k.r.min}=\frac{I_{k.min}}{n_{a}} \tag{5-8}$$

式中　$I_{k.min}$——母线短路时的最小短路电流。

5.3.2　不完全母线差动保护

对具有电抗器引出线的母线，为了采用短路容量较小的设备，线路断路器通常按电抗器后短路的条件来选择，为了快速切除一段母线上的故障，保证非故障母线可靠供电，通常装设母线保护，但由于有的出线较多，往往为了减少设备（如电流互感器等）投资及简化保护装置，而采用不完全母线差动保护。

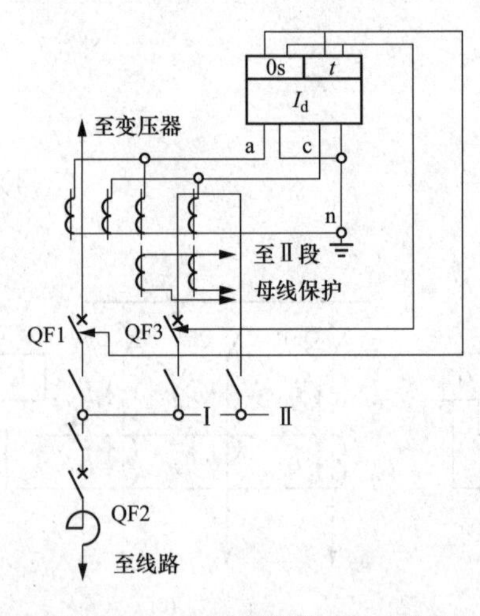

图 5-6　6～10kV 母线不完全差动母线保护原理接线示意图

不完全母线差动保护装置一般由两段式电流保护装置构成，即由电流速断装置和过电流保护装置构成。电流速断保护作为母线短路的主保护切除母线上的电源回路，当灵敏度不够时，可以考虑装设电流闭锁电压速断保护。过电流保护装置则是作电流速断保护和引出线保护的后备保护。图 5-6 所示为不完全母线差动保护原理接线示意图，Ⅰ、Ⅱ段为工作母线，由分段断路器 QF3 分段。由于线路断路器一般按电抗器后短路的条件选择，当短路发生在母线或电抗器前时，母线电流速断保护不带延时，瞬时断开所有电源回路的断路器。

在线路电抗器后面发生短路时，该过电流保护作为后备保护，动作时限应比引出线后备保护的动作时限大一时限级差，也是动作于母线上所有电源回路的断路器跳闸。

图 5-6 所示不完全母线差动保护接线简单可靠，得到广泛的应用，但有些情况下灵敏性不够。为了提高母线保护过电流保护装置的灵敏系数，可再将一部分会造成较大不平衡电流的引出线上的电流互感器接入差动电流回路中，这样过电流保护的动作电流整定值可降低（详见整定计算部分），从而可提高保护装置的灵敏性。但此时，增加了出线电流互感器，造成投资增加。通常出线电流互感器的变比较小，接入母线保护回路往往要增加辅助中间电流互感器，使得母线保护接线比较复杂。

1. 电流速断保护装置整定计算

动作电流应按躲过最大运行方式时电流回路未接入母线保护装置中的出线电抗器后短路流过保护装置的最大差电流整定。在这种故障情况下母线上仍会有较大的残余电

压，所以在其他线路上仍继续流过较大的负荷电流，由于短路故障将使用户电动机制动，此时未接入母差保护的引出线的负荷电流可能较原来的最大负荷电流 $I_{lo.max}$ 还大。因此，流过电流速断保护装置的电流为流经故障线路电抗器的最大外部短路电流 $I_{k.max}$ 和其他未接入母差保护的非故障线路总的计算负荷电流 $I_{\Sigma lo.ca}$ 之和，即保护的一次动作电流为

$$I_{op.1}=K_{rel}(I_{k.max}+I_{\Sigma lo.ca}) \tag{5-9}$$

$$I_{\Sigma lo.ca}=K_{res}I_{\Sigma lo.max}$$

式中　K_{rel}——可靠系数；

$I_{\Sigma lo.ca}$——计算负荷电流；

K_{res}——电动机制动影响的系数。

为了近似计算，不计及未接入母差保护的非故障线路的负荷电流影响时，式（5-9）可简化为

$$I_{op.1}=K_{rel}I_{k.max} \tag{5-10}$$

式中　K_{rel}——可靠系数，可取1.3～1.4，当负荷电流很大且引出线上装有电流速断保护时，K_{rel} 可取较大值。

2. 过电流保护整定计算

最大运行方式时，过电流保护装置流过的电流为流过该母线段上不为母线保护电流互感器所包括的引出线的负荷电流之和 $I_{\Sigma lo.max}$。当任一段母线发生故障被切除时，连接在该母线段上的负荷，受电变电站中分段断路器的备用电源自动投入装置动作后，将被切除母线的负荷切换至非故障母线段上时。此时流过非故障母线保护装置的电流相应地增加，考虑到有这种情况，假设两段母线上的负荷电流 $I_{\Sigma lo.max}$ 相同，过电流保护装置的动作电流可按下式整定

$$\begin{aligned}I_{op.1}&\geqslant K_{rel}(I_{\Sigma lo.max}+K_{st.s}K'_{st}I_{\Sigma lo.max})\\&=K_{rel}(1+K_{st.s}K'_{st})I_{\Sigma lo.max}\end{aligned} \tag{5-11}$$

式中　K_{rel}——可靠系数，取1.2；

$K_{st.s}$——由于负荷起动切换致使流过非故障母线段上保护装置电流增加的储备系数，$K_{st.s}\leqslant 1$，当母线为两段时，$K_{st.s}=1$；

K'_{st}——备用电源投入后故障母线失压负荷的自起动系数。

当引出线电抗器后的短路故障被线路保护装置切除以后，母线的过电流保护装置应能返回到原来的位置。因此它的动作电流也应满足条件

$$I_{op.1}\geqslant\frac{K_{rel}K''_{st}(1+K_{st.s})}{K_r}I_{\Sigma lo.max} \tag{5-12}$$

式中　K''_{st}——故障切除后所接负荷的自起动系数；

K_r——返回系数。

取式（5-11）和式（5-12）中较大的计算值为过电流保护装置动作电流的整定值。

3. 灵敏系数的校验

保护装置的灵敏系数 K_{sen} 为

$$K_{sen}=\frac{I_{k.min}}{I_{op.1}}\geqslant 1.5 \tag{5-13}$$

式中　$I_{k.min}$——最小运行方式时校验两相短路电流值，速断保护取母线短路电流；

$I_{op.1}$——按式（5-10）或式（5-9）计算的动作电流。

过电流保护装置是母线上短路、线路末端和电抗器后短路的后备保护，因在大多数情况，线路阻抗比电抗器的电抗小，所以为了简化计算，一般直接取线路电抗器后短路作为过电流保护的校验点，要求灵敏系数 $K_{sen} \geqslant 1.2$。

如果电抗器布置在主母线和线路断路器之间，这时母线的过电流保护为线路电抗器后到线路保护装设点之间的主保护，因此要求它的灵敏系数 $K_{sen}=1.5$。为了满足这一要求，可以采取将一部分引出线上的电流互感器接入母线保护差动回路的接线。

5.4　分段断路器的保护

分段断路器的保护应与母线及母线上的元件保护综合考虑。如果用电源回路的保护来实现母线保护，用变压器的后备保护来切除母线故障，在某些情况下，为了简化保护装置，利用变压器的后备保护的第一段时限来动作于分段断路器跳闸，此时在分段断路器上可不装设保护装置。对35kV及以下电压的母线分段断路器的保护可按下列原则考虑：

（1）无论母线装设或未装设母线保护（包括用电源回路的保护来实现的母线保护或专用母线保护），在母联及分段断路器上应装设电流速断保护和过电流保护。

（2）如果出线带电抗器，而出线断路器按不能切除电抗器前的短路条件来选择，在分段及母联断路器上均应装设电流速断保护和过电流保护。

（3）分段断路器若需代替线路断路器保护作为出线的保护时，一般均装设电流速断保护和过电流保护。

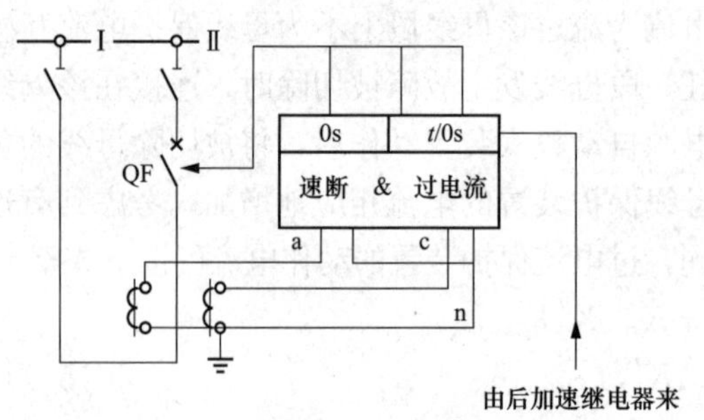

图5-7　分段断路器保护原理接线示意图

图5-7为分段断路器保护原理图，图中除考虑后加速回路外（只有当后加速保护动作时，过流保护才允许0s动作于跳闸），与一般出线保护相同。

1. 电流速断保护整定计算

整定计算公式和式（5-9）相同，但计算负荷电流 $I_{lo.ca}$ 应采用需由分段断路器供给的最大负荷电流。

2. 过电流保护整定计算

继电器动作电流按躲过任一母线段的最大工作电流整定，即

$$I_{op.r} = K_{rel}\frac{I_{lo.max}}{K_r n_a} \tag{5-14}$$

式中　K_{rel}——可靠系数，取1.3；

K_r——返回系数；

$I_{lo.max}$——任一段母线的最大负荷电流。

当与出线过电流保护相配合整定时计算式为

$$I_{op.1} = K_{co}K_{br}I_{op.l} \tag{5-15}$$

式中　K_{co}——配合系数，取1.1；

K_{br}——分支系数，等于流过保护的电流和总故障电流的比值，计算时应取最大运行方式；

$I_{op.1}$——出线过电流保护动作电流。

保护装置灵敏系数的校验与不完全母线差动保护的计算式（5-13）相同，在系统最小运行方式时，按出线末端发生两相短路时的电流校验，要求灵敏系数大于1.2。

5.5　微机型母线保护装置

下面介绍一种比较适合于工厂企业小型变电站使用的微机型母线保护装置。

5.5.1　母线保护装置原理

1. 主要硬件说明

图5-8是MGT132型母线保护装置的硬件框图，交流电流、电压先经过装置内部的TA/TV变换，再经过低通滤波、多路开关和数模转换，变为数字信号后给CPU计算，开关量通过光电隔离后送给CPU。

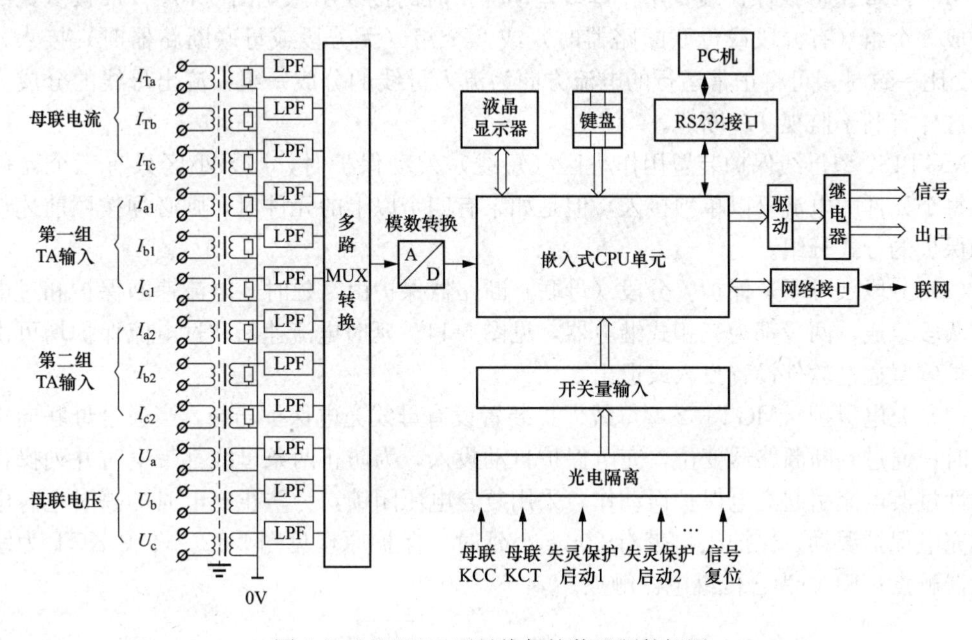

图5-8　MGT132型母线保护装置硬件框图

2. 主要保护原理

（1）差动保护。MGT132型母线保护采用分相差动方式，由三个差电流继电器组成，有三组电流输入，即允许母线上的连接元件（含母联、分段断路器）有三种不同的TA变比。以一相为例，其动作逻辑见图5-9。

当线路出口故障，而系统的短路电流又比较大时，非周期分量可能会引起TA饱和，TA饱和产生差电流导致差动保护误动作，但TA在电流过零点后的1/4周波内不会饱和，差电流就有间断，MGT132型母线保护装置采用谐波制动方式防止TA饱和时差动误动，可由软件选择是否投闭锁（示意）。

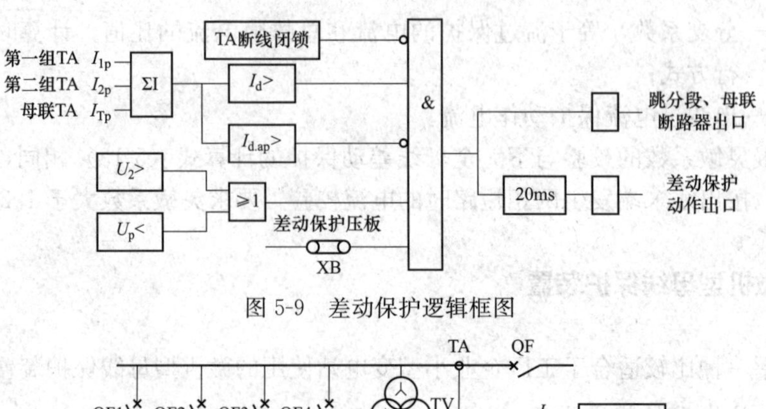

图 5-9　差动保护逻辑框图

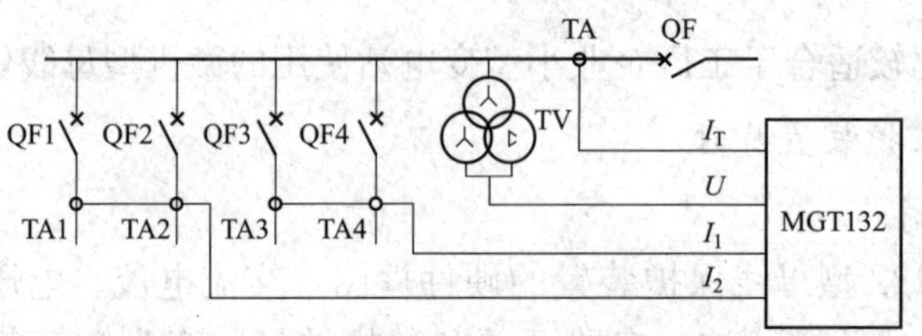

图 5-10　作为母线差动保护时的接线示意图

MGT132 型母线保护装置用作母线差动保护时的接线示意见图 5-10。TA 按变比的不同分成 3 个组（有分段或母联断路器时）或 2 个组（无分段或母联断路器时）接入，当 TA 变比一致时，可将正常运行的电流方向为流入母线的分成一组，流出母线的分成另一组，这样有利于监视 TA 断线。

MGT132 型母线保护装置用作小区（短线）差动保护时，如果小区只有三个元件组成，每个元件的电流可以单独接入，但是如果有四个以上的元件时，则必须按照前述母线差动保护的方式分组。

（2）分段（母联）保护。分段（母联）断路器保护由（延时）电流速断保护和过电流保护两段组成，两段都为三相式继电器，见图 5-11。延时电流速断和过电流保护均可由微机保护装置通过软件设置投入或退出。

（3）充电保护。MGT132 型母线保护装置设有母线充电保护功能，当通过母联向母线充电时，通过判断断路器变位，充电保护自动投入，为防止两条母线都带电时并列操作有穿越性过渡电流引起充电保护误动作，采用复合电压闭锁，为防止充电时的瞬时电容电流引起充电保护误动，保护出口带有 20ms 小延时。保护原理见图 5-12。图中 KCT 为跳位继电器触点；KCC 为合位继电器触点。

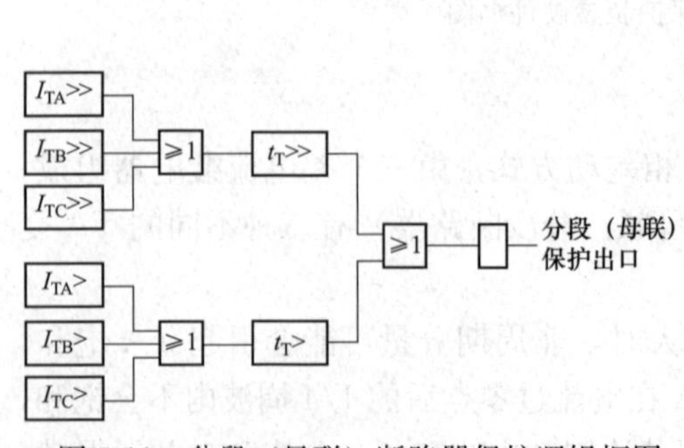

图 5-11　分段（母联）断路器保护逻辑框图

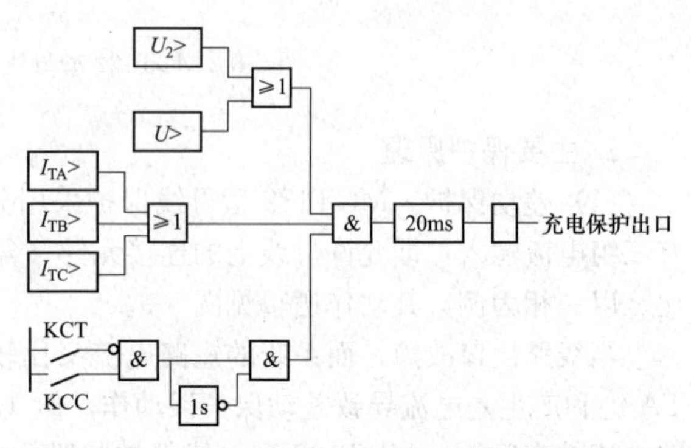

图 5-12　充电保护逻辑框图

KCT—跳位继电器触点；KCC—合位继电器触点

3. 出口方式

由于母线保护的动作出口较多，而装置内部不便装很多的出口继电器，因而采用了软件矩阵压板，即用控制字来决定各种保护各个动作段的出口性质，如图 5-13 所示。

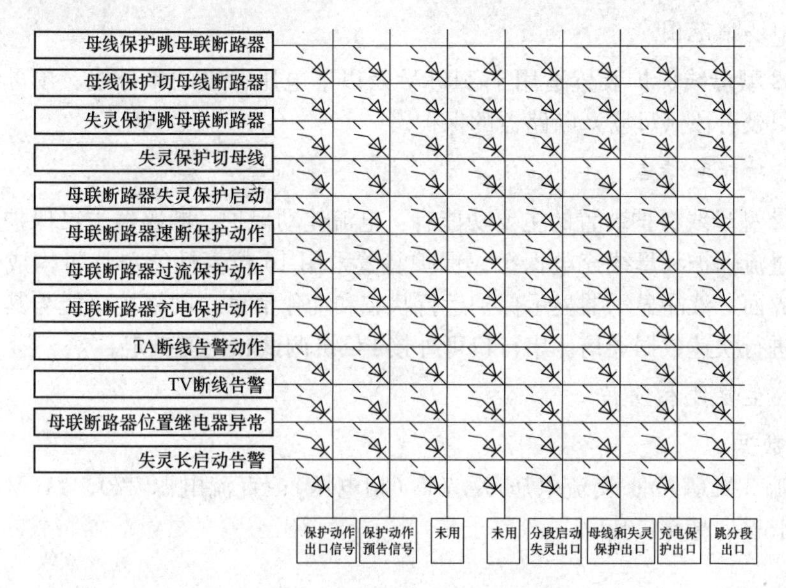

图 5-13　保护配置与出口控制字（软件压板矩阵）示意图

保护配置和出口逻辑定下来以后，就可以针对具体的工程和装置写入特定的控制字，即决定了各保护的出口方式。另外，母线上连接的断路器很多，所以要经过重动继电器，使用出口重动、断路器操作继电器和电压切换继电器箱，与 MGT132 型母线保护装置配合，可完成母线的全套保护和操作。

4. 人机界面和通信

（1）人机界面。MGT132 型母线保护装置的人机界面主要由液晶显示器和键盘构成，面板由印刷电路板和薄膜面板两层组成，印刷板与主功能板通过插件相连。

液晶显示器可显示 4 行，每行 20 个字符，有 LED 背光，能在昏暗的环境下使用。

装置处于运行状态时，液晶显示器有测量值显示，动作报告显示和装置自检报告显示三种显示状态，详见相应的使用说明书。装置处在整定状态，保护功能全部退出、出口继电器被闭锁，此刻可以输入定值。

薄膜键盘上共有 9 个按键，"↑""↓""←""→"四个键分别代表光标"上""下""左""右"移动，"－""＋"两键分别控制定值的"减小""增大"，其余三键中，"确认"表示接受键盘上的操作，"模式"表示放弃键盘上的操作或切换显示状态，"复位"用于复位单片机，此键正常运行时禁止操作。

面板上有 4 个指示灯，用于指示装置的工作是否正常、保护有无动作出口、网络是否在进行通信以及装置是否有告警指示，设置开关用于确定装置复位时是进入运行方式还是进入整定方式。

带光电隔离的 RS232 接口用于连接 PC 机，构成调试环境和人机界面。

（2）通信。MGT132 型母线保护装置的通信采用了国际通用的 CAN 总线通信网络，通信规约符合 CAN2.0 PART A 总线规则和 ISO 11898 国际标准。通信方式为多主方式，即网络上任意一个节点可以在任何时刻主动地向网络上其他节点发送信息。CAN 还采用了非破坏性总线裁决技术，网络上的节点可分成不同的优先级，以满足不同的实时要求，大大节省了总线冲突时间。

5.5.2　适用范围

MGT132 型母线保护装置适用于 110kV 及以下电压等级的单母线、单母线分段、短引线保护，以及分段（母联）断路器的保护。

5.5.3　功能和特点

MGT132 型母线保护装置的主要功能有：电流差动保护、断路器失灵保护、分段（母联）断路器过流保护和母线充电保护。保护装置采用 16 位高性能单片机构成，装置具有友好的人机界面，液晶显示器显示保护运行状态和动作信息，网络接口能与其他保护单元和监控系统进行快速数据通信。串行口可外接 PC 机调试和定值整定。

5.5.4　主要技术数据

1. 额定数据

交流电流 5A（1A）；交流电压 57.7V（相电压）；直流电源 220、110V，允许偏差－20%～＋15%；频率 50Hz。

2. 功耗

交流电流回路不大于 1VA/相（对应 5A 的 TA），不大于 0.5VA/相（对应 1A 的 TA）；交流电压回路不大于 1VA/相；直流电源回路不大于 10W（正常运行时），不大于 20W（装置动作时）。

3. 主要技术指标

（1）复合电压元件：负序电压整定范围为 2～10V，级差 0.1V；低电压整定范围（相间）为 60～90V，级差 0.1V。

（2）电流差动元件：差电流整定范围为 5～10A，级差 0.1A；TA 断线报警定值约 1.5A（固定）。

（3）失灵判别元件：延时时间整定范围为 0.1～0.99s，级差 0.01s；失灵长启动报警延时 1s。

（4）分段（母联）保护元件：限时速断整定范围为 10～30A，级差 0.1A；过电流整定范围为 4～15A，级差 0.1A；失灵判别电流元件整定范围为 2～10A，级差 0.1A；时间元件整定范围为 0～9.99s，级差 0.01s。

（5）充电保护：过电流整定范围为 1～7.5A，级差 0.1A；充电保护开放时间 1s（固定时间）。

（6）动作精度和返回系数：电流、电压的动作刻度误差不大于 5%；延时时间误差不大于±（1%整定值＋20ms）；过量继电器返回系数不小于 0.95；欠量继电器返回系数不大于 1.05。

5.6　中、低压母线短路故障电弧光保护

中、低压母线由于开关柜尺寸的限制，相间距离和相对地距离均较小，特别是电缆头

发生故障的几率较高。不论是电厂的厂用配电装置或变电站都存在保护动作时间长，烧毁开关柜，甚至整排开关柜的恶性事故的事例。发生短路故障时，所产生的电弧光对设备或人员会造成极大的伤害。但是目前在国内中、低压母线系统中一般未配置专用的快速母线保护，多数是靠上一级变压器的后备保护切除母线短路故障，这样就导致了故障切除时间太长，加大了对设备的损坏程度，严重的可能威胁到系统的安全运行。配置一套能快速动作的电弧光保护，对母线进行快速保护，是近十年来采取的保护方案之一。

5.6.1　电弧光保护的主要构成部分及其用途

（1）主控单元。用于母线弧光保护收集各种信息，对故障作出判断，并发出执行命令，跳闸、告警，或上传信息至监控系统等。

（2）电流单元。用于采集保护故障判别所需的电流，或带所需的出口扩展。

（3）弧光扩展器。用于扩展弧光单元，收集某一组临近的弧光信息，并可上传至主控单元。

（4）弧光单元。用于扩展弧光传感器，连接该单元下属的配置的弧光单元（也可能就一个）。

（5）弧光传感器。采集光通量，判别是否发生电弧光短路故障，提供对电弧光的采样信息。需要按开关的数量和故障范围判别的需要来确定其数量和安装位置。类似于母线保护各分支所装TA能提供区分区内/区外故障信息的作用。

5.6.2　系统构成及连接

1. 配置原则

通常是模块化配置，可根据工程的大小及配电装置实际接线的需要，组成只有一个主控单元的简单弧光保护系统，或包含多个功能单元的复杂弧光保护系统。

2. 连接方式及介质

（1）通常由厂家组网，并提供服务。

（2）系统采用光纤星型/辐射型连接方式。

（3）主控单元和电流单元、主控单元和弧光扩展单元、弧光扩展单元和弧光单元之间采用单模通信光缆连接。

（4）与光探头的连接。主控单元和弧光探头、弧光单元和弧光探头之间采用专用光缆连接。

5.6.3　电弧光保护系统配置

主接线系统组成：2条电源进线，2台主变压器，2段母线，单母分段结构，Ⅰ母、Ⅱ母均为5个间隔单元。

配置方案为主控单元模式，电弧光保护系统的配置见图5-14。

1. 弧光保护系统配置

1台主控模块，主控模块配置3组电流采集模块，配置若干个弧光采集器（应考虑有备用），其中包括QF2，QF4处各1个传感器，QF5处各2个传感器，假定Ⅰ母线、Ⅱ母线各有5个馈线间隔，故Ⅰ母线、Ⅱ母线馈线间隔单元各配置5个传感器，配置5路跳闸出口。

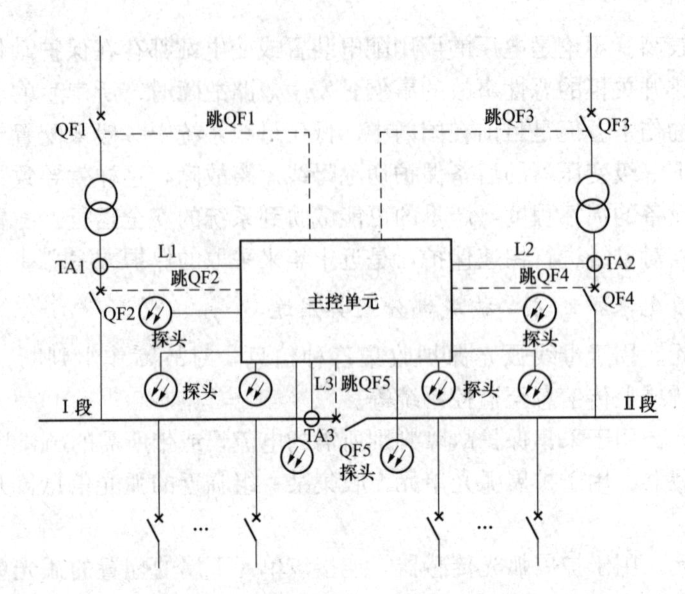

图 5-14　电弧光保护系统配置示意图

2. 光信号采集接线

（1）第一组：QF2 处 1 个传感器，QF5 处 1 个传感器，Ⅰ母线的间隔单元 5 个传感器接至第一组弧光扩展插件的 1～7 号传感器接口。

（2）第二组：QF4 处 1 个传感器，QF5 处 1 个传感器，Ⅱ母线间隔单元 5 个传感器接至装置第二组弧光扩展插件的 1～7 号传感器接口。

3. 电流信号采集接线

QF2 处进线 L1 的 TA1 接至装置三相电流接口，QF4 处进线 L2 的 TA2 接至装置另一组三相电流接口，QF5 处分段 L3 的 TA3 接至装置给分段的留三相电流接口。

4. 出口回路设置

（1）跳闸出口。出口 1 跳 QF1，出口 2 跳 QF2，出口 3 跳 QF3，出口 4 跳 QF4，出口 5 跳 QF5。

（2）失灵启动出口作为失灵启动用（有要求时接入）。

5.7　35kV 母线保护整定计算示例

【例 5-1】 35kV 单母线分段母线保护整定计算示例。

已知保护为单母线分段完全差动保护接线，使用 WMZ-41B 微机型母线保护装置，要求各回路 TA 二次电流均分别用电缆线引入保护装置进行故障计算判别。

系统电源线路回路两回，TA 变比为 600/5；母线分段回路 TA 变比为 400/5；其他回路 TA 变比均为 200/5。电源与负荷均衡分配在两条母线上，系统最小运行方式的两相短路电流 $I_{K.min}^{(2)}=3250$（A）；另有一回系统外小电源回路，可提供两相短路电流 $I_{K.min}^{(2)}=500.8$（A）。

解：1. 差动定值计算

（1）保护动作判据基本原理。保护采用具有相当于比率制动特性的完全电流差动保护

原理，动作判据的特点为：各单元的三相电流（或两相）电流，通过各自的模拟通道，数据采集变换，形成相应的数字量后按各相分别计算差电流。每相取各单元电流之和的绝对值作为差动电流，而制动电流则是取各单元电流的绝对值之和（相对差动量算法较大）。

1）启动元件判据，取各单元电流之和的绝对值作为差动电流

$$\left|\sum_{\oint=1}^{N} i_{\oint}\right| \geqslant I_{\mathrm{op.r}} \tag{1}$$

式中　$I_{\mathrm{op.r}}$——差动保护最小动作电流。

2）动作于出口的元件的判据，各单元电流之和的绝对值减去各单元电流的绝对值之和乘以制动系数

$$\left|\sum_{\oint=1}^{N} i_{\oint}\right| - K_{\mathrm{res}} \sum_{\oint=1}^{N} |i_{\oint}| \geqslant 0 \tag{2}$$

式中　$i_{\oint}$——第 $\oint$ 单元的电流采样值；

N——参与计算的单元数；

K_{res}——制动系数（小于1）。

（2）起始动作电流。以线路600/5A回路为基准1，取基准回路0.4倍TA额定电流（实际回路额定二次电流小于5A，故取0.4倍，即接近于实际回路额定二次电流的0.5倍，此值不要求计算十分精确）

$$I_{\mathrm{op.0}} = 0.4I_{\mathrm{n}} = 0.4 \times 600 = 240\ (\mathrm{A})$$

（3）通道系数。

1）线路回路 K 为1。

2）其他回路 $K=\dfrac{200/5}{600/5}=0.333$。

3）母线分段 $K=\dfrac{400/5}{600/5}=0.666$。

（4）制动系数。

$$K_{\mathrm{res}} = K_{\mathrm{ap}}K_{\mathrm{cc}}K_{\mathrm{er}} + \Delta I_1 + \Delta I_2 = 2 \times 1 \times 0.1 + 0.05 + 0.05 = 0.3$$

式中　K_{ap}——非周期分量系数；

K_{cc}——电流互感器的同型系数；

K_{er}——TA变比误差；

ΔI_1——保护装置第一种不同变流器可能引起的误差，取0.05；

ΔI_2——保护装置第二种不同变流器可能引起的误差，取0.05。

根据经验，制动系数 K_{res} 宜取0.6～0.8，为可靠不误动，并保证灵敏性，取 $K_{\mathrm{res}}=0.7$。

（5）灵敏系数校验。

1）系统最小方式为母线两相短路电流 $I_{\mathrm{K.min}}^{(2)}=3250$（A）；系统外一回电源回路两相短路电流为500.8A。

$$K_{\mathrm{sen}} = \frac{|3250+500.8|}{0.7\times(3250-342.8)+2\times600/5} = \frac{3250+500.8}{0.7\times2907+240} = \frac{3750.8}{2275} = 1.65$$

或

$$K_{\mathrm{sen}} = \frac{|3250+500.8|}{0.7\times3250} = \frac{3250+500.8}{2275} = \frac{3750.8}{2275} = 1.65$$

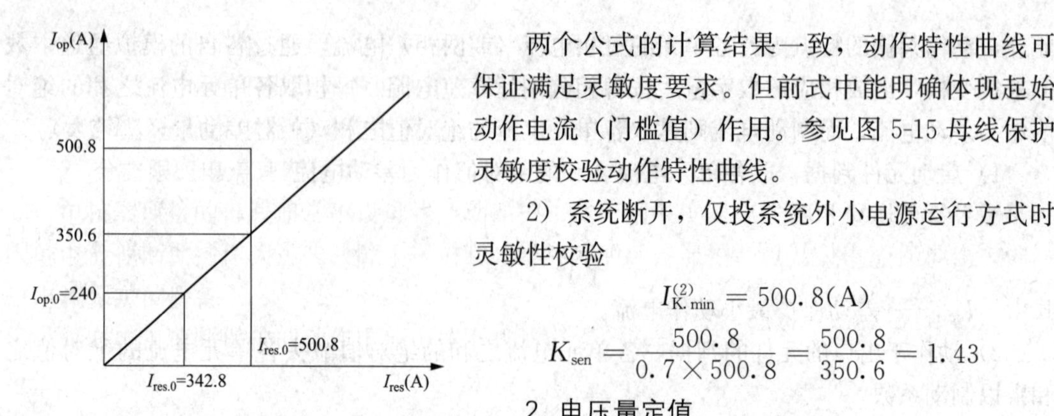

图 5-15　母线保护灵敏度校验动作特性曲线

两个公式的计算结果一致，动作特性曲线可保证满足灵敏度要求。但前式中能明确体现起始动作电流（门槛值）作用。参见图 5-15 母线保护灵敏度校验动作特性曲线。

2）系统断开，仅投系统外小电源运行方式时灵敏性校验

$$I_{K.\min}^{(2)} = 500.8(A)$$

$$K_{sen} = \frac{500.8}{0.7 \times 500.8} = \frac{500.8}{350.6} = 1.43$$

2. 电压量定值

实际作用为电压闭锁，防保护误动措施。

（1）电压突变量启动定值

$$U_{op} = 0.25U_n = 25(V)$$

（2）低电压启动定值

$$U_{op.2} = 0.95U_n/(K_{rel}K_r) = 95/(1.4 \times 1.1) = 62(V)$$

因母线故障电压灵敏性高，为可靠不误动可取较低值，取 50V。

（3）负序电压定值，取经验值 $U_{2.op}$=6～7（V）。

非直接接地系统不设零序电压闭锁定值。

3. TA 断线

（1）低定值发信告警

$I_{op.2}$=0.2A　（2%～4%$I_{n.2}$）

t=6s

（2）高定值闭锁差动保护

$I_{op.2}$=0.08$I_{n.2}$=0.4（A）　（6%～10%$I_{n.2}$）

t=6s

4. TV 断线告警发信号

$U_{op.2}$=12V（自产零序电压或取 TV 二次开口三角电压）

t_{op}=6s，只发信号不闭锁保护。

5. 母线分段充电保护

（1）动作电流

$$I_{op.1} = K_{rel}I_n = 1.4 \times 400 = 560(A)$$

$$I_{op.r} = I_{op.1}/n_a = 560/(400/5) = 7(A)$$

（2）动作时限 $t=0''$（用短充电）。

（3）灵敏系数校验，系统最小方式时

$$K_{sen} = \frac{I_{K.\min}^{(2)}}{I_{op.1}} = 3250/560 = 5.8$$

单独由系统外小电源充电 K_{sen}=500.8/560=0.9（不满足要求），改 $I_{op.1}$ 为 280A（200/5TA 额定电流的 1.4 倍），K_{sen}=500.8/280=1.8（合格）。

第6章　高压并联补偿电容器组的保护

6.1　高压并联补偿电容器组故障及其保护的装设原则

6.1.1　高压并联补偿电容器组的故障

电容器常见的故障有渗油、漏油、外壳膨胀等，严重时内部串联元件逐步击穿形成极间短路而引起爆炸。造成电容器故障的主要原因是制造工艺的质量问题和耐压试验及运行维护不当所致。

要防止电容器发生上述故障，需要采取的措施也是多方面的。如改进电容器制造工艺，进一步提高电容器产品质量；加强运行管理，改善电容器室通风条件；装设可靠的保护装置等。而装设可靠的保护装置是减少和防止电容器损坏及事故扩大发生爆炸的重要措施。对3kV及以上的并联补偿电容器组的下列故障及运行方式，应装设相应保护装置：

（1）电容器组和断路器之间连线的短路；

（2）电容器内部故障及其引出线的短路；

（3）电容器组中某一故障电容器切除后所引起的过电压；

（4）电容器组的单相接地；

（5）电容器组的过电压；

（6）电容器所连接的母线失压。

（7）中性点不接地的电容器组，各组对中性点的单相短路。

6.1.2　高压并联电容器组保护的装设原则

（1）对电容器组和断路器之间连接线的短路，可装设带有短时限的电流速断和过流保护，动作于跳闸。速断保护的动作电流，按最小运行方式下，电容器端部引线发生两相短路时有足够灵敏系数整定，保护的动作时限应防止在出现电容器充电涌流时误动作。过流保护的动作电流，按电容器组长期允许的最大工作电流整定。

容量400kvar及以下的高压电容器组可采用负荷开关操作，熔断器作为由负荷开关至电容器组的馈电线上的短路保护。

（2）对电容器内部故障及其引出线的短路，宜对每台电容器分别装设专用的保护熔断器，熔丝的额定电流可为电容器额定电流的1.5～2.0倍。

高压电容器内部故障及其引出线上的短路保护，采用下列保护方式之一：

1）用一个熔断器保护一台电容器。

2）用一个熔断器保护一组 3～5 台电容器。

3）双星形接线电容器组的中性点不平衡电流保护。

4）串并联电容器组的桥式差流保护。

5）串联电容器组的电压差动保护。

6）单三角形接线电容器组的零序电压保护。

高压电容器组的容量一般都不大，采用保护方式 1）或 2）。因为这两种保护方式比较简单，保护也是可靠的。保护方式 3）～6）比较复杂，一般用于地区变电站中的容量较大及对保护可靠性要求较高的高压电容器组。在大型工矿企业总降压变电站和配电站中也采用该保护方式。

（3）当电容器组中的故障电容器被切除到一定数量后，引起剩余电容器端电压超过110％额定电压时，保护应将整组电容器断开。为此，可采用下列保护之一：

1）中性点不接地单星形接线电容器组，可装设中性点电压不平衡保护；

2）中性点接地单星形接线电容器组，可装设中性点电流不平衡保护；

3）中性点不接地双星形接线电容器组，可装设中性点间电流或电压不平衡保护；

4）中性点接地双星形接线电容器组，可装设反应中性点回路电流差的不平衡保护；

5）电压差动保护；

6）单星形接线的电容器组，可采用开口三角电压保护。

电容器组台数的选择及其保护配置时，应考虑不平衡保护有足够的灵敏度，当切除部分故障电容器后，引起剩余电容器的过电压小于或等于额定电压的 105％时，应发出信号；过电压超过额定电压的 110％时，应动作于跳闸。

不平衡保护动作应带有短延时，防止电容器组合闸、断路器三相合闸不同步、外部故障等情况下误动作，延时可取 0.5s。

（4）对电容器组的单相接地故障，可参照 3.10 节装设保护，但安装在绝缘支架上的电容器组，可不再装设单相接地保护。

（5）对电容器组，应装设过电压保护，带时限动作于信号或跳闸。

（6）电容器应设置失压保护，当母线失压时，带时限切除所有接在母线上的电容器。

（7）高压并联电容器宜装设过负荷保护，带时限动作于信号或跳闸。

6.2　电容器组的短延时过电流保护、过电流保护及过负荷保护

采用短延时（0.1～0.3s）过电流保护作为高压电容器组和断路器之间连接线上的相间短路保护时，保护的动作电流应躲开投入电容器时的冲击电流。冲击电流的数值较大，在系统中实际可达额定电流的 5～15 倍，在有串联电抗器的情况下，冲击电流可降低到额定电流的 5～6 倍。但冲击电流衰减极快，如使用过电流继电器中的瞬动元件，利用其本身的固有动作时间，可按躲过实际测定值整定，通常在 5 倍额定电流以上。如按保护装置灵敏性的要求而需进一步降低动作电流时，可使保护带 0.1～0.3s 的延时。

短延时（0.1～0.3s）过电流保护的原理接线如图 6-1 所示。

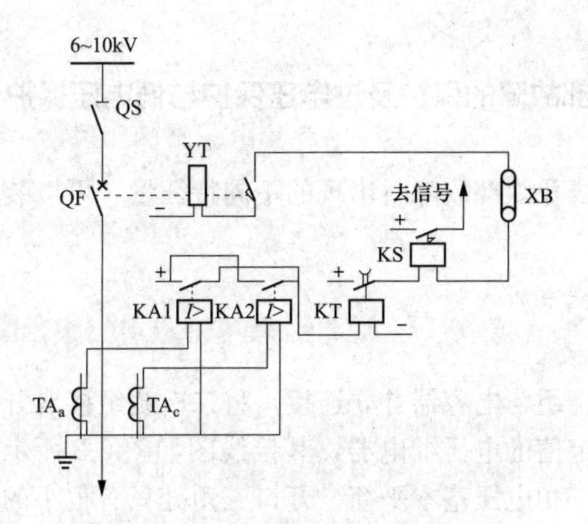

图 6-1　短延时过电流保护原理接线图

KA1、KA2—电流继电器；KT—时间继电器；KS—信号继电器；YT—跳闸线圈；XB—连接片

短延时（0.1～0.3s）过电流保护装置的动作电流计算式为

$$I_{op.1} = K_{rel} I_n \tag{6-1}$$

$$I_{op.r} = K_{con} \frac{I_{op.1}}{n_a} \tag{6-2}$$

式中　$I_{op.1}$——保护装置一次动作电流（A）；

K_{rel}——可靠系数，考虑躲开冲击电流，短延时（0.1～0.3s）过电流保护时取 K_{rel}＝3～5，以满足电容器端部引线发生短路有足够灵敏性为条件；

I_n——电容器组的额定电流（A）；

$I_{op.r}$——继电器动作电流（A）；

K_{con}——接线系数，当继电器接于相电流时，K_{con}＝1，当继电器接于两相电流之差时，K_{con}＝1.73；

n_a——电流互感器变比。

过流保护整定计算公式与短延时过流保护接线相同，可靠系数可取 1.3～1.5，一般取延时为 0.3～1s。

保护装置的灵敏性校验式为

$$K_{sen}^{(2)} = K_{sen.re} \frac{I''^{(3)}_{k.min}}{I_{op.1}} \tag{6-3}$$

式中　$K_{sen}^{(2)}$——系统最小运行方式下保护安装处发生两相短路时，保护的灵敏系数，要求不小于 2；

$K_{sen.re}$——两相短路的相对灵敏系数，见附录表 A-2；

$I''^{(3)}_{k.min}$——系统最小运行方式下电容器组馈电线末端三相次暂态短路电流（A）。

由于在电力系统中，并联电容器常受到谐波的影响，特殊情况下可能发生谐振现象，产生很大的谐振电流。谐振电流会使电容器过负荷，振动发出异声，使串联电抗器过热，甚至烧损。另外，局部的电容器损坏也会引起过负荷。所以 GB 50277—2017《并联电容器装置设计规范》规定高压并联电容器装置应装设过电流保护，保护应动作于跳闸。

过电流保护比较简单，第 4 章降压变压器保护中已作过介绍，在此不再赘述。

6.3 电容器组内部故障的保护及过电压保护与低电压保护

根据电容器不同接线及内部故障时出现的不同特征量，可以装设构成不同的保护。其常用的有以下几种保护。

6.3.1 零序电压保护

1. 保护动作原理

将电压互感器一次绕组与电容器并联连接，将二次绕组接成开口三角形，将其电压信号接入微机保护或低整定值的电压继电器，其接线图如图 6-2 所示。在正常运行时，电容器三相容量平衡，所以三相电压基本平衡，开口三角处只有很小的不平衡电压。当某相个别电容器故障被切除时，便会引起三相电容器电容量不相等，从而造成三相电压不平衡，在 TV 开口三角处出现零序电压。当此电压达到继电器整定值时，继电器动作于断路器跳闸，将电容器整组切除。

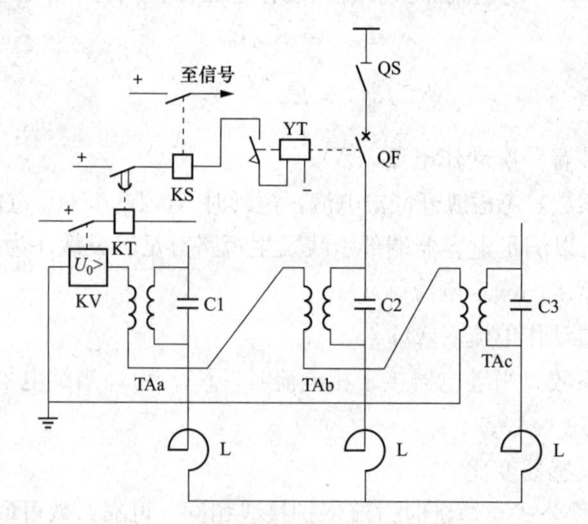

图 6-2 电容器零序电压保护接线图

KV—电压继电器；KT—时间继电器；KS—信号继电器；YT—跳闸线圈

2. 保护整定计算

$$U_{op}=\frac{U_d}{n_v K_{sen}} \tag{6-4}$$

$$U_d=\frac{3K}{3N(M-K)+2K}U_n \tag{6-5}$$

$$U_d=\frac{3\beta}{3N[M(1-\beta)+\beta]-2\beta}U_n \tag{6-6}$$

上三式中 U_{op}——动作电压；

n_v——电压互感器变比；

K_{sen}——灵敏系数，取 1.25～1.5；

U_n——电容器组的额定相电压；

U_d——差电压；

K——因故障而切除的电容器台数；

β——任意一台电容器击穿元件的百分数；

N——每相电容器的串联段数；

M——每相各串联段电容器并联台数。

其整定值可由电容器生产厂提供，动作时间一般整定为0.1～0.2s。

由于三相电容的不平衡及电网电压的不对称，正常时存在不平衡零序电压$U_{0.ub}$，故应进行校验，即

$$U_{op} \geqslant K_{rel} U_{0.ub} \tag{6-7}$$

应当说明，式（6-5）适用于有专用单台熔断器保护的电容器装置；而式（6-6）则适用于未设置专用单台熔断器保护的电容器装置。

3. 保护接线方式的优、缺点

开口三角零序电压保护接线的主要优点：

（1）接线原理简单，安装接线容易；

（2）使用继电器少，比较经济；

（3）灵敏性高，动作较为准确可靠。

其主要缺点是：

（1）当母线三相电压不平衡时，可能因不平衡电压加大而引起误动作，这点在确定整定值时需注意；

（2）对三相电容器之间的平衡度要求较严，调整工作量较大；

（3）不能分相指示故障，查找故障电容器较麻烦。

6.3.2　双星形接线电容器中性点不平衡电压保护和不平衡电流保护

双星形接线的电容器组并联，其中性点m、n间接一电流互感器或电压互感器构成不平衡电流或不平衡电压保护。不平衡电流保护原理接线如图6-3所示。

1. 保护动作原理

以电流不平衡动作原理为例分析。假设两组电容器的容量相等，在正常运行情况下，两组电容器三相处于平衡状态，即$\dot{I}_{1A}+\dot{I}_{1B}+\dot{I}_{1C}=0$，$\dot{I}_{2A}+\dot{I}_{2B}+\dot{I}_{2C}=0$，因此流过中性点的电流$\dot{I}_{mn}=0$，电流继电器KA不动作。当电容器组中任一台电容器内部部分元件击穿时，如第一组A相任一台电容器内部部分元件击穿，此时双星形接线的电容器组中性点m、n间将有不干衡电流流过（当把TA换成电压互感器TV时，同理会产生不平衡电压，在TV二次侧会有不平衡电压输出），当电流达到电流继电器KA1的动作值时，电流继电器KA1动作，其常开触点闭合，使时间继电器KT和信号继电器KS动作，发出信号并使断路器跳闸。

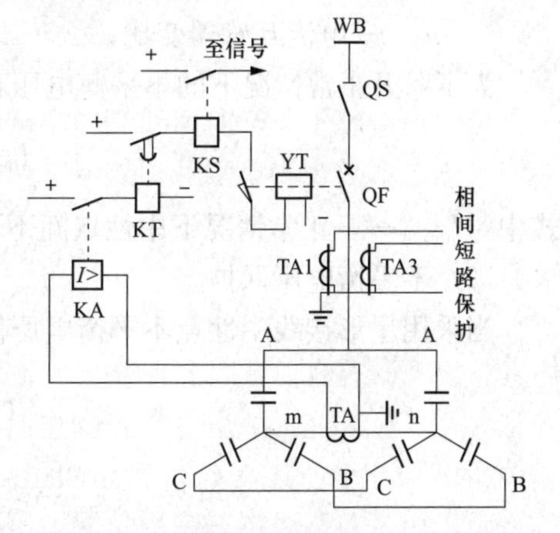

图6-3　双星形接线电容器组的中性点不平衡电流保护接线图

KA—电流继电器；KS—信号继电器；KT—时间继电器；YT—跳闸线圈

图6-3中电流互感器TA变比和继电器KA规

格的选择，应保证保护装置动作时有必要的灵敏性。互感器的变比一般采用5/5～15/5，准确级为0.5级。电流继电器KA1一般采用DL-11/0.6型或DL-11/2型或其他型号的保护装置。

为了减少正常运行时m、n间的不平衡电流，安装电容器组时，每组电容器组的各相电容量应尽量调整得使其相等。

2. 保护装置的整定计算

（1）不平衡电流保护。

$$I_{op}=\frac{I_{mn}}{n_a K_{sen}} \tag{6-8}$$

$$I_{mn}=\frac{3MK}{6N(M-K)+5K}I_n \tag{6-9}$$

$$I_{mn}=\frac{3M\beta}{6N[M(1-\beta)+\beta]-5\beta}I_n \tag{6-10}$$

上三式中　I_{mn}——中性点间流过的电流；

n_a——电流互感器变比；

K_{sen}——灵敏系数，取1.25～1.5；

I_n——每台电容器额定电流；

K——因故障而切除的电容器台数；

β——任意单台电容器串联元件击穿元件的百分数，可取75%；

N——每相电容器的串联段数；

M——双星形接线每臂各串联段电容器并联台数。

另一种整定计算方法为

$$I_{op.r}=\frac{15\% I_n}{n_a} \tag{6-11}$$

式中　$I_{op.r}$——电流继电器的动作电流；

I_n——一组（一个丫形连接的一相）电容器的额定电流；

n_a——电流互感器变比；

为了躲开正常情况下的不平衡电压和不平衡电流，应按下式校验动作值

$$I_{op}\geqslant K_{rel}\frac{I_{mn.ub}}{n_a} \tag{6-12}$$

式中　$I_{mn.ub}$——正常情况下中性点间不平衡电流。

（2）不平衡电压保护。

当采用星形接线中性点不平衡电压保护时，零序电压计算公式为

$$U_{op}=\frac{U_{mn}}{n_v K_{sen}} \tag{6-13}$$

$$U_{mn}=\frac{K}{3N(M-K)+2K}U_n \tag{6-14}$$

$$U_{mn}=\frac{\beta}{3N[M(1-\beta)+\beta]-2\beta}U_n \tag{6-15}$$

上三式中　U_{mn}——中性点不平衡电压；

n_v——电压互感器变比；

K_{sen}——灵敏系数，取1.25～1.5；

U_n——每台电容器额定电压；

K——因故障而切除的电容器台数；

β——任意单台电容器串联元件击穿元件的百分数，可取75%；

N——每相电容器的串联段数；

M——双星形接线每臂各串联段电容器并联台数。

为了躲开正常情况下的不平衡电压，同样应校验其电压动作值，计算式为

$$U_{op} \geqslant K_{rel} \frac{U_{mn.ub}}{n_v} \tag{6-16}$$

式中　$U_{mn.ub}$——正常情况下中性点间不平衡电压。

式（6-9）和式（6-14）适用于有专用单台熔断器保护的电容器装置；式（6-10）和式（6-15）适用于未设置专用单台熔断器保护的电容器装置。

3. 保护接线方式的优、缺点

中性点不平衡电流保护接线方式的主要优点是：

（1）结构原理简单，安装接线容易；

（2）使用电流互感器和继电器较少，较经济；

（3）保护灵敏性高，动作较准确可靠；

（4）接线方式不易造成误动作。

其缺点是：

（1）当母线三相电压不平衡时，可能因不平衡电流的加大而误动作；

（2）同组各相之间电容器平衡度要求较严，调整工作量较大；

（3）不能分相指示故障电容器，查找故障电容器较麻烦。

6.3.3　电压差动保护

1. 保护动作原理

这种保护是针对大容量密集型电容器设计的。该电容器组每相内由两个同等容量的电容器组串联组成，与之相配的电压互感器每相具有两个一次绕组，被分别接在同相电容器两个串联段上，其两个二次绕组接成差压方式，如图6-4所示。正常运行时，两个串联段上电容器的电容量相等，电压平衡，差压继电器上只有很小的不平衡电压。当某相某一串联段上的电容器因故障被部分切除时，会引起两个串联段上电容器电容量不相等，则电压不平衡，该相电压互感器二次侧即有差电压输出，当差电压达到继电器动作整定值时，该相继电器动作，使断路器跳闸。

2. 保护整定计算

电压差动继电器的动作值计算式为

$$U_{op} = \frac{\Delta U_d}{n_v K_{sen}} \tag{6-17}$$

$$\Delta U_d = \frac{3K}{3N(M-K)+2K} U_n \tag{6-18}$$

$$\Delta U_d = \frac{3\beta}{3N[M(1-\beta)+\beta]-2\beta} U_n \tag{6-19}$$

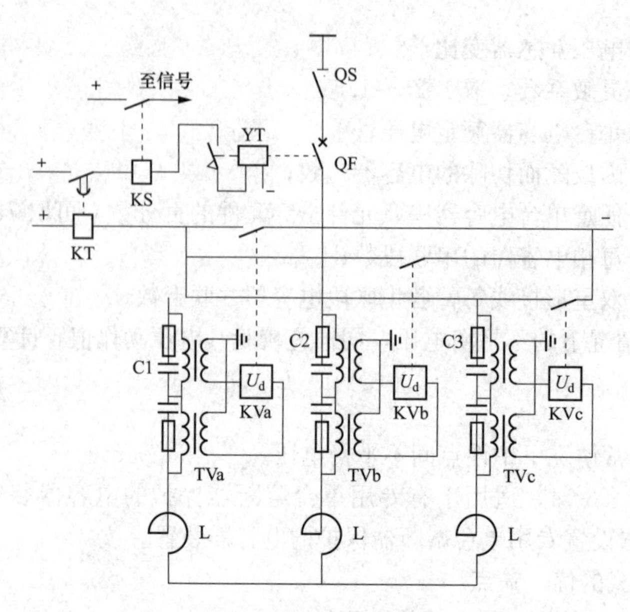

图 6-4　电容器电压差动保护接线图

KV—电压差动继电器；KT—时间继电器；KS—信号继电器；YT—跳闸线圈

当 $N=2$ 时，有

$$\Delta U_{\rm d}=\frac{3K}{6M-4K}U_{\rm n} \tag{6-20}$$

$$\Delta U_{\rm d}=\frac{3\beta}{6M(1-\beta)+4\beta}U_{\rm n} \tag{6-21}$$

上五式中　$U_{\rm op}$——动作电压；

$n_{\rm v}$——电压互感器变比；

$K_{\rm sen}$——灵敏系数，取 1.25～1.5；

$U_{\rm n}$——电容器组的额定相电压；

$\Delta U_{\rm d}$——故障相的故障段与非故障段的电压差；

K——因故障而切除的电容器台数；

β——任意一台电容器击穿元件的百分数；

N——每相电容器的串联段数；

M——每相各串联段电容器并联台数。

其计算定值也应用式（6-7）进行校验。

其定值也可由电容器厂家提供，动作时间一般整定为 0.1～0.2s。

3. 保护接线方式的优、缺点

电压差动保护接线方式的主要优点是：

（1）保护原理简单，安装接线比较容易；

（2）保护灵敏性高，动作较准确可靠；

（3）不受三相电压不平衡的影响；

（4）可以分相指示故障，容易查找故障电容器。

其主要缺点是：

（1）对母线侧与中性点侧两侧电容器平衡度要求较严，调整工作量较大；

（2）电压互感器二次绕组接线有极性问题，要校验接线极性正确性；

（3）使用继电器相对较多。

6.3.4　桥式差电流保护

1. 保护动作原理

电容器组由两个相同容量电容器串联的两个并联分支构成，在两个中点之间的连线上装设一台低变比的电流互感器，如图6-5所示。在正常情况下，中性点侧与母线侧两侧电容器容量平衡，两中性点之间电压差趋于零，两中性点之间的电流互感器基本上没有电流通过。当某分支中的电容器发生故障部分被切除时，两分支容量不平衡，其中性点之间有电压差，电流互感器中有电流通过。当不平衡电流超过电流继电器KA整定值时，继电器KA动作，使断路器跳闸，将该电容器组切除。

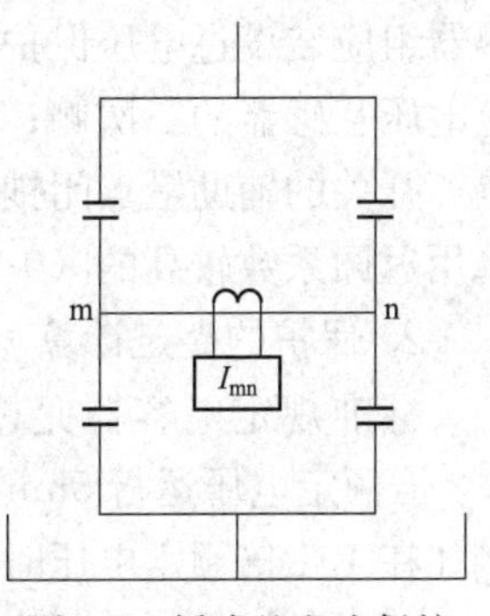

图6-5　桥式差电流保护接线示意图

2. 保护整定计算

保护动作电流计算式为

$$I_{op}=\frac{I_{mn}}{n_a K_{sen}} \tag{6-22}$$

$$I_{mn}=\frac{3MK}{3N(M-2K)+8K}I_n \tag{6-23}$$

$$I_{mn}=\frac{3M\beta}{3N[M(1-\beta)+2\beta]-8\beta}I_n \tag{6-24}$$

上三式中　I_{mn}——故障切除部分电容器后，桥路中流过的电流；

n_a——电流互感器变比；

K_{sen}——灵敏系数，取1.25～1.5；

I_n——每台电容器额定电流；

K——因故障而切除的电容器台数；

β——任意单台电容器串联元件击穿元件的百分数；

N——每相电容器的串联段数；

M——双分支接线每臂各串联段电容器并联台数。

式（6-23）适用于有专用单台熔断器保护的电容器装置；式（6-24）适用于未设置专用单台熔断器保护的电容器装置。

3. 保护接线方式的优、缺点

桥式差电流保护的主要优点基本同电压差动保护，并且不存在接线极性的问题。

其主要缺点是：

（1）同一相内不仅要调整两个分支的电容器的平衡，而且要特别注意调整同一个分支中两台电容的平衡度；

（2）使用继电器相对较多。

6.3.5　电容器装置母线过电压保护

过电压保护是为了防止电力系统运行电压过高危及电力电容器组的安全运行而装设的

继电保护。

1. 保护的装设

为避免电容器组在工频过电压下运行发生绝缘破坏，并联电容器设计规范规定电力电容器组应装设过电压保护。过电压保护的电压继电器有两种接法：①接于专用放电器或放电电压互感器的二次侧；②接于母线电压互感器二次侧，后者应经该电容器组的断路器或隔离开关的辅助触点闭锁，以使电容器组电源断开后，保护能自动返回。过电压继电器应选用返回系数较高的（0.98 以上）的静态型继电器或微机型保护。

2. 保护的整定计算

标准规定电容器允许在 1.1 倍额定电压下长期运行；1.15 倍额定电压运行 30min；1.2 倍额定电压运行 5min；1.3 倍额定电压运行 1min。为安全起见，实际整定比较保守。例如在 1.1 倍额定电压时延时动作于信号，在 1.2 倍额定电压时 5～10s 动作于断路器跳闸，延时跳闸的目的是为了避免瞬时电压波动引起的误跳闸。

其继电器的动作电压值计算式为

$$U_{op}=\frac{K_v U_{nB}}{n_v} \tag{6-25}$$

式中　K_v——电容器允许的过电压倍数；

U_{nB}——电容器装置接入母线（电网标称）额定电压；

n_v——电压互感器的变比。

6.3.6　电容器装置失压保护

电容器不允许带残留电荷合闸，以防止造成电容器损坏。

1. 保护装置的装设

为了防止电容器所连接的母线失压后由下面原因对电容器造成损坏，并联电容器应装设失压保护。

（1）电容器装置失压后立即恢复供电（如电源自动重合闸）将可能造成电容器过电压而损坏电容器。

（2）变电站失压后恢复供电，可能造成变压器带电容器合闸涌流及过电压或失电后的恢复供电可能因无负荷造成电压升高引起的过电压而损坏电容器。

2. 保护的整定计算

该保护的整定值既要保证失压后，电容器尚有残压时能可靠动作，又要防止在系统瞬间电压降低时发生误动作。一般失压保护的电压继电器动作值可整定为 50%～60%电网标称电压，带短延时跳闸。在时限上应考虑：

（1）同级母线上的其他出线故障时，在故障被切除前不应先跳闸；

（2）当有备用电源自动投入装置时在自动投入合上电源前或在电源线有失电重合闸时在重合闸前应先跳闸。

继电器的动作电压计算式为

$$U_{op}=\frac{K_{min} U_{nB}}{n_v} \tag{6-26}$$

式中　K_{min}——系统正常运行时可能出现的最低电压系数，一般取 0.5；

U_{nB}——电容器所接母线电网标称额定电压；

n_v——电压互感器的变比。

6.4　微机型综合电容器保护装置

微机型综合电容器保护装置产品较多，仅以 MDM-B1C（A）型电容器测控装置为例进行说明。

6.4.1　功能配置

（1）短延时过电流保护，由三相式电流元件和延时元件组成。

（2）过电流保护，由三相式电流元件和延时元件组成，逻辑框图如图 6-6 所示。

（3）过负荷保护，由单相式电流元件和延时元件组成，延时报警。

（4）零序过电流（不平衡电流）保护，由零序过电流元件和延时元件组成，主要用于双星形接线的电容器组以及单星形中性点接地的电容器组等，也能用于单三角形接线的电容器组，逻辑框图如图 6-7 所示。

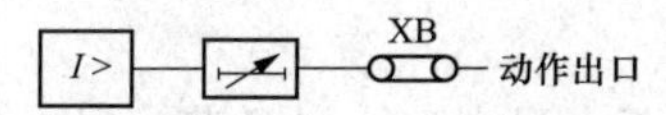

图 6-6　电容器组过电流保护逻辑框图

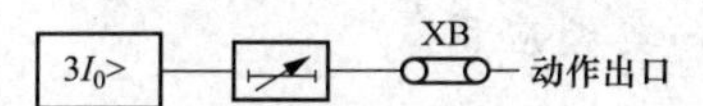

图 6-7　电容器组零序过电流保护逻辑框图

（5）零序过电压（不平衡电压）保护，由零序过电压元件和延时元件组成，用作双星形接线的电容器组以及单星形接线电容器组 TV 二次开口三角接线的零序电压保护，逻辑框图如图 6-8 所示。

（6）差电压保护，由三个差电压元件和延时元件组成，用于单星形接线每臂二组串接的电容器组保护，逻辑框图如图 6-9 所示。该接线如果改测桥上差电流同样可以实现差电流保护。

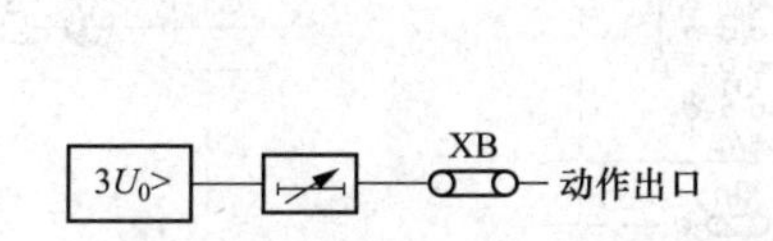

图 6-8　电容器组零序过电压保护逻辑框图

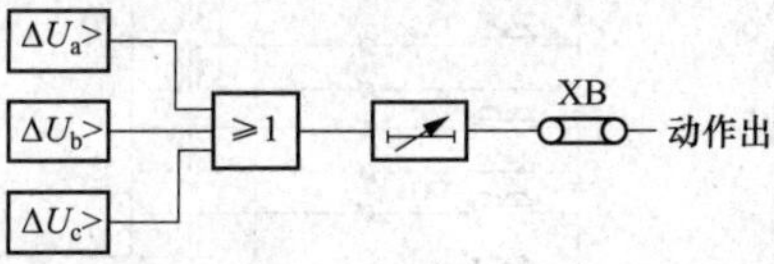

图 6-9　单星形每臂两组串联电容器组差电压保护逻辑框图

（7）过电压保护，由三个相间过电压元件和延时元件组成，逻辑框图如图 6-10 所示。

（8）低电压保护，由三个相间低电压元件和延时元件组成，为防止 TV 三相断线，采用电流作为 TV 断线闭锁，逻辑框图如图 6-11 所示。

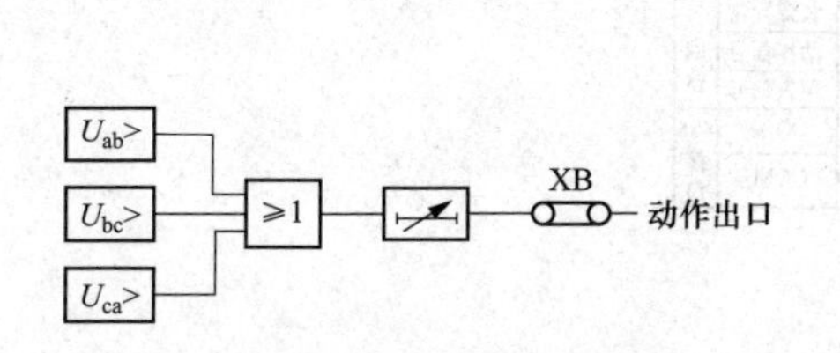

图 6-10　电容器组过电压保护逻辑框图

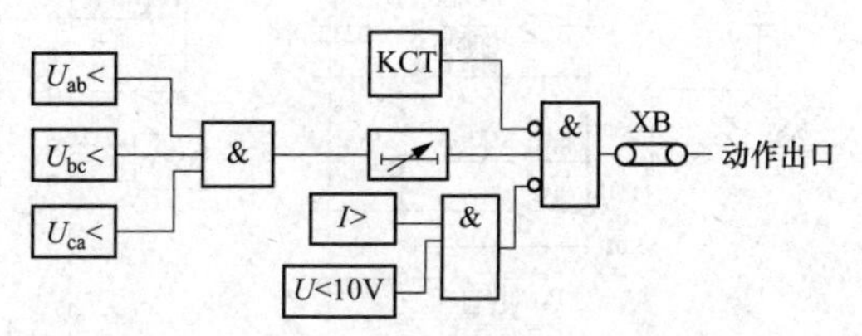

图 6-11　电容器组低电压保护逻辑框图

（9）F-C 闭锁，当用于熔断器—高压接触器（F-C 方式）构成的开关柜时，如果任何一相的短路电流超过了接触器可以断开的最大电流，保护出口被闭锁，接触器不能跳开，由熔断器熔断切除故障。

（10）TV 断线报警。TV 断线可采用低压断路器（自动空气开关）辅助接点闭锁，也可采用电容器电流闭锁，逻辑框图如图 6-12 所示。

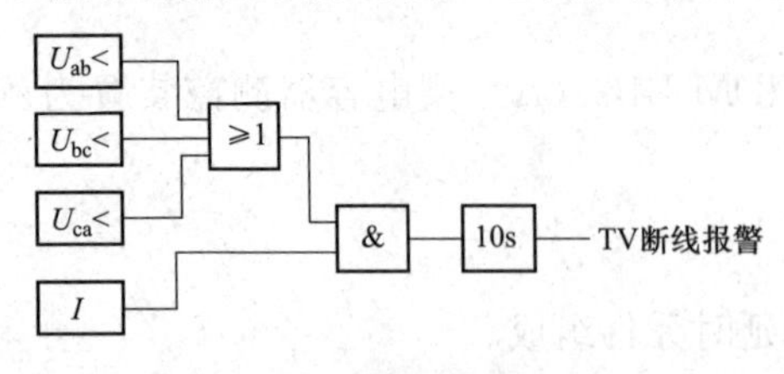

图 6-12　TV 断线报警逻辑框图

测量、控制功能和通信功能等基本同第三章所述，不再重复。

6.4.2　保护常用主要技术参数

（1）电流元件整定范围：3～60A，级差 0.1A（对于 5ATA，其余类推）。

（2）相间电压元件整定范围：30～90V（低电压），级差 1V；110～130V（过电压），级差 1V。

（3）时间元件：0～9.99s，级差 0.01s。

（4）零序电流元件：0.3～6.0A，级差 0.01A。

（5）零序电压元件：4～20V，级差 0.1V。

6.4.3　典型应用

典型应用接线见图 6-13，该装置设有延时电流速断、过电流、过负荷、过电压、低电压及零序电压或不平衡电压、零序过电流或不平衡电流等保护，满足 6～35kV 电力并联电容器保护需要，使用灵活方便，并可闭锁 F-C 回路接触器。保护动作于断路器时，可闭锁电压无功自动控制装置 VQC。

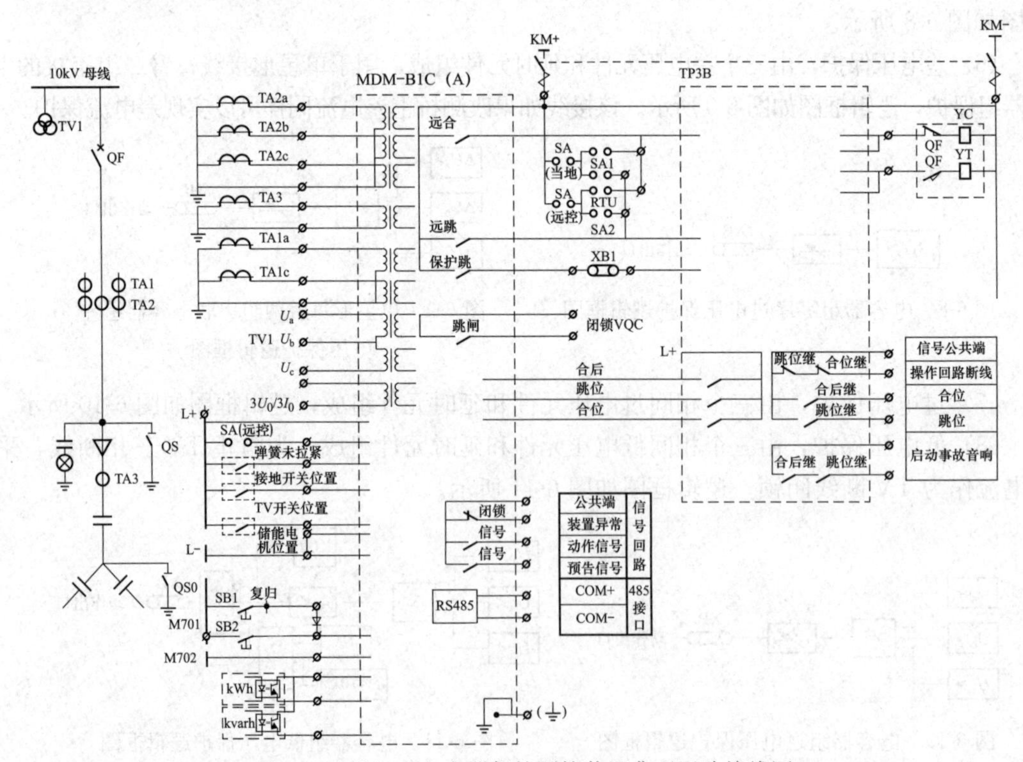

图 6-13　微机型电容器保护测控装置典型回路接线图

电容器的保护整定计算并不复杂，其不同保护具体的整定计算，可按对应的公式，参考书中类似的计算进行。

第7章 厂用电抗器保护

7.1 电抗器的故障和不正常运行方式

1. 电抗器故障

目前使用的电抗器多为空芯电抗器，电抗器故障通常分为外部故障和内部故障两类。

电抗器的外部故障最常见的是出线侧的引线端子接地故障或端子接地与外部的另一点接地故障形成的短路故障。

电抗器的内部故障有接地故障或从而形成的相间短路、绕组的匝间短路和绝缘损坏。由于不断改善电抗器的结构和绝缘的加强以及布置的优化，在三相电抗器中发生内部三相相间短路的可能性很小，但是仍有相间短路的可能。对电抗器来说，内部故障是很危险的，因为内部故障大都会产生较大的电弧，引起绝缘物的破坏，导致电抗器的加速烧毁，其故障后果可能较为严重，甚至使电抗器在现场难以修复。

2. 电抗器的不正常运行方式

在小电流接地系统中，若发生一点接地仍然允许短时间继续运行，但这种情况下必须防止两点接地故障发生的可能，应及时发出告警并尽快消除一点接地故障，使电源电抗器处于安全运行状态。

7.2 电抗器回路的保护装设原则

1. 厂用工作电抗器宜装设的保护

（1）纵联差动保护，用于差动保护范围内的相间短路故障保护，保护瞬时动作于两侧断路器跳闸。

（2）过电流保护，用于保护电抗器回路及相邻元件的相间短路故障，当电抗器供电给2个分段时，分支上也应装设过电流保护。保护带时限动作于两侧断路器跳闸。

（3）分支的过电流保护，用于保护本分支回路及相邻元件相间短路故障。保护带时限动作于本分支断路器跳闸，无分支时不需装设。

（4）单相接地保护，当电源从母线上引接，且该母线为非直接接地系统时，如母线上的出线都装有单相接地保护，则该电抗器回路也应装设单相接地保护。

（5）温度保护。

2. 厂用备用电抗器宜装设的保护

（1）纵联差动保护，用于差动保护范围内的相间短路故障的保护，保护瞬时动作于两侧断路器跳闸。

（2）过电流保护，用于保护电抗器回路及相邻元件的相间短路故障，保护带时限动作于电源侧及各分支断路器跳闸。

（3）备用分支的过电流保护，用于保护本分支回路及相邻元件相间短路故障。保护带时限动作于本分支断路器跳闸。当备用电源自动投入至永久性故障，本保护应加速跳闸。

（4）单相接地保护，当电源从母线上引接，且该母线为非直接接地系统时，如母线上的出线都装有单相接地保护，则该电抗器回路也应装设单相接地保护。

（5）温度保护。

7.3 工作及备用电抗器保护配置

7.3.1 厂用工作电抗器保护

厂用工作电抗器一般装设纵联差动保护、过电流保护、单相接地零序电流等保护。无分支的电抗器保护接线见图 7-1。

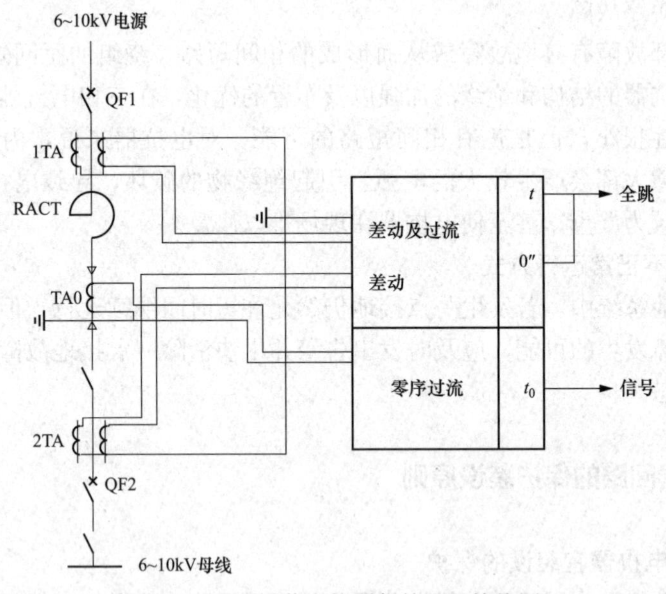

图 7-1 厂用工作电抗器保护配置接线图

1. 纵联差动保护

为了尽快切除电抗器和电缆中的相间短路故障，并加速备用电源自动投入，一般装设纵联差动保护。若采用电流速断作为主保护，保护在最小运行方式时，在有的系统可能失去保护作用（进线侧短路动作不了）。对采用不允许切除电抗器前短路故障的断路器，不考虑闭锁速动保护。理由如下：

（1）电抗器前短路故障是稀少的；

（2）断路器间隔的设备（引线、电流互感器等）都是以电抗器后发生短路故障时的短路条件来选择的；

（3）在很多情况下，电抗器前的故障是由母线或发电机的速断保护来切除。

纵差保护瞬时动作于两侧断路器跳闸。

2. 过电流保护

过电流保护用于保护电抗器回路及相邻元件的相间短路故障。保护装置采用两相两继电器式接线，且带时限动作于两侧断路器跳闸。

3. 单相接地保护

当电抗器所接电压系统中的各出线装有单相接地保护时，电抗器回路也需装设单相接地保护，以便有选择性地反应单相接地故障。

保护由接于零序电流互感器上的电流保护构成。当从电抗器接出的电缆为 2 根及以上，且每根电缆分别装设无变比的零序电流互感时，应将各互感器的二次绕组串联后接入零序电流保护。当采用新型有准确变比的电流互感器时，互感器二次并联后接入零序电流保护。

电缆终端盒的接地线应穿过零序电流互感器，以保证保护正确动作。在非直接接地系统保护带时限动作于信号。

带两段母线厂用工作电抗器的保护配置接线图见图 7-2。保护的配置基本与图 7-1 相同，其主要不同点是电抗器是通过两个分支给两个分段母线供电，在各分支上装设了专用的过电流保护，动作于本分支断路器跳闸，作为该分支工作母线短路的主保护，并作为下级负荷回路的后备保护。另外与图 7-1 不同的是，差动保护接两个分支的 TA 与电源侧的 TA 共同构成完全差动。

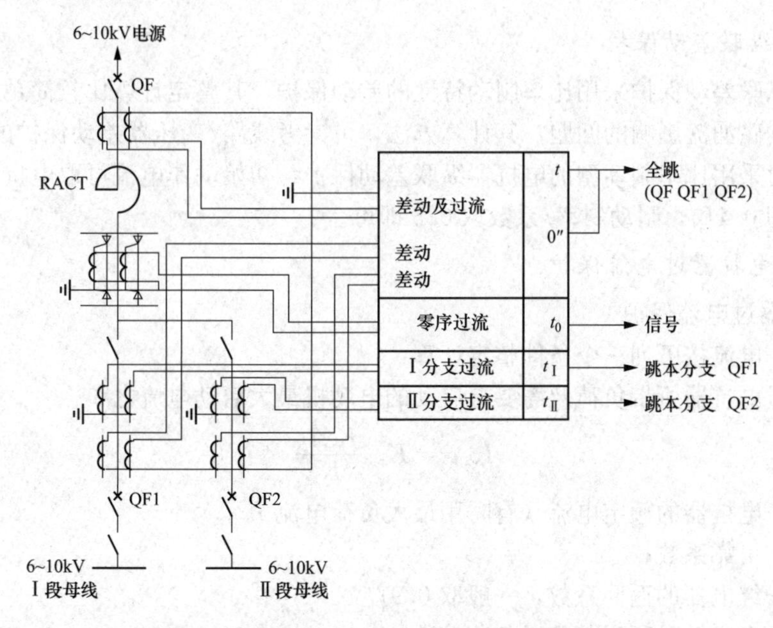

图 7-2　带两段母线厂用工作电抗器保护配置接线图

顺便指出，图 7-2 一般采用分裂电抗器，当由电源侧向两个分支供电时，由于分支互感的作用阻抗较小，从而运行压降也小，有利于正常运行时保证电压质量。而当另一母线侧发生短路故障时，由于两侧互感的作用却使得两侧之间的阻抗大为增加，从而限制了一侧向另一侧供给的短路电流，有利于限制短路容量，便于选择价格较低的设备，也可以减少短路故障时对设备的损坏。

7.3.2　厂用备用电抗器保护

厂用备用电抗器因为经常处于备用状态，一般不装差动保护而装设两相式不完全星形接线过电流保护，但备用分支多且备用电抗器频繁使用时也可考虑装设纵联差动保护；备用分支也装设过两相式不完全星形接线过电流保护；单相接地电流保护等保护。其过流保护与单相接地保护配置接线可参见图 7-1。

1. 过电流保护

过电流保护用于保护电抗器回路及相邻元件的相间短路故障。保护装置采用两相两继电器式接线，带时限动作于电源侧及各分支断路器跳闸。

2. 备用分支过电流保护

备用分支过电流保护用于保护本分段母线及相邻元件相间短路故障。保护采用两相两继电器式接线，带时限动作于本分支断路器跳闸。

当备用电源自动投入至永久性故障时，本保护应加速跳闸。即短时间内应由备用电源自动投入装置动作接点解除延时回路，投入正常运行后发生故障时，应带延时动作。

3. 单相接地保护

备用电抗器单相接地保护装设条件与构成方式同工作电抗器。

7.4　厂用电源电抗器保护的整定计算

7.4.1　纵联差动保护

电抗器纵联差动保护采用比率制动特性的差动保护，其整定计算比较简单，不存在调压、转角或励磁涌流影响的问题，其计算方法，可参考线路/变压器差动保护的整定计算。根据经验，对采用比率制动型的电抗器纵联差动保护，初始动作电流可取电抗器额定电流的 0.4 倍，即 $0.4I_N$，制动斜率/系数取 0.5 即可。

7.4.2　电抗器过电流保护

1. 电抗器过电流保护

保护动作电流按下列三个条件整定计算：

（1）躲过电抗器所带负荷及需要自启动的电动机最大启动电流之和

$$I_{op.1}=K_{rel}\frac{K_{st}I_N}{K_r} \tag{7-1}$$

式中　I_N——电抗器的额定电流（有时用最大负荷电流 I_{lomax}）；

K_{rel}——可靠系数；

K_r——继电器的返回系数，一般取 0.9；

K_{st}——自启动时所引起的过负荷倍数。

用计算方法确定 K_{st}时，应考虑在最严重情况下的过负荷，不同情况下的 K_{st}值计算如下：

1）备用电源为明备用时：

a）未带负荷时

$$K_{st}=\frac{1}{\frac{U_k\%}{100}+\frac{S_N}{K'_{st}S_{st\Sigma}}} \tag{7-2}$$

$$S_N = \sqrt{3}U_N I_N \tag{7-3}$$

式中　$U_k\%$——电抗器在额定电流时电压降的百分数；

$S_{st\Sigma}$——需要自启动的全部电动机的总容量；

S_N——电抗器额定（计算）容量；

U_N——电抗器连接网络的标称电压；

I_N——电抗器的额定电流；

K'_{st}——电动机启动时的电流倍数，一般慢速启动为取 K'_{st}的平均值 5，快速启动参照国外取 2.5 或现场经验数据。

b）已带一段厂用负荷，再投入另一段厂用负荷时

$$K_{st\Sigma} = \frac{1}{\dfrac{U_k\%}{100} + \dfrac{0.58S_N}{K'_{st}S_{st\Sigma}}} \tag{7-4}$$

2）当备用电源为暗备用（厂用工作变压器）时

$$K_{st\Sigma} = \frac{1}{\dfrac{U_k\%}{100} + \dfrac{S_N}{0.6K'_{st}S_{st\Sigma}}} \tag{7-5}$$

以上两式中　$S_{st\Sigma}$——需要自启动的全部电动机的总容量；

K'_{st}——电动机启动时的电流倍数，一般慢速启动取 K'_{st}的平均值 5，快速启动参照国外取 2.5 或现场经验数据；

$U_k\%$——电抗器在额定电流时电压降的百分数；

S_N——电抗器额定（计算）容量。

（2）躲过低压侧一个分支负荷自启动电流和其他分支正常负荷总电流

$$I_{op.1} = K_{rel}(I'_{st} + \sum I_{lo}) \tag{7-6}$$

（3）按与低压侧分支过流保护配合整定

$$I_{op.1} = K_{rel}(I'_{op.1} + \sum I_{lo}) \tag{7-7}$$

式中　K_{rel}——可靠系数，取 1.2；

I'_{st}——一个分支自启动电流值；

$\sum I_{lo}$——其余各分支正常总负荷电流；

$I'_{op.1}$——一个分支过流保护的动作值。

保护归算至电流互感器二次的继电器动作电流按下式

$$I_{op.\gamma} = K_{con}\frac{I_{op.1}}{n_a} \tag{7-8}$$

式中　K_{con}——接线系数，星形接线或不完全星形接线时值取 1，三角形接线取$\sqrt{3}$；

$I_{op.1}$——保护装置一次动作电流；

$I_{op.\gamma}$——继电器的动作电流；

n_a——电流互感器的变比。

$I_{op.1}$取式（7-1）、式（7-6）、式（7-7）计算结果中最大者计入。

用保护装置二次电流来计算保护的灵敏系数

$$K_{sen}^{(2)} = \frac{I_{k.\gamma.min}}{I_{op.\gamma}} \geqslant 1.5 \tag{7-9}$$

式中 $I_{k.\gamma.min}$——最小运行方式下厂用电抗器后两相短路时，流过继电器的最小短路电流，在工程计算中可取稳态短路电流值；

$I_{op.\gamma}$——继电器的动作电流。

2. 分支限时电流速断保护

电抗器所接的母线通常不设母线差动保护。在厂用电抗器出线侧可根据需要装设带时限的电流速断保护作为母线故障主保护和馈线故障的后备保护，以及过电流保护作为馈线过电流保护的后备。

延时电流速断保护的动作电流可按下式整定

$$I_{op.\gamma}=\frac{I_{k\,min}^{(2)}}{K_{sen}n_a} \tag{7-10}$$

式中 $I_{k\,min}^{(2)}$——低压母线两相金属性短路时，流过电抗器的最小短路电流；

K_{sen}——灵敏系数，取 2；

n_a——电流互感器的变比。

按上述公式整定可保证在馈线出口短路时保护有不小于 2 的灵敏系数。

保护的动作时间可取 0.3～0.5s。

3. 电抗器出线侧低电压起动或复合电压起动的分支过电流保护

对于分支过流保护灵敏系数小于 1.5 时，可采用低压起动或复合电压起动方式。计算式可参见第 4 章变压器保护相应部分。

7.4.3 电抗器单相接地零序过电流保护

保护动作电流按满足以下两个条件整定：

（1）保证选择性。保护动作电流应躲过被保护线路有电气连接的其他线路发生单相接地故障时，由被保护线路本身提供的接地电容电流，即

$$I_{op.1}=K_{rel}I_{e.1} \tag{7-11}$$

式中 K_{rel}——可靠系数。当保护作用于瞬时信号时，考虑过渡过程的影响，采用 4～5。当保护作用于延时信号时，采用 1.5～2；

$I_{e.1}$——被保护线路本回路的接地电容电流。

（2）满足灵敏性要求。

按满足灵敏系数要求的一次动作电流计算式如下

$$I_{op.1}\leqslant\frac{I_{e.\Sigma 1}-I_{e.1}}{K_{sen}} \tag{7-12}$$

式中 $I_{e.\Sigma 1}$——网络单相接地电流，无补偿装置时为自然电容电流，有补偿装置时为补偿后的残余电流；

$I_{e.1}$——被保护线路本回路的接地电容电流；

K_{sen}——灵敏系数，考虑到接地程度的影响，取 2。

当接地零序电流保护灵敏系数不够时，可选用新型灵敏的接地保护装置。当采用优良的接地检测装置时，可不再装设上述单相接地零序过电流保护。

第 8 章　高压电动机的保护

8.1　高压电动机的各种故障和不正常运行方式

8.1.1　高压电动机的主要故障和不正常运行方式

1. 高压电动机的主要故障

高压电动机通常为 3～10kV 的电动机，有异步和同步电动机之分，主要故障有定子绕组的相间短路、单相接地以及一相绕组的匝间短路。

相间短路会引起电动机的严重损坏，造成供电网络的电压降低，并破坏其他用户的正常工作，因此要求尽快地切除这种故障。

供电给高压电动机网络的中性点一般都是非直接接地的。高压电动机单相接地故障率较高，在单相接地电流大于 10A 时造成电动机定子铁芯烧损；单相接地故障有时会发展成匝间短路，而引向电动机的高压电缆发生单相接地故障时，很容易发展为相间短路。

一相绕组的匝间短路不仅局部发热严重而且会破坏电动机的对称运行，并使相电流增大，电流增大的程度与短路的匝数有关，目前还没有简单而完善的匝间短路保护。

2. 高压电动机的不正常运行方式

电动机最常见的不正常运行方式是由过负荷所引起的过电流。产生过负荷的原因很多，如电动机所带机械部分的过负荷，由于电压和频率的降低而使转速下降，电动机长时间启动和自启动，由于供电回路一相断线所造成的两相运行以及电动机堵转等。

长时间的过负荷将使电动机绕组温升超过容许的数值，绝缘迅速老化，从而降低电动机的使用寿命，严重时甚至会烧毁电动机。因此，应根据电动机的重要程度及不正常运行发生的条件而装设过负荷保护，使之动作于信号、跳闸或自动减负荷。

在电压短时降低或消失后又恢复供电时，未被断开的电动机将参加自启动。由于其内阻随着滑差值增大而减少。因此，自启动开始时将使电动机承受较大的过电流。

供电回路发生一相断线时，流入电动机定子绕组的电流可分解为正序电流和负序电流，并在电动机定子与转子间的空气隙中分别产生正序和负序旋转磁场，这是由于旋转磁场与其在转子绕组中感应的电流相互作用分别产生方向相反的正序转矩 M_1（即工作转矩）和负序转矩 M_2（即制动转矩）。电动机的综合旋转转矩为

$$M = M_1 - M_2 \tag{8-1}$$

在电动机静止状态若发生一相断线，即滑差 $s=1$ 时（电动机不旋转），工作转矩 M_1 与制动转矩 M_2 相等，此时综合旋转转矩 M 为零，如无外力驱动，则电动机不可能转动起来。在运行中滑差 $s\neq1$（电动机旋转），供电回路发生一相断线，如综合旋转转矩不小于电动机的机械阻力矩，则电动机仍能继续转动。但在此情况下，电动机的最大转矩倍率和临界滑差将大大减少，而非故障相电流增大，使得带重负荷的电动机绕组可能超过允许的发热程度。另外，当供电回路发生不对称的电压下降时，例如在电动机端子上发生两相金属性短路，此时正序电压等于负序电压，其值约为额定相电压的一半。电动机的转矩与电压平方成正比，故其正序转矩减小到额定转矩的 1/4。当正序滑差 $s_1=1$ 时，正序转矩与负序转矩相等（$M_1=M_2$），综合旋转转矩 M 为零；当 $s_1\neq1$ 时，综合旋转转矩亦很小。所以电动机端子上发生两相金属性短路时，不对称电压下降最严重，此时，电动机的运行情况与上述一相断线的情况相似，对于带重负荷的电动机，可能会使绕组发热甚至烧坏电动机。

8.1.2 高压同步电动机的各种特殊故障和不正常运行方式

高压同步电动机在轻负荷的情况下，励磁回路发生断线，此时定子电流仍可能接近额定值，过电流保护不会动作，但会致使转子启动绕组过热，甚至造成严重事故。对同步电动机一般不装设专用的失磁保护装置，个别情况下，只对大容量同步电动机才考虑装设专用的失磁保护装置。因此，应根据同步电动机的重要程度而决定是否装设励磁回路断线保护或专用失磁保护。

同步电动机特殊的不正常运行方式是异步过程，在同步电动机失去同步后转入异步过程。如不计电动机的损耗，则电动机稳定的同步运行状况可用有功功率 P，同步后的电动势 E_d，直轴和横轴的同步电抗 x_d 和 x_q 以及电动势 E_d 与端电压 U 间的相角差 δ 来表示，即

$$P=\frac{E_dU}{x_d}\sin\delta+U^2\,\frac{x_d-x_q}{2x_dx_q}\sin2\delta \tag{8-2}$$

式（8-2）中，有功功率 P 决定于电动机所带机械负荷的静阻力矩。当电动机的最大有功功率大于机械负荷时，电动机才能稳定地以同步速度运行。在恒定的阻力矩作用下，如 E_dU 乘积的降低能由相角差 δ 的增大来补偿，则电动机仍能保持同步运行。如 E_dU 乘积显著降低，则将发生振荡现象，同步电动机可能过渡到非同步状态。由此可见，同步电动机失步的原因可能是由供电电网的电压下降、励磁电流减小或机械负荷增大所引起。

在电动机失步时，电动机的转速降低，过渡到异步状态。此时，在起动绕组与转子回路内出现交流电流而产生附加的异步力矩，在电动机的异步力矩上叠加由转子内励磁电流引起的交变力矩。因此，电动机的合成力矩具有交变的数值，引起转子转速与定子电流的振荡。

在异步状态时，由于电动机定子、转子及启动绕组内所呈现的电流会引起发热，因此在异步状态时，不允许同步电动机长期工作的负荷大于 0.4～0.5 倍额定值。

另外，带有励磁的同步电动机在失电后，将借惯性的作用转入发电状态，端电压会随转速下降逐渐衰减，如果突然恢复送电，则电网电压与同步电动机的电动势之间可能产生相角差，从而出现很大的非同步冲击电流，过大的非同步冲击电流是有损于电动机的，应当采取保护措施加以限制。冲击电流的近似计算式为

$$I'' = \frac{U_{n\varphi} + E}{x''_d} \tag{8-3}$$

式中　$U_{n\varphi}$——同步电动机所接电网额定相电压；

E——同步电动机电势；

x''_d——同步电动机次暂态电抗。

8.2　高压异步及同步电动机保护的装设原则

高压异步电动机和同步电动机应装设定子绕组的相间短路保护、单相接地保护、过负荷保护和低电压保护以及相电流不平衡及断相保护等。大型同步电动机还应装设相应的失磁和失步保护，以及防止非同步冲击电流的保护。

1. 相间短路保护

对电动机的定子绕组及其引出线的相间短路故障，应按下列规定装设相应的保护：

（1）2MW 以下的电动机，装设电流速断保护，保护宜采用两相式。

（2）2MW 及以上的电动机，或 2MW 以下，但电流速断保护灵敏系数不符合要求时，可装设纵联差动保护。纵联差动保护应防止在电动机自启动过程中误动作。

上述保护应动作于跳闸，对于有自动灭磁装置的同步电动机保护还应动作于灭磁。

2. 单相接地保护

对单相接地故障，当接地电流（指自然接地电流）大于 5A 时，应装设单相接地保护。单相接地电流为 10A 及以上时，保护带时限动作于跳闸；单相接地电流为 10A 以下时，保护可动作于跳闸或信号。

保护由零序电流互感器及与之连接的电流继电器构成。当采用一般的电流继电器灵敏性不够时，应采用新型灵敏性高的继电器构成的保护或微机型保护。

3. 过负荷保护

下列电动机应装设过负荷保护：

（1）运行过程中易发生过负荷的电动机应装设过负荷保护。保护应根据负荷特性带时限动作于信号或跳闸，有条件时可自动减负荷。

（2）启动或自启动困难（如直接启动时间在 20s 及以上）的电动机，需要防止启动或自启动时间过长时过负荷，保护应带时限动作于跳闸。其时限应躲开电动机的正常启动时间。具有冲击负荷的电动机，还应躲开电动机所允许的运行过程中短时冲击负荷的持续时间。

4. 低电压保护

下列电动机应装设低电压保护，保护应动作于跳闸：

（1）当电源电压短时降低或中断后又恢复时，为保证重要电动机的启动而需要断开的次要电动机，或根据生产过程不允许或不需要自启动的电动机。保护应带时限动作于跳闸。保护的电压整定值：异步电动机一般为（60％～70％）额定电压，同步电动机一般为(50％～70)％额定电压。保护的动作时限一般为 0.5～1.5s。

（2）需要自启动，但为保证人身和设备安全在电源电压长时间消失后须从电网中自动断开的电动机，需装设低电压保护。保护的电压整定值一般为（40％～50％）额定电压，时限一般为 5～10s。

（3）属Ⅰ类负荷并装有自动投入装置的备用机械的电动机，需装设低电压保护。

5. 负序过电流保护

2MW及以上电动机，为反应电动机相电流的不平衡，同时作为短路故障的主保护的后备保护，可装设负序过流保护，保护动作于信号或跳闸。

6. 失步保护

对同步电动机失步，应装设失步保护，保护带时限动作，对于重要电动机，动作于再同步控制回路，不能再同步或不需要再同步的电动机，则应动作于跳闸。

失步保护按原理可分为：

（1）反应定子过负荷的失步保护，适用于下列电动机。

1）短路比等于或大于1.0，且负荷平稳的电动机。

2）短路比为0.8～1.0，且负荷平稳的电动机，或短路比为0.8及以上且负荷变动大的电动机，但此时应增设失磁保护。

（2）反应转子回路出现交流分量的失步保护。

（3）反应定子电压与电流间相角变化的失步保护或转子位置与系统电压角度变化的失步保护等。

7. 失磁保护

对于负荷变动大的同步电动机，当用反应定子过负荷的失步保护时，应增设失磁保护，失磁保护带时限动作于跳闸。

8. 非同步冲击保护

对不允许非同步冲击的同步电动机，应装设防止电源中断再恢复时造成非同步冲击的保护。

保护应确保在电源恢复前动作。重要电动机的保护，宜动作于再同步控制回路。不能再同步或不需要再同步的电动机，保护应动作于跳闸。

保护可反应功率方向、频率降低、频率下降速度，或由有关的保护和自动装置联锁动作，应确保在电源恢复前动作。

9. 综合保护装置选择

可优先考虑采用能满足以上基本要求所需且性价比高，功能更加完善的综合保护装置。

8.3 高压电动机的瞬时电流速断保护及过负荷保护

1. 瞬时电流速断保护

高压电动机一般都运行在中性点非直接接地的配电网中，故瞬时电流速断和过电流保护保护一般按两相式构成，通常采用两相两继电器不完全星形接线方式，如图8-1所示。为在电动机内部和电动机与断路器间的连接线上发生相间短路时，保护均能动作，电流互感器应尽可能安装在靠近断路器侧。图中速断与过流保护分别接在A、C两相电流互感器的二次回路中。数字式保护的主要优点之一是信息可以共享，A/C相的电流速断和过电流保护是同一信息来源，出口应为不同的或门电路。其主要特点在于：①二者动作定值不同，电流速断保护动作定值需要考虑短路电流的影响，而过电流保护动作定值则是按工作电流或启动电流考虑。②过流保护需有计时回路，需带时限动作，有定时限与反时限两种

保护类型。

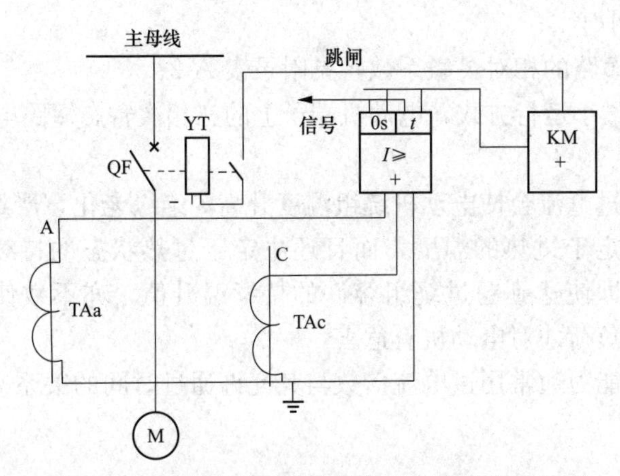

图 8-1 电动机电流速断及过电流保护接线示意图

2. 常用瞬时电流速断保护的整定计算

(1) 异步电动机的瞬时电流速断保护的动作电流应按躲过电动机的启动电流整定。保护的动作电流计算式为

$$I_{op.1}=K_{rel}I_{st.max}=K_{rel}K_{st}I_{n.m} \tag{8-4}$$

$$I_{op.r}=K_{con}I_{op.1}/n_a \tag{8-5}$$

式中 $I_{op.r}$——保护装置一次动作电流；

K_{st}——电动机启动电流倍数；

K_{rel}——可靠系数，一般取1.4～1.6；

$I_{st.max}$——电动机启动电流周期分量的最大有效值；

$I_{n.m}$——电动机额定电流；

$I_{op.r}$——继电器动作电流；

K_{con}——接线系数，当继电器接于相电流时，$K_{con}=1$，当继电器接于两相电流之差时，$K_{con}=1.73$；

n_a——电流互感器变比。

(2) 同步电动机的瞬时电流速断保护的动作电流应按躲开以下整定（二者之中取其大者）。电动机的启动电流 $I_{st.max}$，最大运行方式下外部三相短路时，电动机输出的电流 $I''^{(3)}_{k.max}$。

当 $I''^{(3)}_{k.max}<I_{st.max}$时，保护的动作电流按式（8-4）、式（8-5）计算。目前微机综合保护已能在启动过程结束后，自动将此定值降低一半，从而大大提高瞬时电流保护的灵敏性。

当 $I''^{(3)}_{k.max}>I_{st.max}$时，则保护的动作电流计算式为

$$I_{op.1}=K_{rel}I''^{(3)}_{k.max} \tag{8-6}$$

$$I_{op.r}=K_{con}\frac{I_{op.1}}{n_a} \tag{8-7}$$

式中 $I''^{(3)}_{k.max}$——最大运行方式，外部三相短路时，电动机输出的电流。

(3) 保护装置的灵敏性按下式校验

$$K^{(2)}_{sen}=K_{sen.re}\frac{I''^{(3)}_{k.min}}{I_{op.1}} \tag{8-8}$$

式中 $K_{sen}^{(2)}$——系统最小运行方式，电动机端子上发生两相短路时保护装置的灵敏系数，应不小于2；

$K_{sen.re}$——两相短路的相对灵敏系数，见附录表A-2；

$I''^{(3)}_{k.min}$——系统最小运行方式，电动机端子上的三相次暂态短路电流。

3. 过负荷保护

过负荷所引起的过电流会使电动机绕组温度升高，绝缘老化，严重时甚至会烧毁电动机。绝缘老化不仅决定于过热的温度，而且还决定于过热状态的持续时间。运行经验证明，短时间的过负荷即使达到超过绕组容许的持续温升值，亦不致使绝缘水平显著地恶化，只有长时间的过负荷才对电动机有危害。

电动机的过负荷能力通常用过电流倍数与其允许通过时间的关系来表示，又称过负荷特性曲线，即

$$t=\frac{\tau}{I_*^2-1} \tag{8-9}$$

式中 t——过负荷的允许时间；

τ——电动机允许的发热时间常数；

I_*——过电流倍数，即已知电流与额定电流之比。

电动机的过负荷特性曲线（或称热力特性曲线）如图8-2所示。

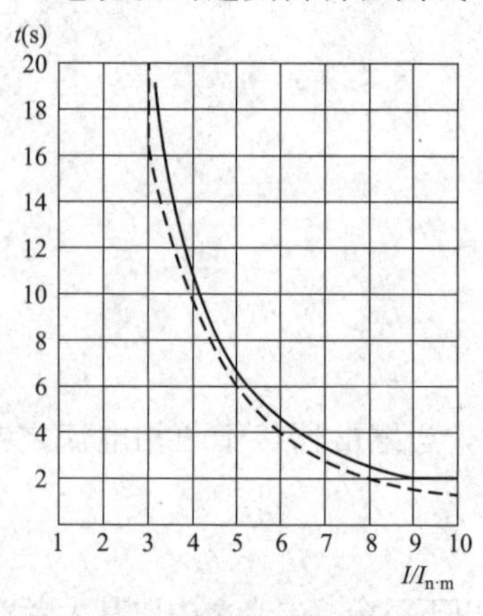

图8-2 电动机的过负荷特性曲线和保护特性曲线

设计电动机的过负荷保护时，一方面应考虑能使它保护不允许的过负荷；另一方面，在考虑原有负荷和周围介质温度的条件下，有可能充分利用电动机的过负荷特性，因此过负荷保护的时限特性最好是与电动机的过负荷特性一致，并比它稍低一些（如图8-2中的虚线）。按照这一要求，3～10kV电动机的过负荷保护一般宜采用有限反时限特性的过电流继电器。

高压电动机的过负荷保护常采用有限反时限过电流继电器，既作为电动机的瞬时电流速断保护，又作为过负荷保护。应当注意，反时限过流保护上下级不便配合，最困难的是现场是否能提供实际的电动机过热/过负荷特性曲线或数据。

4. 常用定时限过负荷保护装置的整定计算

电动机的定时限过负荷保护动作电流应按躲开电动机的额定电流整定。保护的动作电流计算式为

$$I_{op.1}=\frac{K_{rel}I_{n.m}}{K_r} \tag{8-10}$$

$$I_{op.r}=K_{con}\frac{I_{op.1}}{n_a} \tag{8-11}$$

式中 $I_{op.1}$——保护装置一次动作电流；

K_{rel}——可靠系数，当保护装置动作于信号时，取1.05～1.1，动作于跳闸时，取1.2～1.25；

$I_{n.m}$——电动机额定电流；

K_r——返回系数根据实际使用的保护装置取，常取0.9；

$I_{op.r}$——继电器动作电流；

K_{con}——接线系数，当继电器接于相电流时，$K_{con}=1$，当继电器接于两相电流差时，$K_{con}=1.73$；

n_a——电流互感器变比。

电动机的过负荷保护动作时限，一方面应大于被保护电动机的启动及自启动时间；另一方面，不应超过过电流通过电动机的允许时间。由于前一个时间显著较后者短，故用前一个条件决定保护的动作时限 t_{op}，t_{op}按以下原则确定：

（1）躲开电动机的启动时间 t_{st}，即 $t_{op}>t_{st}$；

（2）躲开参与自启动的电动机的自启动时间，对一般电动机为

$$t_{op}=(1.1\sim1.2)t_{st} \tag{8-12}$$

对传动风机型力矩负荷的电动机为

$$t_{op}=(1.2\sim1.4)t_{st} \tag{8-13}$$

（3）具有冲击负荷的电动机躲开正常生产过程中出现的冲击负荷持续时间。

5. 反时限过热/过负荷保护特性的保护

对微机型具有反时限过热保护特性的保护，应根据不同厂家的样本说明书，结合现场电动机的参数进行切合实际的整定。如目前能反应电动机过热的PCS-9626C型电动机保护装置的动作方程是

$$T=\tau\cdot\ln\frac{I^2-I_p^2}{I^2-(kI_B)^2} \tag{8-14}$$

$$I^2=K_1I_1^2+K_2I_2^2$$

式中　T——保护动作（跳闸）时间，s；

τ——热过负荷时间常数；

I_B——满负荷额定电流，对应定值“热过负荷基准电流”，装置的设定电流 I_B（电动机实际运行额定电流反应到TA二次侧的值）；

I_p——热负荷启动前稳态电流；

k——热累积系数，对应定值“热过负荷系数”，厂家推荐1.05～1.15；

I——等效电流有效值；

I_1——电动机运行电流的正序分量，A；

I_2——电动机运行电流的负序分量，A；

K_1——正序电流发热系数，启动时间内0.5，启动时间过后变为1；

K_2——负序电流发热系数，可在3～10的范围内整定。

该保护的具体整定计算应用参见本章8.9节。三种具有不同动作电流与时间特性的反时限过流保护，动作方程表达式见附录G。

8.4　高压电动机的纵联差动保护

容量为2MW及以上的电动机主保护一般采用差动保护，保护瞬时动作于断路器跳闸。在非有效接地系统采用两相式接线的优点在第3章已有介绍。

纵联差动保护的电流互感器 TA 应具有相同的磁化特性，并在外部短路或电动机启动电流通过时仍能满足 10%误差的要求。电动机的差动保护不存在变压器保护的励磁涌流、两侧 TA 相角不同、TA 变比不同的问题，也不存在调压引起的误差问题，其保护整定较变压器差动保护简单，故对电动机差动保护的动作原理不再重复。电动机差动保护常采用比率制动特性的差动原理，以保证发生外部短路时不误动作。制动侧最好设在中性点侧，使电动机内部短路时差动量最大而制动量较小（系统侧的短路电流不产生制动作用）。外部短路时差动量最小，而制动量相对较大，这可以由制动系数保证。详细的计算可参考本章 8.8.2 节微机型电动机差动保护装置的定值整定部分或第 4 章变压器差动保护的整定计算。根据经验，对单侧设有制动比率制动差动保护的二次起始动作电流和最小制动电流计算式可为

$$I_{op.min} = (0.3 \sim 0.5) I_{m.n} / n_a \tag{8-15}$$

$$I_{op.min} = (0.8 \sim 1) I_{m.n} / n_a \tag{8-16}$$

式中　$I_{m.n}$——电动机的额定电流；

n_a——电流互感器的变比。

制动系数同样可以参考第 4 章 4.5 节进行计算，经验值为 0.3～0.5。

图 8-3 为大型高压电动机进线侧与中性点侧同相电缆线穿过同一 TA 的磁平衡差动保护接线示意图。

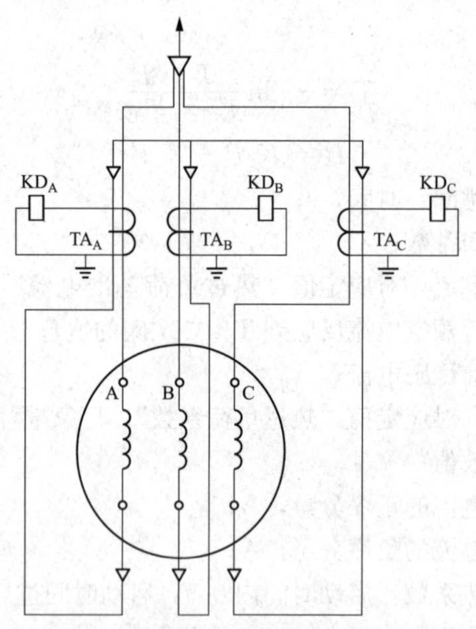

图 8-3　进线侧与中性点侧电缆线穿过同一 TA 的磁平衡差动保护接线示意图

这种情况下，只要一次 TA 与电缆安装保证质量，正常运行或外部短路故障时从 TA 二次侧流出的不平衡电流将会很小，内部短路时则会流出相当于短路电流的总电流，这样内部故障灵敏度会大大提高。根据经验，为可靠不误动，保护的动作电流可按下式整定

$$I_{op.r} = (0.1 \sim 0.3) I_{m.n} / n_a \tag{8-17}$$

式中　$I_{m.n}$——电动机的额定电流；

n_a——电流互感器的变比。

同步电动机外部短路故障时不平衡电流可能较大，可取其中较大值。

保护的灵敏性按式（8-8）校验。

图 8-4 为用两个电流继电器组成的两相式纵联差动保护原理接线示意图，由于机端与中性点侧采用相同的差动保护用 TA，区外短路故障的不平衡误差不会很大，这种差动保护接线往往也能满足灵敏度要求，可用于 2MW 以下的高压电动机保护。

图 8-5 给出了用两个电流继电器组成的两相式纵联差动保护原理接线示意图，由于机端与中性点侧采用相同的差动保护用 TA，并且要求选择具有比率制动特性的继电器，不需按躲过外部短路不平衡电流整定，因而大大提高了保护的灵敏度，在大型电动机中得到了广泛的应用，常用于 2MW 以上的高压电动机。

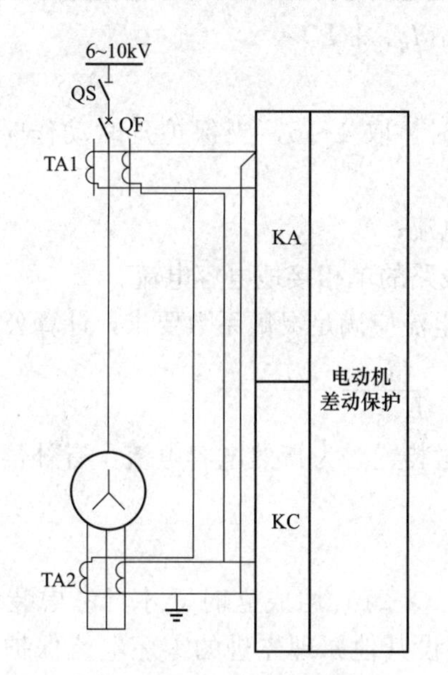

图 8-4　两个电流继电器组成的两相式纵联差动保护原理接线示意图

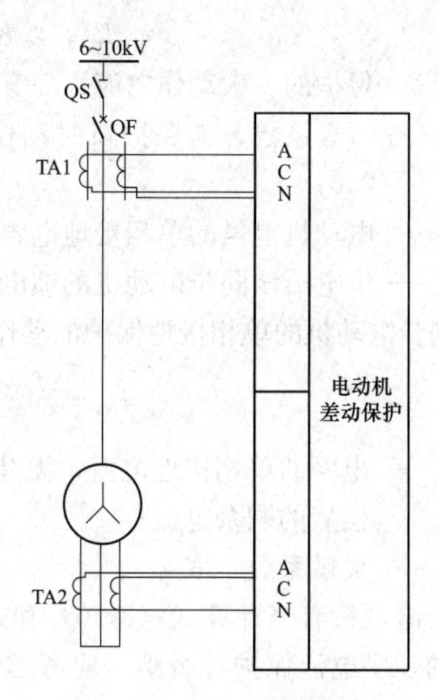

图 8-5　常用电动机纵联差动保护原理接线图示意图

8.5　高压电动机的单相接地保护

高压电动机的单相接地保护的装设原则见 8.2 节。原则上单相接地电流是指自然接地电流，即未经补偿的自然接地电流，而不是按补偿后的剩余接地电流。在确定装有补偿装置的电网中的单相接地保护灵敏性时，必须按补偿后的剩余电流，而不是按未经补偿的自然接地电流，这样考虑较为安全可靠。

考虑高压电动机的单相接地保护时，异步电动机的电容电流可忽略不计。故对异步电动机的单相接地保护，按躲过供电给本电动机的馈电线路的单相接地电容电流来整定，保护的原理和整定计算详见第 3 章。

（1）凸极式同步电动机定子绕组的单相接地电容电流可以按制造厂提供的电容值进行计算，也可按下式估算

$$I_{c}=\frac{U_{n.m}\omega KS_{n.m}^{3/4}}{\sqrt{3}(U_{n.m}+3600)n^{1/3}}\times 10^{-6} \tag{8-18}$$

式中　$U_{n.m}$——电动机额定电压（V）；

ω——角速度，$\omega=2\pi f$，当 $f=50$Hz 时，$\omega=314$；

K——系数，决定于绝缘等级，对于B级绝缘，当$t=25$℃时，$K\approx40$；

$S_{n.m}$——电动机额定容量（kVA）；

n——转速（r/min）。

（2）隐极式同步电动机定子绕组的单相接地电容电流与同步发电机同，计算式为

$$I_c=\frac{2.5KS_{n.m}\omega U_{n.m}}{\sqrt{3U_{n.m}(1+0.08U_{n.m})}}\times10^{-3} \tag{8-19}$$

式中 K——当温度为15～20℃时，$K\approx0.0187$。

大型同步电动机单相接地保护的动作电流应按躲开本身的电容电流整定，计算式为

$$I_{op.1}\geqslant K_{rel}(I_{g.L}+I_c) \tag{8-20}$$

式中 $I_{op.1}$——保护的一次动作电流；

K_{rel}——可靠系数，当保护瞬时动作时，取4～5，当保护延时动作时，取1.5～2.0；

I_c——电动机提供的单相接地电容电流；

$I_{g.L}$——供电给该同步电动机的馈电线路的单相接地电容电流。

大型同步电动机的单相接地保护的动作电流应满足灵敏系数要求，计算公式为

$$I_{op.1}\leqslant\frac{I_{g.\Sigma L}-(I_{g.L}+I_c)}{K_{sen}} \tag{8-21}$$

式中 $I_{g.\Sigma L}$——电网的单相接地电流，无补偿装置时为自然电容电流，有补偿装置时为补偿后的剩余电流；

K_{sen}——灵敏系数，取2。

必须指出，只有当计算式（8-20）和式（8-21）均成立时，才可考虑装设反应基波零序电流的零序电流保护，否则，应考虑装设其他原理先进的零序电流保护方案，参见第3章。

8.6 高压电动机的低电压保护

对电动机低电压保护的基本要求有以下几点：

（1）能反应对称和不对称的电压下降。因为在不对称短路时，电动机可能被制动，而当电压互感器发生一次侧一相及两相断线或二次侧各种断线时，保护不应误动作，并应发出断线信号，但此时如果母线真正失压或电压下降到规定值时，保护仍应正确动作。

（2）当电压互感器一次侧隔离开关或隔离触头因误操作被断开时，保护不应误动作，并应发出信号。

（3）不同动作时间的低电压保护的动作电压应能分别整定。

目前微机型电动机保护大多是在电动机保护装置中设置低电压保护，其逻辑框图参见图8-6。

首先对图8-6中与门1包括两个非门回路说明如下：一个非门是各种情况的TV断线都必须闭锁低电压保护的要求，另一个非门是开关柜在断开位置时（常用跳闸位置继电器接点）闭锁低电压保护的要求。低电压保护动作的充分条件是：没有被闭锁，且图中所设三个控制字压板均已在投入位置，低电压保护的启动元件已经启动（定值高于低电压保护

定值，取 1.05 倍），且三相电压（一般为线间电压）均低于低电压保护要求的定值，并达到整定的延时即应动作。控制字和电压启动元件都有防止出口误动的功能。

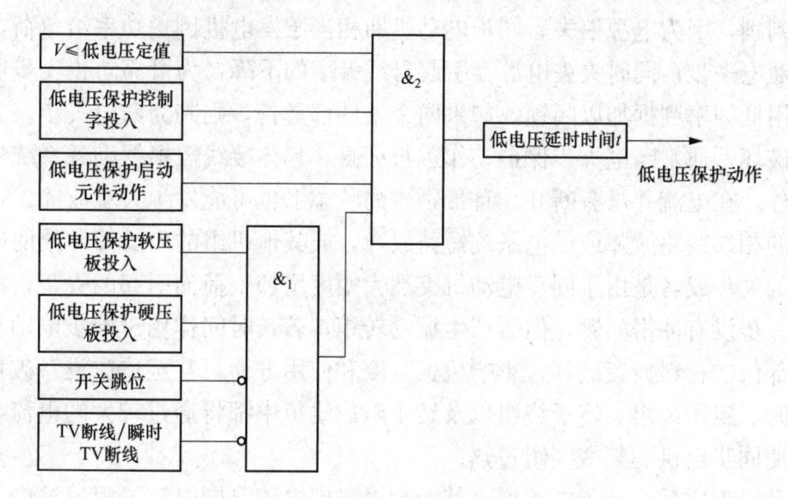

图 8-6　高压电动机低电压保护逻辑框图

电动机的低电压保护的动作电压可按下列情况整定：

(1) 不需要或不允许自启动的电动机，按电动机的过载能力考虑。

对异步电动机，保护动作电压为

$$U_{op.r} \leqslant (0.6 \sim 0.7)\frac{U_{n.ne}}{n_V} \tag{8-22}$$

对同步电动机，保护动作电压为

$$U_{op.r} \leqslant (0.5 \sim 0.7)\frac{U_{n.ne}}{n_V} \tag{8-23}$$

(2) 需要自启动的电动机，保护动作电压为

$$U_{op.r} \leqslant 0.5\frac{U_{n.ne}}{n_V} \tag{8-24}$$

上三式中　$U_{op.r}$——继电器的动作电压；

n_V——电压互感器变比；

$U_{n.ne}$——网络额定电压。

电动机的低电压保护的动作时限按下列情况整定：

(1) 不参加自启动的电动机，保护动作时限原则是：上级配变电站送出线装有电抗器时，当在电抗器后短路时，因其母线电压降低不大，故一般比本级配变电站其他送出线短路保护大一时限阶段；当上级配变电站送出线未装电抗器时，一般比上一级配变电站送出线短路保护大一时限阶段，一般为 0.5～1.5s。具体时限根据实际配合要求确定。

(2) 参加自启动的电动机，保护动作时限一般为 9～10s。

8.7　高压同步电动机的失步保护

当由于供电工作电源故障电源短时被断开，而由自动重合闸或备用电源自动投入恢复供电或人工通过断路器切换倒换电源短时断电时，电动机可能失步。在重新合上电源时如

果仍然带有励磁，会造成很大的非同期冲击，产生破坏性冲击转矩，引起定子和转子崩裂、绝缘挤压破坏，甚至连轴器扭伤等严重事故。这种情况应装设保护，其保护方式可用功率继电器判别，因为电源消失后同步电动机即相当于发电机倒送功率给负荷，因此可用逆功率判别断电失步；同时失去电源会引起母线频率的下降，为可靠防止失步逆功率保护误动，可以用低频率判据加以闭锁。如果两个条件都具备，则判为断电失步。为避免电动机遭受冲击破坏，通常断电失步保护动作进行灭磁，具体接线需根据励磁系统接线要求进行配合。另外，在电流并没有断开，且带励磁的状态下也可能发生失步故障。这可能是由于母线上别的相邻线路故障或供电系统短路故障，或其他机组的启动等导致的电压大幅度降低而引起的失步或者是由于同步电动机突然大幅度增加负荷而引起的失步，称之为带励失步，带励失步没有冲击问题，但会产生振动转矩，若长时间作用于同步电动机，也会引起电机相应部位的材料疲劳破坏，影响机械强度和使用寿命，甚至造成设备破坏。另外带励失步运行时，定子绕组、转子绕组以及转子阻尼绕组中都将通过较大的电流，长时间异步运行也会使同步电机的某些绕组过热。

同步电动机失磁后，定子电流增大甚至超过额定电流。同时转子阻尼笼中会有感应电流产生，使温度升高。因电动机定子的端电压与定子电流间的相角发生变化，功率因数变得滞后。如果失磁失步电动机处于长期异步运行状态，则将会造成定子绕组烧损和阻尼笼端环开焊事故。概括起来：同步电动机在运行过程中出现电源回路短时断电，母线电压过分降低、所带负荷过大、转子回路由于断线或其他原因造成失磁时，同步电动机都会失步，一般只允许不超过 10～15min 的无励磁运行，因此，同步电动机需装设失步保护装置。高压同步电动机失步保护装置常用的有以下几种。

8.7.1 反应定子过负荷的保护

这种保护方式较简单，在工厂企业中得到普遍应用。

保护装置可由有限反时限特性的系列过电流继电器构成，其瞬时速断特性作为相间短路保护，其反时限特性兼作失步保护和过负荷保护。

保护装置的动作电流按躲开电动机的额定电流整定，计算式为

$$I_{op.r} = (1.4 \sim 1.5)\, K_{con}\, I_{n.m}/n_a < I_{os.m} \tag{8-25}$$

式中 $I_{op.r}$——继电器动作电流；

K_{con}——接线系数，当继电器接在相电流时，$K_{con}=1$；当继电器接在两相电流差时，$K_{con}=1.73$；

$I_{n.m}$——电动机额定电流；

$I_{os.m}$——电动机失步时的定子电流。

上述保护装置由于是兼用，整定值较高，故对电动机失磁引起的失步有时不动作，在这种情况下，需装设专用的反时限过电流继电器作失步保护用（仅在一相上装设），动作电流计算式为

$$I_{op.r} = (1.2 \sim 1.3)\, \frac{K_{con} I_{n.m}}{n_a} \leqslant I_{os.m} \tag{8-26}$$

保护的动作时限应大于电动机的启动和自启动时间，其计算公式与过负荷保护装置相同，见式（8-12）～式（8-14）。

8.7.2　反应转子回路出现交流分量的保护

同步电动机在异步运行时，转子回路出现交流感应电压，因此可装设反应转子回路出现交流分量的失步保护。这种保护适用于任何性质的负荷，并与电动机的短路比、负荷率、励磁状态等无关。为了防止转子回路断线时保护失去作用，应加装失磁保护。必须指出，在失步时励磁电流的交流分量频率很低（等于滑差频率），如果采用普通工频设备要考虑降低容量使用。

失步保护原理接线如图 8-7 所示。图中电流互感器、速饱和电流互感器及 DL 型电流继电器均采用普通型号。电流互感器的一次侧额定电流大于强励时的最大电流，通过速饱和电流互感器与 DL 型电流继电器相配合，再经过 DS 型时间继电器带时限动作于跳闸。保护的整定数据在调整试车时确定。根据相同原理也可以研制新型的同步电动机失步保护。

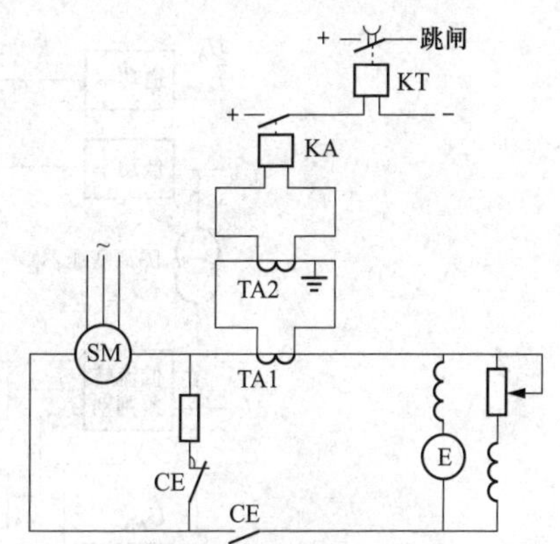

图 8-7　反应转子回路出现交流分量的失步保护原理接线图

SM—同步电动机；E—励磁机；CE—励磁回路主接触器；TA1—电流互感器；TA2—速饱和电流互感器；KA—DL 型电流继电器；KT—DS 型时间继电器

8.7.1 节已经介绍过用简单的反时限过流保护作为电动机的失步保护，但它不可能反应断电失步。下面介绍一种较完善的失步保护的基本工作原理。经验证明，当失步后保护并不应立即动作于跳闸将电动机切除。理想的步骤是使失步电动机灭磁，这样不但断电失步恢复电源瞬间不会冲击电机，而且，只要正确选择励磁回路灭磁电阻（一般为转子电阻的 5～7 倍），电动机即可在异步转矩驱动下把电动机拉到临界滑差（亚同步），经投励转差判据判别合格后即发出投励命令，重新给电动机励磁，电动机即会在同步转矩下很快进入同步状态。因此有条件的工厂企业的同步电机，宜尽可能采用“失步－灭磁－再整步”的失步保护。图 8-8 即为按上述要求组成的失步后灭磁再经投励转差判别投励，达到电动机再整步目的的失步保护，如果投励失败，最后才去跳闸。

因为带励失步和失磁失步在转子励磁绕组中有脉动的滑差频率电流流通，故可以利用此特征量加以判别失步。方法是将直流互感器接入励磁回路，从二次侧取得交流低频率滑差频率电流（可称为低流转差电流），用来判别带励失步和失磁失步，该判据简称为低流转差判据。由于直流互感器像磁放大器一样需要交流助磁，故低流转差继电器需要引入交流电压 U'_{AB} 进行助磁，若失去交流助磁可能引起保护误动，所以又加入了低电压闭锁条件，对低流转差进行低电压闭锁。图 8-8 中投励转差判据的工作原理与低流转差判据是相同，但目的不同。低励转差判据为自动再整步作准备，当判定滑差很小时（图中称为亚同步），即达到临界同步的滑差整定值时即可发出合闸命令，合上同步电机电源断路器，将其拉入同步，使同步电动机进入同步运行工作状态。这种方式不但保护了设备安全，而且可减少停机造成的经济损失。整套保护的基本动作原理参见图 8-8。

除可采用上面介绍的失步保护外，也可以采用发电机保护常用的失步阻抗判据原理或阻挡器原理、功角变化原理等不同原理构成的保护。由于这些保护主要是针对发电机失步设计的，造价较高，功能也不能完全满足要求，可酌情选用作为失步要求跳闸的电动机上失步保护。

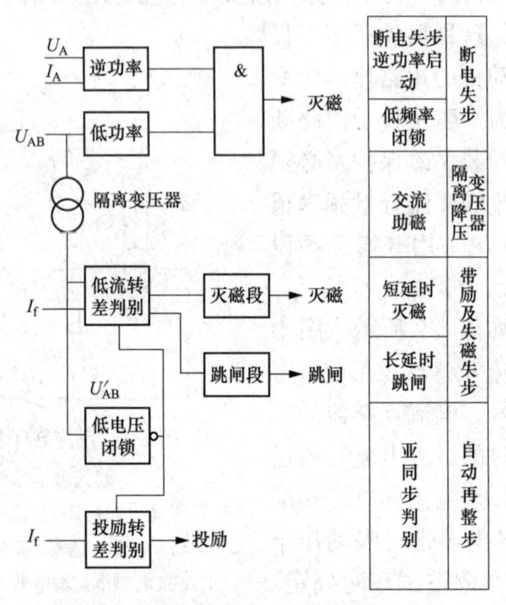

图 8-8　同步电动机失步保护原理框图

8.8　微机型综合电动机保护

8.8.1　微机型综合电动机保护

微机型综合电动机保护品种很多，除包括传统配置的电流速断、过电流、零序过流、过负荷、低电压等保护外，主要增加了反应一次回路断线相和相间短路的反时限负序电流保护以及反应电动机启动时间过长及堵转等的保护功能，有些还带有热记忆功能，当余热危及电机时可以闭锁再投入回路。下面以功能比较齐全的数字式综合电动机保护装置为例进行介绍，其原理框图如图 8-9 所示。

1. 保护原理和定值整定

（1）速断保护，作为电动机绕组及引出线发生相间短路时的主保护。当机端（电源侧）最大相电流值大于电流整定值时，保护瞬时动作于跳闸。速断电流可按躲过电动机在额定负荷下的最大启动电流来整定。当电动机启动完毕时，速断电流定值自动减半，既可有效防止启动过程中因启动电流过大引起的误动，同时还能保证正常运行中保护有较高的灵敏度。

速断保护设有一段延时，当延时整定为 0，即为瞬时动作。对于采用 F-C 回路控制的电动机，保护装置设有跳闸闭锁措施。

（2）启动时间过长保护。电动机启动时间过长会造成转子过热。当装置实际测量的启动时间超过整定的允许启动时间时，保护动作于跳闸。装置测量电动机启动时间 T_{st} 的方法：当电动机三相电流均从零发生突变时认为电动机开始启动，启动电流达到 10%I_n开始计时，直到启动电流过峰值后下降到 112%I_n时为止，之间的历时称为 T_{st}，见图 8-10。图中 $I_{st.max}$为最大启动电流；t_{st}为从 10%I_n 达到最大启动电流的时间。

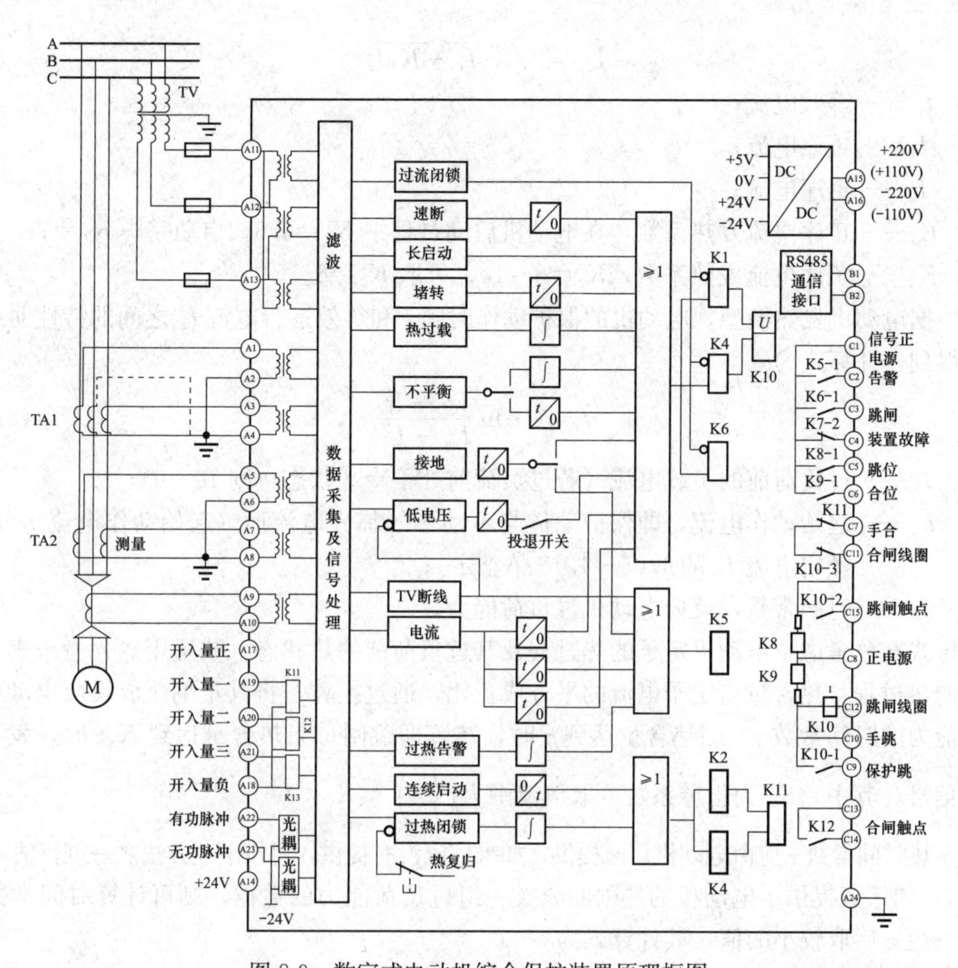

图 8-9　数字式电动机综合保护装置原理框图

K1—跳闸启动继电器；K2—合闸闭锁继电器；K4—使能继电器；K5—报警继电器；
K6—跳闸报警继电器；K8—跳闸位置继电器；K9—合闸位置继电器；K10—跳闸继电器；
K11—合闸闭锁继电器；K11～K13—开关量输入转换继电器

（3）堵转保护。当电动机转子处于停滞状态时（滑差 $s=1$），电流将急剧增大，造成电动机的烧毁事故。此时，若正序电流大于整定值，保护经整定的延时动作于跳闸。堵转保护还可以作为短路保护的后备。

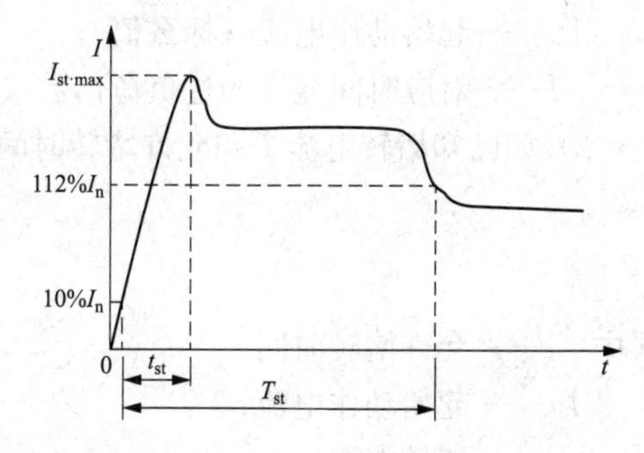

图 8-10　异步电动机启动电流特性

堵转保护在电动机启动时自动退出，启动结束后自动投入。若在电动机启动过程中发生堵转，启动时间过长保护会动作，虽然动作时间可能大于允许的堵转时间，但考虑到堵转前电动机处于冷却状态，允许适当延长跳闸时间。

（4）热过载保护，综合考虑了电动机正序、负序电流所产生的热效应，作为电动机各种过负荷引起的过热提供保护，也作为电动机短路、启动时间过长、堵转等的后备保护。

用等效电流 I_{eq} 来模拟电动机的发热效应，即

$$I_{eq}=\sqrt{K_1I_1^2+K_2I_2^2}$$

式中　I_{eq}——等效电流；

I_1——正序电流；

I_2——负序电流；

K_1——正序电流发热系数，在电动机启动过程中 $K_1=0.5$，启动完毕 $K_1=1$；

K_2——负序电流发热系数，$K_2=3\sim10$，可取 $K_2=6$。

根据电动机发热模型，电动机的保护动作时间 t 和等效运行电流 I_{eq} 之间的特性曲线可计算得到，计算式为

$$t=\tau\cdot\ln\frac{I_{eq}^2-I_{lo}^2}{I_{eq}^2-I_{\infty}^2}\tag{8-27}$$

式中　I_{lo}——过负荷前的负载电流（若过负荷前处于冷却状态，则 $I_{lo}=0$）；

I_{∞}——起始动作电流，即保护动作与不动作的临界电流值（起始动作电流 I_{∞} 可按额定电流 I_n 的 1.05～1.15 倍整定）；

τ——时间常数，反应电动机过负荷能力。

该式充分考虑了电动机定子的热过程及其过负荷前的热状态。装置用热含量来表示电动机的热过程，热含量与定子电流的平方成正比，通过换算，将其量纲化成反应电动机过负荷能力的时间常数 τ。当热含量达到 τ 时，装置即跳闸；当热含量达到 $K_a\tau$ 时，发过热告警信号，其中，K_a 为告警系数，取值范围为 $\left(\frac{I_{eq}}{I_{\infty}}\right)^2<K_a<1$。

发热时间常数 τ 应由电动机厂家提供，如果厂家没有提供，可按下述方法之一进行估算：

1）如厂家提供了电动机的热限曲线或一组过负荷能力的数据，则可计算时间常数 τ，求出一组 τ 后取较小的值。其计算式为

$$\tau=\frac{t}{\ln\frac{I^2}{I^2-I_{\infty}^2}}\tag{8-28}$$

式中　t——允许的过负荷时间；

I_{∞}——起始动作电流（标幺值）；

I——对应时间允许的过负荷倍数（标幺值）。

2）如已知堵转电流 I 和允许堵转时间 t，也可估算出时间常数 τ，估算式为

$$\tau=\frac{t}{\ln\frac{I^2}{I^2-I_{\infty}^2}}\tag{8-29}$$

式中　t——允许堵转时间；

I_{∞}——起始动作电流；

I——堵转电流。

3）也可直接计算 τ，计算式为

$$\tau=\frac{\theta_nK^2T_{st}}{\theta_0}\tag{8-30}$$

式中　θ_n——电动机的额定温升；

K——启动电流倍数；

θ_0——电动机启动时的温升；

T_{st}——电动机启动时间。

（5）负序过流保护（电流不平衡保护）。当电动机电流不对称时，会出现较大的负序电流，将在转子中产生2倍工频电流，使转子发热大大增加，危及电动机的安全运行。电流不平衡保护为匝间短路、断线、反相等故障的主保护，还可以作为不对称短路时的后备保护。

装置有反时限和定时限两种动作特性供选择。反时限的动作判据为

$$\left(\frac{I_2^2}{I_{2st}^2}-1\right)t \geqslant A \tag{8-31}$$

式中 I_2——负序电流；

A——时间常数；

I_{2st}——负序启动电流。

负序启动电流 I_{2st} 可按电动机长期允许的负序电流下能可靠返回来整定，可取为 $1.05I_{2\infty}$，$I_{2\infty}$ 为电动机长期允许的负序电流。为整定方便起见，采用负序电流 $I_2=3I_{2st}$ 时的允许时间 t_{3st} 来代替时间常数 A 的整定，即 $A=8t_{3st}$。

定时限采用二段式负序过流，动作判据为

$$I_2 > I_{2st.\,\mathrm{I}} \quad (t_1 < t \leqslant t_2) \tag{8-32}$$

或

$$I_2 > I_{2st.\,\mathrm{II}} \quad (t > t_2) \tag{8-33}$$

负序过流保护Ⅰ段主要保护电动机匝间短路、断线、反相等故障，可取 $I_{2st.\,\mathrm{I}}$ 为（0.6～1）I_n（I_n 为额定电流），时限按躲过开关不同期合闸出现的暂态过程的时间整定。

负序电流保护Ⅱ段作为灵敏的不平衡电流保护，可取 $I_{2st.\,\mathrm{II}}$ 为（0.2～0.6）I_n。

当外部供电系统出现不平衡时，电动机的负序电流可能引起负序过流保护误动。由于区内、外发生不对称短路时 I_2/I_1 的比值不同，经验表明，当 $I_2\geqslant 1.2I_1$、$I_1\geqslant I_{op.0}$ 条件满足时，可将负序过流保护闭锁。式中 $I_{op.0}$ 为门槛动作电流（内部设定为0.1A）。

（6）接地保护。对于接地故障电流较大的系统（如低电阻接地系统），若装有三相TA，零序电流可由三相电流之和求得（但整定计算时应注意三相TA不一致引起的误差，有条件时宜装设专用零序TA）。对于接地故障电流较小的系统，当电动机定子单相接地电流大于规程规定值时，应装设单相接地保护，保护用零序电流应取自零序电流专用TA，保护可选择动作于发信或跳闸。

保护的零序电流定值可按躲过电动机外部单相接地时的零序基波电流整定，动作时间可整定为较短的延时。

（7）低电压保护。当供电母线电压短时降低或短时中断时，为防止电动机自启动时使电源电压严重降低，往往需在一些次要电动机或不需要自启动的电动机上装设低电压保护。该装置单独装设低电压保护。当任一相（或任一相间）电压低于整定电压，保护经整定的延时动作于跳闸。

当装置通过计算出现负序电压但不出现负序电流且各相均有电流时，判为TV断线，此时，闭锁低电压保护并发TV断线告警信号。

保护的低电压定值可按躲过电动机启动时的最低电压整定，无此数据时可参考8.6节的公式整定。

为防止现场操作TV回路时低电压保护误动作，可将装置面板上的低电压保护投退开

关拨到退出位置。

(8) 热过载闭锁合闸。当电动机由运行到停机时，如果此时电动机热含量大于 $K_b\tau$，则闭锁合闸回路，以防止在短时间内重新启动造成电动机过热。当热含量小于 $K_b\tau$ 时，则自动解除闭锁。其中，K_b 为闭锁系数。其取值范围为

$$\left(\frac{I_{eq}}{I_{\infty}}\right)^2 < K_b < 1 \tag{8-34}$$

式中 I_{∞}——起始动作电流，即保护动作与不动作的临界电流值（起始动作电流 I_{∞} 可按额定电流 I_n 的 1.05~-1.15 倍整定）；

I_{eq}——停机前的等效电流（标幺值）。

为适应现场有时需要紧急启动以及试验，对热过载闭锁设有复归按键，连续按两下"复归"键，热含量自动清零，闭锁即被解除。

(9) 连续启动闭锁合闸。电动机启动结束后，装置开始闭锁合闸回路，直至整定的延时为止，以防止无时间间隔地连续启动，造成电动机严重过热。如果启动电流大于 112% I_n，则在启动电流下降到 112%I_n时闭锁合闸回路。如果启动电流小于 112%I_n，则到达允许的启动时间 T_{st}时闭锁合闸回路。如果启动过程非正常中止（如保护动作、手跳），则在中止时刻闭锁合闸回路。

(10) F-C 过流闭锁跳闸。对于熔断器一高压接触器（F-C）控制的电动机，如果任一相故障电流超过接触器的遮断电流时，保护出口被闭锁，接触器便不能断开，此时，应由熔断器熔丝熔断来切除故障。

(11) 电流保护。电流保护由过流保护和过负荷保护组成。过流保护设一段延时，当最大相电流大于整定值时，经整定时间后跳闸。过负荷保护设二段延时 t_1 和 t_2，当最大相电流大于整定值时，经延时 t_1发过负荷告警信号，经延时 t_2跳闸。

电流保护可在电动机启动时自动退出，启动结束后自动投入。

本装置所有保护定值均为归算到 TA、TV 二次侧的有名值。I_n为电动机的实际最大运行电流（额定电流）。

2. 装置概述

数字式电动机综合保护装置是研制开发的新一代微机保护产品。本装置的自适应功能克服了电机自启动及各种外部故障等情况下可能出现的误动。装置结构小巧，功能配置齐全，操作简单方便，既可集中组屏组柜，也可就地安装于开关柜。适用于熔断器一高压接触器（F-C）控制的电动机和用真空断路器以及少油断路器做控制的电动机，可为电厂、钢铁、煤矿、石油、化工等企业的大中型异步电动机提供可靠保护。

(1) 装置主要特点：

1) 采用高性能 32 位单片机。

2) 硬、软件冗余设计保证了装置具有较高可靠性。

硬件各模块之间相对独立，且具有良好的屏蔽地。出口继电器线包正常时悬浮不带电，动作时自动提供电源，同时，完善的软、硬件自检功能使装置故障时能自动切断中间断路器电源，有效防止硬件故障引起保护误动的可能性，装置故障即发告警信号，显示故障内容。

软件的自适应算法及浮动门槛技术能有效克服电动机启动及各种区内外故障情况下非周期分量电流和各种高次谐波电流的影响，而不会降低装置的灵敏度和精确性。

3）液晶中文显示，完全菜单化操作，十进制连续式整定。

4）在线监视及记录功能。该装置可显示各种保护及测量参数，如正序电流、负序电流、等效电流、热含量、系统频率、有功功率、无功功率、功率因数、电动机启动电流、启动时间、开关量状态等；10组事故记录，包括出口时间、动作内容、动作量、动作相序、启动时间、动作时的定值、保护投退情况及故障前后共8个周波的采样值。100组事件记录，包括事件内容及时间。

5）过热和重复启动时闭锁合闸回路，当闭锁条件不满足时可自动解除闭锁。

6）串行通信接口：配有一个RS485通信口，可向调度传送保护定值、保护配置、测量值、故障信息，并能接受调度校时、修改定值、跳闸、合闸命令等；通信规约视具体工程而定。

7）可带测量功能并有二路脉冲量输入。

8）保护投退及选择功能：所有保护功能（包括非电量保护）及装置的出口均可由软压板投退，非电量保护及零序电流保护等可自行选择保护出口方式。

（2）保护功能：保护功能配置包括电流速断、电流保护（包括过流及过负荷保护）、过热载保护（考虑了正、负序效应并具有对数特性）、启动时间过长保护、堵转保护、负序过流保护（不平衡保护）、接地保护（可选择发信或跳闸）、低电压保护（具有TV断线闭锁功能）、热过载闭锁合闸回路（可强行解除）、连续启动闭锁合闸回路、F-C过流闭锁出口（适用于熔断器—高压接触器回路控制的电机）、热过载告警、过负荷告警、TV断线告警、熔断器熔断告警、操作回路断线告警。这些保护功能均可由用户根据需要自行选择“投入”或“退出”。

（3）主要技术指标：

1）额定参数：

电源电压：直流DC220V（±15%）或DC110V（±15%）；交流AC220V（±15%）。

交流额定电流：5A（1A）。

交流额定电压：100V（57V）。

不接地系统零序电流：0.2A（0.02A）。

额定频率：50Hz。

2）参数整定范围：

电流：$0.1I_n \sim 20I_n$。

电压：1～120V。

零序电流：0.02～0.6A或0.6～4A。

时间：0～9999s。

均可连续式整定。

3）返回系数：过量继电器0.98，欠量继电器1.02。

4）测量元件准确度：

整定误差：电流及电压整定误差不超过±2.5%，时间整定值误差不超过±50ms；

温度变差：在工作环境温度范围内相对于20℃±2℃时，不超过±5%。

5）动作时间：

速断保护：1.2倍整定电流时，不大于40ms。

6）功率消耗：交流电流回路<0.25VA/相；交流电压回路<0.5VA/相；电源回路<10W。

7）脉冲量输入：脉冲＞40ms。

8.8.2 微机型电动机差动保护装置

1. 保护原理和定值整定

微机型电动机差动保护装置的原理框图如图 8-11 所示。

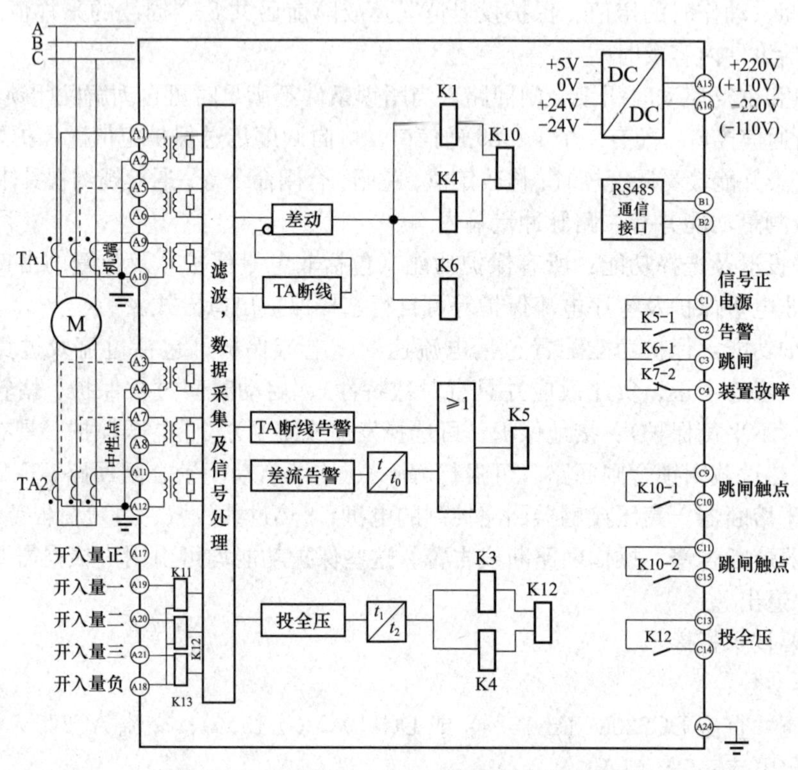

图 8-11 微机型电动机差动保护装置原理框图

该保护采用二相三元件式或三相三元件式比率制动原理。若为二相三元件式，当输入量取自电动机机端 A、C 相电流（以 $\dot{I}_t$ 表示）和中性点 A、C 相电流（以 $\dot{I}_n$ 表示）时，其中 B 相电流 $\dot{I}_b=-(\dot{I}_a+\dot{I}_c)$，在装置内部生成。保护反应电动机内部及引出线相间短路故障。

动作判据为

$$\left.\begin{array}{ll} I_d > I_{op.0} & (I_{res} < I_{res.0}) \\ I_d - I_{op.0} > K_{res}(I_{res} - I_{res.0}) \text{ 或 } I_d > I_{d.ins} & (I_{res} \geqslant I_{res.0}) \end{array}\right\} \tag{8-35}$$

式中 I_d——差电流，$I_d=|\dot{I}_t+\dot{I}_n|$；

I_{res}——制动电流，$I_{res}=\frac{|\dot{I}_t-\dot{I}_n|}{2}$；

$I_{op.0}$——差动起始动作电流；

$I_{res.0}$——制动拐点电流；

K_{res}——比率制动斜率（近似于制动系数）；

$I_{d.ins}$——差动速断电流。

动作特性见图 8-12。当 $I_d>I_{da}$ 时，经过整定的延时后，装置可发差电流告警信号，引起运行人员注意。

（1）定值整定：

1）比率制动斜率 K_{res}，应保证差动保护在电动机启动和发生区外故障时可靠制动，一般可取 $K_{res}=0.3\sim0.6$。

2）差动起始动作电流 $I_{op.0}$，可按躲过启动时最大负荷下流入保护装置的不平衡电流整定，一般可整定为 $0.3\sim0.5I_n$。

3）制动拐点电流 $I_{res.0}$，可取为额定电流值。

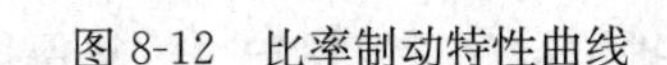

图 8-12　比率制动特性曲线

4）差动速断电流 $I_{d.ins}$，可取额定电流的 3～8 倍。

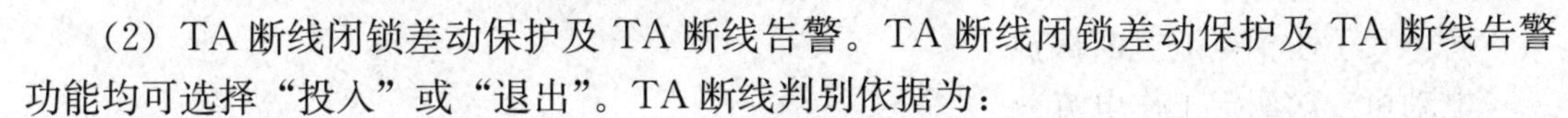

（2）TA 断线闭锁差动保护及 TA 断线告警。TA 断线闭锁差动保护及 TA 断线告警功能均可选择“投入”或“退出”。TA 断线判别依据为：

1）同一侧 TA 的一相或两相电流小于差动起始动作电流值且对侧相应的一相或二相电流大于差动起始动作电流值。

2）差流大于差动起始动作电流值且小于 1.3 倍额定电流值。

3）任何一侧三相同时无电流不认为是 TA 断线。

4）不考虑两侧 TA 同时断线。

（3）投全压。对于工厂企业经电抗器或电阻进行降压启动的大型电动机，本装置可提供一副投全压触点。当启动电流降至某一定值时，装置发出投全压命令。为防止电机开始启动瞬间电流低于投全压电流值时可能引起误动作，装置经整定的延时以躲过启动瞬间的低电流，投全压动作后经整定的延时返回。

同前介绍的电流保护一样，本装置所有保护定值均为归算到 TA 二次侧的有名值。I_n 为电机的实际最大运行电流（额定电流）。

2. 装置概述

该微机型电动机差动保护装置主要用作大型异步电动机（2000kW 及以上）的差动保护，与本节前面介绍的微机型电动机综合保护装置共同组成大型异步电动机的全套保护。

（1）装置特点同本节介绍的微机型电动机综合保护装置。

（2）装置主要保护功能包括电动机差动保护（二相三元件式或三相三元件式）、TA 断线闭锁差动保护、TA 断线告警、差流过大告警、投全压功能（用于降压启动的大型电动机）。

这些保护均可由用户自行选择“投入”或“退出”。

（3）主要常用技术参数：

1）额定参数：

电源电压：直流 DC220V 或 DC110V；交流 AC220V；

交流额定电流：5A（1A）；

额定频率：50Hz。

2）电流整定范围：$0.1I_n\sim20\ I_n$ 可连续式整定。

3）差动保护动作时间：1.2 倍整定电流时，不大于 35ms。

4）功率消耗：交流电流回路＜0.25VA/相；电源回路＜10W。

5）输出触点：①信号：220V、2A；②跳闸：220V、5A。

8.9 高压电动机保护整定计算示例

【例 8-1】 10kV，710kW 引风机电动机的保护整定计算示例。

已知：引风机 10kV 电动机容量为 710kW，电动机额定工作电流 $I_N=51A$，保护 TA 变比 $n_a=100/5A$（10P20），零序电流互感器变比 $n_{a0}=75/5$ A。采用南瑞继保 PCS-9626C 型微机综合保护，该保护装置包括相电流速断保护、过电流保护、堵转保护、负序过电流保护、零序过流保护、过热保护、过负荷保护等。

解：1. Ⅰ段相电流速断保护

电动机二次额定工作电流

$$I_n = I_N/n_a = 51/(100/5) = 2.55(\text{A})$$

躲过电动机启动过程的相电流速断保护高定值

$$I_{oph} = K_{rel}K_s I_n = 1.5 \times 7 \times 2.55 = 26.8(\text{A})$$

式中 I_{oph}——相电流速断保护动作高定值；

K_{rel}——可靠系数取 1.5；

K_s——电动机自启动电流倍数，取 7；

I_n——电动机额定工作二次电流，A；

n_a——TA 的电流变比。

当下级有变频器保护时，根据配合需要，可考虑留有与变频器保护配合的级差时间。

灵敏度校验（短路电流计算过程省略）

$$K_{sen} = \frac{I_{k.min}^{(2)}}{I_{op.1}} = \frac{13845.93}{I_{op.1}} = \frac{13845.93}{I_{op.2}n_a} = \frac{13845.93}{26.8 \times 20} = 25.8$$

满足灵敏度要求

2. Ⅱ段电动机启动后投入的相电流速断保护动作低定值

$$I_{opl} = 0.5\,K_{rel}K_s I_n = 0.5 \times 1.5 \times 7 \times 2.55 = 13.4$$

式中 I_{opl}——电动机启动后才投入的相电流速断保护动作低定值。

高定值已满足灵敏度要求，低定值不必再校验。

3. Ⅲ段电动机堵转保护

根据厂家说明书，是不引入转速开关的堵转保护在电动机启动结束后自动投入，堵转电流按躲过最大过负荷整定，继电器的动作电流为

$$I_{opr} = K_{rel}I_n = 2.5 \times 2.55 = 6.38(\text{A})$$

式中 K_{rel}——可靠系数，取 2.5；

I_n——二次额定电流。

灵敏度满足要求。

动作时间：启动前为冷启动或已散热，整定时间为躲过自启动，应比启动时间稍长

$$T_{op} = (15 \sim 20) + 4 = (19 \sim 24)(\text{s})$$

运行后，启动时间可以根据投运后实际的录波启动时间留有适当裕度整定。

4. 负序过流保护

（1）Ⅰ段负序过流保护动作电流定值。

$$I_{2op}=I_e=2.55(A)$$

Ⅰ段负序过流保护动作时间取：$t_{2op}=0.4s$（大于本母线所接其他回路短路时可能引起本回路误切除的时间）。

（2）Ⅱ段负序过流保护动作电流定值。

Ⅱ段动作电流定值取（经验值，为提高电动机断相时负序电流保护动作的灵敏度）

$$I_{2op}=0.3I_e=0.3\times2.55=0.77(A)$$

Ⅱ段负序过电流保护动作时间取 $t_{2op}=25s$（大于引风机启动时间）。

5. 零序过流保护

需要计算接地故障时的零序电流（可参见附录 E 单相接地故障时的接地电流计算）。保护整定计算见式（8-20）、式（8-21）。

目前工程设计通常装设有小电流接地选线装置，在此种情况下可不装设零序电流保护。

6. 过热保护

本工程采用的微机保护中过热保护判据为供货方给出的（根据国际电工委员会标准 IEC 60255—8《电气继电器　第 8 部分：电热继电器》，采用等效电流来计算热累积量）热累积动作方程

$$T=\tau\ln\frac{I^2-I_P^2}{I^2-kI_B{}^2}$$

式中　T——保护动作（跳闸）时间，s；

τ——热过负荷时间常数；

I_B——满负荷额定电流，对应定值“热过负荷基准电流”，装置的设定电流（电动机实际运行额定电流反应到 TA 二次侧的值），即可取 $I_B=I_e=2.55A$；

I_p——热负荷启动前稳态电流；

k——热累积系数，对应定值“热过负荷系数”（厂家推荐 1.05～1.15，现取 1.1）。

$$I^2=K_1I_1^2+K_2I_2^2$$

式中　I——等效电流有效值，A；

I_1——电动机运行电流的正序分量，A；

I_2——电动机运行电流的负序分量，A；

K_1——正序电流发热系数，启动时间内 0.5，启动时间过后变为 1；

K_2——负序电流发热系数，可在 3～10 的范围内整定，常取中间值 6。

（1）τ 的整定：按电动机最多可连接启动二次考虑，参照式（8-30）

$$\tau=\frac{\theta_nK^2T_{st}}{\theta_0}=\frac{105\times7^2\times20}{52.5}=1960(s)$$

该电动机是按 A 级绝缘允许温度考虑，取 52.5℃，启动时间取 20s。考虑到电动机可能重启一次，现取

$$\tau_{op}=\frac{1960}{2}=980(s)$$

应当指出，具体工程应根据本工程情况及现场积累的经验进行定值修改，但必须注意有关项需一同修改。

（2）电动机散热时间常数整定值，按电动机过热后冷却至允许启动所需的时间整定，本工程实际散热时间常数按秒计算，散热时间常数可取 $4\times\tau_{op}$：$4\times\tau_{op}=4\times980=3920$（s）。

不同厂家（电机厂/保护设备厂）给出的时间单位有所不同，必要时可换算。

若按分钟计时则为：

$$4\times\tau_{op}=4\times980/60=3920/60=65.3(\text{min})$$

若按小时计时则为：

$$4\times\tau_{op}=4\times980/3600=3920/3600=1.09(\text{h})$$

电动机发热时间常数和散热时间常数，在具体工程可根据本工程的电动机使用条件，结合保护装置来计算设定，注意其某项定值修改可能引起的相关项的变化，需对相关项同时进行必要的修正。

（3）过热告警值确定。过热告警是一种预告信号，可在跳闸值的 50%～100%范围内以 1%为级差整定，热告警值可取 50%及以下，以便引起运行人员及时注意。

7. 过负荷保护

过负荷保护动作电流按躲过电动机额定电流下可靠返回条件整定，动作电流为

$$I_{op.2}=K_{rel}\frac{I_n}{K_r}=1.05\times\frac{2.55}{0.9}=2.98(\text{A})$$

式中 K_{rel}——可靠系数，本工程取 1.05；

K_r——返回系数，本工程取 0.9；

经计算，$I_{op.2}=2.98$A，动作值取 3A。

整定时间：动作时限可取大于等于最长启动时间 20s，动作于信号。

8. 低电压保护

10kV 电动机低电压保护，根据该厂 10kV 母线最低启动电压要求，为可靠躲过自启动时的母线低电压，取 60V，引风机电动机低电压保护动作时间可取 9s 发信号（跳闸与否由运行确定）。

第 9 章　400V 低压配电系统的保护

400V 低压配电系统的保护，除了有继电保护外，还经常大量使用熔断器保护以及在启动器或接触器中设置热继电器的保护。对使用断路器的回路，除了使用传统的电磁式继电保护外，还有的采用电子式继电保护，特别是近几年来由于数字技术的发展，已经大量采用在断路器上设置智能脱扣器（兼测控）。总的来说，低压配电系统的保护比较简单，但保护种类繁多，上下级各种保护动作特性间的定值及时间配合比较麻烦，且由于被保护回路众多，所以对保护的选配及整定调试必须耐心细致。

9.1　400V 母线分段、进出线及电动机保护

9.1.1　400V 母线分段保护

400V 配电系统一般为单母线或单母线分段接线，对单母线分段的相间短路和单相接地短路故障一般用三相式过电流保护，以保证保护的选择性和灵敏性。母线分段的过电流保护的基本原理在母线保护一章已作了介绍，在此不再多述。400V 母线分段保护一般只设一段电流定值和一个时间段，有时也采用变压器低压侧进线保护设两段时限，以第一段时限先跳开分段的方法省略分段保护。

9.1.2　400V 进出线保护

1. 400V 进线保护

400V 进线一般不需要装设复杂的保护，一般只需装设短延时过电流保护即可满足保护范围及保护配合的要求。往往为了简化保护及减少级差，在双绕组变压器低压侧可不装设保护，因为变压器高压侧的过流保护可作为低压母线及馈线回路的后备保护。当需要加速断开母线上的短路故障时，可以在低压侧投入短延时过电流保护。但当用户考虑要把低压开关也作为一级保护措施时（若考虑高压侧断路器及继电保护也有拒动的可能性），也可以投入低压侧的短延时过电流保护，根据配合要求可以采用定时限过电流保护或反时限过电流保护。设计保护时应当注意如采用保护相间短路的两相式接线不能保护未接电流互感器相的单相接地短路故障。

对中性点经高阻接地配电系统的单相接地故障，电阻一般接于电源变压器的中性点，可用电源变压器中性点的零序电流保护进行保护，在没有分支的低压进线回路，进线回路可不再专设零序电流互感器和保护。在中性点经高阻接地的低压配电系统，接地保护通常

动作于信号，然后再由运行人员进行处理。

2.400V 馈线保护

400V 馈线一般只需要装设电流速断和过电流保护即可满足保护范围及保护配合的要求，过电流保护根据被保护设备及配合要求可以采用定时限保护或反时限电流保护。此外，当所装设的相间短路保护对单相接地短路灵敏度不够时，应装设零序过电流保护。

9.1.3 400V 低压电动机保护

对 400V 低压电动机一般要求装设下列类型的保护：

1. 相间短路保护

用于保护电动机绕组内部及其引出线上的相间短路故障。保护装置可按电动机的重要性结合所选用的一次设备配置，一般采用下列方式之一构成。

（1）熔断器与磁力启动器或接触器组成的一供电次回路，由熔断器作为相间短路的保护。

（2）断路器或断路器与操作设备（接触器）组成的一次供电回路，通常用断路器本身所带的电流电压保护作为相间短路的保护，也可以采用断路器本身的过流脱扣器进行保护，但要注意其灵敏性是否满足要求，即在电动机出线端子处短路时，灵敏系数必须大于 1.5。

（3）单独装设满足要求的继电保护，如电磁式继电保护或静态继电保护等，作用于断路器跳闸。

2. 单相接地保护

单相接地保护可以分为两种情况：

（1）对中性点直接接地的低压配电系统，通常容量为 100kW 以上的电动机装设单相接地短路保护。对 55kW 及以上的电动机，当装设三相式电流保护能满足对单相接地故障的灵敏性要求也可以不装设专用的单相接地保护。对装设熔断器保护的回路，其单相接地故障靠熔断器熔断来切除。

（2）对中性点经高阻接地的低压配电系统，其单相接地不要求跳闸，通常是把接地电流限制在 10A 以下。对低压电动机单相接地故障，应装设有选择性的接地检测装置，动作于信号或动作于跳闸。

低压配电系统主要采用熔断器及断路器进行短路保护，为使用方便，现将其常用的熔断器熔体及断路器脱扣器选择计算方法简单介绍。对于智能型断路器的保护将在下一节进行介绍。

1）熔断器熔体及断路器脱扣器的选择公式见表 9-1。

表 9-1　熔断器熔体及断路器脱扣器的选择/整定公式

回路名称	单台电动机回路	馈电干线（其中最大一台电动机启动）	馈电干线（电动机集中启动）
熔断器	$I_R \geqslant I_{st}/a$	$I_R \geqslant I_{st.max}/a + \sum 2nI_{lo.i}$	$I_R \geqslant \sum I_{st}/a$
断路器	$I_n \geqslant K_{rel} I_{st}$	$I_n \geqslant 1.35\ (I_{st.max} + \sum 2nI_{lo.i})$	$I_n \geqslant 1.35 I_{st}$

注　I_R 为熔体额定电流（A）；I_n 为脱扣器整定电流（A）；I_{st}为电动机启动电流（A）；$I_{st.max}$为最大一台电动机启动电流（A）；$\sum I_{lo.i}$为除最大一台电动机外，所有其他电动机计算工作电流之和（A）；$\sum 2nI_{lo.i}$为由馈电干线供电的所有要求自启动的电动机启动电流之和（A）；a 为熔体选择系数，对 RTO 熔断器，容易启动的取 2.5（对Ⅰ类电动机，熔体应放大一级），启动困难和频繁的取 1.6，300A 以上熔体取 3；对 NT 熔断器，100A 以下取 2.5，100～160A 取 3，200A 及以上取 3.5，启动困难或启动频繁的电动机相应加大一级。K_{rel}为可靠系数，动作时间不大于 0.02s，取 1.7～2；动作时间大于 0.02s，取 1.35。

2）断路器脱扣器整定电流灵敏度校验式为

$$I_s^{(2)}/I_n \geqslant K_{sen}^{(2)} \tag{9-1}$$

$$I_s^{(1)}/I_n \geqslant K_{sen}^{(1)} \tag{9-2}$$

上两式中　$K_{sen}^{(2)}$、$K_{sen}^{(1)}$——分别为两相短路和单相短路时的灵敏度，一般取1.5；

I_n——脱扣器整定电流，A；

$I_s^{(2)}$、$I_s^{(1)}$——电动机端部或车间母线上的两相和单相短路电流，A。

采用接触器的回路常采用热继电器进行过载保护。热继电器的基本动作原理通常是利用两种不同温度膨胀系数的金属弹簧片（双金属片）构成动作触点，当回路过载或电动机回路断相时，弹簧片便失去原来的平衡，其触点动作即可将回路断开。对热继电器的选择应当注意以下几点：

（1）按额定电流选择型号，应使负载额定电流在热继电器可调范围内。

（2）采用带温度补偿易于调整整定电流的热继电器。

（3）对电动机优先选用有断相保护功能的热继电器。

（4）热继电器的动作曲线应与被保护设备的过热性能相配合，以起到保护的作用。

9.2　低压智能型断路器的保护及其测控功能

目前国内外生产的低压断路器，不论是框架式的断路器，还是容量较大的塑壳式断路器，许多装设了智能型的控制器，也有的称保护控制单元，还有的叫作微处理脱扣器等，名称虽不一，但其原理是以单片机为核心构成的综合测控及保护，所以常称智能控制器。如施耐德的M系列断路器，ABB的F系列断路器以及国产的M系列、AH系列、DW48型、HSW1型等断路器都采用了智能控制器。

9.2.1　400V配电系统万能式断路器常采用的保护方式

400V配电系统低压万能式断路器常采用的保护多为三段式或两段式电流保护，典型的三段式过电流保护有瞬时电流速断、短延时过电流保护（即限时电流速断）及长延时过电流保护，长延时过电流保护一般为反时限特性。万能式断路器可设各种脱扣器，而容量较小的塑壳式断路器大都无短延时过电流保护，且失压及分励脱扣器通常只能选装其一。故前者适于用作主回路开关及重要电动机回路，后者一般适于用作最下级或不太重要支路的开关。

典型的三段式过电流保护特性曲线如图9-1所示。图中a区间为长延时（反时限）保护整定电流调节范围；b区间为短延时过电流保护整定电流可调节范围；c区间为瞬时电流速断保护整定电流可调节范围；d区间为短延时过电流保护整定时间的可调节范围。不论老式的电磁式保护或半导体保护，以及智能型保护一般都考虑按这些基本原则进行设计配置，故应掌握这组特性曲线选配。

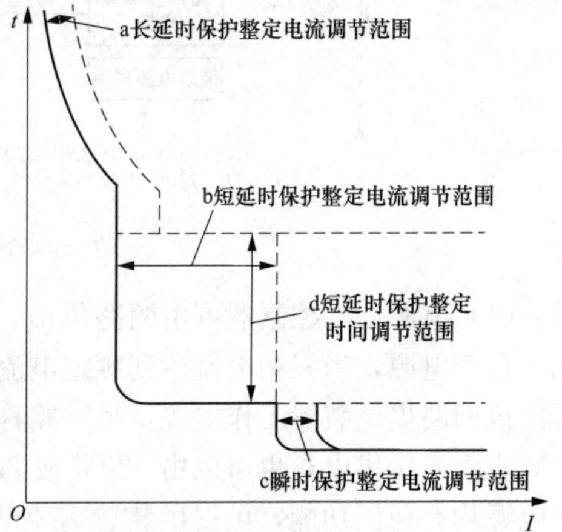

图9-1　典型三段式电流保护特性曲线

9.2.2 400V 断路器附装的智能控制器

9.2.2.1 智能控制器的基本构成及原理

1. 智能控制器的基本功能

（1）保护功能。有过载长延时保护、短路短延时过电流保护、特大短路瞬时速断保护，以及单相接地、漏电流、负载监控等几种保护，还有发光指示和故障记录功能。

（2）测量显示功能。可测量相电流、相电压及线电压、功率、功率因数和电能量以及母线频率，测量数据不但可以就地显示，部分还可通过通信系统上传到上位机在中央控制室显示。

（3）通信测控功能。国外及国产的部分智能控制器设有数据通信功能，可以传输每相电流整定值和参数、断路器位置状态、报警、故障信号、自监控和触头磨损状况、负载监控输出状态等，并可以由控制中心上位机对本系统具有通信功能的智能断路器进行“四遥”控制（遥控、遥测、遥信、遥调）。

2. 智能控制器的基本工作原理

现以国产 ST 型智能断路器为例对智能控制器进行说明。

ST 型智能断路器的智能控制器主要由电源、信号采集、CPU、键盘和显示器、执行输出等部分组成，原理框图如图 9-2 所示。

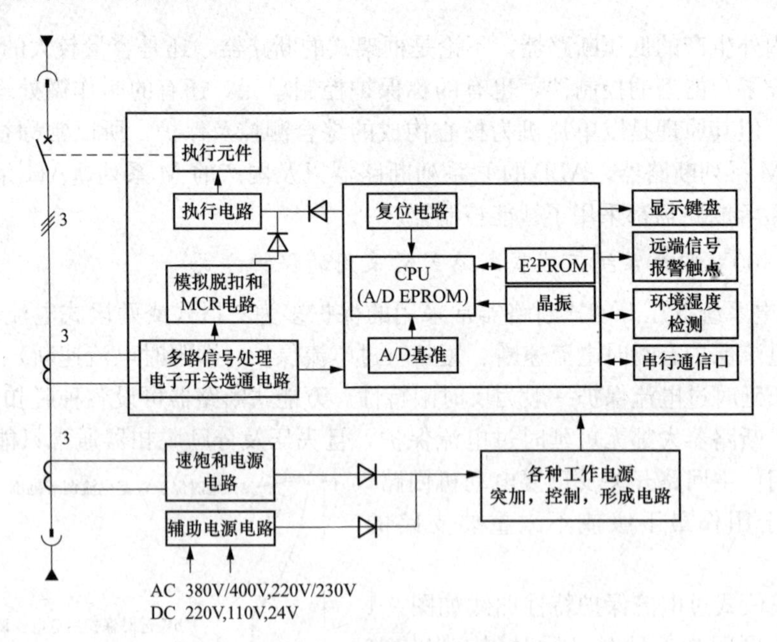

图 9-2 智能控制器原理框图

（1）电源。本控制器可由两路供电，一路由通过快速饱和铁芯电流互感器提供能源，称为自产电源，当三相电流达到额定电流的 0.4 倍以上时即可供电，故短延时电流保护即可由该回路提供装置工作电源，另一路称为辅助电源，由外部提供，可以由 220、110V 或 24V 直流系统供电，也可以由 380V 或 220V 交流系统供电，在订货时提出要求即可。两路电源均有稳压功能，可提供装置需要的±5V 和＋30V 等电源。当自产电源消失时，辅助电源即能自动投入，在调试阶段由辅助电源供电。

（2）信号采集处理电路。信号采集处理原理框图如图 9-3 所示。

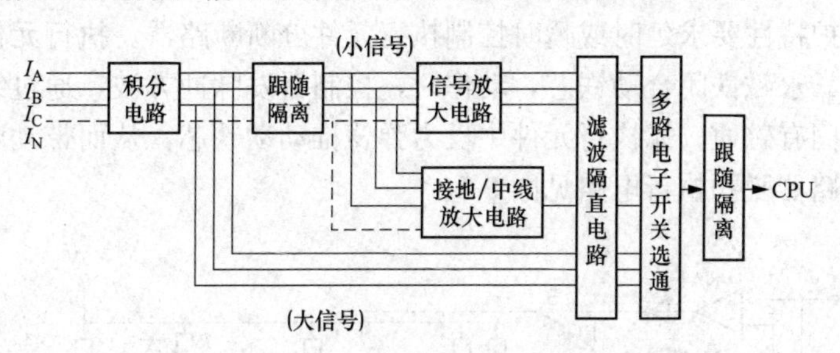

图 9-3　信号采集原理框图

ST 型智能断路器的智能型控制器的信号取自套在母线上的空芯互感器的二次侧，空芯互感器感应的二次电压与一次回路电流的微分成正比，该信号进入控制器信号处理电路，首先进行积分处理，使二次感应信号与一次回路电流成正比。因为空芯互感器具有较好的线性范围，且进入 A/D 转换的电流信号范围较大，为了提高精度和采样分辨率，电路设计上把信号分为小信号和大信号两组，对于小信号利用硬件电路进行放大处理，而大信号直接处理输入。接地电流信号一般较小，需经放大处理。

A、B、C 三相大信号，三相小信号和接地漏电信号共 7 路信号经处理输入多路电子开关，CPU 通过三根□线控制电子开关选通所需的各路信号，7 路信号采样处理周期为 0.5ms，瞬动短路保护采用峰值采样，考虑抗尖峰干扰，信号处理时间为双周期 1ms，最长捕捉到故障信号时间为 5ms，硬件抗干扰 2～3ms，总体上瞬动处理到执行时间为 7～8ms，短路故障电流较大时瞬动处理较快。一般过载长延时保护、过电流短时、单相接地等故障采用有效值处理，以 20ms 为一个处理周期。

（3）显示和键盘电路。ST 型智能断路器的智能控制器采用数码管对各种状态和数值进行指示和显示，同时采用按键方式进行整定、试验、检测等，现场使用普遍反映直观、清晰，且不受环境影响。键盘部分采用按键方式，对显示键盘均采用动态扫描，0.5ms 循环一次，通过中断口 INT11 识别键中断，并实时处理中断子程序。

（4）自诊断检测电路。ST 型智能断路器的智能控制器可检测自身温度，并发出异常报警信号，其电路图见图 9-4，它用一种非直接检测方法。图中 P4.1 为 CPU 一根检测口线，正常时由 CPU 来的周期 0.5ms 的脉冲信号，占空比为 1∶1。正常情况下，脉冲信号通过温度继电器长闭触点输入到比较器 N1，比较器输出 U1 为低电平，N2 输出 U2 为低电平，则 CPU 控制数码管显示“E”字样告警，同时有报警触点信号输出。此时控制器自身各种特性在一定时间内（大约 1h）可正常运行，故障处理不受影响，用户可据实际工作需要分断断路器或减轻负荷，使智能控制器回到正常工作状态。

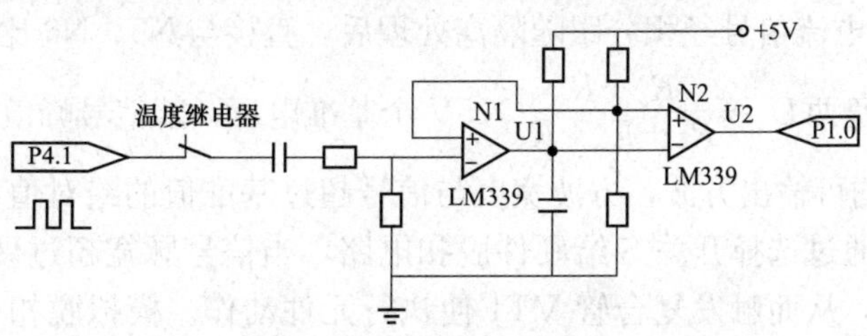

图 9-4　环境温度检测电路

（5）控制执行电路。ST 型智能断路器的智能控制器能实时处理过载、短路、接地等故障信号，按保护特性要求延时或瞬时控制执行元件分断断路器。执行元件采用磁通变换器，正常工作时靠永磁铁闭合动铁芯，动作时，控制器发脉冲方波，通过线圈的电流产生反向磁通去克服固有磁通，靠执行元件中反力弹簧推动动铁芯，从而带动断路器控制半轴分断断路器。断路器脱扣执行电路见图 9-5。

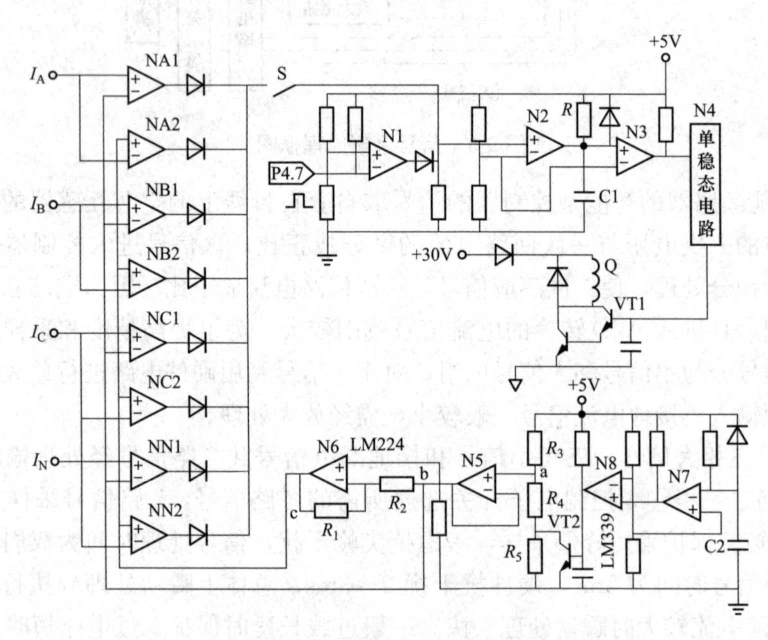

图 9-5　断路器脱扣执行回路

ST 型智能断路器的脱扣方式有两种：

1）CPU 按保护特性针对各种故障信号处理后，通过芯片口线发出动作指令，正常运行情况下，图中 P4.7 为高电平，则 N1、N2、N3 输出均为低电平，单稳态电路处于稳态，复合管被截止，则控制执行元件线圈 Q 无电流通过。当 P4.7 发出动作脉冲指令负脉冲后 N1 输出为正脉冲方波输出，N2 也应输出正脉冲，随电容器 C1 的充电，电平逐步升高，充电时间约为 2ms，故 P4.7 脉冲宽度必须大于 2ms，否则信号将被硬件截止，该 RC 回路主要目的是抗干扰，一般情况 P4.7 脉宽为 4ms，当 C1 电压超过反相端电压时，则 N3 输出高电平，单稳态电路被激活，输出 3～6ms 宽度方波触发复合管 VT1，则线圈 Q 通电流产生反磁通而动作。CPU 控制信号一般为闭环设计，脱扣信号发出后，检测执行元件辅助触点，如执行元件未能动作，则 CPU 继续发脱扣脉冲直到动作为止。

2）模拟脱扣。当电流信号达到一值时，不经 CPU 处理，直接比较输出脱扣信号。图中 I_A、I_B、I_C、I_N 电流信号经积分跟随隔离处理后，直接与 N5、N6 比较，由于 $R_1=R_2$，故 N5、N6 输出正负两 $U_a \approx \dfrac{R_3+R_4}{R_3+R_4+R_5} \times 5V$ 个基准电压，若信号峰值超过正基准或低于负基准，N5、N6 均可输出方波，方波宽度与信号超过基准值的绝对值大小相关，所有输出方波以或的逻辑通过选择开关 S 给硬件脱扣电路，当信号脉宽超过硬件抗干扰脉宽时，则激活单稳态电路，从而触发复合管 VT1 使执行元件动作。模拟脱扣一般作为后备，动作电流为控制器瞬动最大定值，如 50kA 或 75kA。在模拟脱扣电路中另有一种接通分断

保护功能称为 MCR，MCR 线路处理方式和模拟脱扣一样，只是动作定值较低，一般为 10kA 左右，该功能只有在断路器闭合瞬间起作用。上电时 C2 上为零电位，则比较器输出 N7 为高电位输出，N8 为低电位输出，三极管 VT2 饱和导通，则 $U_a \approx \frac{R_4}{R_3+R_4} \times 5V$，$U_a = U_b = U_c$，合闸瞬间模拟脱扣电路基准较低。而当电容 C2 电平充电到大于 N7 基准电压（约 100ms），N7 输出低电平，则 N8 输出低电平，VT2 被截止，则基准较高，只有在特大短路电流出现时，模拟控制电路才能起作用。设计中设开关 S 以便用户选择，特别是在随断路器作短延时特性试验时，需关断 S，以解除瞬动。由图可见比较器 N_{A1}，N_{A2}；N_{B1}，N_{B2}；N_{C1}，N_{C2}；N_{N1}，N_{N2} 是 A、B、C、N 相分别在瞬动或 MCR 动作时作为与 N5，N6 提供的正相反基准电压比较用的。

3. 智能控制器的软件设计

ST 型智能断路器的 ST 型智能控制器的软件分为主程序和中断程序两大部分。主程序流程图如图 9-6 所示。主程序包括通信处理、故障处理、键盘处理、显示处理、能量记忆处理等子程序，不一一介绍。

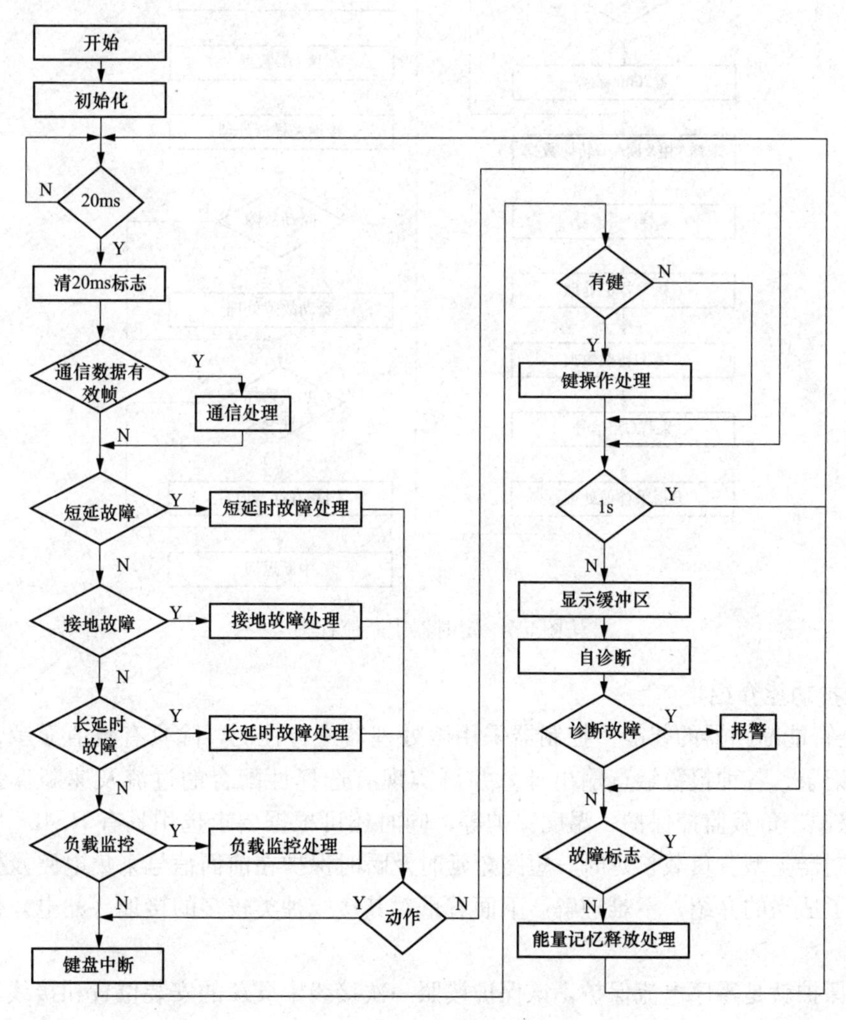

图 9-6　主程序流程图

中断程序包括键盘中断程序、定时器中断程序、通信中断程序。中断优先级从高到低依次为定时器、键盘、通信。

正常工作大多由定时器中断支配。定时器中断流程图如图 9-7 所示。定时器中断构成了信号采样周期，其中断周期为 0.5ms，这样工频一周 20ms 即采样 40 点，其采样频率为 2kHz。从图 9-5 可知，特大短路电流的保护采用即采即比的办法，按峰值采样处理。而延时保护特性，要求精度高，故采样中断需采样保持存在，供主程序进行有效值计算处理。

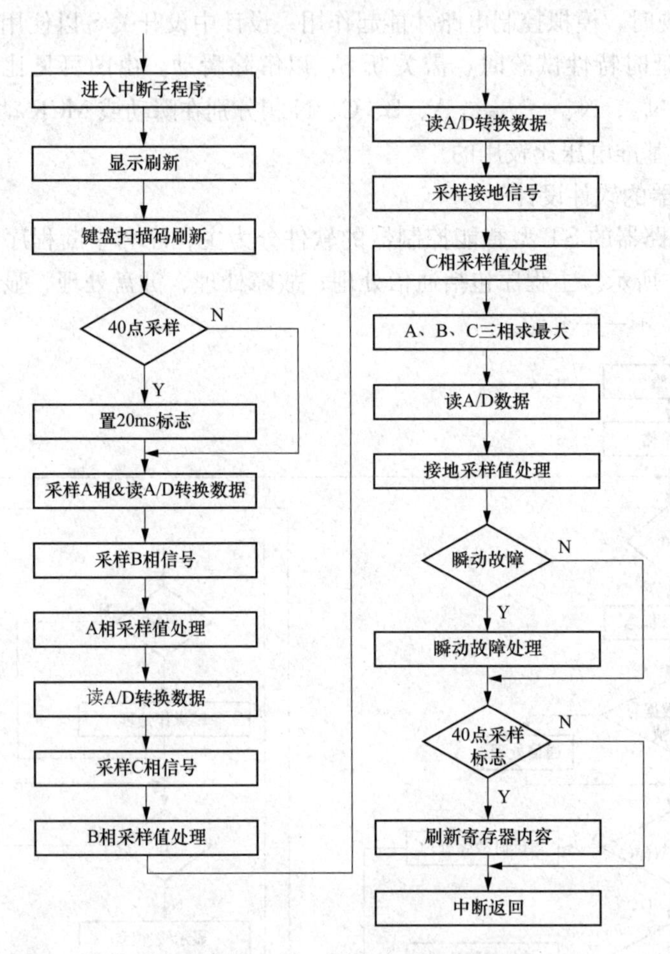

图 9-7　定时器中断流程图

4. 保护功能介绍

ST 型智能断路器的智能型控制器采用微处理器进行控制，除具有数值显示、发光指示、故障记录、各种报警触点输出外，并可实现有选择性配合的过流及速断保护、接地（漏电）保护、负载监控保护、温度保护等，同时还可根据要求选用具有 RS485 串口通信的功能控制器类型。负载长延时、短路短延时及瞬时保护在前面信号采集电路及控制执行电路已作了适当的介绍，不难理解。下面着重对其接线种类较多的接地（漏电）保护予以说明。

接地保护就是零序电流保护，该保护按照一次接线中 TA 的安装位置和接线不同，有两种方式：

(1) 间接测量中性线电流，直接取三相电流信号相量和 $\dot{I}_N=\dot{I}_A+\dot{I}_B+\dot{I}_C$，正常运行情况下，系统平衡 $\dot{I}_A+\dot{I}_B+\dot{I}_C=0$；在系统不平衡时或接地故障情况下，相量和不等于零，则可算出此电流信号作为保护的电流信号，这种方式不能区分系统不平衡电流和接地电流。图 9-8 为三极断路器三 TA 滤过式零序电流接地保护。

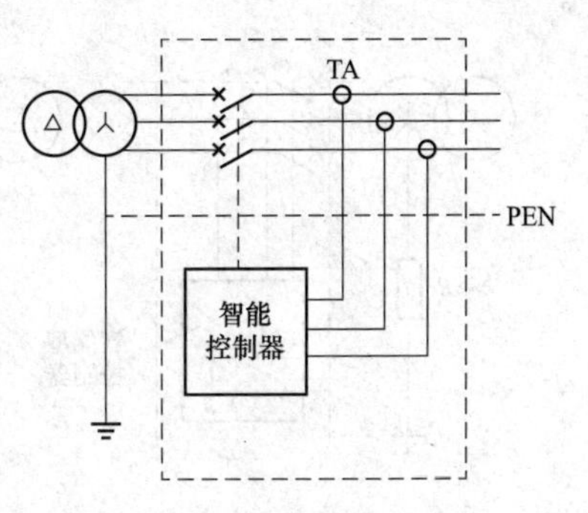

图 9-8　三极断路器三 TA 滤过零序接线

(2) 直接测量接地电流，接地信号取于中性线电流互感器信号 $\dot{I}_L$ 与三相电流信号相量和 $\dot{I}_A+\dot{I}_B+\dot{I}_C-\dot{I}_L=\dot{I}_G$，$\dot{I}_G$ 仅与接地电流有关即与中性线电流无关，此电流可作为接地保护的信号。图 9-9 (a) 所示为四极断路器四 TA 滤过式接地电流保护接线；图 9-9 (b) 为三极断路器＋中性线四 TA 滤过式接地电流保护接线；图 9-9 (c) 为三极断路器零序 TA 地电流保护接线，TA 在中性线与保护接地 PE 线之间。

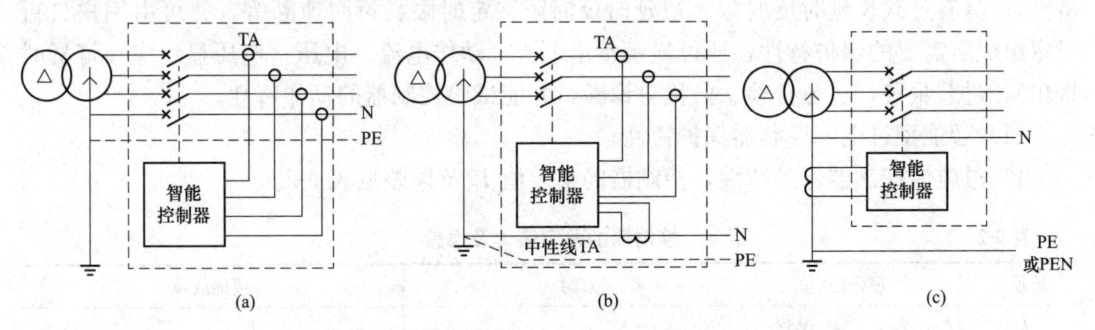

图 9-9　只反应接地电流的保护接线
(a) 四极断路器四 TA 滤过式反应接地电流保护接线；(b) 三极断路器四 TA 加中性线 TA 滤过式反应接地电流保护接线；(c) 三极断路器零线 TA 式反应接地电流保护接线

由三相电流求和滤过出零序电流的方法，三相不平衡电流及三相 TA 特性不同会影响保护的动作电流，而反应接地电流的保护整定值较小则灵敏性较高。

有时把用零序 TA 接线构成的接地保护称为漏电保护。常见的几种漏电保护接线，见图 9-10。其中图 (a) 为变压器接三极断路器零序 TA 的漏电保护接线图（图为中性点经高电阻接地)；图 (b) 为变压器接四极断路器零序 TA 的漏电保护接线图；图 (c) 为变压器中性线与地线间接零序 TA 的漏电保护接线。其中图 (a) 和图 (b) 的保护接线也适用于馈线或电动机回路。这些漏电保护接线中使用的零序 TA 需根据厂家样本订货。

图 (a) 接线正常有不平衡电流，图 (b)、图 (c) 接线则无。当为高阻接地系统时漏电保护一般宜动作于报警；当为直接接地系统时，漏电保护应动作于跳闸。

9.2.2.2　HST1 智能脱扣

通过对国产 HSW1 智能断路器配用的 HST1 型智能脱扣器的一些介绍，可以基本了解这类智能测控及保护装置的功能和技术特性，便于用户实际使用。

1. 脱扣器种类

脱扣器分为智能型过流控制器、欠电压瞬时（或延时）脱扣器、分励脱扣器。

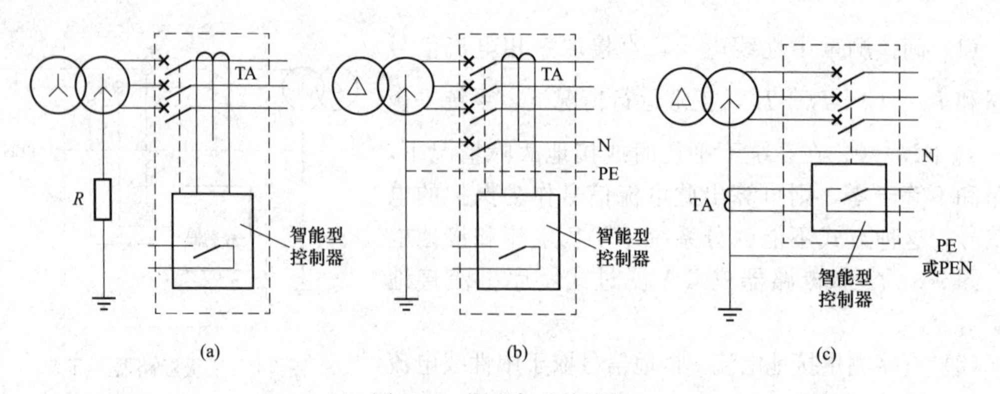

图 9-10　漏电保护接线图

(a) 三极断路器零序 TA 的漏电保护接线；(b) 四极断路器零序 TA 的漏电保护接线；(c) 变压器接地线零序 TA 的漏电保护接线

2. 智能型过流控制器

HST1 智能型过流控制器分为 H 型（带通信功能）、M 型（普通智能型）、L 型（经济型）；具有过载长延时反时限、短延时反时限、定时限、瞬时速断等，并可由用户自行设定组成所需要的保护特性，还可显示整定电流、动作电流、电压（电压显示应在订货时提出），过载报警，过热自检、微机自诊断，并能试验控制器的动作特性。

（1）智能型过电流控制器保护特性。

1）过电流控制器保护特性，控制器的整定值 I_r 及误差见表 9-2。

表 9-2　　控制器的整定值 I_r 及误差

长延时	短延时		瞬时		接地故障		
I_{r1}	I_{r2}	误差	I_{r3}	误差	I_{r4}		误差
$(0.4\sim1)I_n$	$(0.4\sim1.5)I_n$	±10%	$I_n\sim50$kA($I_{nm}=2000$A) $I_n\sim75$kA ($I_{nm}=3200\sim4000$A) $I_n\sim100$kA($I_{nm}=6300$A)	±15%	$I_{nm}=2000\sim4000$A $(0.2\sim0.8)I_n$ 最大 1200A 最小 160A	$I_{nm}=6300$A $(0.2\sim1.0)I_n$	±10%

注　I_n 为脱扣器额定电流，当同时具有（要求）三段保护时，整定值不能交叉。

长延时过电流保护反时限动作特性 $I^2T_L=(1.5I_{r1})^2t_L$，其（1.05～2.0）I_{r1} 的动作时间见表 9-3，时间误差为±15%。t_L 为长延时 $1.5I_{r1}$ 的整定时间，T_L 为长延时的动作时间。

表 9-3　　长延时整定时间和动作时间

电流倍数	动作时间					
$1.05I_{r1}$	$T_L>2$h 不动作					
$1.3I_{r1}$	$T_L<1$h 动作					
$1.5I_{r1}$ 时整定时间 t_L(s)	15	30	60	120	240	480
$2.0I_{r1}$ 时整定时间 t_L(s)	8.4	16.9	33.7	67.5	135	270

2）短延时过电流保护特性。短延时过电流保护为定时限，如要求低倍数为反时限时，其特性按 $I^2T_S=(8I_{r1})^2t_S$，t_S 为一般延时设计数据；当过载电流大于 $8I_{r1}$ 时，自动转换为定时限特性。其定时限特性见表 9-4，时限误差为±15%。

表 9-4　　短延时过电流可整定时间

延时时间（s）				可返回时间（s）			
0.1	0.2	0.3	0.4	0.06	0.14	0.23	0.35

3）过电流脱扣保护特性见图 9-11。接地故障保护特性见图 9-12。

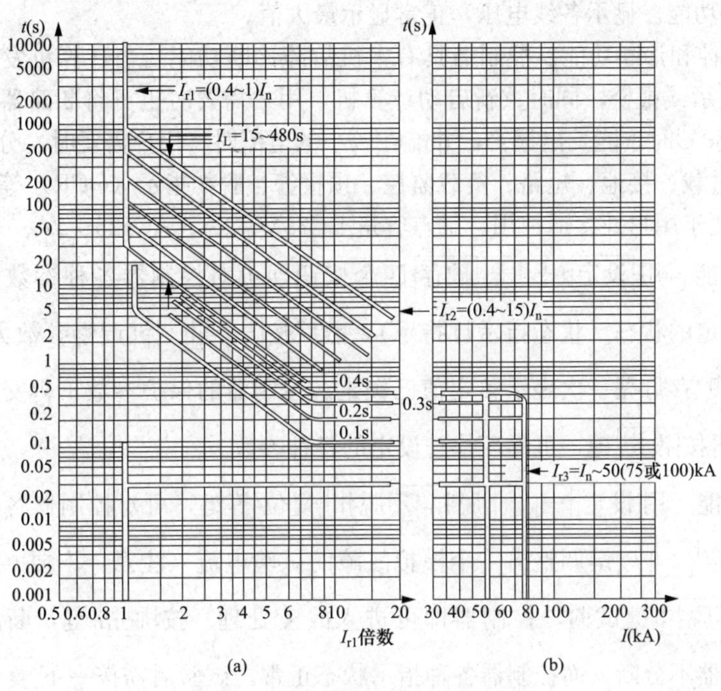

图 9-11　过电流脱扣保护特性曲线

（a）反时限及短延时特性；（b）短延时及瞬时速断特性

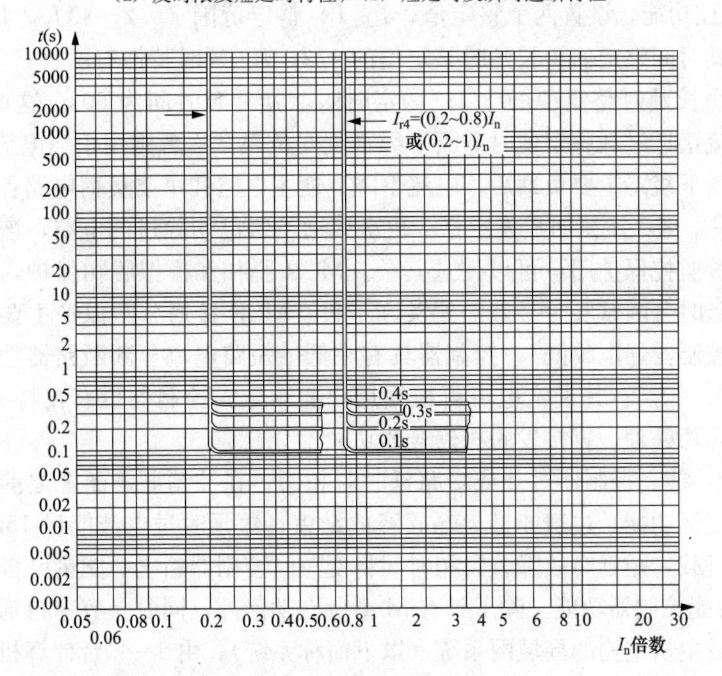

图 9-12　接地故障保护特性曲线

（2）智能控制器的功能。

1）带仪表的M型智能过电流控制器的功能：

a）电流表功能。显示各相运行电流及接地泄漏电流，正常显示最大相电流还可显示整定、试验及故障的电流值或时间值。

b）电压表功能。显示各线电压，正常显示最大值。

c）远端监控和诊断功能。控制器具有本机故障诊断功能。当计算机发生故障时能发出出错“E”显示或报警，同时重新启动计算机，用户需要时也可将断路器分断；当局部环境温度达到80℃时，能发出报警，并能在较小的电流时（用户需要时）分断断路器。智能控制器具有过载、接地、短路、负载监控、预报警、脱扣指示（OCR）等信号通过触点或光耦输出，便于用户外接遥控用，触点容量DC28V、1A、AC125、1A。

d）整定功能。用[设定][+][-][贮存]四个按钮即可对控制器各种参数进行整定。按[设定]至所要整定的状态（状态指示灯指示），然后按[+]或[-]键调整参数大小至所需值，再按一下[贮存]贮存灯亮一次表示整定值已锁定。控制器的保护参数不得交叉设定。控制器断电复位后再按[设定]键，可循环检查设定的各种参数。

e）试验功能。用[设定][+][-][脱扣][不脱扣][复位]等键，可对控制器各种保护特性进行检查。用[设定][+][-]键调整出一个模拟故障的试验电流（注意：不要[贮存]锁定），然后按[脱扣]或[不脱扣]键试验，控制器即可进入故障处理。按[脱扣]键，断路器分断，按[不脱扣]键断路器不分断，而控制器各种指示状态正常。试验后需按一下[复位]或[清灯]键，方可进行其他试验。

f）负载监控功能。设置两个整定值，I_{LC1} I_{LC2}整定范围（0.2～1）I_n，I_{LC1}延时特性为反时限特性，其时间整定值为长延时整定值的1/2；I_{LC2}延时特性有两种：①反时限特性，其时间整定值为长延时整定值的1/4；②定时限，其延时时间为60s。这两种延时功能，前者用于当电流接近过载整定值时分断下级不重要负载，后者则用于当电流超过I_{LC1}整定值，使延时分断下级不重要负载后，电流下降，使主电路和重要负荷电路保持供电，当电流下降到I_{LC2}时，经一定延时后发出指令再次接通下级已切除过的电路，恢复整个系统的供电。上述两种监控保护用户可以任选其一。MCR脱扣和模拟脱扣保护，根据用户要求可关断，做短延时分断试验时一般需要关断不投。MCR接通分断保护主要用在线路故障状态合闸时（控制器通电瞬间），控制器具有在低倍短路电流分断断路器功能。出厂设定在10kA，误差±20%，其设定电流可根据用户要求定。控制器设有在特大短路电流时，信号不经主机芯片处理，直接发脱扣信号的功能。

g）热记忆功能。控制器过载或短路延时脱扣后，在控制器未断电之前，具有模拟双金属片特性的记忆功能，过载能量30min释放结束，短延时过电流能量15min释放结束。在此期间发生过载，短延时故障，脱扣时间将变短。控制器断电，能量可自动清零。

2）H型智能控制器功能：除了具有M型所有功能外，同时具有串行通信接口，通过通信接口可组成主从结构的局域网系统（以下简称系统），由1～2台计算机作为主站，若干智能断路器或其他可通信元件作为从站，系统网络结构和专用通信协议接口的连接关系

如图 9-13（a）所示。针对断路器单元，系统可实现远距离的“四遥”功能：多种电网参数和运行参数的监测，智能断路器当前运行状态指示，各种保护限值参数的调整和下载，智能断路器的分、合操作控制等。该控制器适用于各种电站，发电厂厂用电，中、小型变电站，工矿企业，楼宇等配电监控系统建设和改造。基于通用 DP 协议的断路器产品的连接关系如图 9-13（b）所示。

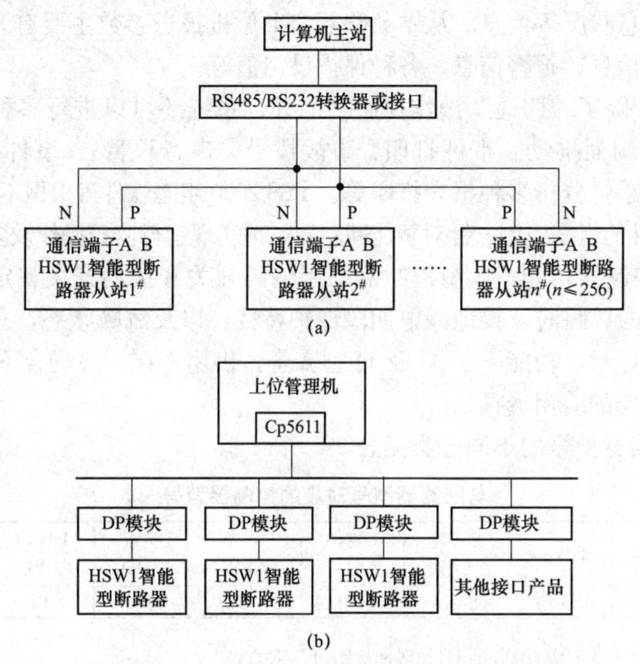

图 9-13　H 型智能型过流控制器系统网络结构图

（a）主从站网络结构图；（b）上位机至智能控制器网络结构图

系统的构成：数据通信网络系统的硬件结构为智能断路器提供标准的 RS485 通信接口。系统连接的通信介质：A 类屏蔽双绞线。网络主要特性为双向串行数据传递方式，产品可提供多种通信协议，采用主从通信方式，即主站是通信的发起者和控制者，从站只能与主站通信，而不能直接与其他从站通信。通信距离为 1.2km。

系统功能：

a）遥控，通过主站计算机对系统中每一从站断路器进行储能、闭合、断开的操作控制。操作者从系统界面上选取相应的对象，利用鼠标点击遥控按钮，系统即提供相应对象的当前运行状态。操作者输入操作密码后，即可发出遥控“合”或“分”的指令。系统将指令传递给相应断路器从站，从站收到指令后，即按照既定的时序进行分断、闭合、储能等操作，并向主站报告遥控的结果。

b）遥调，通过主站计算机对从站的保护定值进行设置。在主站计算机中存有所有从站的保护定值表，操作者从系统界面上选取相应的对象，利用鼠标点击遥调按钮，系统即提供相应对象所有保护定值的当前设置，以及该对象的保护定值表，操作者输入密码后，即可从参数表中选择需要的参数，然后点击相应的按钮，主站便把参数下载给相应的从站，并报告遥调的结果。从站在收到指令后，即修改自己的保护定值。

c）遥测，通过主站计算机对各从站的电网运行参数实时监测。通信子站向上位机报送工作参数如下：各子站的实时A、B、C、N相电流值，U_{AB}、U_{BC}、U_{CA}的电压值等。故障记录可记录以下的故障参数，故障时的A、B、C、N相电流值，U_{AB}、U_{BC}、U_{CA}电压值，故障类型，故障动作时间，并将该故障记录在故障数据库中。计算机以棒图，绝对值表等方式显示各子站的当前实时电流，电压，以实时曲线显示各节点的运行状况。

d）遥信，通过主站计算机查看从站的型号，闭合、断开状态，各项保护定值，及从站的运行和故障信息状况等信息。从站断路器向上位机报送参数主要有开关型号、开关状态（合/分）、故障信息、报警信息、各种保护设定值等。

e）其他功能，除了“四遥”操作控制功能外，系统还可以进行多种的管理功能：事故报警（信息屏、画面推动、事件打印、事故拨号、声音报警）、事件记录、检修挂牌、交接班管理、负荷趋势分析多种报表打印等。YSS 2000组态软件可根据不同工程要求，实现所需的监控管理软件的组态应用。针对智能断路器，可实现运行监控操作及多种日常管理功能。

3）L型智能控制器功能：L型控制器采用编码开关和拨动开关整定方式，具有过载长延时、短路短延时、瞬时、接地漏电四段保护特性，以及故障状态，负载电流光柱指示等功能，但无数码显示。功能不及M及H型齐全，供用户在一般场合下选用。

（3）智能控制器的应用选择。

1）按所配断路器型号的不同分类见表9-5。

表9-5　　与断路器型号对应的控制器型号

断路器型号	DW45	DW40	DW48（SA1）	DW48（AH）	DW48（AES）	DW48（ME）	DW48（3WE）	3WS	DW15
控制器型号	ST45	ST40	ST48	ST914	ST18	ST17	ST19	ST30	ST15

2）按保护特性和辅助功能适用性分为以下三类：

a）L型：适用于一般主要需要保护功能的用户。

b）M型：除保护功能外还具有仪表功能，可适用于大部分要求较高的工业用户。

c）H型：不仅具有M型的所有功能，而且具有通信功能，通过上位机可集中监测监控，且通过网卡或接口转换器可以实现远方“四遥”操作管理。

9.3　低压智能断路器保护整定计算示例

【例9-1】 低压电动机保护的整定计算示例。

已知：电动机额定电流 $I_{n.m}=247A$，电动机回路智能断路器脱扣器额定电流 $I_n=400A$，电动机启动电流倍数为7，自启动时间为7s。机端最小三相短路电流为19.53kA。断路器装有瞬时电流速断保护、短延时电流保护、过载长延时保护、接地零序电流保护。另外，还装设了马达保护/控制器反时限特性的过载长延时保护。

解：1. 瞬动电流速断保护，动作电流 I_{r3} 按躲过电动机启动电流整定

$$I_{r3}=K_{rel}K_{st}I_{n.m}=1.5\times7\times247=10.5\times247=2593.5$$

断路器脱扣额定电流 $I_n=400A$，整定倍数 $n=\frac{2593.5}{400}=6.48$，为可靠不误动取

$$I_{r3}=7I_n=7\times400A=2800(A)=2.8kA$$

灵敏系数校验，按电动机出口处两相最小短路电流校验

$$K_{sen}=I_{k.min}^{(2)}/I_{r3}=0.866\times19.53/2.8=6.04\geqslant1.5$$

灵敏系数满足（能保证可靠动作）。

2. 短延时电流速断保护，动作电流 I_{r2}

$$I_{r2}=I_{r3}=7I_n=7\times400A=2800(A)=2.8kA$$

$$t=0.2s$$

3. 过载长延时保护，动作电流 I_{r1}

$$I_{r1}=\frac{1.05I_{n.m}}{I_n}I_n=\frac{1.05\times247}{400}I_n=0.65I_n\ (260A)$$

取 $t=8s$（$>7s$ 自启动时间）

4. 接地短路零序过电流保护

按躲过运行中可能出现的最大不平衡电流考虑，常取 $0.5\sim1I_n$（注意电动机额定电流与脱扣器额定电流的比值，电动机额定电流越小则取值也小），因动作定值很小，灵敏度通常足够。

5. 马达保护器带的过载反时限保护

马达保护器过载特性电动机反时限保护应按电动机厂家给出的 τ 值整定，当厂家未给出 τ 值，而是给出一组过负荷能力曲线数据时，可用下式反求一组 τ 值，而取其中小者。如果也没有负荷能力曲线数据时，为投入运行，可暂按电动机自启动要求反求 τ 值。反时限冷态过载特性保护的动作判据为

$$t=\tau\ln\frac{I^2}{I^2-(kI_B)^2} \tag{9-3}$$

反时限热状态过载特性保护的动作判据为

$$t=\tau\ln\frac{I^2-I_p^2}{I^2-(kI_B)^2} \tag{9-4}$$

式中　t——动作时间，s；

τ——时间常数，反应电动机的过负荷能力，s（两个判据的 τ 值不同）；

I_B——基本电流（相当于基准电流），即保护不动作所规定的电流极限值（为安全可取电动机额定电流的 $1\sim1.05$ 倍），A；

k——常数，取值范围 $1.0\sim1.2$；

I——继电器感受电流，A；

I_p——过负荷前电动机发热状态的等效电流，A。

上述动作判据保护装置可以直接用测得的有名值电流 A 进行计算。而继电保护人员进行计整定算时，以基准电流的标幺值来计算较为方便。按电动机自启动反求 τ 值则以式（9-3）计算较为安全。

按题意电动机启动电流为 7 倍，启动时间 7s，电动机启动时保护不应误动。按启动时间 7s 反求 τ。

$$t=7=\tau\ln\frac{I^2-I_p^2}{I^2-(kI_B)^2}=\tau\ln\frac{7^2}{7^2-(1.15\times1)^2}=\tau\ln1.007=0.027\tau$$

则 $\tau=259.3$。

为保证能安全启动投入（不误跳），取 $\tau=280$（实际电动机的过热时间常数应该保证满足自启动的发热时热积累要求，否则电机选型有问题）。

校验如下

$$t=\tau \ln \frac{I^2-I_t^2}{I^2-(kI_B)^2}=280\times \ln \frac{7^2}{7^2-(1.15\times 1)^2}=280\times \ln 1.028=280\times 0.027=7.66(s)$$

能保证电动机自启动，并能在过载时起到保护作用。

当知道一组过载能力曲线数据时，可按此方法反求时间常数 τ 值。

【例 9-2】 备分支过流保护整定计算示例。

已知：备用变压器 400V 的额定电流 $I_{n.s}=1900A$，400V 分支采用智能断路器，断路器装有瞬时电流速断保护、短延时电流保护、过载长延时保护、接地零序电流保护。

解：1. 求启动电流倍数

$$K_{st}=\frac{1}{X_t+\frac{S_t}{K_{m.st}\sum S_{m.st}}}=\frac{1}{0.06+\frac{1250}{5\times 0.65\times 1250}}=\frac{1}{0.06+0.308}=\frac{1}{0.368}=2.72$$

式中 X_t——备用变短路阻抗百分数，取 6%；

$K_{m.st}$——电动机平均启动电流倍数，取 5；

$\sum S_{m.st}$——总的电动机启动容量，根据电动机负荷并留有适当余度，经验值取 0.65 倍变压器容量；

S_{st}——备用变压器容量，以备用变压器容量为基准时即为 1。

2. 过载长延时保护 I_{r1} 的整定

断路器长延时按变压器低压侧额定电流整定（此值也是瞬时/短延时保护的基准电流），得 $I_{r1}=1900A$。

3. 短延时保护整定计算

（1）动作电流计算

$$I_{op.1}=K_{rel}K_{st}I_{sn}=1.3\times 2.72\times 1900=6718.4\ (A)$$

式中 K_{rel}——可靠系数；

K_{st}——启动电流倍数（计算如前）；

I_{sn}——备用变压器低侧额定电流（1900A）。

灵敏度足够校验计算省略。

（2）短延时保护电流定值 I_{r2} 为 I_{r1} 倍数 n 的计算，因为厂家保护装置通常不能直接按电流值整定，而是按 I_{r2} 为 I_{r1} 的倍数 n 来整定，所以

$$I_{r2}=nI_{r1}$$

$$n=\frac{I_{r2}}{I_{r1}}=\frac{7879.3}{1900}=3.54$$

故取 $I_{r2}=3.54I_{r1}$。

短延时以定时限与下级 0.2s 短延时配合取：$t=0.2+\Delta t=0.2+0.2=0.4$（s）。

（3）瞬时电流速断保护除母线投入时，除作为充电保护使用外，正常运行时瞬时电流速断保护应退出，以保证下级负荷首端发生短路故障时保护的选择性。

智能断路器瞬时电流速断保护或所带不可调的 MCR 固定速断保护在母线充电时可以投入，充电完成后退出。其定值可按保证母线短路灵敏度为 2 计算（母线最小两相短路电流除以 2，详细计算省略）。

接地零序电流保护整定，应与上、下级接地零序电流保护配合，根据经验动作电流可取变压器额定电流的 0.25 倍，即 $I_{op.0}=0.25I_{r1}$，$t=0.2+\Delta t=0.2+0.2=0.4$（s）。

第10章 自动装置及其与继电保护的配合

自动重合闸（AAR）是当线路断路器因事故跳闸后，立即使线路断路器自动再次合闸的一种自动装置。备用电源自动投入（AAT）是当工作电源因事故或误切跳闸后，立即使备用电源自动投入（合闸）代替工作电源的一种自动装置。

本章将介绍配网及工厂企业最常用的三相自动重合闸和备用电源自动投入的基本工作原理及其与继电保护的配合问题。

10.1 线路的三相自动重合闸

架空输电线路的故障多是由雷击、鸟害和树枝、风筝碰线等引起的瞬时性短路，当线路断路器跳闸而电压消失后，随着电弧的熄灭，短路即自行消除。如果此时由运行人员手动控制断路器再合闸，虽然也可以恢复供电，但由于人员的操作速度相对较慢，此时电动机可能多已停转，即已干扰或破坏了设备的正常工作。若以自动重合闸代替运行人员的操作来完成上述任务，则较人员操作远为迅速和准确。当断路器重新合闸时如短路已经消除，则可成功地恢复对用户的供电。如为永久性短路，则重合闸即失败，由保护装置最后断开线路断路器。重合闸的成功率高达60%～80%。自动重合闸的使用大大地提高了供电的可靠性，减少了停电造成的经济损失。

当采用自动重合闸后，如断路器重合于永久性故障，则加重了断路器的工作负担。由于在此种情况下，断路器连续两（或更多）次遮断短路电流，故需降低断路器的遮断容量。断路器遮断容量降低的修正系数与断路器的型式及开断电流值、无电流间歇时间等因素有关，具体选择应按制造厂产品说明书的技术条件选取。

10.1.1 三相自动重合闸的装设原则及分类

1. 装设原则

（1）对工厂企业供电的3kV及以上的架空线路和电缆与架空混合线路，当用电设备允许且无备用电源自动投入时，在线路的首端应装设自动重合闸。

（2）旁路断路器和兼作旁路的母联或分段断路器应装设自动重合闸。

2. 分类

单侧电源线路的三相自动重合闸按不同特征，可作如下分类：

（1）按照自动重合闸的动作方法，分为机械式和电气式。

（2）按照启动方法，分为不对应启动式和保护启动式。

（3）按照重合次数，分为一次重合式、二次重合式和三次重合式。

（4）按照复归原位的方式，分为自动复归式和手动复归式。

（5）按照与继电保护配合的方式，分为重合闸前加速保护动作、重合闸后加速保护动作和重合闸不加速保护动作。

机械式自动重合闸是采用弹簧式或重锤式断路器操动机构，一般在交流操作或仅有直流跳闸电源而无直流合闸电源的总降压变电站或配电站中采用。电气式自动重合闸通常是采用电磁式操动机构或液压操动机构，用于有蓄电池直流电源或整流式电源的场所。

10.1.2　对三相自动重合闸的基本要求

终端配网及工厂企业配网的重合闸一般应满足：

（1）除遥控变电站外，优先采用由控制开关的位置与断路器位置“不对应”原则启动的重合闸，以保证由继电保护动作或其他原因误使断路器跳闸后，都可进行重合，同时也可防止因保护返回太快，自动重合闸可能来不及启动而造成的拒绝重合。

（2）手动或遥控切除断路器，自动重合闸均不应启动。

（3）手动投入断路器于故障线路上而随即由继电保护动作断开时，应保证不进行重合。因为它可能是由于检修质量不合格或是忘记拆除保安接地等原因所造成断路器跳闸，因此即使重合也不可能重合成功。

（4）自动重合闸的动作次数应符合预先规定的次数，对单侧电源线应采用一次重合闸。当电力网由几段串联线路构成时，宜采用自动重合闸前加速保护动作或顺序自动重合闸。

（5）自动重合闸在动作以后，一般应自动复归，以便准备好下一次再动作；如采用手动复归，则很可能由于运行人员没有及时复归而使得再发生故障时不能重合，但对 10kV 及以下的线路，如当地有人值班时，也可采用手动复归的方式。

（6）自动重合闸应有可能在重合闸以前或重合闸以后加速继电保护的动作，当用控制开关合闸时，也宜采用加速继电保护动作的措施。

（7）自动重合闸的动作时间应力求最短，以便较快地恢复对用户的正常供电。

（8）对双侧电源的单回线，可采用一侧无电压检定，另一侧同步检定的重合闸。

10.1.3　三相自动重合闸

1. 三相一次自动重合闸的基本工作原理

三相一次自动重合闸的种类繁多，但基本工作原理基本相同，有直流操作的，也有交流操作的，电磁型、晶体管型和微机型均有产品供应。其基本原理框图如图 10-1 表示，其具体接线都应满足对三相自动重合闸的基本要求。

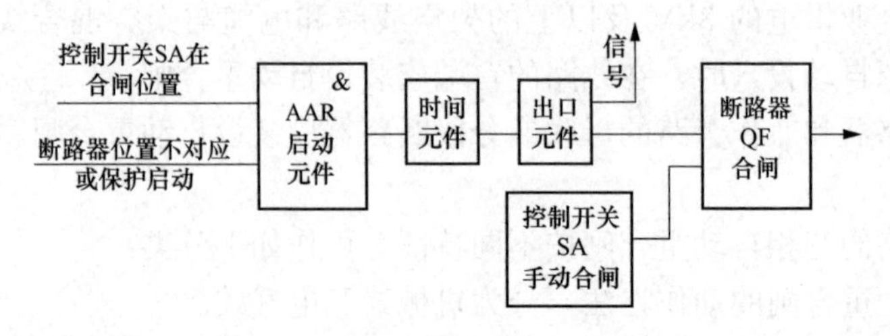

图 10-1　自动重合闸基本原理框图

2. 一次重合闸逻辑框图

一次重合闸逻辑框图逻辑框图如图 10-2 所示。

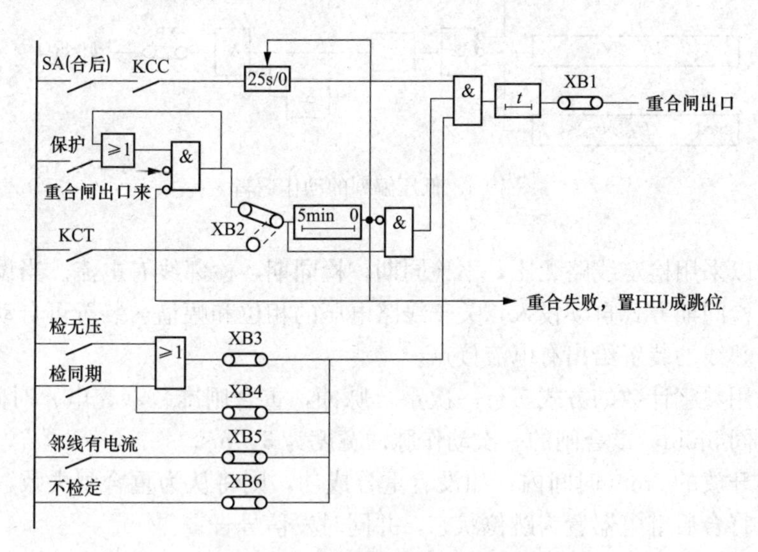

图 10-2　三相一次自动重合闸逻辑框图

重合闸可采用不对应方式启动，也可采用保护方式启动，对于可靠性较高的开关（如真空开关），建议采用保护启动方式。

本装置中，保护启动方式可由方向纵联保护、方向过电流保护、过电流保护、两段式零序过电流保护来实现。闭锁重合闸可由低周解列、低压解列或其他外部需要闭锁重合闸的保护来实现。

低周解列。装置采用母线或线路电压测量系统频率，低周解列由频率监视、低电压闭锁、低电流闭锁和 $\mathrm{d}f/\mathrm{d}t$ 滑差闭锁构成，低周解列动作后自动闭锁重合闸。其逻辑框图如图 10-3 所示。低频减载或解列的定值应满足系统调度的要求。

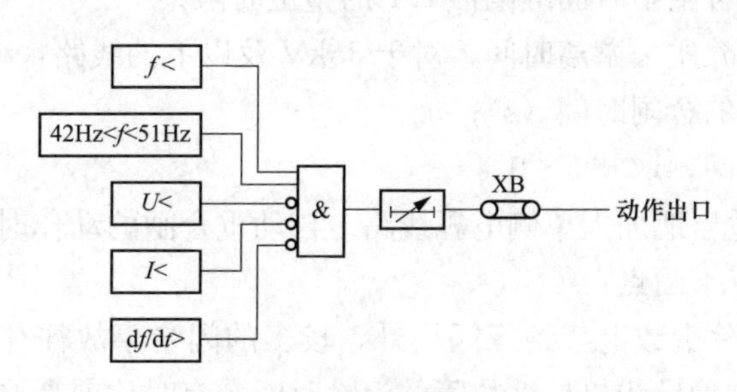

图 10-3　低频解列逻辑框图

低压解列。低压解列的电压取自母线电压，其逻辑框图如图 10-4 所示。它设有低压整定值 U_{set}、低压解列动作时间 t 整定值（经延时 Δt 后装置自动解除解列出口）、低压解列出口投退压板 XB。TV 断线时会自动闭锁低压解列出口，TV 断线的判据为：

（1）三相断线的判据：三个相间电压的最大值小于 30V，且任一相电流 I_{ph} 大于 0.25A（对 I_n=5A 时）。

（2）两相或单相断线的判据：负序相电压大于 6V。

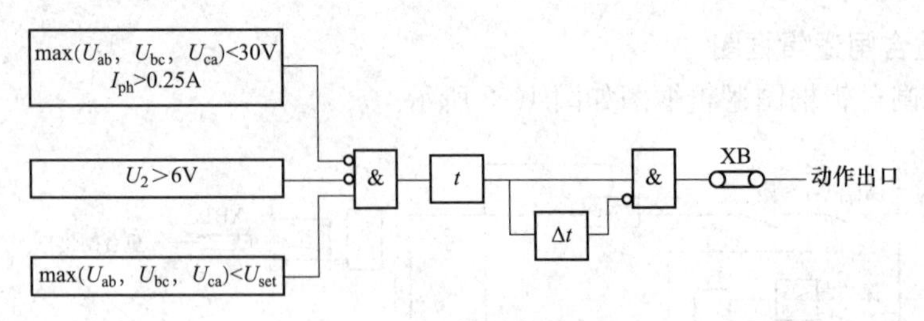

图 10-4　低压解列的动作逻辑

重合闸可以采用检定线路无压，不检同期，检同期，检邻线有电流。当设定为检线路无压方式时，检同期方式自动投入，关于线路电压的相位和幅值，装置可自动检测。检邻线有电流是靠邻线的装置给出有电流接点。

重合闸采用数字计数的方式实行一次重合脉冲，重合闸准备（充电）时间 25s，重合闸启动开放时间 5min，重合闸的一次动作脉冲宽度为 300ms。

重合闸在开放的 5min 时间内，如没有重合成功，则将认为重合闸失败，此时便驱动永跳继电器，将合后继电器置为跳位状态，并同时发信号告警。

本线有电流检定，用于与其他相邻线路实现的重合闸方式相配合，即实现检邻线有电流重合闸。

由于重合闸装置优先采用“不对应”原则启动方式，所以以下计算均对应“不对应”启动方式。

3. 动作时限

单侧电源线路的三相自动重合闸的动作时限应力求减小，以保证迅速恢复供电及电动机的自启动。动作时限可按下列条件整定。

（1）应大于故障点介质去游离时间，计算式为

$$t_{AAR} \geqslant t_e - t_c + t_w \tag{10-1}$$

式中　t_{AAR}——自动重合闸中时间继电器 KT 的整定时限；

t_e——故障点介质去游离时间，对于 35kV 及以下的线路，t_e取为 0.07～0.15s；

t_c——断路器的合闸时间（s）；

t_w——裕度时间，取 0.3～0.4s。

运行经验表明，适当地加大单侧电源线路上自动重合闸的动作时间可以提高重合闸的成功率，原因主要有以下两点：

1）低压线路事故除少数电气绝缘闪络外，较多的闪络事故往往伴随着导线甩、碰和跳跃等机械性故障，这种导线机械性故障的消除时间，有时比前者要长得多。

2）故障时由于负荷电动机的反馈使故障点的电弧不能熄灭，故障点周围介质的绝缘强度不能立即恢复。

在选择重合闸动作时间时，除考虑上述条件外，还应考虑用户重要电动机能自启动的最长允许断电时间。

（2）应大于断路器及其操动机构复归原状准备好再次动作的时间。

由于断路器触头周围绝缘强度恢复及灭弧室充油和操动机构复归至再次可合闸的状态，必须有一定的时间，曾经发生因重合闸的时间太短，在重合于永久性故障时发生断路

器爆炸事故，动作时限计算式为

$$t_{AAR} \geqslant t_{al} + t_{w} \tag{10-2}$$

式中　t_{al}——断路器操动机构准备好重合的时间。对于电磁操动机构取 0.3～0.5s；

t_{w}——裕度时间，取 0.3～0.5s。

（3）装设在单侧电源环网或并联运行的平行线路上的重合闸的动作时限，应大于线路对侧可靠切除故障的时限，计算式为

$$t_{AAR} \geqslant t_{o.max} - t_{l.min} + t_{o.t} - t_{l.t} + t_{e} - t_{l.c} + t_{w} \tag{10-3}$$

式中　$t_{o.max}$、$t_{l.min}$——对侧主保护的最大动作时限与本侧主保护最小动作时限（取其时限较长一侧作为对侧来计算）；

$t_{o.t}$、$t_{l.t}$——对侧与本侧断路器的跳闸时间；

$t_{l.c}$——线路本侧断路器合闸时间；

t_{w}——裕度时间，取 0.5～0.6s。

自动重合闸动作时限应取上述条件中最长的一个时间来整定。对于单回线路通常式（10-2）是决定性的条件，对于单侧电源环网（或平行线路）通常式（10-3）是决定性的条件。对于 35kV 及以下线路按上述条件计算结果，当 $t_{AAR}<0.5$s 时，一般取 $t_{AAR}=0.5$～1s。

4. 准备动作时限

对于自动重合闸准备好再次动作的时间要求，就是传统重合闸装置的充电，达到执行元件继电器 KO 动作电压值的时间。数字型重合闸也可做虚拟的充电计算，一般为 15～25s，这个时间是可以满足上述条件的，故一般不用计算装置的准备动作时限。

10.2　三相自动重合闸与继电保护的配合

继电保护动作的高速度对提高电力系统的可靠性有着重大的意义，尤其对较为简单的输电线路保护装置，这些保护装置动作通常都是带有时限的，有的时限还相当长。为此应用自动重合闸的前加速或后加速，加速保护的动作，避免装设复杂的保护，从而达到保护加速和简化的目的。

10.2.1　三相自动重合闸前加速保护

以图 10-5 所示放射式网络为例讨论自动重合闸的前加速保护。图中线路 AB、BC 和降压变电站 B 引出线装设有定时限过电流保护，降压变电站 A 的 AB 线断路器装设有自动重合闸，降压变电站 B、C 的变压器都装设有速动保护。线路 AB、BC 和变电站 C 引出线的过电流保护的时限分别为 t_{A}、t_{B} 和 t_{C}，并按阶梯型时限原则配合，则

$$t_{B} = t_{C} + \Delta t$$

$$t_{A} = t_{C} + 2\Delta t$$

为了要从降压变电站 A 端加速断开图 10-5 所示虚线范围内的故障，除采用带时限 t_{A} 的选择性保护外，还可采用无选择性电流速断保护。无选择性电流速断保护的启动电流应该使保护只在某一规定的范围内发生故障时动作，例如这个范围包括线路 AB、BC 以及降压变电站 B、C 引出线上的某些部分。当短路发生在降压变电站 B、C 变压器的后面时，此保护不动作。

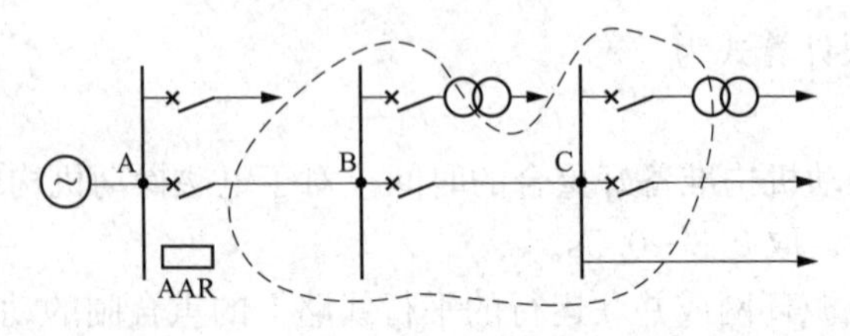

图 10-5　自动重合闸前的保护加速范围

当无选择性保护范围内发生短路时，保护启动把 AB 线断开，随后，自动重合闸可短时间重合上这条线路。如为瞬时性故障则重合成功，恢复由 AB 线供电的全网络的正常工作；如为永久性故障，则在断路器重合闸后，无选择性保护就自动退出工作，而故障点则由带阶梯时限的选择性保护来跳闸。例如，永久性短路发生在线路 BC 上，则第一次由降压变电站 A 内 AB 线的断路器瞬时跳开；而第二次，即重合闸后则由降压变电站 BC 线的断路器带时限 t_B 跳开。

在无选择性电流速断保护范围以外发生的短路，将被相应的不具有加速动作的保护所断开。但是这一类短路对电力系统的工作影响较小，例如装在降压变电站 B 内的变压器后发生短路只会影响这一台变压器供电的用户，而对其他电力用户的影响很小。因为变压器的电抗很大，当变压器后发生短路时，降压变电站 B 母线上的残余电压是相当高的。

综上所述，采用自动重合闸前加速保护的优点是：①能够快速地消除瞬时性故障，减少对非故障线路供电的用户的影响；②可能使瞬时性故障来不及发展成永久性故障，从而提高了自动重合闸的动作成功率；③在几段串联线路上可仅用一套自动重合闸，简单经济。其缺点为：①始端断路器的工作条件严重，动作次数多，因而维修工作量大，但对于真空断路器和 SF_6 断路器并不突出；②永久性故障的切除时间长；③如自动重合闸或始端断路器拒绝合闸，则要扩大事故，会导致装自动重合闸的线路供电范围内全部用户停电。

自动重合闸前加速保护适用于系统要求快速切除故障及用速断电流整定值不能保证选择性动作的较短线路，或者受电端降压变电站断路器不能适应自动重合闸要求的情况。

在无选择性电流速断保护范围内的非重要的工厂企业的线路或设备上，应装设速动保护，且其出口回路应考虑自保持措施，这样可保证在这些线路或设备上发生故障时本身的断路器能可靠跳闸，自动重合闸后的网络将免受可能再次发生短路冲击的影响。例如重合闸前加速保护与分支线路保护的配合，当线路上装设有自动重合闸前加速保护时，则分支线上变压器保护的出口中间继电器应采用自保持接线。这样，当变压器发生故障时，即使电源线路先被切除，故障变压器亦能可靠地断开，从而避免了自动重合闸将电源线路再次重合在故障变压器上。

图 10-6 示出单侧电源一回路供给两个降压变电站的接线图。该接线与同时供给几台变压器的降压变电站并且线路装有自动重合闸的接线本质一样，在线路 L1 供电端 A 侧可以装设两段式电流保护。第一段为无选择性电流速断保护，按躲过降压变电站 B、C 一次侧母线 k1 和 k2 点短路整定；第二段装设过电流保护作为后备保护，按躲过流过被保护线路中最大负荷电流整定。

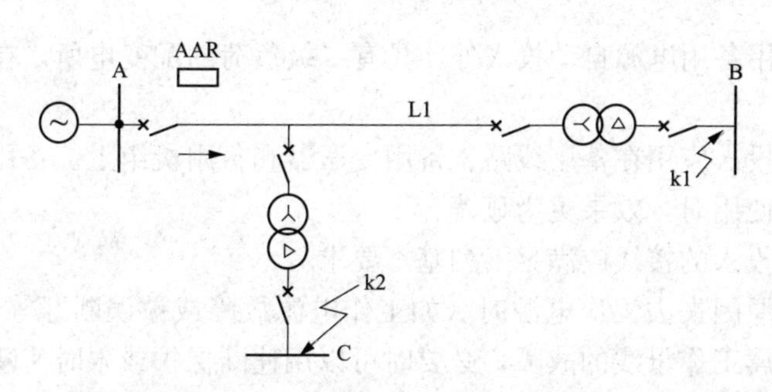

图 10-6　单侧电源具有重合闸前加速保护供给两个降压变电站的线路

当装设电流速断保护不能满足灵敏性要求时，也可以装设电流闭锁电压速断保护。电流闭锁电压速断保护电流元件的动作电流按分支变压器高压侧发生短路时具有足够的灵敏度条件整定，而电压元件的动作电压则应按整套保护在变压器二次侧 k1 和 k2 点短路时不动作的条件整定。

10.2.2　三相自动重合闸后加速保护

自动重合闸后加速保护动作过程：第一次故障时，各保护按选择性的方式动作，然后进行重合，如果重合于永久性故障上，则保护瞬时动作（不管第一次是否带有延时），加速切除故障。

自动重合闸与后加速保护配合方式广泛地应用于重要负荷和 35kV 电压的网路中，一般第一次保护有选择性动作时间并不长（瞬时动作或带 0.3～0.5s 延时）而为系统所允许，而自动重合闸之后加速保护动作，就可以瞬时切除永久性故障。

后加速保护的优点是：①第一次有选择性的动作不会扩大事故，在 35kV 及以上的重要网络中，一般都不允许无选择性的动作；②自动重合闸之后加速保护能迅速切除永久性故障。后加速保护的缺点是：①第一次故障时如该线路的主保护拒绝动作，而由线路的后备保护跳闸，则故障的切除时间将延长，对大型电动机的自启动不利；②由于比重合闸前加速保护切除瞬时性故障时间长，因此重合成功率不如前加速保护高。

只要自动重合闸后加速保护的动作不至于引起无选择性动作，可以考虑加速保护的最灵敏段。但是如果在满足灵敏度要求时，为了保证选择性，通常后加速保护采用加速带时限的第二段保护。当加速过电流保护时，则过电流保护的动作电流，应可靠地躲过电动机的自启动电流以及断路器带电合闸时所引起的变压器励磁涌流和网络的电容涌流等，以防止断路器被误跳闸。

电流保护后加速，当合于故障或重合于永久性故障时，装置可使限时电流速断和过电流保护后加速动作（将延时短接/解除），后加速的开放时间为 3s，后加速的动作时间（特性）是可以整定的。其逻辑框图如图 10-7 所示。

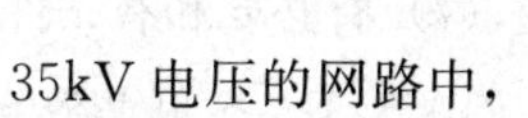

XB

图 10-7　电流保护后加速逻辑框图

10.3　备用电源自动投入

装设备用电源自动投入（AAT），可以大大缩短备用电源切换时间，提高供电的不间断性，从而可以获得较大的经济效果及保证人身设备的安全等。在工厂企业中除具有一级负荷的配变电所采用备用电源自动投入外，具有二级负荷的配变电所，在技术经济合理时也可采用。

备用电源自动投入应用在备用线路、备用变压器和备用机组上。备用电源自动投入与电动机自启动配合使用时，效果更为显著。

备用电源自动投入的接线应满足下列基本要求：

（1）不论因何原因失去工作电源时（如工作电源故障或被误断开等），备用电源自动投入均应动作，若属工作母线的故障，必要时可以用速断保护或限时速断保护闭锁自投。

（2）备用电源必须在工作电源已经断开，且备用电源有足够高电压时，才允许接通。前者为避免备用电源自动投入到故障上，后者是为了保证电动机自启动。

（3）应检验备用电源的过负荷能力和电动机自启动条件。如备用电源过负荷能力不够，或电动机自启动条件不能保证，可在备用电源自动投入动作的同时，切除一部分次要负荷。

（4）备用电源自动投入的动作时间应尽量缩短，以利于电动机自启动。

（5）应保证备用电源自动投入只动作一次，以避免备用电源投入到永久性故障时继电保护动作将其断开后又重复投入。

（6）当电压互感器的熔断器之一熔断时，低电压保护启动元件不应误动作。

（7）有必要和有条件的工厂企业宜采用有同步快速切换装置的 AAT 接线。

10.3.1 备用电源自动投入的两种基本接线

配电系统网络中，备用电源自动投入一般有两种基本接线。装有备用电源自动投入的断路器，可以采用电磁式或弹簧式操动机构。

1. 由进线断路器自投的接线

两回线路可互为明备用的配（变）电站，由进线断路器自投的接线见图 10-8。

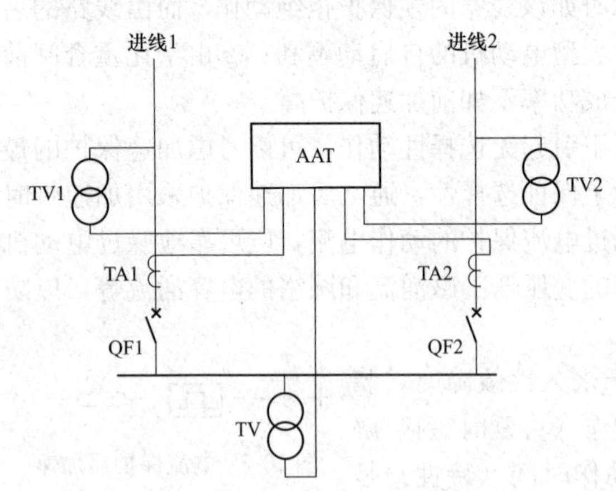

图 10-8　两回互为备用线路的自动投入接线示意图

图 10-8 接线适用于一回工作、另一回备用的两回进线运行方式。备用电源的接入量：

（1）模拟量。

母线电压 U_{ab}、U_{bc}，用于是否失去电压的判别依据。

进线 1、进线 2 的电压 U_{L1}、U_{L2} 作为备用电源是否真正有电的判别依据，避免空合。

进线 1 引入两相电流 I_{a1}、I_{c1}，用于防止母线 TV 断线造成的工作电源误跳闸，并作为判别工作回路断路器已跳闸附加的辅助判据。

进线 2 引入两相电流 I_{a2}、I_{c2}，其目的同上。

（2）主要开关量。

开入量：QF1、QF2 断路器的辅助触点（跳位），用于系统运行方式的判别。另外，还有自投投入/运行方式选择开关的触点（一般为常开）。

开出量：命令 QF1、QF2 断路器跳/合的触点。

(3) 自动投入/退出动作过程。

进线 1 作为工作电源时，进线 2 作为备用电源。当备用电源装置 AAT 判别母线 TV 失电，且进线开关 QF1 已经断开，线路 1 无电流时，即启动备用电源回路合上进线 2 断路器 QF2。反之亦然，进线 2 作为工作电源时，进线 1 作为备用电源。动作过程与上述相似，不再赘述。

目前 400V 低压两回进线的备用电源自投，常采用使用简便节能的施耐德自动转换开关电器，但由于这种装置的自动切换与机械联动有关，不便带电维修，应考虑是否维修可与系统大修同时进行，其详细接线请见厂家使用说明书。

2. 由母线分段断路器自投的暗备用接线

具有两回独立工作电源的配变电所，备用电源自动投入装在母线分段断路器上。正常时分段断路器断开，当其中任何一回工作电源故障切除后，分段断路器自动投入，由另一回电源供给全部负荷，将在 10.4 中讲述。

10.3.2　采用备用电源自动投入时继电保护的简化

采用备用电源自动投入，可以使环网断开运行，既简化了保护，又保证了负荷的两侧供电。

如图 10-9 所示，双回线供电的配（变）电站，通常断路器 QF1～QF4 经常闭合，它们的保护需采用方向过电流保护或横联差动方向保护。若将断路器 QF3（或 QF2）经常断开并装设备用电源自动投入，则 A 侧可装无选择性的速动保护（如果必要，可在断路器 QF1 或 QF4 上装设三相自动重合闸，以弥补保护的无选择性动作）。当线路 L1 故障时，断路器 QF1 由速动保护立即断开，随之由三相自动重合闸将其重合，若重合失败，则 B 侧备用电源自动投入使断路器 QF2 跳闸，合上断路器 QF3，恢复了正常运行。因为断路器 QF3（或 QF2）的断开，即变成了单侧供电线路，能大大简化继电保护，在这种情况下，即使装设简单的过电流保护，往往也能收到良好的保护效果。

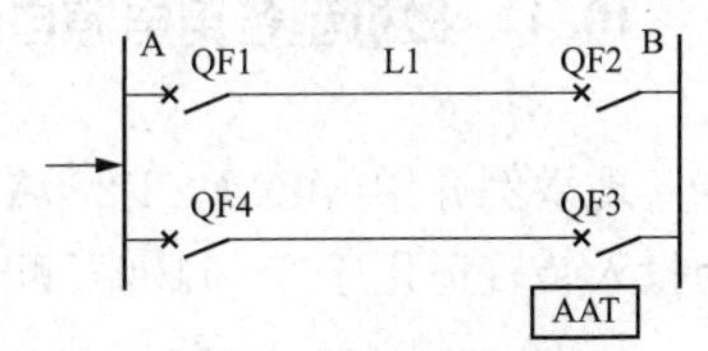

图 10-9　由双回线路供电的配电网部分接线图

图 10-10 所示为由两侧供电的降压变电站接线图。该接线中分段断路器经常断开，并装有备用电源自动投入，两回线路分别接在降压变电站高压侧的两段母线上，在线路 L1 和 L2 的供电端分别装设有按躲过变压器 T1 和 T2 二次侧短路整定的无选择性电流速断保护。如果任一回线路上发生了短路（或变压器保护范围以内的某些部分发生了短路），则无选择性电流速断保护立即动作，使故障线路电源侧的断路器 QF1（或 QF4）跳闸。这时因为该侧的高压母线电压降低，备用电源自动投入动作合上分段断路器 QF3，从而恢复了电压降低的母线Ⅰ（或母线Ⅱ）上所接负荷的供电。

环网供电的降压变电所接线图如图 10-11 所示。该接线的降压变电站 C 可以接成通过式的（即断路器 QF1 和 QF2 均经常闭合），但此时线路 AC 和 BC 保护将较复杂。若使断路器 QF2 经常断开并装设备用电源自动投入，则线路 AC 和 BC 就变成单侧供电了，保护也就相应简化。

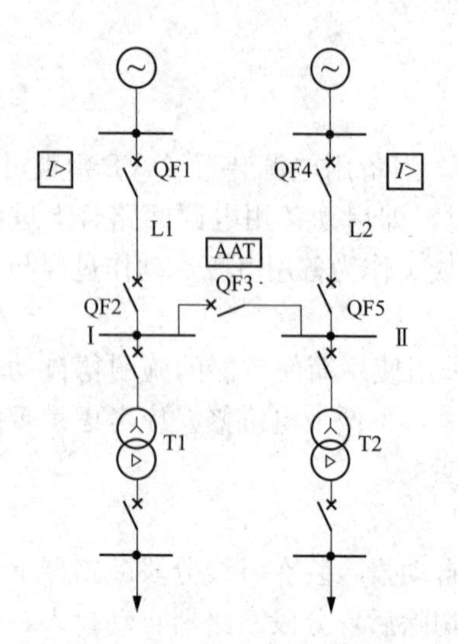

图 10-10　利用 AAT 与速动保护相配合

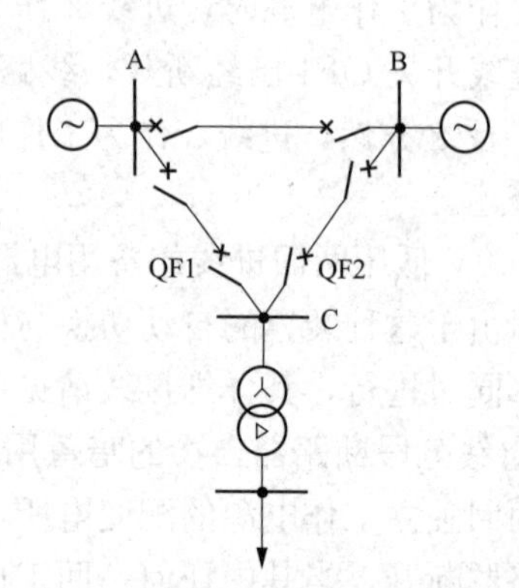

图 10-11　环网供电的降压变电站接线图

采用备用电源自动投入除可使保护简化外，还可以减小短路电流，简化一次接线，节省投资，如可不装限流电抗器或可选用较轻型的开关设备等。

10.4　微机型备用电源自动投入装置

现举例介绍 MDM-ET1（A）型备用电源自动投入分段保护测控装置。该备用电源自动投入装置适用于 6～110kV 配电系统中作为备用电源自动投入和分段断路器的保护。

10.4.1　功能配置

10.4.1.1　MDM-ET1（A）备用电源自动投入单元配置的几种自投方式和保护功能

1. 备用电源自动投入方式

（1）备用电源自动投入方式一：母线分断断路器自投（暗备用）。

它适于作为内桥接线和单母线分段接线暗备用等方式的备用电源自动投入（如两回进线或两台变压器分列运行相互备用），其一次接线示意图如图 10-12 所示。

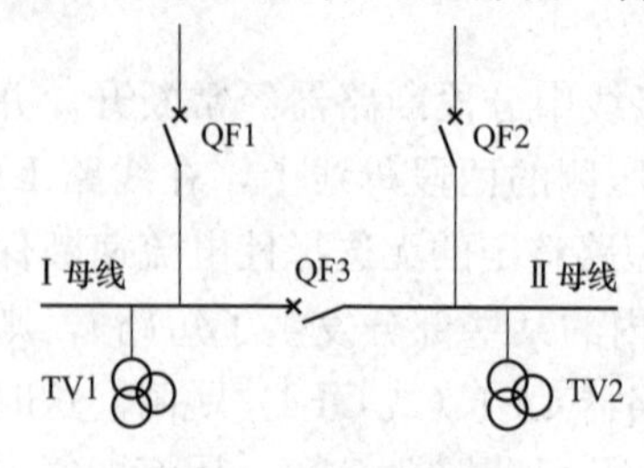

图 10-12　备用电源自投方式一的接线图

当两回电源都投入正常运行后，备用电源自动投入进入准备状态（约 25s），若一回电源消失，而另一回电源存在，则备用电源自动投入经过整定的时间（与上级重合闸或备用电源自动投入配合）后发出一次动作脉冲，先跳开已失电侧的电源开关，确定开关已跳开后再投入分段断路器或桥断路器 QF3，若电源的消失是由于手动跳闸或有关保护跳闸造成，则用接点输入来闭锁备用电源自动投入，当采用快速放电方式时，即不管什么原因导致电源开关跳开都不自投，则可不引入闭锁接点。为防止 TV 断线引起备用电源自动投入误动作，采用了检测进线电流的方式判断 TV 断线。其逻辑框图如图 10-13 所示。

（2）单回线备用电源自动投入方式二：明备用（由Ⅰ进线作为备用）。

该装置配置有适用于单母线明备用方式的备用电源自动投入功能（两回电源，一回工

作，另一回备用)，接线图如图 10-14 所示。

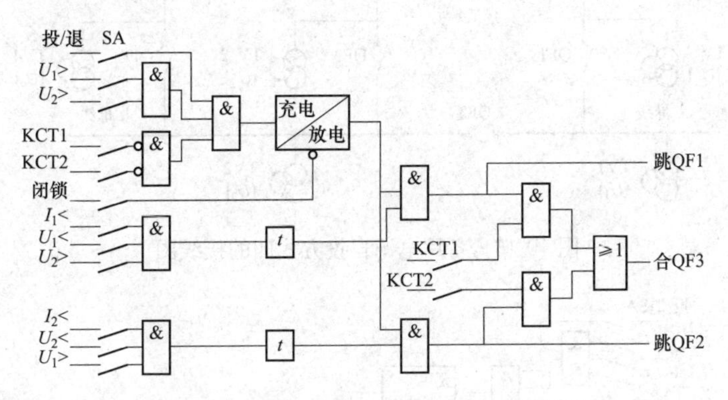

图 10-13　备用电源自投方式一的逻辑框图

图 10-15 为备用电源自动投入方式二逻辑框图，当工作电源投入正常运行后，备用电源自投进入准备状态，若工作电源消失而备用电源存在，则备用电源自动投入经过整定的时间（与上级重合闸或备用电源自投配合）后发出一次动作脉冲，先跳开已失电的工作电源开关，确定工作电源开关已跳开后再投入备用电源开关。若工作电源的消失是由于手动跳闸或有关保护跳闸造成的，则用接点输入来闭锁备用电源自动投入。为防止 TV 断线引起备用电源自动投入误动作，采用了检测进线电流的方式判断 TV 断线。

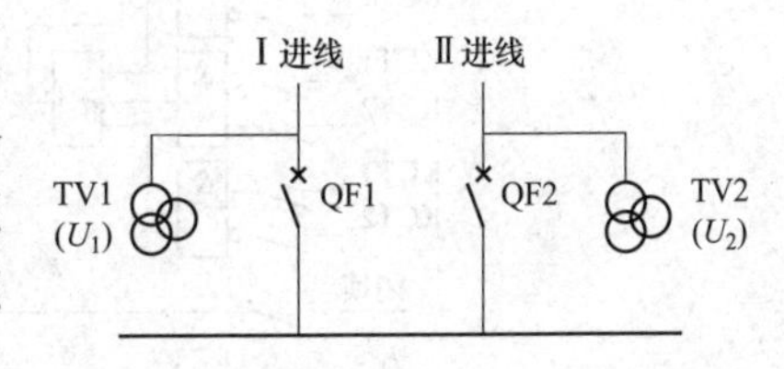

图 10-14　备用电源自投方式二的接线图

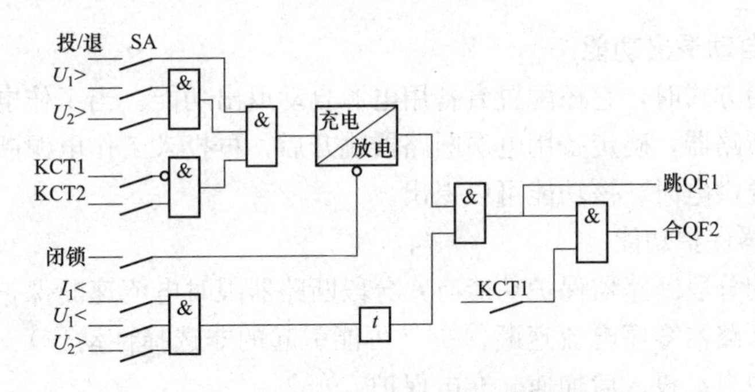

图 10-15　备用电源自投方式二的逻辑框图

（3）备用电源自动投入方式三：明备用（由Ⅱ进线作为备用)。

其工作原理与由Ⅰ进线作为备用完全相同，从本质上讲它与前者属于同类，故不再重述。

（4）备用电源自动投入方式四：该方式的接线图如图 10-16 所示，图 10-17 为其逻辑框图。当工作电源投入正常运行后，备用电源自动投入进入准备状态，若工作电源消失而备用电源存在，无论处于明备用还是暗备用，备用电源自动投入均经过整定的时间（与上级重合闸或备用电源自动投入配合）后发出一次动作脉冲，先跳开失去电源的 QF1 或 QF2，确定工作电源断路器已跳开后再合 QF3 或 QF4。若工作电源的消失是由于手动跳开或有关保护跳开造成的，则用接点输入来闭锁备用电源自动投入。

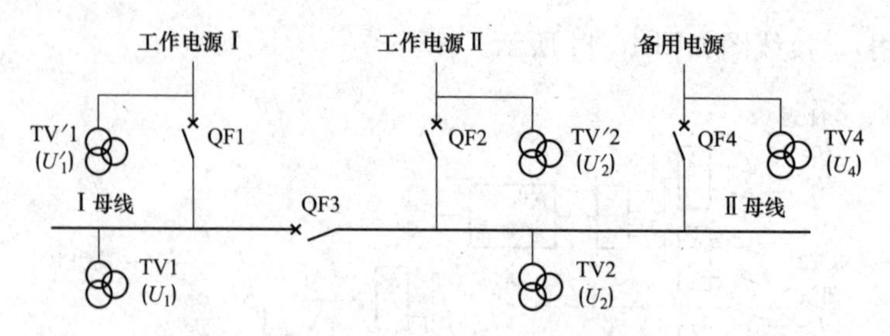

图 10-16　备用电源自投方式四的接线图

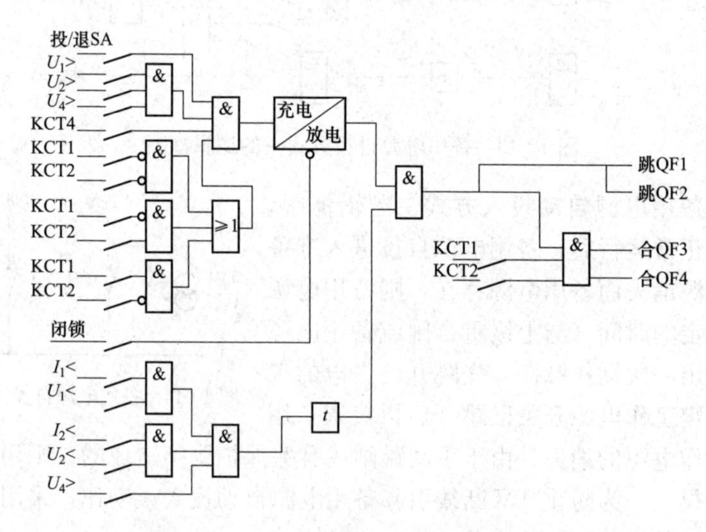

图 10-17　备用电源自投方式四的逻辑框图

2. 备用电源自动退出功能

当用于明备用方式时，它还配置有备用电源自动退出功能。当工作电源恢复时，装置先跳开备用电源断路器，确定备用电源断路器跳开后，再投入工作电源断路器。若确定由人工恢复工作电源供电时，该功能可以退出。

3. 分段断路器保护功能

该装置配置的分段断路器保护功能有：分段断路器限时电流速断保护、分段断路器过电流保护、分段断路器零序电流速断保护（可能引起的非选择性动作）、断路器零序过电流保护、备用电源自动投入后加速、充电保护。

当利用分段断路器对母线进行充电时投入充电保护约 3s，充电结束后自动退出。其逻辑框图如图 10-18 所示。

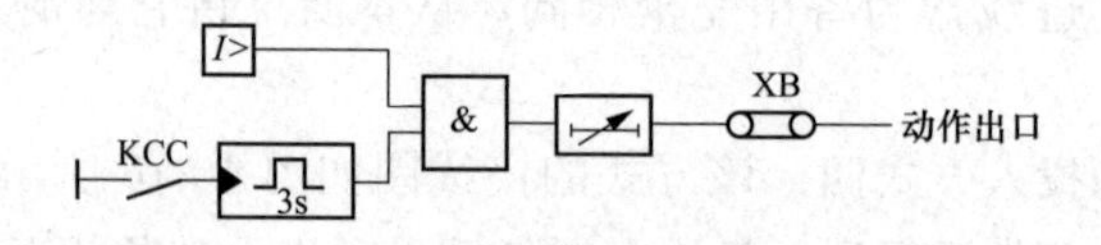

图 10-18　分段断路器的充电保护逻辑框图

10.4.1.2　控制功能

（1）远方跳合闸控制。该装置可带有分段断路器的跳合闸控制功能，控制方式同前。

（2）操作继电器。装置可配套提供分段断路器的操作继电器，需要向制造厂提供断路

器操作电压和跳合闸电流参数。

(3) 通信功能和其他功能。通信功能和其他功能同馈线保护，不再赘述。

10.4.2 常用主要技术参数

备用电源自动投入元件低电压整定范围：30～90V，级差 1V；

电流元件整定范围：2～20A，级差 0.1A（对于 5ATA，其余类推）；

时间元件整定范围：0～9.99s，级差 0.01s。

10.4.3 典型应用回路

微机型备用电源自动投入装置典型应用回路接线图见图 10-19，其工作原理如本节前面所述，不再重复。

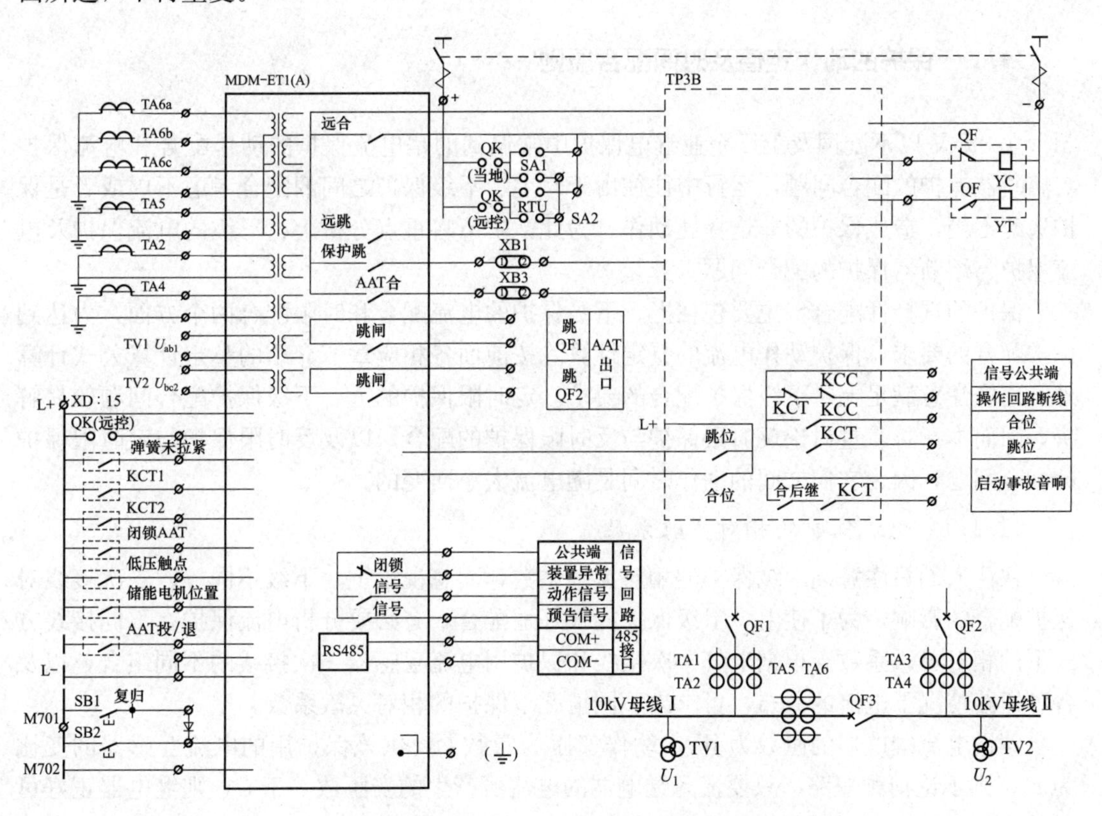

图 10-19 微机型备用电源自动投入装置典型应用回路接线图

第 11 章　继电保护的动作配合

11.1　保护的动作定值及时间配合原则

在 35kV 以下配网及工厂企业继电保护中常遇到的是电流保护的动作配合和电流保护与熔断器保护的配合问题，运行中往往由于对上、下级保护之间的配合考虑不周或者是保护选配不当，造成保护的非选择性动作。为此，本节将重点分析上、下级的电流保护及电流保护与熔断器保护的配合问题。

保护的选择性配合，主要包括上、下级保护的电流配合和时限配合两个方面。为达到保护配合的要求，保护动作电流的整定计算除按前面各相应章节介绍的整定计算公式计算外，还应注意满足上、下级保护配合的要求。定时限保护的上、下级保护配合问题较易解决，因而本章将着重讨论反时限保护与反时限保护的配合，以及反时限保护与定时限保护的配合问题，因为它们之间的动作时间是随电流大小而变的。

11.1.1　电流保护的相对灵敏系数

往往人们只注意同一级保护的相对灵敏系数，而忽视了上、下级不同一、二次接线对保护配合的影响。为了使上、下级保护能很好地配合，有必要分析电流保护在不同接线方式下的相对灵敏系数。根据电气一次接线和保护用电流互感器二次接线的不同组合，以及各种短路情况下电流的分布，可求出不同情况下保护的相对灵敏系数。

假设电流继电器的匝数为 W_r，动作安匝为常数 C，供该保护用的电流互感器的变比为 n_a，则不论何种短路，只要流入继电器的电流所产生的安匝数等于 C，则继电器正好可以动作。设某台变压器在某种选定的保护方式下发生三相短路或某种不对称短路，而且两种情况下流入继电器的电流都正好使继电器动作，则两种情况下流人继电器的电流的关系式为

$$K_{r.TA}^{(3)}\frac{I_{op.1}^{(3)}}{n_a}W_r=K_{r.TA}^{(n)}\frac{I_{op.1}^{(n)}}{n_a}W_r=C$$

显然由上式可得

$$\frac{I_{op.1}^{(n)}}{I_{op.1}^{(3)}}=\frac{K_{r.TA}^{(3)}}{K_{r.TA}^{(n)}}\tag{11-1}$$

式中　$I_{op.1}^{(3)}$、$I_{op.1}^{(n)}$——在校验点发生三相短路或某种不对称短路时保护的电流互感器一次侧的动作电流；

$K_{r.TA}^{(3)}$、$K_{r.TA}^{(n)}$——在校验点发生三相短路或某种不对称短路时，流入继电器的短路电

流 I_{k} 归算至电流互感器二次侧（经变压器时为归算至保护安装侧）的倍数。

所谓相对灵敏系数 $K_{\mathrm{sen.r}}$ 是指同一运行方式下在校验点发生某种不对称短路时的灵敏系数 $K_{\mathrm{sen}}^{(n)}$ 与在同一点发生三相短路时的灵敏系数 $K_{\mathrm{sen}}^{(3)}$ 之比。其上角注（n）对应于不对称短路的类型。据此原则可得

$$K_{\mathrm{sen.r}}=\frac{K_{\mathrm{sen}}^{(n)}}{K_{\mathrm{sen}}^{(3)}}=\frac{I_{\mathrm{k}}^{(n)}}{I_{\mathrm{op.1}}^{(n)}}\Big/\frac{I_{\mathrm{k}}^{(3)}}{I_{\mathrm{op.1}}^{(3)}}=\frac{I_{\mathrm{k}}^{(n)}}{I_{\mathrm{k}}^{(3)}}\times\frac{I_{\mathrm{op.1}}^{(3)}}{I_{\mathrm{op.1}}^{(n)}} \tag{11-2}$$

将式（11-1）代入式（11-2）则有

$$K_{\mathrm{sen.r}}=\frac{K_{\mathrm{sen}}^{(n)}}{K_{\mathrm{sen}}^{(3)}}=\frac{I_{\mathrm{k}}^{(n)}}{I_{\mathrm{op.1}}^{(n)}}\Big/\frac{I_{\mathrm{k}}^{(3)}}{I_{\mathrm{op.1}}^{(3)}}=\frac{I_{\mathrm{k}}^{(n)}}{I_{\mathrm{k}}^{(3)}}\times\frac{K_{\mathrm{r.TA}}^{(n)}}{K_{\mathrm{r.TA}}^{(3)}} \tag{11-3}$$

式中　$I_{\mathrm{k}}^{(n)}$——同一运行方式下在校验点发生某种不对称短路时的短路电流；

$I_{\mathrm{k}}^{(3)}$——同一运行方式下在校验点发生三相短路时的短路电流。

根据式（11-3）即可求出各种情况下保护的相对灵敏系数。

11.1.2　电流保护之间的电流配合

由于上、下两级保护之间保护接线方式的不同或上、下两级保护接在变压器的不同侧，会导致在下级保护范围内发生短路故障时，上、下级保护的继电器得到的电流有所不同，形成上、下级保护灵敏系数的不同，如果配合不当就会在某些短路故障情况下造成越级跳闸。为了保证上、下级保护的电流配合，上、下两级的电流保护可按下述两种情况进行电流配合。

（1）在下级保护范围内发生不同类型的短路故障，上级保护的相对灵敏系数有的高于下级保护同一故障时的相对灵敏系数时，则应选高于下级保护相对灵敏系数，使用上级保护相对灵敏系数最高的短路故障来配合。

（2）在下一级保护范围内发生不同类型短路故障时，当上级保护的相对灵敏系数分别等于或低于同一短路故障下级保护的相对灵敏系数时，则应取其相对灵敏系数相等的短路故障来配合，在这种情况下按三相短路配合即可满足要求。

为了满足保护的电流配合要求，应该使上一级保护在下级保护范围短路时灵敏系数不高于下一级保护的灵敏系数，为此在上一级保护的动作电流与下一级保护的动作电流配合时，应当进行以下计算。

归算至下一级保护的上一级保护的一次动作电流应为

$$I_{\mathrm{op.1I}}^{(n)}=K_{\mathrm{co}}I_{\mathrm{op.1II}}^{(n)} \tag{11-4}$$

式中　K_{co}——为保证选择性而采用的配合系数，一般取 1.1～1.2；

$I_{\mathrm{op.1II}}^{(n)}$——在配合的短路条件下，与短路类型有关的下一级保护的一次动作电流；

$I_{\mathrm{op.1I}}^{(n)}$——在配合的短路条件下，上一级保护的一次动作电流。

而二次动作电流应为

$$I_{\mathrm{op.1II}}^{(n)}=\frac{n_{\mathrm{aII}}}{K_{\mathrm{r.TAII}}^{(n)}}I_{\mathrm{op.rII}} \tag{11-5}$$

式中　n_{aII}——下一级保护电流互感器变比；

$I_{\mathrm{op.rII}}$——下一级保护的继电器动作电流；

$K_{\mathrm{r.TAII}}^{(n)}$——在配合的短路条件下，下一级保护继电器所感受的一次短路电流倍数。

由式（11-4）可得归算至变压器高压侧的上一级保护一次动作电流为

$$I_{op.1I}^{(n)} = K_{co}\frac{1}{n_T}I_{op.1II}^{(n)} \tag{11-6}$$

式中　n_T——变压器的变比。

由式（11-6）及式（11-1）可进一步求得上一级保护在配合条件下的继电器动作电流为

$$\begin{aligned} I_{op.rI} &= \frac{K_{r.TA}^{(n)}I_{op.1I}^{(n)}}{n_{aI}} = K_{co}\frac{K_{r.TA}^{(n)}}{n_{aI}}\cdot\frac{1}{n_T}\cdot\frac{n_{aII}}{K_{r.TA}^{(n)}}I_{op.rII} \\ &= K_{co}\frac{K_{r.TA}^{(n)}}{K_{r.TAII}^{(n)}}\cdot\frac{n_{aII}}{n_T n_{II}}I_{op.rII} \end{aligned} \tag{11-7}$$

式中　$K_{r.TA}^{(n)}$——在配合的短路条件下，上一级保护继电器所感受的一次短路电流倍数；

$K_{r.TAII}^{(n)}$——在配合的短路条件下，下一级保护继电器所感受的一次短路电流倍数；

n_{aI}——上一级保护电流互感器变比。

由于反时限过流保护的动作时间随着电流的大小而变，也就是说随着短路电流与继电器动作电流的比值（倍数）而变，因此整定反时限过流保护时（包括熔断器保护），所指时间都是在某一电流值时的动作时间。又由于各种反时限继电器的特性不同，新生产的静态型和微机型及老式的GL型继电器特性也各不相同，因而在实际运行整定时应该作必要的实测和调试。在选取配合计算点（一般选在下一级保护范围的首端）以后，最好在统一坐标系内作出相应的保护配合特性曲线，校核在继电器动作范围内整个曲线是否配合。

当仅为继电器与继电器之间的特性曲线配合时，不必要进行特性曲线有名值的变换。可按整定原则求得的保护一次动作电流并计算出保护在配合计算点的最大短路电流，再求出其为一次动作电流的倍数（此倍数与流入继电器的电流为继电器动作电流的倍数是相等的），根据此倍数值，即可直接按制造厂样本给出的特性曲线（一般给出的都是动作时间与动作电流倍数的函数关系曲线）进行保护的配合校验。

在反时限继电器的特性曲线与熔断器的特性曲线进行配合时，必须进行特性曲线有名值的等效换算，校验其是否相互配合。因为两级保护仅有一级采用继电器时，就必须将继电器的特性曲线也进行有名值的等效换算，以便与熔断器保护配合。为了便于分析，首先假定上、下级保护都是采用电流继电器，且将其换算为有名值再进行配合，只要有了继电器特性曲线的换算公式，即可得到熔断器的等效换算公式。

当换算到变压器低压侧时，其特性曲线的有名值换算式为

$$\left.\begin{aligned} I_{rII} &= \frac{n_{aII}}{K_{r.TAII}^{(n)}}I_{r2} \\ I_{rI} &= n_T\frac{n_{aI}}{K_{r.TAI}^{(n)}}I_{r1} \end{aligned}\right\} \tag{11-8}$$

式中　I_{r1}——上一级保护继电器特性曲线上某点对应的电流；

I_{r2}——下一级保护继电器特性曲线上某点对应的电流；

I_{rI}——上一级保护换算后，继电器特性曲线上某点对应的一次电流；

I_{rII}——下一级保护换算后，继电器特性曲线上某点对应的一次电流。

当换算到变压器高压侧时，其特性曲线的有名值换算式为

$$\left.\begin{aligned} I_{\mathrm{rI}} &= \frac{n_{\mathrm{aI}}}{K_{\mathrm{r.TA}}^{(n)}} I_{\mathrm{r1}} \\ I_{\mathrm{rII}} &= \frac{1}{n_{\mathrm{T}}} \frac{n_{\mathrm{aII}}}{K_{\mathrm{r.TAII}}^{(n)}} I_{\mathrm{r2}} \end{aligned}\right\} \quad (11\text{-}9)$$

当为熔断器保护时，则把熔断器当作保护采用电流变比为 1 的电流互感器即可按式（11-7)或式（11-8）进行特性曲线的有名值等效换算。

如果把继电器的特性曲线（或熔断器的特性曲线）已经进行了有名值的等效换算，则可以根据配合条件计算出保护在配合计算点的最大短路电流，并直接按短路电流值进行保护特性曲线的配合校验。

11.1.3　电流保护之间的时限配合

1. 定时限过流保护的动作时限配合

为了保证保护动作的选择性，定时限过流保护的动作时限应按照时限选择的阶梯原则来选择，即使上一级保护（靠近电源侧）的动作时限比其下一级具有最大动作时限的保护的动作时限大一个时限阶段 Δt。

选择配电网保护的动作时限应从距电源最远的一级保护开始整定。

在一般情况下，对第 n 级保护的动作时限应为

$$t_n = t_{n-1.\max} + \Delta t$$

式中 $t_{n-1.\max}$——第 $n-1$ 级各过流保护的最大动作时限。

从以上分析可看出，为了缩短保护的动作时限，特别是缩短多级保护中靠近电源的保护的动作时限，Δt 起了决定性的作用，因此希望 Δt 愈小愈好。但是为了保证各级保护动作之间的选择性，Δt 又不应太小。静态及微机型保护精确度高，Δt 可以取得较小。Δt 的选择原则是要大于下一级断路器动作时间与下一级保护动作时间的误差，以及上级保护动作时间的负误差之和，并留有适当裕度。

定时限过流保护的时限阶段 Δt 一般为 0.3～0.5s，在实际应用中，对快速断路器、静态继电器及微机型保护，Δt 一般取 0.3s，对电磁型时间继电器，Δt 一般取 0.5s。

为了减小时限阶段 Δt，应该采用快速动作的断路器和设法减小时间继电器的误差，尽可能采用时间误差小的静态继电器和微机型保护。靠近电源侧的带时限过电流保护与下一段的瞬动保护相配合时，由于瞬动保护中没有时间继电器，因此在选择时限阶段时，可以减少一个时间继电器动作的正误差时间。

2. 反时限过流保护的动作时限配合

为了保证保护动作的选择性，反时限过流保护的动作时限也应当按照选择时限阶段的原则来选择。但是由于反时限过流保护的动作时限的选择与短路电流和动作电流的比值有关，因此其时限特性的整定和配合比定时限过流保护复杂。当采用感应型继电器时，Δt 还要考虑继电器的转动惯性误差，故 Δt 常取 0.7s。

上、下级反时限过流保护时限配合的主要原则是上一级保护的动作特性曲线应位于下一级保护动作特性曲线的上方，且在下一级保护反时限保护范围的首端短路时，上一级保护动作时限必须大于下一级速断动作时限一个 Δt，即在下一级保护的保护动作范围内上一级保护的特性曲线不能与下一级保护的特性曲线相交。如图 11-1 所示，曲线 2 位于曲线 1 的上方，曲线 3 位于曲线 2 的上方。k1 点短路时保护的反时限特性曲线 2 动作时间高于

QF1 处速断动作时限 Δt，k2 点短路时保护的反时限特性曲线 3 动作时限高于 QF2 处反时限过流保护动作时限 Δt，再上一级的保护配合可以此类推。

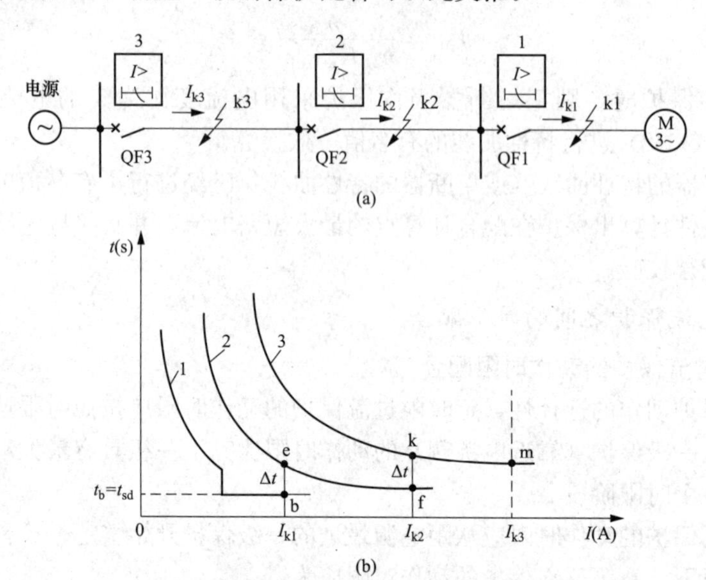

图 11-1　反时限过流保护动作时限的配合

（a）保护配置图；（b）动作时限的配合曲线

3. 定时限过流保护与反时限过流保护的动作时限配合

为了保证过电流保护的动作选择性，定时限过流保护与反时限过流保护之间的时限配合原则是上一级定时限保护在其动作电流时的时限必须大于下一级反时限保护在该电流值时的动作时限一个 Δt。其时限特性的整定配合如图 11-2 所示。

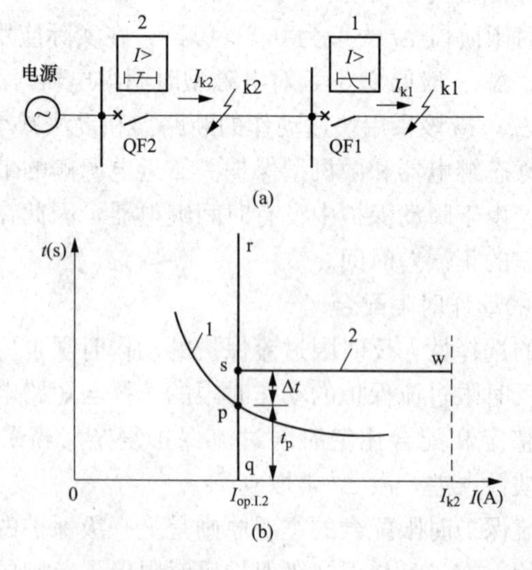

图 11-2　定时限过流保护与反时限过流保护动作时限的配合

（a）保护配置图；（b）动作时限的配合曲线

保护 2 的特性曲线 2 的求法：在横坐标轴上取 $\overline{0q} = I_{op.1.2}$（$I_{op.1.2}$ 为保护 2 的一次动作

电流），作直线$\overline{qr}$垂直于直线$\overline{0q}$交特性曲线 1 于 p 点，在垂线$\overline{pr}$上取 s 点，使直线$\overline{ps}=\Delta t$（Δt 为时限阶段），经 s 点作直线$\overline{sw}$平行于直线$\overline{0q}$，w 点的横坐标为 I_{k2}，直线$\overline{sw}$即为保护 2 的特性曲线。

当下一级用感应型反时限电流继电器时，定时限过流保护与反时限过流保护的时限阶段 Δt 还应加上惯性误差，故在实际应用中一般取 $\Delta t=0.7$s，静态继电器和微机型保护的反时限保护时限配合，根据断路器动作时间并计保护动作时间误差不同情况，Δt 可取 0.3～0.5s。

4. 解决保护动作时限配合的措施

实际运行中往往遇到工厂企业配（变）电所的继电保护整定时限太短，各级保护动作时限配合的时限阶段 Δt 不能满足要求，这时可采取下列一种措施或几种措施加以解决：

（1）改变继电保护配置方案或采用微机型保护，适当减小时限阶段 Δt。

（2）在可能的条件下，改变配电系统的接线，减少装设继电保护的级数。

（3）改变配电系统的运行方式。

（4）采用动作时间精确的保护，适当放大用户配（变）电所的时限。

（5）当上一级保护与下一级保护的时限阶段 Δt 太小不能满足级差要求时，在上一级保护安装处装设可纠正非选择性动作的自动重合闸。

11.2　低压配电系统保护的配合方法

配电系统保护的配合，除充分考虑并保证保护的可靠性和灵敏性之外，主要是保证保护的速动性和选择性。配电系统保护的整定配合主要是指电流保护的配合。工厂企业配电系统保护的配合有低压变压器保护和低压断路器或熔断器保护的配合，又有定时限与反时限保护的配合，有上级断路器与下级断路器的配合，也有断路器与上一级（或下一级）熔断器的配合，还有不同的断路器型式及不同的保护特性曲线，不同的熔断器的型式和额定电流及不同的熔断特性曲线，这些都给保护的配合带来困难。要具体分析各种保护间的配合是烦琐的，也没有必要，关键要掌握其上下级各种保护的相互配合方法。为了在同一可比条件下进行配合校验，无论是经过 TA 的电流保护还是低压断路器归算为不同脱扣器额定电流倍数的电流保护，其高压侧的电流均宜归算至 0.4kV 电压级，以确保达到选择性配合的目的。低压变压器保护的配置及整定计算和保护配合问题在第 4 章已作了详细讲解，这里不再重复。

11.2.1　断路器与相邻电器保护的配合

（1）上级断路器的瞬时整定电流应大于 1.15 倍下级断路器进线处的短路电流。

（2）断路器的短延时过流脱扣器与一次侧过流保护用继电器的配合级差，应根据不同的继电器而定。

（3）上级断路器的短延时整定电流应大于 1.25 倍下级断路器的短延时或瞬时整定电流。

（4）与上级熔断器的配合，断路器过流脱扣器的特性曲线应低于上级熔断器的熔断特性曲线（短路时熔断时间大于 70ms）。

（5）断路器的延时脱扣器特性与熔断器的熔断特性延时部分不相交且留有一定时间间隔，延时脱扣器动作时间应比相应电流下熔断器熔断时间大于 0.1s。当断路器有瞬时脱扣器时，则熔断器应将短路电流限制到脱扣器动作电流以下，即采用限流熔断器。

（6）长延时过电流脱扣器的特性低于保护对象的允许发热特性（电缆、电动机、变压器等）。

（7）上级断路器的保护特性曲线和下级断路器的保护特性曲线在下级断路器的保护范围不得相交。

（8）具有短路延时的断路器如带欠电压脱扣器，则欠压脱扣器必须有延时，且其延时时间不少于短路延时时间。

（9）具有备用电源自动投入时，应另设低电压保护，以达到备用电源自投动作后带上重要负荷的目的。

（10）低压变压器高压侧的过流保护动作时间应比低压侧分支主断路器动作时间高 Δt，Δt 应根据断路器动作时间及上下级保护动作时间误差之和确定，通常取 0.3～0.5s。

11.2.2 配电系统几种保护的配合

11.2.2.1 上级断路器与下级断路器的配合

1. 动作电流的配合

（1）上一级断路器的短延时电流保护与下一级断路器的瞬时或短延时电流保护配合系数 K_{co} 应不小于 1.25，或按上、下级断路器的电流保护的实际整定值校验其 K_{co} 不小于 1.25 也可。

（2）当上一级断路器带有瞬动电流脱扣保护时，为保证选择性，则其上一级的动作电流整定值应大于下一级断路器出口预期最大短路电流 K_{rel} 倍，可靠系数 $K_{rel} \geqslant 1.15$。当满足此条件有困难时，则下一级应选择限流断路器，将短路电流限制到上一级瞬动脱扣保护整定电流以下。

（3）长延时的保护要确保上级的曲线在下级曲线的上方。

2. 时间配合

上一级断路器的电流保护短延时时间比下一级断路器的瞬动电流速断保护或电流保护短延时高出一个时间级差 Δt，Δt 根据上下级保护选择性配合要求以及保护自身的整定调节范围可在 0.1～0.6s 选取，对目前使用较多的 DW15 型、ME 型、AH 型等断路器的半导体保护及智能型断路器保护可取 Δt=0.1～0.3s。断路器与断路器的电流及时间配合如图 11-3 所示。

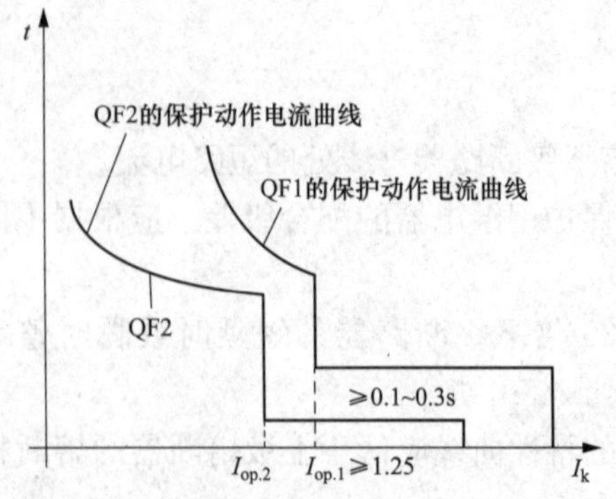

图 11-3 断路器与断路器的动作电流配合

$I_{op.2}$—下级 QF2 的电流保护短延时一次动作电流；

$I_{op.1}$—上级 QF1 的电流保护短延时一次动作电流

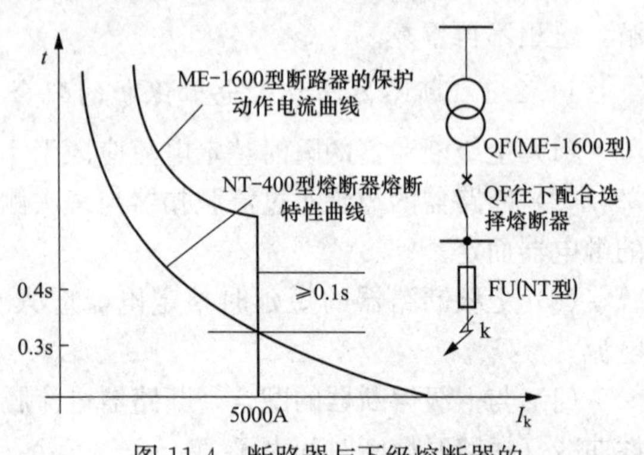

图 11-4 断路器与下级熔断器的保护配合

11.2.2.2　断路器与下级熔断器的配合

断路器与下级熔断器的配合应满足 11.2.1（5）的要求。如图 11-4 示例，见 11.2.1（5）要求。假定当电源断路器 QF 选用 ME-1600 型，其整定值为 5000A、0.4s 时，能与之配合的 NT 型熔断器熔断特性曲线应在 5000A、0.3s 交点以下。经查熔断器安—秒曲线（未附），例如通过 5000A、0.3s 交点的熔断器安—秒曲线为 NT-400A 型熔断器的，则 400A 及以下熔断器均可与 ME 型断路器配合。

11.2.2.3　断路器与上一级熔断器的配合

断路器与上一级熔断器的配合应满足 11.2.1（4）的要求。如图 11-5 所示，假定分支断路器选用 DZ20-100 型，其出口处短路电流 $I_k=6kA$，上一级选用 NT 型熔断器，其 6kA 熔断时间应不小于断路器动作时间（约 0.01～0.02s）加配合级差 0.07s，可查熔断器安—秒曲线，通过 6kA、0.09s 交点以上的曲线为 NT-400A 型，则应选用 400A 及以上 NT 型熔断器。

变压器零序保护应与未装零序保护的断路器相间保护相配合，以免在下级发生单相接地短路时，引起变压器误跳闸。为避免零序速断保护的无选择性动作，宜以反时限曲线配合，或用定时限过流保护配合。

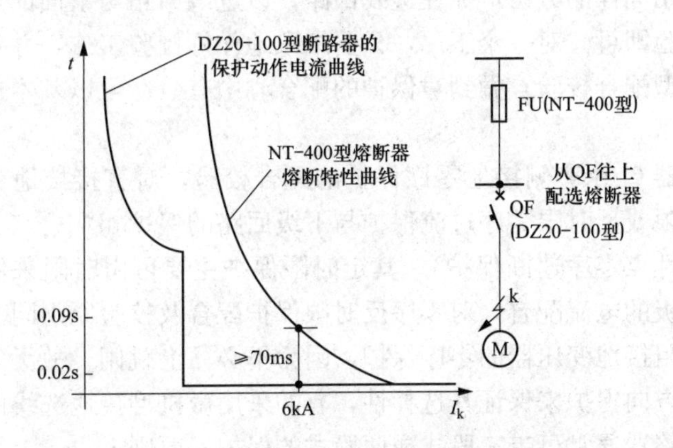

图 11-5　断路器与上级熔断器的保护配合

断路器的瞬动电流倍数在向制造厂订货时，即应指明脱扣器的额定电流。

11.2.3　选择性校验

在保护的配合上应保证在保护动作后尽可能快地切除故障，但又不允许越级跳闸，即要保证保护的选择性。特别要注意掌握一个原则：不论上级是什么保护，下级是什么保护，都必须校验上下级的保护特性曲线配合，在下级保护的首端可能发生的最大短路电流处的任何短路故障或过流均不允许上级的保护特性曲线与下级保护特性曲线相交，并留有适当的时间间隔，有困难时设计应考虑限流措施（如用限流断路器或限流熔断器等），否则可能引起非选择性动作而使上级越级跳闸。校验示意图见图 11-6。

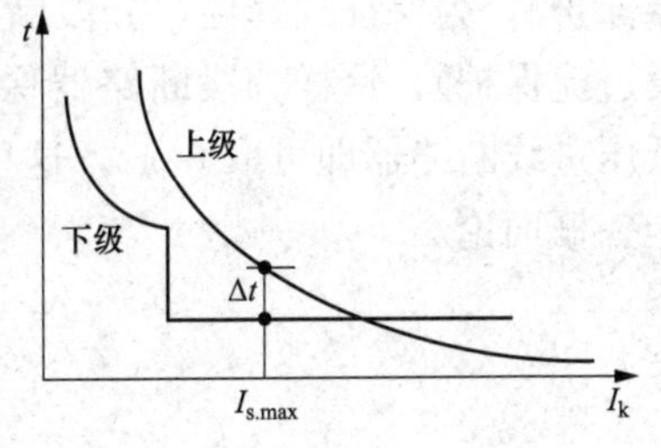

图 11-6　校验保护选择性配合示意图

长延时保护曲线之间主要是配合要恰当，留有足够的时间间隔，短延时保护之间一般可取配合级差 $\Delta t=0.1\sim0.3$s，时限允许时建议取 0.2～0.3s。

在同一电压等级整定计算及配合时比较方便，校验上一级电压与低压侧保护配合时可将高压侧电流归算至低压侧，经过 TA 二次连接的保护其动作电流都应折算到一次侧，即应按 TA 变比归算为一次电流。

低压断路器保护仍应按惯用的整定计算方法进行速断、限时速断及过流保护的整定计算，整定值应有基本的数据依据，不应该随意整定为几倍电流。由于有的断路器本身所带保护往往没有经过外部 TA 提供电源，因而不能用通常整定电流继电器的方法进行整定，可依据 11.2.2.1 的要求，先选择合适的脱扣器额定电流，再计算出保护的动作电流倍数，然后进行具体的保护动作值及时间的整定配合。

校验保护整定配合是否已满足选择性的要求，应针对每个系统分别作有代表性的保护配合曲线。如应作电源进线断路器与低压母线馈线最大负荷的断路器回路（找出最可能引起越级跳闸的断路器回路，通常最大电动机的保护整定值相对别的回路较高），以及该段母线上熔断器熔断电流较大，熔断时间相对较长回路的保护配合曲线，校验保护能否保证选择性。抓住典型回路进行校验即可，不必对所有回路绘制配合曲线进行校验。对车间等各小配电系统，也用同样的方法，抓住进线回路，以进线回路与下面的典型断路器及熔断器回路进行配合校验即可。对一个工厂，只要细致地作好校验工作，并对每个分散系统分别作出该系统的典型配合校验，做到对保护的配合心中有数，可以基本避免保护的非选择性误动。

关于厂用变压器 0.4kV 侧接地零序保护的配合校验，对直接接地系统，应以厂用变压器中性点的定时限或反时限零序过流保护与下级回路的保护相配合（为保证选择性，一般不采用变压器中性点零序速断保护）。其定时限保护主要可由时限来保证选择性，有条件时尽可能使上下级的电流配合，对零序反时限保护配合及校验原则同一般电流保护。

对中性点经高阻接地变压器的零序保护，因为不必马上跳闸，故无须时限配合。近些年该保护多以零序方向保护来保证其选择性，有的采用微机型接地选线保护。

目前，低压断路器通常可带三段式或两段式的保护，原则上讲，上下级的保护配合应是上一级的过流保护与下一级的过流保护配合，上一级的延时速断保护与下一级的速断保护配合，特殊情况下可由上一级的延时速断保护（短延时）与下一级的延时速断保护（短延时）配合。例如，为了加强对变压器低压侧母线的保护，可将低压进线断路器的短延时速断保护投入，如果下面两台变压器互为备用并有分段断路器保护（或下面还有馈线断路器保护），为保证选择性，分段断路器（或馈线断路器）也最好投短延时速断保护（也可设过流保护），这样分段断路器保护若与最大电动机的瞬时速断保护配合，则可取 0.2s，低压进线断路器即可取 0.4s。这里谈的只是一个例子，具体的配合要从实际情况出发，不能一概而论。

附录 A　短路保护的最小灵敏系数与相对灵敏系数

表 A-1　　　　　短路保护的最小灵敏系数

<table>
<tr><th>保护分类</th><th>保护类型</th><th colspan="2">组成元件</th><th>灵敏系数</th><th>备注</th></tr>
<tr><td rowspan="12">主保护</td><td rowspan="2">带方向和不带方向的电流保护或电压保护</td><td colspan="2">电流元件和电压元件</td><td>1.3～1.5</td><td>200km 以上线路，不小于 1.3；（50～200）km 线路，不小于 1.4；50km 以下线路，不小于 1.5</td></tr>
<tr><td colspan="2">零序或负序方向元件</td><td>1.5</td><td></td></tr>
<tr><td rowspan="3">距离保护</td><td rowspan="2">启动元件</td><td>负序和零序增量或负序分量元件、相电流突变量元件</td><td>4</td><td>距离保护第三段动作区末端故障，大于 1.5</td></tr>
<tr><td>电流和阻抗元件</td><td>1.5</td><td rowspan="2">线路末端短路电流应为阻抗元件精确工作电流 1.5 倍以上。200km 以上线路，不小于 1.3；（50～200）km 线路，不小于 1.4；50km 以下线路，不小于 1.5</td></tr>
<tr><td colspan="2">距离元件</td><td>1.3～1.5</td></tr>
<tr><td rowspan="4">平行线路的横联差动方向保护和电流平衡保护</td><td colspan="2" rowspan="2">电流和电压启动元件</td><td>2.0</td><td>线路两侧均未断开前，其中一侧保护按线路中点短路计算</td></tr>
<tr><td>1.5</td><td>线路一侧断开后，另一侧保护按对侧短路计算</td></tr>
<tr><td colspan="2" rowspan="2">零序方向元件</td><td>2.0</td><td>线路两侧均未断开前，其中一侧保护按线路中点短路计算</td></tr>
<tr><td>1.5</td><td>线路一侧断开后，另一侧保护按对侧短路计算</td></tr>
<tr><td rowspan="2">线路纵联保护</td><td colspan="2">跳闸元件</td><td>2.0</td><td></td></tr>
<tr><td colspan="2">对高阻接地故障的测量元件</td><td>1.5</td><td>个别情况下，为 1.3</td></tr>
<tr><td>发电机、变压器、电动机纵差保护</td><td colspan="2">差电流元件的启动电流</td><td>1.5</td><td></td></tr>
</table>

续表

保护分类	保护类型	组成元件	灵敏系数	备注
主保护	母线的完全电流差动保护	差电流元件的启动电流	1.5	
	母线的不完全电流差动保护	差电流元件	1.5	
	发电机、变压器、线路和电动机的电流速断保护	差电流元件	1.5	按保护安装处短路计算
后备保护	远后备保护	电流、电压和阻抗元件	1.2	按相邻电力设备和线路末端短路计算（短路电流应为阻抗元件精确工作电流1.5倍以上），可考虑相继动作
		零序或负序方向元件	1.5	
	近后备保护	电流、电压和阻抗元件	1.3	按线路末端短路计算
		负序或零序方向元件	2.0	
辅助保护	电流速断保护		1.2	按正常运行方式保护安装处短路计算

注 1. 主保护的灵敏系数除表中注出者外，均按被保护线路（设备）末端短路计算。
2. 保护装置如反应故障时增长的量，其灵敏系数为金属性短路计算值与保护整定值之比；如反应故障时减少的量，则为保护整定值与金属性短路计算值之比。
3. 各种类型的保护中，接于全电流和全电压的方向元件的灵敏系数不作规定。
4. 本表内未包括的其他类型的保护，其灵敏系数另作规定。

表 A-2　　两相短路的相对灵敏系数

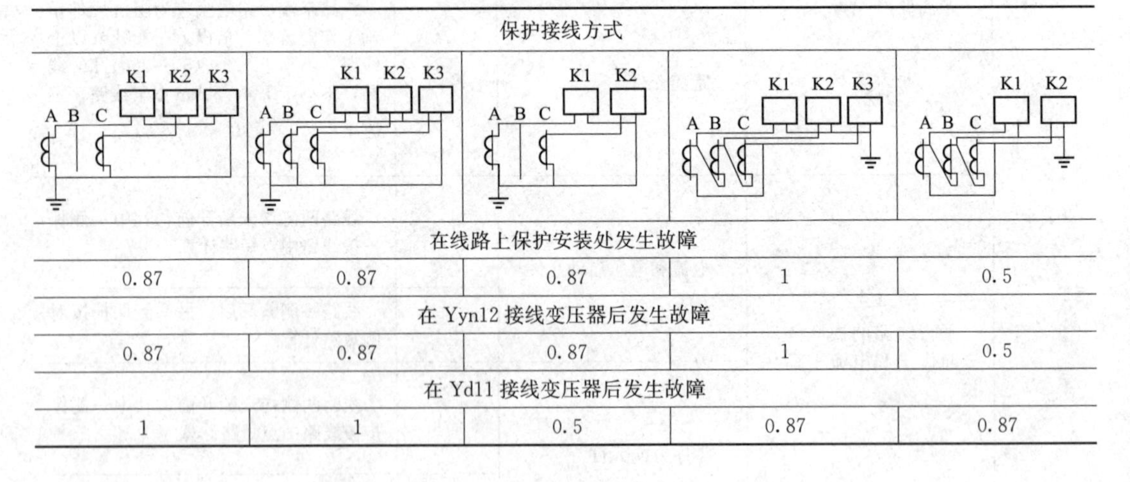

保护接线方式				
在线路上保护安装处发生故障				
0.87	0.87	0.87	1	0.5
在Yyn12接线变压器后发生故障				
0.87	0.87	0.87	1	0.5
在Yd11接线变压器后发生故障				
1	1	0.5	0.87	0.87

附录B 短路电流计算常用公式、数据

表 B-1 以 100MVA 为基准的不同电压级基准电流

基准电压 U_b（kV）	0.4	6.3	10.5	37	63	115	230
基准电流 I_b（kA）	144.38	9.16	5.5	1.56	0.92	0.502	0.251
基准电抗 X_b（Ω）	0.002	0.397	1.1	13.7	39.55	132	529

表 B-2 电抗标幺值及有名值的换算公式

序号	元件名称	标幺值	有名值
1	发电机/电动机	$X''_{d*}=\frac{X''_d\%}{100}\frac{S_B}{P_N/\cos\varphi}$	$X''_d=\frac{X''_d\%}{100}\frac{U_B^2}{P_N/\cos\varphi}$
2	变压器	$X_{T*}=\frac{U_k\%}{100}\frac{S_B}{S_N}$	$X_T=\frac{U_k\%}{100}\frac{U_N^2}{S_N}$
3	电抗器	$X_{ak*}=\frac{X_{ak}\%}{100}\frac{U_N}{\sqrt{3}I_N}\times\frac{S_B}{U_B^2}$	$X_{ak}=\frac{X_{ak}\%}{100}\frac{U_N}{\sqrt{3}I_N}$
4	线路	$X=X\frac{S_B}{U_B^2}$	$X=0.145\lg\frac{D}{0.789r}$ $D=\sqrt[3]{d_{ab}d_{bc}d_{ca}}$

注 1. $X''_d\%$为发电机的次暂态电抗百分值；$U_k\%$为变压器的短路电抗百分值；$X_{ak}\%$为电抗器的百分电抗值；X为每相电抗的欧姆值。

2. 表中容量 S 单位为 MVA，电压 U 单位为 kV，电流 I 单位为 kA。

3. r 为导线半径（cm）；D 为导线的相间几何均距（cm）；d 为相间距离（cm）。

表 B-3 基准值以及改变基准容量或基准电压换算标幺值的公式

序号	标幺值换算公式	说明
1	$I_*=\frac{S_B}{\sqrt{3}U_B}$	基准容量和基准电压选定后的基准电流
2	$X_B=\frac{U_B}{\sqrt{3}I_B}=\frac{U_B^2}{S_B}$	基准容量和基准电压选定后的基准阻抗
3	$X_{b*}=X_{B*}\frac{S_b}{S_B}$	从某一基准容量 S_B 换算为另一基准容量 S_b
4	$X_{b*}=X_{B*}\frac{U_B^2}{U_b^2}$	从某一基准电压 U_B 换算为另一基准电压 U_b
5	$X_{B*}=X_{S*}\frac{S_B}{S_s}$	从已知系统短路容量 S_s 换算为基准容量 S_B

注 表中容量 S 单位为 MVA，电压 U 的单位为 kV，电流 I 的单位为 kA。

表 B-4 **序 网 组 合 表**

短路种类	符号	序网组合	$I_{k1}=\dfrac{E}{X_{1\Sigma}+X_{\Delta}}$	$I_k=mI_{k1}$
三相短路	(3)	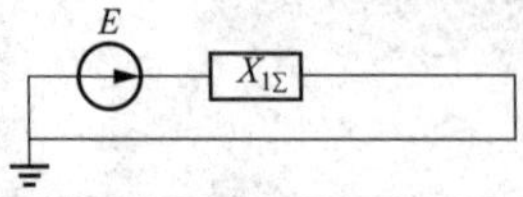 E $X_{1\Sigma}$	$X_{\Delta}=0$	$m=1$
两相短路	(2)	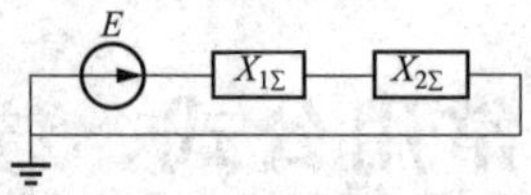 E $X_{1\Sigma}$ $X_{2\Sigma}$	$X_{\Delta}=X_{2\Sigma}$	$m=\sqrt{3}$
单相短路	(1)	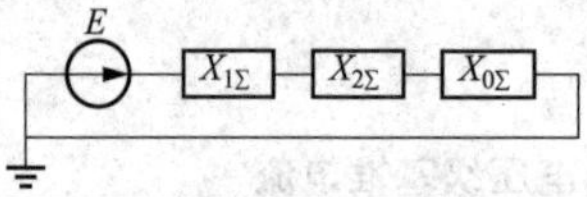 E $X_{1\Sigma}$ $X_{2\Sigma}$ $X_{0\Sigma}$	$X_{\Delta}=X_{2\Sigma}+X_{0\Sigma}$	$m=3$
两相接地短路	(1.1)	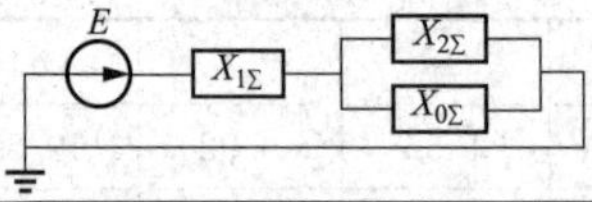 E $X_{1\Sigma}$ $X_{2\Sigma}$ $X_{0\Sigma}$	$X_{\Delta}=\dfrac{X_{2\Sigma}X_{0\Sigma}}{X_{2\Sigma}+X_{0\Sigma}}$	$m=\sqrt{3}\sqrt{1-\dfrac{X_{2\Sigma}X_{0\Sigma}}{(X_{2\Sigma}+X_{0\Sigma})^2}}$

注 1. 由大地中流过的（总零序）电流 $I_{ke}^{(1.1)}=3I_0^{(1.1)}=-3I_k^{(1.1)}\dfrac{X_{2\Sigma}}{X_{0\Sigma}+X_{2\Sigma}}$。

2. 短路负序电流 $I_{k2}^{(1.1)}=I_k^{(1.1)}\dfrac{X_{0\Sigma}}{X_{0\Sigma}+X_{2\Sigma}}$。

表 B-5 **对称分量的基本关系**

电流 I 的对称分量	电压 U 的对称分量	算子“α”的性质
相量	电压降	$\alpha=e^{j120°}=-\dfrac{1}{2}+j\dfrac{\sqrt{3}}{2}$
$\dot I_a=\dot I_{a1}+\dot I_{a2}+\dot I_{a0}$ $\dot I_b=\alpha^2\dot I_{a1}+\alpha\dot I_{a2}+\dot I_{a0}$ $\dot I_c=\alpha\dot I_{a1}+\alpha^2\dot I_{a2}+\dot I_{a0}$	$\Delta\dot U_1=\dot I_1 jX_1$ $\Delta\dot U_2=\dot I_2 jX_2$ $\Delta\dot U_0=\dot I_0 jX_0$	$\alpha^2=e^{j240°}=e^{-j120°}=-\dfrac{1}{2}-j\dfrac{\sqrt{3}}{2}$ $\alpha^3=e^{j360°}=1$
序量	短路处的电压分量	$\alpha^2+\alpha+1=0$ $\alpha^2-\alpha=\sqrt{3}e^{-j90°}=-j\sqrt{3}$
$I_{a0}=\dfrac{1}{3}(I_a+I_b+I_c)$ $I_{a1}=\dfrac{1}{3}(I_a+\alpha I_b+\alpha^2 I_c)$ $I_{a2}=\dfrac{1}{3}(I_a+\alpha^2 I_b+\alpha I_c)$	$\dot U_{k1}=\dot E-\dot I_{k1}jX_{1\Sigma}$ $\dot U_{k2}=-\dot I_{k2}jX_{2\Sigma}$ $\dot U_{k0}=-\dot I_{k0}jX_{0\Sigma}$	$\alpha-\alpha^2=\sqrt{3}e^{j90°}=j\sqrt{3}$ $1-\alpha=\sqrt{3}e^{-j30°}=\sqrt{3}\left(\dfrac{\sqrt{3}}{2}-j\dfrac{1}{2}\right)$ $1-\alpha^2=\sqrt{3}e^{j30°}=\sqrt{3}\left(\dfrac{\sqrt{3}}{2}+j\dfrac{1}{2}\right)$

注 1. 表中的对称分量用电流 I 表示，电压 U 的关系与此相同，只需用 U 置换即可。

2. 1、2、0 注脚表示正、负、零序。

3. 乘以算子“α”即相量反时针方向转 120°，以此类推。

表 B-6 **不对称短路各相序及各相电流、电压计算公式**

序号	短路处的待求量	两相短路（BC 相）	单相接地短路（A 相）	两相接地短路（BC 相）
1	A 相正序电流 $\dot I_{A1}$	$\dfrac{\dot E_{A\Sigma}}{j(X_{1\Sigma}+X_{2\Sigma})}$	$\dfrac{\dot E_{A\Sigma}}{j(X_{1\Sigma}+X_{2\Sigma}+X_{0\Sigma})}$	$\dfrac{\dot E_{A\Sigma}}{j\left(X_{1\Sigma}+\dfrac{X_{2\Sigma}X_{0\Sigma}}{X_{2\Sigma}+X_{0\Sigma}}\right)}$
2	A 相负序电流 $\dot I_{A2}$	$-\dot I_{A1}$	$\dot I_{A1}$	$-\dot I_{A1}\dfrac{X_{0\Sigma}}{X_{2\Sigma}+X_{0\Sigma}}$
3	零序电流 I_0	0	$\dot I_{A1}$	$-\dot I_{A1}\dfrac{X_{2\Sigma}}{X_{2\Sigma}+X_{0\Sigma}}$

续表

序号	短路处的待求量	两相短路（BC相）	单相接地短路（A相）	两相接地短路（BC相）
4	A相电流 $\dot{I}_A$	0	$3\dot{I}_{A1}$	0
5	B相电流 $\dot{I}_B$	$-j\sqrt{3}\dot{I}_{A1}$	0	$\left(\alpha^2-\frac{X_{2\Sigma}+\alpha X_{0\Sigma}}{X_{2\Sigma}+X_{0\Sigma}}\right)\dot{I}_{A1}$
6	C相电流 $\dot{I}_C$	$j\sqrt{3}\dot{I}_{A1}$	0	$\left(\alpha-\frac{X_{2\Sigma}+\alpha^2 X_{0\Sigma}}{X_{2\Sigma}+X_{0\Sigma}}\right)\dot{I}_{A1}$
7	A相正序电压 $\dot{U}_{A1}$	$jX_{1\Sigma}\dot{I}_{A1}$	$j(X_{2\Sigma}+X_{0\Sigma})\dot{I}_{A1}$	$j\left(\frac{X_{2\Sigma}X_{0\Sigma}}{X_{2\Sigma}+X_{0\Sigma}}\right)\dot{I}_{A1}$
8	A相负序电压 $\dot{U}_{A2}$	$jX_{2\Sigma}\dot{I}_{A1}$	$-jX_{2\Sigma}\dot{I}_{A1}$	
9	零序电压 U_0	0	$-jX_{0\Sigma}\dot{I}_{A1}$	
10	A相电压 $\dot{U}_A$	$2jX_{2\Sigma}\dot{I}_{A1}$	0	$3j\left(\frac{X_{2\Sigma}X_{0\Sigma}}{X_{2\Sigma}+X_{0\Sigma}}\right)$
11	B相电压 $\dot{U}_B$	$-jX_{2\Sigma}\dot{I}_{A1}$	$j[(\alpha^2-\alpha)X_{2\Sigma}+(\alpha^2-1)X_{0\Sigma}]\dot{I}_{A1}$	0
12	C相电压 $\dot{U}_C$	$-jX_{2\Sigma}\dot{I}_{A1}$	$j[(\alpha-\alpha^2)X_{2\Sigma}+(\alpha-1)X_{0\Sigma}]\dot{I}_{A1}$	0
13	电流相量图	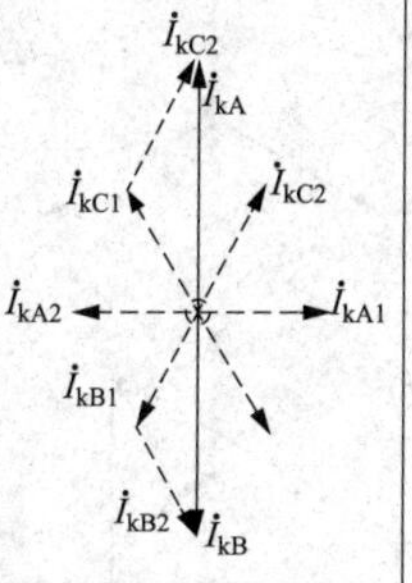	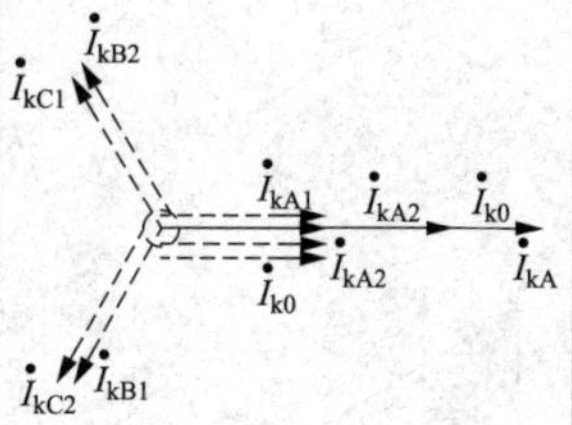	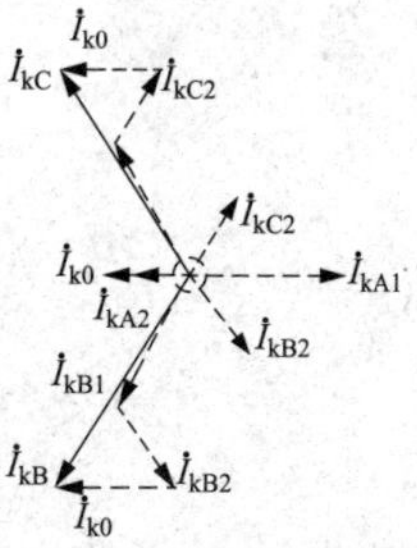
14	电压相量图	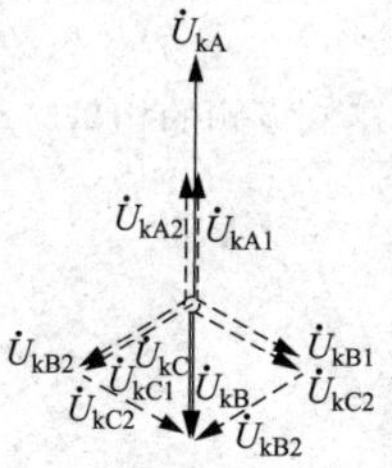	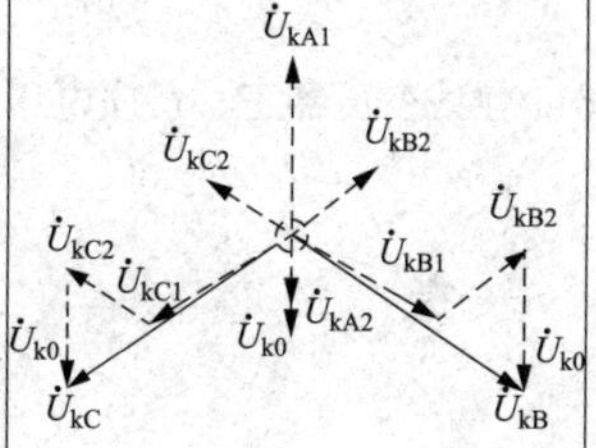	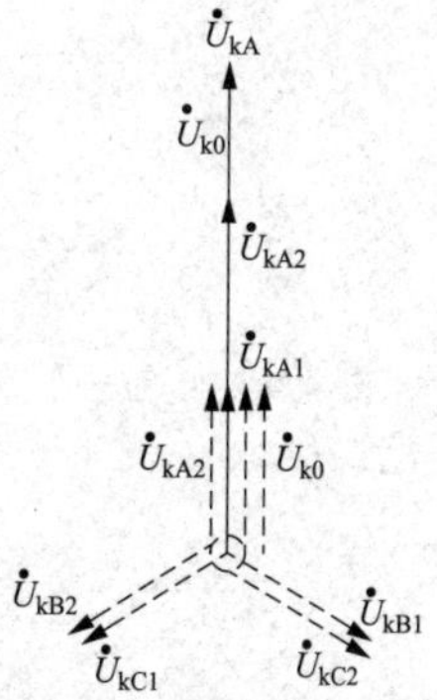

附录C　Yd11接线变压器正、负序电压在二次侧的相量转动示意图

正、负序均以一次侧的相量为基准，则二次侧的正序相量向逆时针方向转＋30°，而二次侧的负序相量则向顺时针方向转－30°。以此例推，则Yd1接线的变压器相量转动则正好相反。

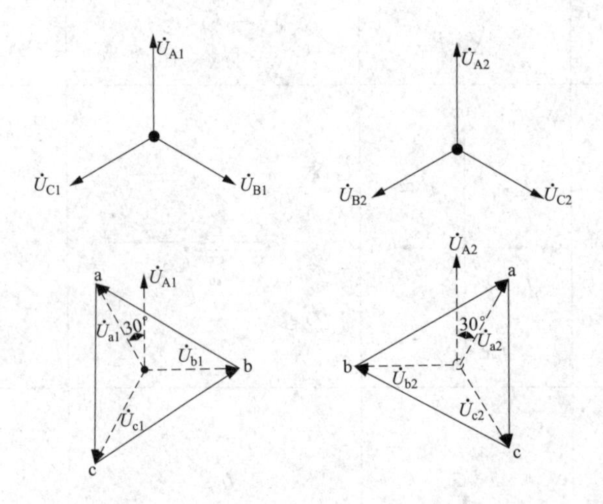

图C-1　Yd11接线变压器正、负序电压在二级侧的相量转动示意图

附录 D　中、低压不同规格电缆单位长度阻抗对应表

表 D-1　6～35kV 三芯电缆每千米阻抗值（mΩ/km）和以 100MVA 为基准的每 km 阻抗标幺值

电缆芯线标称截面积（mm^2）	铝芯电阻		铜芯电阻		6kV 电（感）抗		10kV 电（感）抗		35kV 电（感）抗	
	R (mΩ/km)	R^* (1/km)	R (mΩ/km)	R^* (1/km)	X (Ω/km)	X^* (1/km)	X (Ω/km)	X^* (1/km)	X (Ω/km)	X^* (1/km)
3×25	1.280	3.225	0.740	1.864	0.085	0.214	0.094	0.0853	—	—
3×35	0.920	2.318	0.540	1.361	0.079	0.199	0.088	0.0798	—	—
3×50	0.640	1.612	0.390	0.983	0.076	0.191	0.082	0.0744	—	—
3×70	0.460	0.159	0.280	0.705	0.072	0.181	0.079	0.0717	0.132	0.00964
3×95	0.340	0.857	0.200	0.504	0.069	0.174	0.076	0.0689	0.126	0.0920
3×120	0.270	0.680	0.158	0.398	0.069	0.174	0.076	0.0689	0.119	0.00869
3×150	0.210	0.529	0.123	0.310	0.066	0.166	0.072	0.0653	0.116	0.00847
3×185	0.170	0.423	0.103	0.260	0.066	0.166	0.069	0.0626	0.113	0.00825

表 D-2　500V 聚氯乙烯交联绝缘和橡皮绝缘三相四芯电力电缆每米阻抗值（mΩ/m）

线芯标称截面积（mm^2）	t=65℃时电缆线芯电阻 R_{1P}、R_{0N}				铅皮电阻 R_{0N}	橡皮绝缘电缆			聚氯乙烯绝缘电缆		
	铝		铜			正、负序电抗 X_{1P}、X_{2P}	零序电抗		正、负序电抗 X_{1P}、X_{2P}	零序电抗	
	相线 R_{1P}	中性线 R_{0N}	相线 R_{1P}	中性线 R_{0N}			相线 X_{0P}	中性线 X_{0N}		相线 X_{0P}	中性线 X_{0N}
3×4+1×2.5	9.237	14.778	5.482	8.772	6.38	0.106	0.116	0.135	0.100	0.114	0.129
3×6+1×4	6.158	9.237	3.665	5.482	5.83	0.100	0.115	0.127	0.099	0.115	0.127
3×10+1×6	3.695	6.158	2.193	3.665	4.10	0.097	0.109	0.127	0.094	0.108	0.125
3×16+1×6	2.309	6.158	1.371	3.655	3.28	0.090	0.105	0.134	0.087	0.104	0.134
3×25+1×10	1.507	3.695	0.895	2.193	2.51	0.085	0.105	0.131	0.082	0.101	0.137
3×35+1×10	1.077	3.695	0.639	2.193	2.02	0.083	0.101	0.131	0.080	0.100	0.138
3×50+1×16	0.754	2.309	0.447	1.371	1.75	0.082	0.095	0.131	0.079	0.101	0.135
3×70+1×25	0.538	1.507	0.319	0.895	1.29	0.080	0.094	0.123	0.078	0.099	0.127
3×95+1×35	0.397	1.077	0.235	0.639	1.06	0.080	0.094	0.126	0.078	0.097	0.125
3×120+1×35	0.314	1.077	0.188	0.639	0.98	0.078	0.092	0.126	0.076	0.095	0.130
3×150+1×50	0.251	0.754	0.151	0.447	0.89	0.077	0.092	0.126	0.076	0.093	0.120
3×185+1×50	0.203	0.754	0.123	0.447	0.81	0.077	0.091	0.131	0.076	0.094	0.128

表 D-3　　1000V 油浸纸绝缘三相四芯电力电缆每米阻抗值（mΩ/m）

线芯标称截面积（mm^2）	t=80℃时电缆线芯电阻 R_{1P}、R_{0N}				铅皮电阻 R_{0N}	正、负序电抗 X_{1P}、X_{2P}	零序电抗	
	铝		铜					
	相线 R_{1P}	中性线 R_{0N}	相线 R_{1P}	中性线 R_{0N}			相线 X_{0P}	中性线 X_{0N}
3×4+1×2.5	9.71	15.53	5.761	9.22	6.40	0.098	0.11	0.12
3×6+1×4	6.47	9.71	3.84	5.76	5.54	0.093	0.11	0.12
3×10+1×6	3.88	6.47	2.3	3.84	4.98	0.088	0.11	0.12
3×16+1×6	2.43	6.47	1.44	3.84	4.00	0.082	0.10	0.13
3×25+1×10	1.58	3.88	0.94	2.30	3.14	0.073	0.10	0.13
3×35+1×10	1.13	3.88	0.67	2.30	2.94	0.073	0.09	0.13
3×50+1×16	0.79	2.43	0.47	1.44	2.41	0.070	0.09	0.13
3×70+1×25	0.57	1.58	0.38	0.94	1.95	0.069	0.08	0.11
3×95+1×35	0.42	1.13	0.25	0.67	1.72	0.069	0.08	0.11
3×120+1×35	0.33	1.13	0.20	0.67	1.47	0.070	0.08	0.12
3×150+1×50	0.26	0.79	0.16	0.47	1.26	0.068	0.09	0.11
3×185+1×50	0.21	0.79	0.13	0.47	1.06	0.068	0.09	0.12

表 D-4　　1000V 以下三相电力电缆每米阻抗值（mΩ/m）

线芯标称截面积（mm^2）	聚氯乙烯绝缘电缆				橡皮绝缘电缆					油浸纸绝缘电缆				
	t=65℃时电缆线芯电阻 R_{1N}、R_{0P}		正、负序电抗 X_{1P}、X_{2P}	相线零序电抗 X_{0p}	t=65℃时电缆线芯电阻 R_{1P}、R_{0N}		铅皮电阻 R_{0N}	正、负序电抗 X_{1P}、X_{2P}	相线零序电抗 X_{0P}	t=65℃时电缆线芯电阻 R_{1P}、R_{0N}		铅皮电阻 R_{0N}	正、负序电抗 X_{1P}、X_{2P}	相线零序电抗 X_{0P}
	铝	铜			铝	铜				铝	铜			
3×4	9.237	5.482	0.093	0.125	9.237	5.482	6.93	0.099	0.125	9.71	5.761	7.57	0.091	0.121
3×6	6.158	3.665	0.093	0.121	6.158	3.665	6.38	0.094	0.118	6.47	3.841	6.71	0.087	0.114
3×10	3.695	2.193	0.087	0.112	3.695	2.193	6.28	0.092	0.116	3.88	2.3	5.97	0.081	0.105
3×16	2.309	1.371	0.082	0.106	2.309	1.371	3.66	0.086	0.111	2.43	1.44	5.2	0.067	0.103
3×25	1.507	0.895	0.075	0.106	1.507	0.895	2.79	0.079	0.107	1.58	0.94	4.8	0.065	0.089
3×35	1.077	0.639	0.072	0.09	1.077	0.639	2.25	0.075	0.102	1.13	0.67	3.89	0.063	0.085
3×50	0.754	0.447	0.072	0.09	0.754	0.447	1.93	0.075	0.102	0.79	0.47	3.42	0.062	0.082
3×70	0.538	0.319	0.069	0.086	0.538	0.319	1.45	0.072	0.099	0.57	0.336	2.76	0.062	0.079
3×95	0.397	0.235	0.069	0.085	0.397	0.235	1.18	0.072	0.097	0.42	0.247	2.2	0.062	0.078
3×120	0.314	0.188	0.069	0.084	0.314	0.188	1.09	0.071	0.095	0.33	0.198	1.94	0.062	0.077
3×150	0.251	0.151	0.070	0.084	0.251	0.151	0.99	0.071	0.095	0.26	0.158	1.66	0.062	0.077
3×185	0.203	0.123	0.070	0.083	0.203	0.123	0.90	0.071	0.094	0.21	0.13	1.4	0.062	0.076

附录E　单相接地电容电流的计算

E.1　查表计算法

因为有时不易获得线路对地电容的实际值，又由于在作保护整定计算时已计入了可靠系数和灵敏系数，因此往往可以不精确计算单相接地对地电容电流。最简便实用的方法是通过查表计算法，来求单相接地电容电流值。对6～35kV的单相接地电容电流可采用表E-1数值计算后，加上表E-2所列变电设备引起的接地电容电流增值得到。工程投运后现场可实测得到较为精确的电容值作为计算依据。查得每千米的电流（A），可求出全线总的接地电容电流。

表E-1　每千米架空线路及电缆线路单相金属性接地电容电流的平均值（A）

线路种类	线路特征	6kV	10kV	35kV
架空线路	无避雷线单回路	0.013	0.0256	0.078
	有避雷线单回路	—	0.032	0.091
	无避雷线双回路	0.017	0.035	0.102
	有避雷线双回路	—	—	0.110
电缆线路截面积（mm^2）	电缆截面10	0.33	0.46	—
	电缆截面16	0.37	0.52	—
	电缆截面25	0.46	0.62	—
	电缆截面35	0.52	0.69	—
	电缆截面50	0.59	0.77	—
	电缆截面70	0.71	0.9	3.7
	电缆截面95	0.82	1.0	4.1
	电缆截面120	0.89	1.1	4.4
	电缆截面150	1.1	1.3	4.8
	电缆截面185	1.2	1.4	5.2

表E-2　变电设备所造成的接地电容增值

额定电压（kV）	6	10	35
接地电容电流增值	18	16	13

E.2　公式估算法

单回架空线，无避雷线时

$$I_{ke.1}^{(1)} = 2.7U_n L\, 10^{-3}(A) \tag{E-1}$$

单回架空线，有避雷线时

$$I_{ke.1}^{(1)} = 3.3U_n L\, 10^{-3}(A) \tag{E-2}$$

电缆线路

$$I_{ke.1}^{(1)} = 0.1U_n L(A) \tag{E-3}$$

6～10kV 电缆较精确计算公式如下：

（1）6kV 不同截面的电缆

$$I_{ke.1}^{(1)} = \frac{95 + 2.84S}{2200 + 6S} U_n L(A) \tag{E-4}$$

（2）10kV 不同截面的电缆

$$I_{ke.1}^{(1)} = \frac{95 + 1.44S}{2200 + 0.23S} U_n L(A) \tag{E-5}$$

以上式中　U_n——电网额定线电压，kV；

L——线路长度，km；

S——线路截面积，mm^2。

注意根据以上公式计算的接地电容电流值，仍需加上表 E-2 的增值。

根据上面电容电流的计算公式不难求得电网总的单相接地电容电流 $I_{ke.\Sigma L}$，并按式（3-38）和式（3-39）进行零序电流保护的整定计算。

E.3　根据对称分量法计算单相接地故障时的接地电流

对高压配电线采用非直接接地方式，可通过设置接地变压器反应故障电流，从而启动保护装置断开故障配电线。有关电流的计算方法如下。

1. 对称分量法基本公式

三相不平衡电流、电压根据零序、正序、负序的对称分量，可以表示为式（E-6），流过各相的对称分量电流，参照图 E-1。

$$\left.\begin{aligned} \dot{I}_a &= \dot{I}_0 + \dot{I}_1 + \dot{I}_2 & \dot{V}_a &= \dot{V}_0 + \dot{V}_1 + \dot{V}_2 \\ \dot{I}_b &= \dot{I}_0 + a^2\dot{I}_1 + a\dot{I}_2 & \dot{V}_b &= \dot{V}_0 + a^2\dot{V}_1 + a\dot{V}_2 \\ \dot{I}_c &= \dot{I}_0 + a\dot{I}_1 + a^2\dot{I}_2 & \dot{V}_c &= \dot{V}_0 + a\dot{V}_1 + a^2\dot{V}_2 \end{aligned}\right\} \tag{E-6}$$

式中　$I_0(V_0)$、$I_1(V_1)$、$I_2(V_2)$——零序、正序、负序电流（电压）。

$$a = \varepsilon^{j\frac{2}{3}\pi} = -\frac{1}{2} + j\frac{\sqrt{3}}{2} \quad （矢量算子）$$

$$a^2 = \varepsilon^{j\frac{4}{3}\pi} = -\frac{1}{2} - j\frac{\sqrt{3}}{2}$$

零序电流在各相是等量流通，它的相位也相同，而通过接地中性点的是单相交流电。

$$\dot{I}_a + \dot{I}_b + \dot{I}_c = 3\dot{I}_0 + (1 + a + a^2)(\dot{I}_1 + \dot{I}_2) = 3\dot{I}_0 = \dot{I}_a \tag{E-7}$$

正序电流是由发电机发出，相位是正常旋转，使电动机按正常方向旋转。电流 $\dot{I}_a$、$\dot{I}_b$、$\dot{I}_c$ 完全平衡的情况下，仅有正序电流流通。

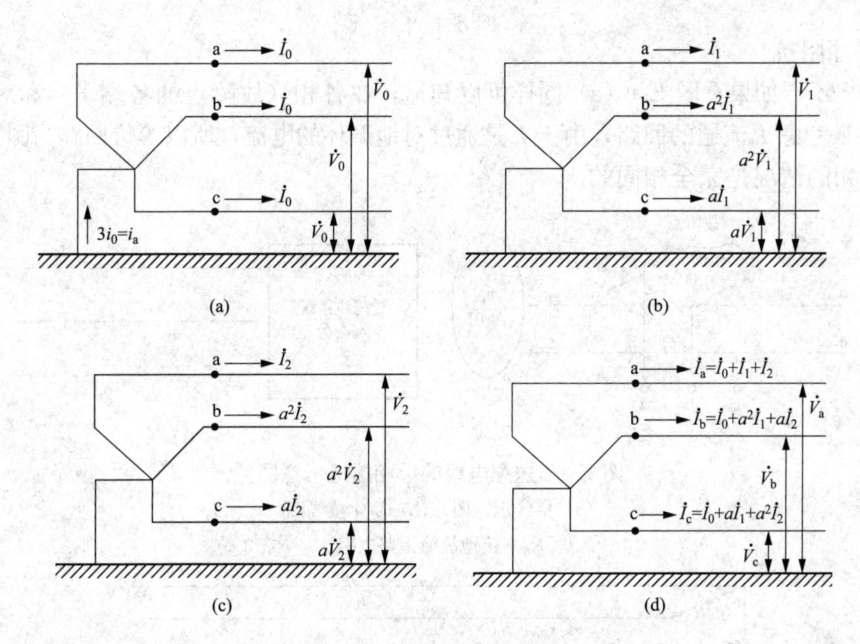

图 E-1　流过各相的对称分量电流

(a) 零序分量；(b) 正序分量；(c) 负序分量；(d) 由对称分量叠加的线电流

负序电流虽然是平衡的三相交流电流，但相位旋转的方向与正序电流相反，是电动机产生反方向的转矩，是制动作用的转矩。

2. 根据对称分量法求单相接地故障电流

(1) 空载发电机的基本公式。图 E-2 中，设发电机端子 a 经过接地电阻 R_f 接地，b、c 端子开路。设零序、正序、负序阻抗为 Z_0、Z_1、Z_2；E_a 为发电机的额定电势（电压）。发电机的单相接地零序电流可按式（E-8）计算

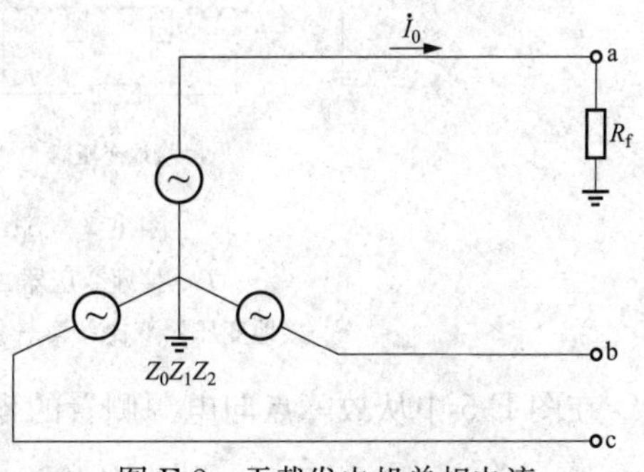

图 E-2　无载发电机单相电流

R_f—负荷电阻

$$\dot{I}_0=\frac{\dot{E}_a}{\dot{Z}_0+\dot{Z}_1+\dot{Z}_2+3R_f} \tag{E-8}$$

其中

$$\dot{I}_a=\frac{3\dot{E}_a}{\dot{Z}_0+\dot{Z}_1+\dot{Z}_2+3R_f}=\dot{I}_g \tag{E-9}$$

式中　$\dot{I}_g$——接地故障时经接地短路电阻的接地零序电流；

R_f——负荷电阻（空载时为无穷大）。

(2) 送配电线的接地零序电流计算。

简化接线示意图见图 E-3。

(3) 有接地变压器的系统，配电线的单相短路接地故障电流计算参见图 E-4。

如果求得从故障点看的配电线总的 $\dot{Z}_0$、$\dot{Z}_1$、$\dot{Z}_2$ 的话，那么根据式（E-9）能够求出单相接地电流。

1）零序阻抗。

为了求 Z_0，如果看图 E-1（a）同样可以知道，在各相（故障点的各端子）和对地之间加 U_0，如果考虑 I_0 流通的回路，由于 I_0 是通过对地循环的电流，所以等价回路为图 E-5。此外，b、c 相的情况是完全相同的。

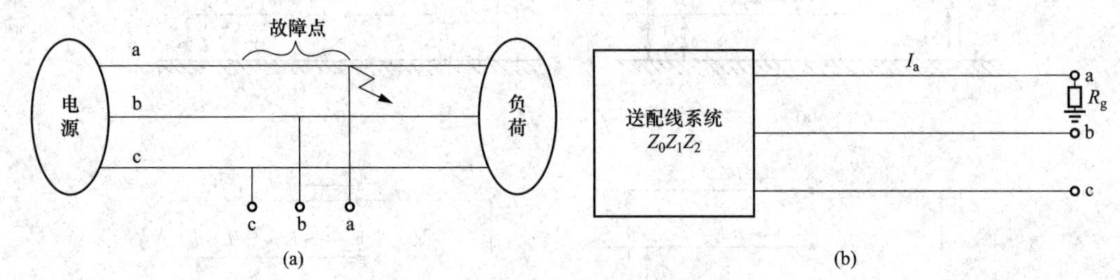

图 E-3　送配电线的单相接地示意图

（a）接线示意图；（b）简化接线图

R_g—接地故障短路电阻

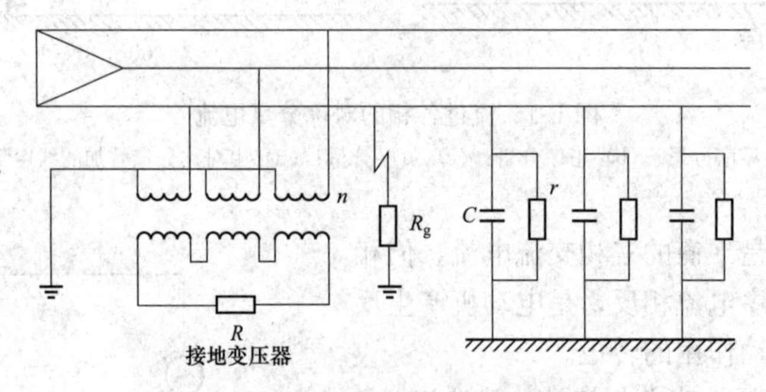

图 E-4　配电线的单相接地回路图

R—接地变压器二次电阻；C—单相对地电容；

n—接地变压器变比；R_g—接地故障短路电阻；r—单相对地漏电阻

在图 E-5 中从故障点向电源侧看的零序阻抗

$$\dot{Z}_{01}=n^2R\text{（从接地变压器一次侧看的零序阻抗）}$$

负荷侧的零序阻抗

$$\dot{Z}_{02}=\frac{1}{\dfrac{1}{\gamma}+\mathrm{j}\omega C} \tag{E-10}$$

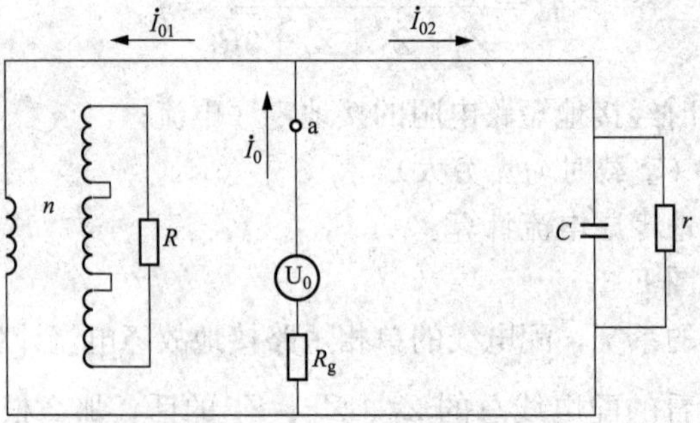

图 E-5　配电线的等价零序回路

R_g—接地故障时的短路电阻

因为系统总的零序阻抗
$$\dot{Z}_0=\frac{\dot{Z}_{01}\cdot\dot{Z}_{02}}{\dot{Z}_{01}+\dot{Z}_{02}} \tag{E-11}$$

所以变为

$$\dot{Z}_0=\frac{1}{\frac{1}{n^2R}+\frac{1}{\gamma}+\mathrm{j}\omega c} \tag{E-12}$$

2）正序阻抗（Z_1），负序阻抗（Z_2）。

$Z_1(Z_2)$ 是在故障点各端子上加正序（负序）对称分量电压时，三相电流流过的范围的阻抗。

看电源侧的阻抗：

$\dot{Z}_{11}=\dot{Z}_{12}\approx 0$（因为仅是变压器的阻抗，与 $\dot{Z}_{01}$ 比较，可以忽略），所以

$$\dot{Z}_1=\frac{\dot{Z}_{11}\cdot\dot{Z}_{12}}{\dot{Z}_{11}+\dot{Z}_{12}}=0 \tag{E-13}$$

同样
$$Z_2=0 \tag{E-14}$$

3）配电线的单相接地电流。

如果将式（E-12）～式（E-14）代入式（E-9），单相接地电流为

$$\dot{I}_{\mathrm{g}}=\frac{\dot{E}_{\mathrm{a}}}{R_{\mathrm{g}}+\frac{1}{(3/n^2R)+(3/r)+3\mathrm{j}\omega c}}=\frac{1}{R_{\mathrm{g}}+\frac{1}{(3/n^2R)+(3/r)+3\mathrm{j}\omega c}}\cdot\frac{U}{\sqrt{3}} \tag{E-15}$$

相对地电压为$\frac{U}{\sqrt{3}}$。

3. 故障电流的分布

故障电流分布见图 E-6，可用等价回路图 E-7 表示，从而可得出总的精确电流接地电流计算式

$$\begin{aligned}I_{\mathrm{g}}&=\frac{\frac{V}{\sqrt{3}}}{\frac{1}{\left(\frac{3}{n^2R}+\frac{3}{r_{\mathrm{A}}}+\mathrm{j}\omega C_{\mathrm{A}}+\frac{3}{r_{\mathrm{B}}}+\mathrm{j}\omega C_{\mathrm{B}}+\cdots+\frac{3}{r_{\mathrm{N}}}+\mathrm{j}\omega C_{\mathrm{N}}\right)}}\\&=\frac{V\left(\frac{3}{n^2R}+\frac{3}{r_{\mathrm{A}}}+\mathrm{j}\omega C_{\mathrm{A}}+\frac{3}{r_{\mathrm{B}}}+\mathrm{j}\omega C_{\mathrm{B}}+\cdots+\frac{3}{r_{\mathrm{N}}}+\mathrm{j}\omega C_{\mathrm{N}}\right)}{\sqrt{3}}\end{aligned} \tag{E-16}$$

式中，A 代表 A 线；B 代表 B 线；N 代表 N 线。

如果认为与分布电容并联的分布泄漏电阻 r_{A}、r_{B}、r_{N} 为无穷大，且 $R_{\mathrm{g}}=0$，则公式可以得出简化的总单相接地故障点流为式（E-17）

$$I_{\mathrm{g}}=\frac{\frac{V}{\sqrt{3}}}{\frac{1}{\left(\frac{3}{n^2R}+\mathrm{j}\omega C_{\mathrm{A}}+\mathrm{j}\omega C_{\mathrm{B}}+\cdots+\mathrm{j}\omega C_{\mathrm{N}}\right)}}=\frac{V\left(\frac{3}{n^2R}+\mathrm{j}\omega C_{\mathrm{A}}+\mathrm{j}\omega C_{\mathrm{B}}+\cdots+\mathrm{j}\omega C_{\mathrm{N}}\right)}{\sqrt{3}} \tag{E-17}$$

有了总电流，即可根据图 E-7 反求各回路的接地零序电流分布。

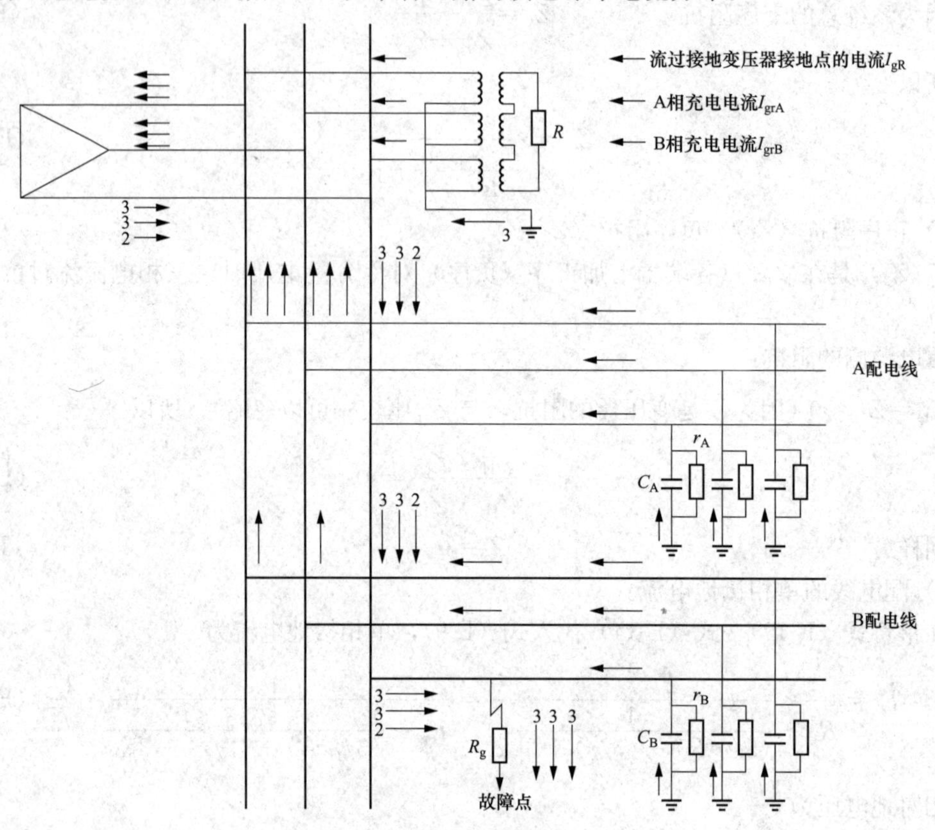

图 E-6　配电线的故障电流分布

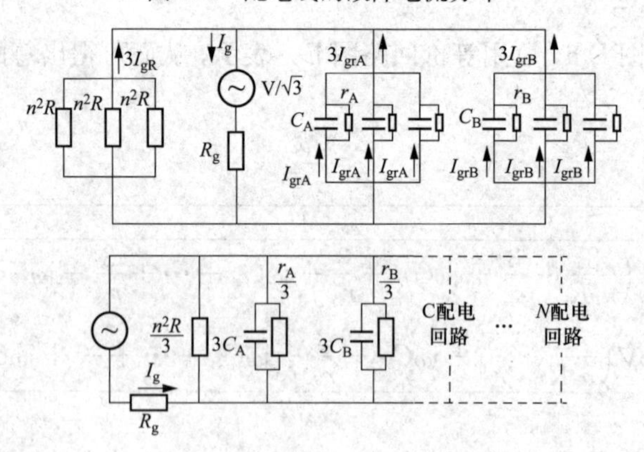

图 E-7　故障电流等价回路

附录 F　电力系统数字化装置常用通信规约

序号	IEC 标准	电力行业标准	用途	应用场合
1	60870-5-101	DL/T 634—1997	基本运行任务配套	变电站/NCS 和调度中心
2	60870-5-102	DL/T 719—2000	电能累计量传输配套	变电站/NCS 和调度中心
3	60870-5-103	DL/T 667—1997	继电保护信息接口配套	变电站/厂内
4	60870-5-104		通过网传输	变电站/NCS 和调度中心
5	60870-6 TASE. 1/ 60870-6 TASE. 2		计算机网络通信	调度中心之间计算机网络通信
6	61850		变电站通信指定 能兼容的规约	变电站/NCS 通信 网络发展方向

附录 G　IEC 60255-3 规定的 3 种反时限特性表达式

一般反时限特性（NT）

$$t=\frac{0.14}{(I/I_{\mathrm{p}})^{0.02}-1}t_{\mathrm{p}} \tag{G-1}$$

非常反时限特性（ET）

$$t=\frac{13.5}{(I/I_{\mathrm{p}})-1}t_{\mathrm{p}} \tag{G-2}$$

极端反时限特性（UT）

$$t=\frac{80}{(I/I_{\mathrm{p}})^{2}-1}t_{\mathrm{p}} \tag{G-3}$$

式中　I_{p}——反时限电流定值；

　　t_{p}——反时限时间因子。

参 考 文 献

［1］ 中国电力工程顾问集团有限公司，电力工程设计手册．火力发电厂电气二次设计［M］．北京：中国电力出版社，2018.

［2］ 程明，金明，李建英，等．无人值班变电站监控技术．北京：中国电力出版社，1999.

［3］ 杨奇逊．微机型继电保护基础．北京：中国电力出版社，2000.

［4］ 陈树德．计算机继电保护原理与技术．北京：中国电力出版社，2000.

［5］ 崔家佩，孟庆炎，等．电力系统继电保护与自动装置整定计算．北京：中国电力出版社，2001.

［6］ 高有权，高华，魏燕，等．发电机变压器继电保护设计及整定计算［M］．北京：中国电力出版社，2011.

［7］ 中国电力工程顾问集团有限公司．电力工程设计手册．火力发电厂电气一次设计［M］．北京：中国电力出版社，2018.